백두산총서

(동물)

김정락 외

한국문화사

배움나무
(속)

곰

천지산천어

검은돈

사슴

멧닭

꿩

들꿩

긴꼬리올빼미

바위종다리

큰알락딱따구리

까막딱따구리

황금새

그늘터앙지니

붉은양지니

큰한줄나비

공작나비

산오색나비

노랑무늬산뱀눈나비

낮나비류

1. 산검은범나비, 2. 사향범나비, 3. 범나비, 4. 큰붉은점모시범나비,
5. 산오색나비, 6. 은오색나비, 7. 노랑깃수두나비, 8. 공작나비

밤나비류

1. 붉은밤나비. 2. 파란밤나비. 3. 애기집밤나비. 4. 이깔나무송충나비.
5. 큰흰떠뒤날개밤나비. 6. 참나무붉은뒤날개밤나비.
7. 뒤노랑방울나비. 8. 뿔무늬노랑뒤날개밤나비

꿀벌류

1. 작은둥지칼벌붙이기, 2. 등동칼벌, 3. 큰칼벌, 4. ㅁ벌, 5. 누런호박벌, 6. 민호박벌,
7. 큰호박벌, 8. 호박벌, 9. 큰호박벌, 10. 세호박벌, 11. 등판뒤벌, 12. 몸수그수염호벌

잎벌류

1. 흰암붉은허리잎벌, 2. 붉은뿔류리잎벌, 3. 붉은허리잎벌, 4. 암검은잎벌,
5. 뚱뚱보먹잎벌, 6. 북방암검은잎벌, 7. 흰수염붉은허리잎벌, 8. 밤색꼬리잎벌,
9. 검은밤색잎벌, 10. 가시가슴푸른잎벌, 11. 두별잎벌, 12. 아무르긴다리잎벌

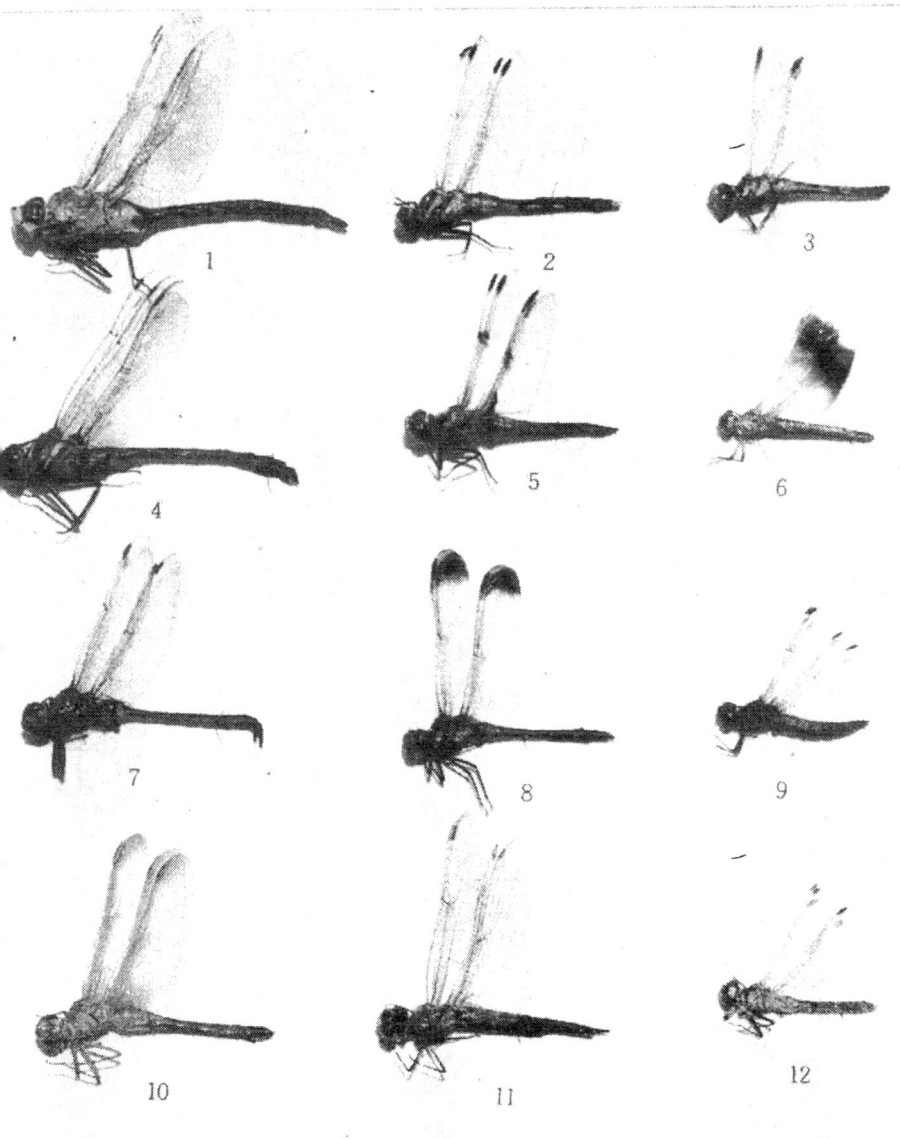

잠자리류

1. 은왕잠자리, 2. 흰잠자리, 3. 고추잠자리, 4. 작은메잠자리, 5. 네점잠자리,
6. 메고추잠자리, 7. 북곤봉잠자리, 8. 밤색이마고추잠자리, 9. 넓은배잠자리,
10. 큰누런고추잠자리, 11. 마당잠자리, 12. 눈섭고추잠자리

딱장벌레류

1.잎사귀돌드레. 2.톱돌드레. 3.떡갈나무돌드레. 4.가문비긴수염돌드레. 5.털두꺼비돌드레. 6.붉은목사향돌드레. 7.두점모자무늬붉은돌드레 8.쌍점박이꽃돌드레. 9.기름치버러지. 10.기름도치. 11.물장땅이. 12.길쭉벌레. 13.큰금빛걸음벌레. 14.백암걸음벌

차 례

제 1 장 백두산일대의 척추동물상 · · · · · · · · · · · · · · (5)
  1. 척추동물상의 일반특징 · · · · · · · · · · · · · (5)
  2. 척추동물의 분포특징 · · · · · · · · · · · · · · (1 0)
  3. 분류군수 · (1 4)
제 1 절 짐승류 · (1 5)
  1. 짐승류상의 일반특징 · · · · · · · · · · · · · · (1 5)
  2. 짐승류의 생태류형과 분포특징 · · · · · · · · (1 6)
  3. 짐승류의 종구성 · · · · · · · · · · · · · · · · (1 8)
제 2 절 새류 · (2 8)
  1. 새류상의 일반특징 · · · · · · · · · · · · · · · (2 8)
  2. 새류의 생태류형과 분포특성 · · · · · · · · · (3 1)
  3. 새류의 종구성 · · · · · · · · · · · · · · · · · (3 3)
제 3 절 파충류 · (6 6)
제 4 절 량서류 · (6 8)
제 5 절 물고기류 · · · · · · · · · · · · · · · · · · · (7 0)
  1. 물고기상의 일반특징 · · · · · · · · · · · · · · (7 0)
  2. 물고기류의 생태적구성과 분포특징 · · · · · (7 1)
  3. 물고기류의 종구성 · · · · · · · · · · · · · · · (7 4)
제 2 장 백두산일대의 무척추동물상 · · · · · · · · · · · (8 1)
  1. 무척추동물상의 일반특징 · · · · · · · · · · · · (8 1)
  2. 분류군수 · (8 7)
제 1 절 곤충류 · (8 8)
  1. 낮나비류 · (9 0)
  2. 밤나비류 · (125)
  3. 벌류 · (157)
  4. 파리류 · (173)
  5. 딱장벌레류 · · · · · · · · · · · · · · · · · · · (196)
  6. 잠자리류 · (250)
  7. 풀미기류 · (262)
  8. 돌미기류 · (267)
  9. 하루살이류 · · · · · · · · · · · · · · · · · · · (268)
  10. 노린재류 · (271)
  11. 매미류 · (282)
  12. 메뚜기류 · (285)

13. 록록벌레류・・・・・・・・・・・・・・・(288)
　　14. 둣무지류・・・・・・・・・・・・・・・・(290)
　　15. 뿔잠자리류・・・・・・・・・・・・・・・(291)
　　16. 가위벌레류・・・・・・・・・・・・・・・(292)
　　17. 사마귀류・・・・・・・・・・・・・・・・(292)
　　18. 다맹이류・・・・・・・・・・・・・・・・(293)
　제 2 절　그밖의 무척추동물・・・・・・・・・・・(293)
　　1. 거미류・・・・・・・・・・・・・・・・・(294)
　　2. 진드기류・・・・・・・・・・・・・・・・(304)
　　3. 갑각류・・・・・・・・・・・・・・・・・(312)
　　4. 곰벌레류・・・・・・・・・・・・・・・・(315)
　　5. 다족류・・・・・・・・・・・・・・・・・(317)
　　6. 지렁이류・・・・・・・・・・・・・・・・(320)
　　7. 골뱅이류・・・・・・・・・・・・・・・・(322)
　　8. 선충류・・・・・・・・・・・・・・・・・(323)
제 3 장　백두산일대 생태환경별 동물의 분포・・・・・・(324)
　제 1 절　넓은잎나무숲지대의 동물・・・・・・・・・(324)
　제 2 절　섞인나무숲지대의 동물・・・・・・・・・・(332)
　제 3 절　바늘잎나무숲지대의 동물・・・・・・・・・(339)
　제 4 절　고산초원무림지대의 동물・・・・・・・・・(345)
　제 5 절　수계・・・・・・・・・・・・・・・・・(350)
제 4 장　백두산일대 동물상의 형성과 발전・・・・・・・(360)
　제 1 절　백두산일대 현생동물상의 형성과 발전・・・・(360)
　　1. 집승류상의 형성과 발전・・・・・・・・・・(360)
　　2. 새류상의 형성과 발전・・・・・・・・・・・(363)
　　3. 파충류상의 형성과 발전・・・・・・・・・・(365)
　　4. 량서류상의 형성과 발전・・・・・・・・・・(365)
　　5. 물고기상의 형성과 발전・・・・・・・・・・(366)
　제 2 절　백두산동물상의 형성특징・・・・・・・・・(368)
제 5 장　백두산일대 동물자원보호와 경제적의의・・・・・(371)
　제 1 절　백두산일대의 보호구・・・・・・・・・・・(371)
　제 2 절　백두산일대의 천연기념물・・・・・・・・・(373)
　제 3 절　특별히 보호하여야 할 동물・・・・・・・・(374)
　제 4 절　리로운 동물・・・・・・・・・・・・・・(380)
　제 5 절　백두산동물상의 보호・・・・・・・・・・・(387)

제 1 장
백두산일대의 척추동물상

아세아동방에 높이 솟아있는 백두산은 장군봉을 주봉으로 하여 동서남북으로 산줄기가 뻗어 넓은 백두고원지대를 형성하고있다.

백두산은 오랜 지질학적시기를 거쳐 형성되고 발전하여 오면서 오늘의 장엄한 모습을 갖추게 되였으며 이와 함께 백두산의 척추동물상도 형성되였다.

특히 백두산일대는 우리 나라 저지대와 린접나라 및 린접지역들과 차이나는 류다른 자연경관으로 하여 척추동물상의 구성과 분포, 생태 등에서 일련의 특징을 가지고있다.

1. 척추동물상의 일반특징

첫째로, 백두산일대의 척추동물상은 그 형성과정의 특성과 관련하여 린접지역 및 린접나라들의 척추동물상과 일련의 공통성을 나타낸다.

백두산일대 척추동물상과 린접지역 척추동물상에서 나타나는 공통종수는 다음과 같다(표 1).

린접지역들과의 공통종수   표 1

분류군명	총종수	공통종수				
		조선저지대	조선 북부고지대	중국동북	연해주	동부씨비리
짐승류	54	45	53	54	52	42
새 류	189	182	184	189	181	168
파충류	5	4	5	4	3	2
량서류	6	5	6	6	5	2
계	254	236	248	253	241	214

표 1에서와 같이 백두산일대 척추동물상에서 우리 나라 북부고지대와 중국동북지방과의 공통종수가 제일 많다. 이것은 우리 나라 북부고지대와 중국동북지방과의 동물상이 매우 류사하다는것을 보여주고있다. 다음으로 우리

나라의 저지대와 연해주, 동부씨비리 지역과도 공통종이 많다는것을 보여준다.

물고기류에서도 송화강-아무르강수역과 공통성이 많다.

둘째로, 백두산일대의 척추동물상은 린접지역 척추동물상과 류사하면서도 자체의 고유한 특성을 가지고있다.

그것은 무엇보다먼저 백두산일대가 오랜 력사적기간을 경과하는 과정에 백두산일대의 자연환경조건에 적응되여 백두산일대를 중심으로 한 우리 나라 북부고지대에서만 고유한 새로운 종들이 분화된것이다. 물고기류에서 정장어는 압록강중상류지대에만 서식하는 조선특산종이고 사루기는 압록강중상류지대에 서식하는 조선특산아종이다. 산천어 *Salvelinus malma curilus* (Pallas)는 우리 나라 동해경사면수역과 그 린접수역의 강상류에 서식하는 아종으로, 고원산천어 *S. malma coreanus* Kim은 우리 나라 압록강상류, 대동강상류 수역에 사는 조선특산아종으로 분화되였다. 자그사니 *Gobio gobio cynocephalus* Dybowski는 압록강상류, 서북조선강하천상류지대와 그 린접지대에 서식하는 아종으로, 동북자그사니 *G. gobio macrocephalus* Mori는 두만강상류, 동북조선강하천상류와 그 린접지대에 서식하는 아종으로 분화되였다. 야레 *Leuciscus waleckii Waleckii* (Dybowski)는 압록강중상류수역, 중국 송화강, 료하수역에 서식하는 아종으로, 두만강야레 *L. waleckii tumensis* Mori는 두만강중하류, 서두수(원봉저수지)와 그 린접수역에 서식하는 아종들로 분화되였다. 그밖에 원구류에 속하는 보천칠성장어 *Lampetra morii* Berg는 압록강수역과 그 린접수역에, 모래칠성장어 *L. reissneri* (Dybowski)는 두만강과 그 린접수역에 고유한 종들로 분화되였다.

물고기이외에 다른 분류군들에서도 백두산을 중심으로 하는 우리 나라 북부고지대에 서식하는 동물의 고유형들, 백두산일대에서 고유한 아종 혹은 변이형으로 론의되는 경우가 많다.

그러므로 백두산일대를 중심으로 하는 우리 나라 북부고지대는 다른 지대들에 비하여 동물상의 분화가 많이 진행되는 지대라고 말할수 있다.

셋째로, 백두산일대의 척추동물상은 우리 나라의 북부고지대 척추동물상이나 저지대 척추동물상과도 구별되는 고유한 동물상을 형성하고있다.

그것은 이 일대에는 우리 나라 북부고지대에 없는 종들이 퍼져있고 또한 백두산일대를 포함한 우리 나라 북부고지대에서는 우리 나라 저지대에서 볼수 없는 종들이 퍼져있다.

백두산일대에만 서식하고있는 종들로서는 짐승류의 허향령첨서 *Sorex minutus* L., 누렁이 *Cervus elaphus* L., 새류의 멧닭 *Lyrurus tetrix* (L.), 긴꼬리올빼미 *Surunia ulula* (L.), 작은알락딱따구리 *Dendrocopos minor* (L.), 세가락딱따구리 *Picoides tridactylus* (L.) 등이며 또한 새류의 류리딱새, 숲새, 솔딱새, 노랑솔딱새 등도 백두산일대에서만 여름을 난다.

다음으로 우리 나라 저지대에는 없고 백두산일대를 포함한 우리 나라 북부고지대에만 퍼져있는 종들은 짐승류의 큰두더지, 긴발톱첨서, 갯첨서, 우는토끼, 긴꼬리꼬마쥐, 숲들쥐, 검은돈, 파충류의 북살모사 등이다.

이와 같이 백두산일대의 척추동물상은 우리 나라 저지대 척추동물상과 매우 차이날뿐아니라 우리 나라 북부고지대의 척추동물상과 류사하면서도 구별되는 자체의 고유한 특성을 가진다.

넷째로, 백두산일대의 척추동물상은 구북구기원계통인 종들을 기본으로 하고 약간의 다른기원계통으로 이루어졌다(표 2).

짐승류의 첨서류, 박쥐류, 토끼류, 쥐류는 모두 구북구기원계통이고 고양이류와 개류의 일부 종만이 동양구기원계통이다.

새류의 닭류, 도요류, 비둘기류, 솔딱새류, 할미새류, 박새류, 멧새류, 방

분류군	기원계통			표 2
	구북구기원계통	동양구기원계통	광포형	계
짐승류	45	4	5	54
새류	161	10	18	189
파충류	4	—	1	5
량서류	6	—	—	6
계	216	14	24	254

울새류, 까마귀류는 모두 구북구기원계통이고 오리-기러기류, 독수리-매류, 부엉이류, 딱따구리류, 티티새류, 휘파람새류의 거의 대부분의 종들이 구북구기원계통이며 세가락메추리, 새매뻐꾸기, 검은등뻐꾸기, 접동새류, 외쪽도기, 청새, 꾀꼬리, 분디새 등만이 동양구기원계통이다.

파충류와 량서류는 모두 구북구기원계통인데 미끈도마뱀만이 아세아열대와 오스트랄리아, 아프리카, 북아메리카 등에도 분포된 광분포종이다.

물고기의 기원계통 역시 구북구기원계통을 기본으로 하고있으며 구북구의 북부산지성기원형, 북부평원성기원형, 북부온대성기원형, 북극민물성기원형들로 이루어졌다.

이와 같이 백두산일대의 척추동물상은 구북구기원계통을 기본으로 한 동물상이다.

다섯째로, 백두산일대의 척추동물상은 저지대의 동물상과 계절분포에서도 차이나는 특성을 가진다.

백두산일대에 분포되여 서식하고있는 척추동물의 수직분포는 저지대에서와 달리 계절에 따라 변화된다. 매개종들은 자기의 고유한 서식환경을 요구하며 일정한 기온조건에 적응하여있다. 그러므로 매개 동물은 자기의 적합한 기온조건과 먹이를 찾아 이동하거나 찾아가며 불리한 기온조건에서 생존하기 위한 동면과 휴면 같은 동물의 거동이 일어나게 된다. 동물의 이동은 짐승류와 새류에서 일어나며 동면은 파충류, 량서류에서 일어난다. 그리하여 동물의 계절적분포현상이 나타나게 된다.

특히 백두산일대는 자연경관의 특성으로 하여 우리 나라 저지대에서는 볼수 없는 계절분포에서의 특성이 나타나게 된다.

- 짐승류의 계절적분포

겨울철에 눈이 많이 오고 눈이 깊어지면 소백산지역, 포태산지역, 대홍단지역, 관두봉지역, 백두산줄기의 산지대에서 살던 노루, 멧돼지와 그를 따라다니던 승냥이, 이리, 산달 등 맹수들이 눈이 비교적 얕고 눈이 녹는 산기슭지대로 내려온다.

간백산, 무두봉, 신무성지대에서 살던 누렁이와 사슴, 노루는 겨울이 되여 눈이 깊어지면 두만강 및 송화강의 상류지역쪽인 북동쪽으로 무리지어 가며 봄에 눈이 녹고 풀이 돋아나기 시작하면 다시 돌아오는 등 계절적인 이동현상을 볼수 있다.

백두산줄기의 산등판에서 살던 많은 풀먹이동물들은 눈이 녹고 먹이가 풍부한 서두수상류의 골짜기들의 넓은잎나무림이나 떨기나무림으로 모여든다.

짐승류의 이러한 계절적인 이동거리는 보통 멀지 않다. 그러므로 지역범위에서 볼 때 동물의 계절적인 분포특성이 나타나며 지역동물상의 종구성이 변화된다.

최근년간에 백두산일대에서 채벌이 중지되고 나무심기가 활발해지면서 산림이 우거져 겨울에도 이동하지 않고 머물러사는 종들이 많으며 오히려 주변지대에서 모여들어 겨울을 나고있다.

총체적으로 볼 때 백두산일대의 짐승류의 계절적인 분포는 지역적범위에 국한되기때문에 백두산동물상의 계절적인 변화에는 영향을 주지 않는다.

- 새류의 계절적분포

계절적인 분포특성은 새류에서 심하게 나타난다. 장구한 력사적과정에 형성되고 공고화된 새류의 계절적인 이행현상은 새류의 고유한 특성의 하나이다.

　백두산일대에 사철 머물러사는 새류는 검독수리, 꿩, 들꿩, 낭비둘기, 멧비둘기, 접동새, 수리부엉이, 긴꼬리올빼미, 북올빼미, 까막딱따구리, 풀색딱따구리, 알락딱따구리, 큰알락딱따구리, 작은알락딱따구리, 작은딱따구리, 세가락딱따구리, 물쥐새, 오목눈, 굵은부리박새, 작은박새, 깨새, 박새, 동고비, 작은 동고비, 나무발발이, 밭멧새, 방울새, 참새, 어치, 물까치, 까치, 땅까마귀, 까마귀, 굵은부리까마귀 등이다.

　봄과 가을에 백두산일대에 분포되는 새류는 검은목농병아리, 대백로, 왜가리, 자지왜가리, 되강오리, 반달오리, 꼭두오리, 알락오리, 알숭오리, 가창오리, 발구지, 넙적부리오리, 검은댕기흰죽지, 흰뺨오리, 까치비오리, 갯비오리, 번대수리, 회색택광이, 큰물닭, 흰두루미, 재두루미, 큰알도요, 왕눈도요, 댕기도요, 삑삑도요, 붉은어깨도요, 꺅도요, 바늘꼬리도요, 산골갯도요, 멧도요, 붉은가슴논종다리, 산논종다리, 티티새, 흰꼬리솔딱새, 흰머리멧새, 검은머리멧새, 노랑눈섭멧새, 큰검은머리멧새, 꽃참새, 검은머리방울새, 양지니 등이다.

　여름에 백두산일대에 분포되는 새류는 농병아리, 붉은물까마귀, 물까마귀, 청퉁오리, 검독오리, 원앙, 흰무늬오리, 소리개, 큰새매, 작은새매, 알락택광이, 래구매, 조롱이, 작은조롱이, 붉은발조롱이, 검은조롱이, 메추리, 세가락메추리, 알락물병아리, 알도요, 민물도요, 새매뻐꾸기, 뻐꾸기, 검은등뻐꾸기, 두견, 외쏙도기, 후리새, 칼새, 물촉새, 청새, 후루디, 개미새, 뿔종다리, 종다리, 제비, 붉은허리제비, 털발제비, 숲할미새, 노랑할미새, 알락할미새, 숲종다리, 분디새, 개구마리, 붉은꼬리개구마리, 물개구마리, 쥐새, 바위종다리, 울타리새, 붉은턱울타리새, 작은류리새, 류리딱새, 딱새, 흰허리딱새, 바위쩍바구리, 호랑티티, 흰배티티, 부비새, 땃새, 휘파람새, 숲새, 북쥐발귀, 쥐발귀, 갈새, 갈색숲솔새, 긴다리솔새, 노랑눈섭솔새, 노랑허리솔새, 솔새, 버들솔새, 북솔새, 산솔새, 금상모딱새, 제비솔딱새, 담색솔딱새, 솔딱새, 노랑솔딱새, 황금새, 큰류리새, 북동박새, 흰배멧새, 붉은뺨멧새, 작은붉은뺨멧새, 뿔멧새, 노랑턱멧새, 노랑가슴멧새, 밤등멧새, 버들멧새, 긴꼬리양지니, 붉은양지니, 밀화부리, 작은쩌르러기, 쩌르러기, 꾀꼬리 등이다.

　겨울에 백두산일대에 분포되는 새류는 참매, 저광이, 북검은머리멧새, 붉은방울새, 싸리양지니, 산까치, 콩새 등이다.

　백두산일대의 새류가운데서 소극적인 계절적이동현상도 관찰되였다. 사철새가운데서 꿩, 들꿩, 낭비둘기, 멧비둘기, 물쥐새, 오목눈, 발멧새, 방울새, 어치, 물까치들은 겨울기간에 눈이 많이 와서 쌓이면 먹이터를 찾아 산기슭, 강변으로 이동하거나 멀리 낮은산지대나 벌방지대로 이동한다. 또한 겨울새들의 대다수도 역시 이른 겨울기간과 늦은 겨울기간에만 분포되나 제일 춥고 눈이 많이 쌓이는 시기에는 분포되지 않는다.

그러므로 백두산일대의 겨울새류의 분포를 보면 가장 추운시기에는 분포 종수가 대단히 적어진다.

－량서－파충류의 계절적분포

백두산일대의 량서－파충류는 여름철에 번식과 발육이 진행되고 겨울기간에는 전부 동면에 들어간다.

그러나 북개구리는 계절에 따라 서로 다른 생태적환경에 분포되는 특성이 있다. 동면한 북개구리는 봄에 강얼음이 녹기 시작하면 강상류로 올라와 강변과 물웅덩이들에 알을 낳고 그후 산림에로 펴져 여름을 난다. 가을이 되면 강에 모여 물이 깊은곳으로 이동하여 무리지어 겨울을 난다.

2. 척추동물의 분포특징

1) 분포

백두산일대의 척추동물상은 해발높이에 따르는 분포에서 일정한 특성을 나타낸다.

백두산일대는 해발높이 800m로부터 2750m까지를 포함하는 높은 산지대로서 낮은지대와 가장 높은지대와의 수직높이의 차이는 거의 2000m에 달한다. 따라서 해발높이에 따라 기상기후조건이 서로 차이나고 식물피복도 차이난다. 해발높이에 따르는 환경조건의 이러한 차이는 동물의 수직분포에도 반영되지 않을수 없다.

－짐승류

해발높이 2000m 이상에는 이리, 승냥이, 여우, 노루가 나타난다. 다음으로 백두산일대의 낮은 지대에서부터 해발높이 2000m까지에는 고슴도치, 두더지, 첨서류, 땃쥐류, 박쥐류, 청서류, 쥐류, 승냥이, 여우, 이리, 곰, 큰곰, 흰족제비, 산달, 멧돼지, 노루 등 대부분의 짐승류가 분포되여 서식한다. 이것은 이러한 해발높이구간이 동물들의 활동에 매우 유리한 수림지대로

되여있기때문이다.

　　백두산일대의 낮은 지대에 분포되여 서식하는 종들로는 오소리, 너구리, 검은돈, 수달 등이다.

　　전형적인 고산성짐승은 해발높이 2000m안팎인 높은산꼭대기의 돌박산과 그 주위의 초본대와 산림지대를 살이터로 하여 생활하는 산양이다. 또한 누렁이는 해발높이 1500m안팎인 평원형의 산림에 분포되여 서식한다. 그리고 사향노루도 역시 해발높이 1600m안팎인 산지대의 산릉선이나 산줄기등마루를 다니면서 서식하고있다. 그러나 우는토끼와 같이 수직분포범위가 매우 넓어 돌박산, 나무뿌리밑구멍 등의 음폐지와 먹이조건이 보장되는 곳이면 백두산일대의 어디에나 분포되는 종들도 있다.

　－새류

　　바위종다리는 백두산마루와 천지호반에서 새끼치고 여름을 지내며 다른 곳에는 분포되지 않는 전형적인 고산성새이다. 자료에 의하면 이 새는 관모봉(해발높이 2500m)지역에 분포되여 서식한다. 그러나 높은 위도지역에서는 평원성산림에 분포될수 있다.

　　해발높이 1500m의 안팎에 분포된 멧닭, 긴꼬리올빼미, 북올빼미, 작은알락딱따구리, 세가락딱따구리, 숲새 등은 이 지대의 비교적 높은 지대의 산림에서 년중 살거나 겨울을 난다. 이 동물들도 전형적인 고산성산림새라고 말할수 있다. 그러나 높은 위도에서는 평원성산림에 분포될수 있다.

　　백두산일대의 낮은 지대에서 산림한계선까지의 산림에는 택광이류, 조롱이류, 새매류, 꿩류, 비둘기류, 뻐꾸기류, 접동새류, 청새, 후투디, 딱따구리류, 울타리새류, 딱새류, 부비새, 솔새류, 솔딱새류, 오목눈, 박새류, 동고비류, 잣새, 산까치 등과 같은 산림을 기본근거지로 하여 생활순환이 이루어지는 산림성새류가 퍼져있다. 이 가운데서 비교적 높은 해발높이에 분포되는 까막딱따구리, 알락딱따구리, 솔새류, 박새류, 동고비류 등은 주로 바늘잎나무림이 무성한곳에서 사는 산림성새류이다.

　　백두산일대의 낮은 지대에 분포되여 서식하는 쩌르러기, 작은쩌르러기, 꾀꼬리는 전형적인 넓은잎나무림에서 사는 새로서 주로 강변이나 산기슭의 수림에 분포되여 서식한다. 잣까마귀의 분포는 이것들의 먹이식물인 잣나무의 분포와 일치된다.

　　칼새와 굵은부리까마귀는 해발높이에 관계없이 백두산일대의 낮은지대로부터 높은지대에까지 널리 펴져있다. 그러나 칼새는 여름철에 높은 지대에서 번식도 하고 여름을 나며 굵은부리까마귀는 높은 지대에서 번식은 하지 않으나 이른봄과 늦겨울에도 나타나는것을 볼수 있다. 이것은 번식 및 먹이 조건에 따르는 이동이라고 볼수 있으며 이러한 새들은 높은 지대에서 사는 전형적인 새류는 아니다.

─량서파충류

파충류는 높은 지대에 분포되지 않으며 다만 북살모사만이 해발높이 1000m이상에 분포되는 고산성파충류이다. 그밖의 살모사, 검은살모사, 긴꼬리도마뱀, 미끈도마뱀은 산림환경에서 먹이를 구하므로 그 분포는 산림과 관계된다.

량서류도 역시 파충류와 마찬가지로 높은 지대에 분포되지 않는데 제일 높은지대까지 분포되는 종은 북개구리이다. 북개구리가 백두산꼭대기의 동쪽경사면에 나타났다는 자료가 있는데 이것은 장마시기에 초본군락을 따라 이동하여 우연히 나타났을것이라고 본다. 해발높이 2000m에서는 아직까지 알이나 새끼를 발견하지 못하였기때문이다.

함수도롱뇽은 해발높이 1000m이상의 산림지대에 분포된 전형적인 고산성량서류이다. 그러나 높은 위도에서는 평원지대 하천이나 도랑들이 있는 산림에 분포될수 있다.

비단개구리는 산지대의 흐르지 않는 얕은 물웅덩이, 고인물이 있는 산기슭, 오솔길의 고인물이 있는곳에 널리 분포된다.

참개구리는 해발높이가 1000m이하의 지대에 분포되는 전형적인 낮은지대의 량서류이다. 혜산의 일부 평지대에만 분포되여있다.

─물고기류

백두산일대의 자연지리적조건으로 하여 백두산지구수역의 물온도는 대단히 낮은데 강상류로 올라갈수록 더 낮아진다.

압록강과 두만강의 최상류지역인 백두폭포와 천군바위 그리고 무두봉과 신무성사이의 강에는 물고기가 분포되여있지 않다.

압록강수계에서는 소백수까지에 산천어와 뚝중개가 분포되고 리명수까지에는 열묵어가 분포되며 가림천이 압록강과 합수되는 수역까지는 정장어, 사루기가 분포된다.

두만강수계에서는 소홍단수상류까지 산천어, 열묵어, 뚝중개가 분포된다. 송어는 소홍단수상류까지 올라와 알을 낳고 황어는 삼장까지 올라와 알을 낳는다.

2) 개체무리의 밀도

동물개체무리의 분포밀도는 일정하지 않다.

백두산일대에서 서식하는 동물들가운데서 경제적으로 가치있는 동물들의 개체무리밀도를 일정한 범위에서 조사하였다(표 3).

주요종의 서식밀도　　　　　표 3

동물이름	조사지역	조사면적(정보)	서식밀도, 마리수/천정보
사 슴	삼포산	19000	0.6～1.0
	소백산	15000	0.6～1.0
	간백산	10000	0.2～0.5
	백사봉	15000	0.3～0.6
	관두봉	7000	0.5～0.7
	푸른봉	5000	0.2～0.5
	두류산	10000	0.3～0.6
누렁이	간백산	8000	0.6～1.0
	백사봉	10000	0.5～0.9
사향노루	사자봉	5000	1.5～2.0
	포태산	9000	1.5～2.0
산 양	사자봉	2000	1.0～1.5
	포태산	5000	1.0～1.5
노 루	소백산	24000	5～7
	백사봉	15000	7～9
	푸른봉	5000	3～5
검은돈	베개봉	20000	5～7
꿩	삼포산	5000	5～8
멧닭	무두봉	4000	2～3

표 3에서 보는바와 같이 사슴은 삼포산, 소백산에서 천정보당 0.6～ 1.0마리로서 밀도가 높고 간백산지역에서는 비교적 낮다.

누렁이는 간백산지역에서 천정보당 0.6～1.0마리, 백사봉에서 0.5～0.9 마리로서 밀도는 사슴과 비슷하다.

사자봉, 포태산에서 천정보당 사향노루는 1.5～2.0마리이고 산양은 1.0～1.5마리이다.

노루는 백사봉에서 천정보당 7～9마리로서 밀도가 높고 푸른봉에서 천정보당 3~5마리로서 비교적 낮다. 백두산일대의 노루의 밀도는 높은편이다.
검은돈은 베개봉에서 천정보당 5~7마리인데 이것은 베개봉에 100~140마리가 분포되여있다고 볼수 있다.
꿩은 삼포산에서 천정보당 5~8마리이고 멧닭은 무두봉에서 천정보당 2~3마리로다.

3. 분류군수

백두산일대의 척추동물은 짐승류, 새류, 파충류, 량서류, 물고기류, 원구류 등의 분류학적집단들로 이루어져있다.
백두산일대에서 조사된 척추동물의 분류군수는 다음과 같다(표 4).

분류군수   표 4.

강 명	목		과		속		종	
	수	비률, %	수	비률, %	수	비률, %	수	비률, %
짐승류	6	20.7	17	21.5	39	22.3	54	18.8
새 류	15	51.8	46	58.2	106	60.6	189	66.1
파충류	1	3.4	4	5.1	4	2.3	5	1.8
량서류	2	6.9	4	5.1	5	2.8	6	2.1
물고기류	4	13.8	7	8.8	20	11.4	30	10.5
원구류	1	3.4	1	1.3	1	0.6	2	0.7
계	29	100.0	79	100.0	175	100.0	286	100.0

표 4에서 보는바와 같이 짐승류는 6목(20.7%) 17과(21.5%) 39속(22.3%) 54종(18.8%), 새류는 15목(51.8%) 46과(58.2%) 106속(60.6%) 189종(66.1%)으로서 다른강들의 분류군수와 비률에 비하여 압도적으로 우세하다. 백두산에서 알려진 척추동물가운데서 대부분의 종들이 새류와 짐승류이다.
그러나 파충류 1목(3.4%) 4과(5.1%) 4속(2.3%) 5종(1.8%), 량서류 2목(6.9%), 4과(5.1%) 5속(2.8%) 6종(2.1%), 물고기류 4목(13.8%), 7과(8.8%) 20속(11.4%) 30종(10.5%), 원구류 1목(3.4%) 1과(1.3%) 1속(0.6%) 2종(0.7%)으로서 분류군수와 비률이 낮다.
다음으로 백두산일대에서 가장 비률이 높은 짐승류에서도 쥐류가 14종, 식육류가 16종으로서 종수가 제일 많고 새류에서는 참새류가 100종, 오리—

기러기류가 16종, 독수리매류가 14종, 도요류가 13종으로서 압도적우세를 차지하는데 특히 참새과의 종수가 가장 많다.

백두산일대의 척추동물종수를 우리 나라의 척추동물종수와 비교하면 집승류 54종 54.63%(전국종수 97종), 새류 189종 48.02%(전국종수 394종), 파충류 5종 19.22%(전국종수 27종), 량서류 6종, 43.57%(전국종수 14종), 물고기류 30종 16.48%(전국민물고기종수 182종), 원구류 2종 66.66%(전국종수 3종)로서 총 286종 39.88%(전국종수 717종)를 차지한다.

이것은 면적상으로 보면 백두산일대의 척추동물상이 매우 풍부하다는것을 보여준다.

제 1 절 짐 승 류

1. 짐승류상의 일반특징

백두산일대는 우리 나라의 내륙산지대로서 동물의 좋은 서식환경을 이루고있다. 해발높이 2000m이상의 높은산들과 백두산줄기 그리고 그와 련결된 작은 산줄기들과 크고 작은 골짜기가 수없이 많다. 그리고 백두산을 중심으로 하는 넓고 높은 벌의 초원, 산림대 등은 짐승류의 다양한 생태환경을 조성하고있으므로 짐승류는 대단히 풍부하다(표 5).

백두산일대에는 6목 17과 39속 54종이 분포되여있다. 우리 나라 짐승류 97종중에서 백두산일대에 분포된 짐승류가 55.67%를 차지한다.

그중에서도 식육류가 가장 많은 비중을 차지한다(29.6%). 다음으로 쥐류이며 식충류, 박쥐류, 사슴류, 토끼류 순서로 되여있다.

분류군 조성   표 5

목 명 분류등급	식충목	박쥐목	토끼목	쥐목	식육목	사슴목	계
과	3	1	2	4	4	3	17
속	5	5	2	11	11	5	39
종	9	7	2	14	16	6	54
종비률, %	16.7	13.0	3.7	25.9	29.6	11.1	100

백두산일대에는 우리 나라 다른 지역들에서는 볼수 없는 종들도 있다.
　식충목 첨서과의 허항령첨서, 쥐목 쥐과의 숲쥐, 사슴목 사슴과의 누렁이(말사슴)가 이 지대에만 있다.
　그리고 백두산일대에는 우리 나라 북부고지대에만 있는 큰두더지, 긴발톱첨서, 갯첨서, 우는토끼, 긴꼬리꼬마쥐, 숲들쥐, 검은돈 등이 포유동물상 구성에 포함됨으로써 이 지대 동물상의 특성을 부각하고있다.
　백두산일대의 짐승류구성의 기원계통을 동물지리학적구계형으로 고찰하여 보면 구북구계통, 동양구계통 그리고 광분포계통종들로 구성되여있다(표 6).

짐승류의 기원계통형 구분　　표 6

계 통	구북구계통	동양구계통	광분포계통	계
종 수	45	4	5	54
비률, %	83.3	7.4	9.3	100

　백두산일대가 구북구 동부의 중앙부분에 위치한 지대이므로 짐승류 종 구성에서 구북구계통의 짐승류가 83.3%로서 절대다수를 차지한다. 그러나 백두산일대와 가장 가까운 동양구계통의 짐승류들과 넓은 범위에 분포서식하는 동물상 요소들도 이 지대 동물상 구성에 포함된다. 그러므로 백두산일대 짐승류상은 기원계통상으로 보면 구북구계통의 짐승류상을 기본으로 하고 있으나 동양구계통의 짐승류상의 영향도 다소나마 받고있다고 볼수 있다.
　구북구계통 짐승류로서는 식충류의 절대다수종, 박쥐류의 전체종, 토끼류의 전체종, 쥐류의 전체종, 식육류의 대다수종, 사슴류의 절대다수종들이다.
　동양구계통짐승류로서는 고양이과의 삵, 표범을 들수 있다.

2. 짐승류의 생태류형과 분포특징

① 짐승류의 생태류형

　백두산일대는 우리 나라 내륙의 높은 산지대이다. 대부분이 울창한 산림으로 덮여있다. 강, 하천이 많고 밭과 주민지대 등이 많다. 때문에 생태적류형이 각이하다. 생태류형별 짐승류들의 구성을 보면 다음과 같다(표 7).
　표 7에서 보는바와 같이 백두산일대의 짐승류는 대부분 산림짐승류이다(48종). 강변이나 호수가의 물을 끼고사는 짐승류로서는 갯첨서와 수달뿐

생태류형 및 먹이구성에 따르는 짐승류구성   표 7

구 분	생태류형						먹이구성		
	강,호수,습지	밭,풀밭	산림	바위,벼랑	고산초원	주민지	식물성	동물성	잡식성
류형종수	3	14	48	5	5	4	18	29	6

이다. 수달은 소백수를 비롯한 강상류지대까지에 즉 백두산밀영의 작은 벗가에서 볼수 있다. 주로 밭이나 풀밭에서 사는 짐승류는 식충류의 대부분과 일부 쥐류들이고 산림에서 사는 짐승류는 몇종을 제외한 대다수의 종들은 산림과 관련되여있다.

백두산일대의 산정의 벼랑, 중턱의 벼랑이나 바위가 많은 지대에는 주로 우는토끼, 사향노루, 산양 등이 살고 있다. 또한 백두산의 산림이 없는 지대에서는 쥐류, 고슴도치, 누렁이 등도 볼수 있다. 주민지대에는 주로 쥐류가 있고 일부 박쥐류가 드물게 있다.

② 짐승류의 분포특성

백두산일대는 내륙의 산지대로서 동물분포에서도 일정한 특성을 가지고 있다.

동물지리학적으로 볼 때 분포의 남한계를 이루는 누렁이, 허항령첨서가 이 일대에까지 분포되여있고 우리 나라 북부고원지대에까지를 분포의 남한계로하는 종들을 포함하면 백두산일대는 동물지리학적으로 중요한 지역으로, 동물분포의 한계지역으로 되여있다.

백두산일대는 또한 우리 나라에서 가장 높은 지대로서 수직적분포에서도 일정한 경향을 찾아 볼수 있다.

그것은 북포태산, 남포태산, 소백산을 비롯한 높은 산에 산양이 분포되였고 해발높이 1700~2000m지대에 누렁이(말사슴)가 분포되여있다.

그 이상의 높은 지대 다시말하여 산림이 없는 고산초원대에는 대체로 짐승류는 적고 이따금 일부 쥐류와 우는토끼가 드물게나마 분포되여있다. 백두산천지 주변의 돌, 바위, 벼랑에는 우는토끼, 호반에는 들쥐가 있을 뿐이다.

3. 짐승류의 종구성

식충목 INSECTIVORA
고슴도치과 Erinaceidae

고슴도치 *Erinaceus europaeus* L.

무두봉, 간백산, 쌍두봉, 북포태산 등 백두산일대의 전지역에서 볼수 있다. 산림주변과 풀밭에서 산다. 낮에는 풀숲에 숨어있다가 주로 해진후부터 많이 활동한다. 산림속에 다니면서 여러가지 벌레, 쥐류, 새알, 개구리, 작은뱀, 도마뱀 등을 잡아먹으며 나무열매, 버섯 등 식물질도 먹는다. 7~8월경에 한배에 5~7마리의 새끼를 낳는다.

두더지과 Talpidae

두더지 *Mogera wogura* Tem.

무두봉, 소백산, 삼지연 등 백두산일대의 전지역에서 볼수 있었다. 산림속이나 풀밭 특히는 나무잎이 썩은 땅에서 많이 산다. 낮에는 땅속에 들어가 쉬고 주로 밤이나 이른 아침에 활동한다. 땅속을 다니면서 지렁이, 곤충 그의 새끼벌레, 번데기, 거미, 개미 등을 잡아 먹는다. 여름에 땅속에다 둥지를 틀고 한배에 2~6마리의 새끼를 낳는다.

큰두더지 *Mogera robusta* Nehring

백두산일대를 비롯하여 우리 나라 북부지역에만 분포되여있다. 산림초원지대에서 주로 사는데 보통 축축하고 식물이 무성한곳에 많다. 땅속을 뒤지면서 여러가지 곤충, 그의 새끼벌레, 번데기, 지렁이, 거미, 달팽이 등과 일부 개구리, 작은새, 쥐 등도 잡아 먹는다. 땅굴속깊이에 둥지를 만들고 한배에 3~5마리의 새끼를 낳는다.

첨서과 Soricidae

긴발톱첨서 *Sorex unguiculatus* Dobson

백두산일대를 비롯한 우리 나라 북부고지대에 분포되였는데 소백산기슭에서 볼수 있다. 물가주변이나 호수가 잡초가 무성한 곳에서 산다. 특히 물싸리나무와 버드나무가 무성하고 그 밑에 풀이 있는 도랑이나 진펄주변에서 많이 산다. 딱장벌레들과 그의 새끼벌레들을 잡아먹는데 그외에 어린 개구리도 먹는다. 여름에 한배에 5마리정도의 새끼를 낳는다.

첨서 *Sorex caecutiens* Lax.
 각이한 환경에서 사나 진펄과 누기가 많은 부식토를 좋아한다. 주로 나무잎이 떨어져 썩은 땅에서 산다. 주로 밤에 활동하는데 낮에도 활동한다. 매우 활동성이 심하므로 먹이도 많이 먹는데 지어는 자기보다 큰 쥐류, 다른 첨서들도 잡아 먹으며 여러가지 곤충들도 잡아 먹는다. 더운 해에는 년중 번식하며 한배에 7~8마리의 새끼를 낳는다.

허항령첨서 *Sorex minutus* L.
 소백산, 삼지연의 허항령, 북포태산, 남포태산에서 조사되였다. 강기슭과 비교적 습기가 많은곳에서 산다. 먹이는 거미류 여러가지 곤충과 그의 새끼벌레들을 잡아먹는다. 둥지는 떨어진 나무잎속이나 나무뿌리밑에 둥글게 만드는데 마른풀이나 풀줄기로 튼다. 한해에 2번정도 번식하는데 한배에 6~8마리의 새끼를 낳는다.

갯첨서 *Neomys fodiens* Pen.
 백두산을 비롯한 우리 나라 북부고지대에 분포되여있다. 삼지연, 리명수, 북포태산, 백암에서 볼수 있었다. 물도랑, 강, 호수 주변에서 살며 진펄과 습기가 많은 산림속에서도 산다. 먹이는 각종 곤충과 연체동물이며 어린 개구리도 잡아먹고 작은 물고기도 잡아먹는다. 둥지는 굴속 또는 떨기나무나 풀포기밑에다 튼다. 7월경에 한배에 6~8마리의 새끼를 낳는다.

작은땃쥐 *Crocidura suaveolens* Pall.
 삼지연에서 조사되였다. 물도랑옆이나 호수가의 습한 곳에서 산다. 주로 풀밑, 나무밑을 뒤지면서 여러가지 곤충을 잡아 먹는다. 겨울잠을 자지 않고 사철 활동한다.

땃쥐 *Crocidura lasiura* Dob
 백두산중턱과 삼지연에서 볼수 있다. 바늘잎나무와 넓은잎나무가 섞인 산림의 주변, 산림이 드문드문있는 풀밭, 밭뚝 등에서 산다. 귀밀밭주변에 파놓은 도랑에 잘 빠진다. 먹이는 첨서들과 같이 여러가지 곤충과 무척추동물을 잡아먹는다. 겨울잠을 자지 않고 사철 활동한다.

박쥐목 CHIROPTERA

작은박쥐과 Vespertilionidae
물웃수염박쥐 *Myotis daubentoni* Kuhl.
 남포태산, 포태, 농사에서 조사되였다. 주로 물가까운곳에서 사는데 구새먹은 나무구멍, 동굴 등에서 산다. 주로 나는 곤충을 잡아먹는다. 새끼낳이는 7월경에 하는데 한배에 1마리의 새끼를 낳는다. 나무구멍이나 동굴에서 겨울을 난다.

흰배윗수염박쥐 *Myotis nattereri* Kuhl.

대단히 드문 종류인데 백두산지역에서 알려졌다. 산림지대에서 산다. 먹이는 주로 날아다니는 곤충이다. 새끼낳이는 7월경에 하는데 수컷과 떨어져 산다. 겨울은 나무구멍이나 굴안 혹은 건물의 아늑한곳에서 난다.

긴꼬리윗수염박쥐 *Myotis frater* G. L. Aleen

대단히 드문 종류인데 백두산지역에서 알려졌다. 산림지대에서 사는데 나무구멍이나 바위틈에 근거지를 잡고 낮에는 쉬다가 완전히 어두운다음에 활동한다. 밤에 날아다니는 여러가지 곤충들을 잡아먹는다.

긴귀박쥐 *Plecotus auritus* L.

삼지연에서 이깔나무에 매달려있는것을 채집하였다. 주로 산림지대에서 사는데 나무구멍이나 건물의 지붕틈에 들어가 거처하고 활동한다. 먹이는 날아다니는 곤충을 잡아먹는데 나무에 붙어있는 곤충도 잡아먹는다. 암컷은 여름에 한마리의 새끼를 낳아서 기른다.

멧박쥐 *Nyctalus lasiopterus* Schreber

삼지연, 간삼봉에서 조사되였다. 생활습성은 다른 박쥐류와 비슷하나 특히 넓은잎나무가 많은곳을 좋아하며 매우 빨리 난다. 이른 새벽과 저녁에 주로 활동하면서 나는 벌레들을 잡아먹는다. 여름에 2마리의 새끼를 낳는다.

함북쇠박쥐 *Vespertilio murinus* L.

대단히 드문 종류인데 백두산지역에서 알려졌다. 산림지대에서 산다. 암컷은 여름에 새끼를 낳는데 보통 2마리씩 낳는다.

큰귀박쥐과 Molossidae

큰귀박쥐 *Tadalina teniotis* Raf.

대단히 드문 종류인데 백두산지역에서 알려졌다. 산림지대에서 산다. 나무구새구멍이나 바위틈에서 낮에는 쉬다가 온밤 활동한다. 빨리 곧게 난다. 암컷은 여름에 한마리의 새끼를 낳아 기른다.

토끼목 LAGOMORPHA

우는토끼과 Ochotonidae

우는토끼 *Ochotona alpina* Pall.

　백두산밀영, 정일봉, 곰산밀영, 삼지연, 소백산, 간백산, 무두봉, 천지호반, 백암, 대택 등 여러곳에서 흔히 볼수 있었다. 산악지대의 산림이 많은 지대의 나무그루가 헤쳐진곳. 바위와 돌이 많은곳의 나무그루밑구멍이나 돌구멍을 의지하여 산다. 언제나 여러마리가 무리지어 사는데 해질무렵이나 흐린날에 많이 활동한다. 산림속에서 여러가지 식물질을 먹는데 주로 식물과 이끼류를 먹는다. 한해에 2번 새끼를 낳는다.

토끼과 Leporidae

멧토끼 *Lepus mandschuricus* Radde

　삼지연을 비롯한 백두산일대의 전지역에 분포되여있다. 떨기나무숲, 바위가 많은곳, 넘어진 나무가 많은곳에서 산다. 먹이는 나무껍질, 연한나무가지, 풀 등을 먹으며 가을에는 콩밭에서 콩도 잘먹는다. 새끼낳이는 한해에 2~3번 한다. 산기슭의 풀숲에 나무잎으로 약간 오목하게 만들고 한배에 3~5마리의 새끼를 낳는다.

쥐목 RODENTIA

날다람이과 Preromyidae

날다람이 *Pteromys volans* L.

　백두산일대의 소백산, 포태, 청봉 등 여러곳에서 볼수 있었다. 바늘잎나무림, 넓은잎나무림, 바늘잎나무와 넓은잎나무가 섞인산림에서 산다. 보통 나무구새통이나 다른 새들이 살던나무구멍을 차지하고 낮에는 나무구멍안에서 쉬고 주로 밤 특히 저녁에 많이 활동한다. 먹이는 주로 나무싹, 사시나무, 봇나무 등 넓은잎나무의 껍질과 잣, 오리나무열매, 바늘잎나무의 눈, 꽃눈 등을 먹는다. 둥지는 나무구새통안에 틀고 한배에 4마리정도의 새끼를 낳는다. 한해에 한번 새끼친다.

첨서과 Sciuridae

첨서 *Sciurus vulgaris* L.

　백두산일대의 전지역에 분포되여있다. 백두산 장군봉꼭대기에도 나타나며 천지주변의 향도봉분지에서도 채집되였다. 이깔나무, 잣나무, 젖나무, 분비나무, 가문비나무, 오리나무 등이 많은 산림의 나무우에서 산다. 주로 낮에 활동한다. 이깔나무, 잣나무, 가문비나무의 종자들과 여러가지열매, 버섯, 풀, 나무껍질 등 여러가지 식물질을 먹으며 새알, 새들도 잡아먹는다. 새끼는 한해에 한번 치며 한배에 5마리정도 낳는다.

다람쥐 *Eutamias sibiricus* Lax.

백두산일대의 어데서나 볼수 있는 혼한 동물이다. 주로 산림지대에서 산다. 낮에 활동하는데 나무에 기여오르기도 하고 땅우나 돌각담, 진대나무 그루가 있는 곳 등에서 활동한다. 밤에는 나무구멍이나 돌구멍에서 쉰다. 여러가지 나무열매들과 종자를 먹는다. 바위나 돌각담, 나무그루들사이의 구멍속에 이끼나 나무잎 등으로 둥지를 튼다. 한해에 2번정도 새끼치는데 한배에 4~7마리의 새끼를 낳는다.

뛰는쥐과 Dipodidae

긴꼬리꼬마쥐 *Sicista caudata* Thomas

백두산일대를 비롯한 우리 나라 북부지대에 분포되였다. 삼지연에서 채집하였다. 풀이 무성한 묵은밭, 산림주변 초습지밭 등 주변에서 사는데 습한 강주변이나 습한풀밭에 많다. 잡초씨와 연한풀을 주로 먹고 때로는 딱장벌레 등 곤충도 잡아먹는다. 한해에 한번 초여름에 새끼친다.

쥐과 Muridae

집쥐 *Rattus norvegicus* Berk.

집주변에서 주로 산다. 밤이나 낮이나 활동하는데 초저녁에 제일 많이 활동한다. 먹이는 주로 낟알을 먹는데 사람들이 먹는 여러가지 부식물찌끼, 새알, 새, 곤충의 새끼벌레도 잡아먹는다. 지어는 작은 병아리도 잡아먹는다. 새끼는 한해에 여러번 치는데 여름에 더 많이 치고 겨울에는 적게 친다.

생쥐 *Mus musculus* L.

집천정, 벽짬, 마루밑, 창고 등에서 사는데 옷장안에 들어와 사는놈도 있다. 집쥐와 달리 긴구멍은 파지 않으나 구멍도 리용한다. 밤낮 활동한다. 주로 집주변에서 낟알, 부식물, 음식물, 음식찌끼 등을 먹는다. 새끼는 한해에 여러번 낳는데 한배에 최고 8마리까지 낳는다.

등줄쥐 *Apodemus agrarius* Pall.

백두산일대의 산림, 초원, 밭주변, 집주변 그 어디에서나 흔히 볼수 있다. 다른쥐들과 같이 주로 낟알을 먹는데 그외에 여러가지 식물, 씨, 열매, 식물의 싹 등을 먹는다. 등줄쥐는 한해에 여러번 새끼친다. 한배에 보통 5~7마리의 새끼를 낳는다.

흰배숲쥐 *Apodemus speciosus* Tem.

신무성, 삼지연, 북포태산, 남포태산 등에서 조사되였다. 산림속에서 산다. 진대나무의 뿌리밑이나 나무뿌리의 밑에 구멍을 만들고 산다. 굴은 등줄쥐와 비슷하나 보다 간단하다. 주로 밤에 활동한다.

숲쥐 *Apodemus sylvaticus* L.

소백산, 신무성, 천지호반 등 여러 지역에서 조사되였다. 넓은잎나무와 바늘잎나무가 섞인 산림에서 산다. 다른 쥐들과 마찬가지로 굴을 파고 그안에 여러개의 방을 만들고 산다. 먹이는 주로 나무종자, 열매, 여러가지 곤충 등인데 나무의 푸른잎사귀도 먹는다. 주로 밤에 활동한다. 암컷은 조건이 좋은 해에는 년중 새끼를 낳는다. 새끼는 평균 한배에 6마리정도 낳는다.

멧쥐 *Micromys minutus* Pall.

포태에서 조사되였다. 산기슭의 떨기나무숲이나 풀숲에서 사는데 특히 개울가의 풀숲에 많다. 밤에 주로 활동하나 낮에도 조금씩 활동한다. 먹이는 식물의 푸른잎사귀부분, 뿌리부분인데 낟알도 먹고 벌레도 잡아먹는다. 둥지는 여름에 떨기나무, 풀대 등에 땅에서 반메터정도 높이에 튼다. 새끼 낳이는 한해에 여러번 하는데 한배에 3~8마리의 새끼를 낳는다.

비단털쥐 *Cricetulus triton* Winton

삼지연과 농사일대에서 조사되였다. 떨기나무가 무성하고 비교적 메마른 곳, 나무가 드문드문한 풀밭, 밭주변 등에서 산다. 먹이는 주로 식물종자인데 백두산일대에서는 콩, 귀밀, 밀 등을 먹으며 식물의 잎사귀, 여러가지 곤충, 개구리, 새알, 새 등도 잡아먹는다. 둥지는 굴안에 나무잎으로 틀고 한배에 5마리정도 새끼를 낳는데 한해에 몇번 낳는다.

들쥐 *Clethrionomys rufocanus* Sund.

백두산일대를 비롯한 우리 나라 전지역에 분포되여있다. 신무성, 무두봉, 소백산, 삼지연, 간백산, 북포태산, 남포태산, 대홍단에서 조사되였고 천지호반에서도 조사되였다. 산림지대에서 주로 산다. 나무뿌리밑이나 땅구멍 등 자연음폐물을 많이 리용하나 굴을 파기도 한다. 먹이는 들쭉열매, 나무순, 풀씨, 풀잎사귀인데 잣도 먹는다. 암컷은 여름에 여러번 새끼를 낳는데 한배에 5~8마리의 새끼를 낳는다.

숲들쥐 *Clethrionomys rutilus* Pall.

백두산일대를 비롯하여 우리 나라 북부 높은 산지대에 분포되였다. 삼지연, 북포태산, 포태 등에서 조사되였다. 전형적인 산림쥐이다. 산림의 풀밭에서 산다. 새끼낳이는 주로 여름에 하며 한배에 4~9마리의 새끼를 낳는다.

갈밭쥐 *Microtus fortis* Buchner

삼지연, 베개봉, 포태 등 여러곳에서 볼수 있었다. 물기가 많은 눅눅한 풀밭, 밭주변, 강기슭 등에서 산다. 먹이는 풀뿌리, 연한풀줄기, 잎사귀, 풀씨 등 식물질인데 보리, 귀밀 등 낟알도 먹는다. 새끼낳이는 여름에 여러번 하는데 한배에 4~6마리의 새끼를 낳는다.

식육목 CARNIVORA

개과 Canidae

승냥이(말승냥이, 늑대), *Canis lupus* L.

백두다리부근, 소연지봉 등판과 유곡에서 관찰되였다. 나무가 드문드문 있는 풀밭 또는 언덕벌에서 산다. 승냥이는 낮에는 무성한 산림이나 떨기나무숲에서 쉬다가 주로 밤에 활동한다. 주로 노루, 토끼, 쥐류, 새, 새알을 잡아먹는데 도마뱀, 물고기, 곤충도 이따금 잡아먹는다. 목장이나 인가근처에 내려와 집짐승을 잡아먹는 경우도 있다. 한배에 3~6마리의 새끼를 낳는다.

여우 *Vulpes vulpes* L.

백두산일대의 천지호반, 간백산 밀 모래강, 대홍단 등 어데서나 흔히 볼수 있다. 산림이 적은 산지대, 초원, 산림주변에서 산다. 주로 쥐류를 잡아먹는데 멧토끼, 노루새끼, 여러 종류의 새 등도 잡아먹고 작은 집짐승과 닭도 잡아먹는다. 한배에 5~6마리의 새끼를 낳는다.

너구리 *Nyctereutes procyonoides* Gray

백두산일대에 널리 분포되여있다. 강을 낀 골짜기숲이나 호수근처숲의 굴이나 바위틈을 리용하여 산다. 낮에는 주로 굴에서 쉬고 밤에 활동한다. 산림지대에서는 낮에도 활동한다. 너구리는 주로 쥐류를 잡아먹으나 개구리, 도마뱀, 곤충, 나무열매도 먹는다. 한배에 3~8마리의 새끼를 낳는다.

이리(개승냥이) *Cuon alpinus* Pall.

　백두산기슭이나 대홍단 높은벌에서 드물게 볼수 있었다.　산림지대에서 사는데 몇마리씩 무리지어 산다. 주로 저녁과 새벽에 활동하는데 성질이 사납고 다른 짐승이 나타나면 무리로 달려든다. 주로 사슴, 노루, 산양 등을 잡아먹는데 목장에도 달려들어 집짐승을 물어간다. 겨울에 새끼를 낳는데 새끼배는기간은 두달정도 된다. 한배에 3~4마리의 새끼를 낳는다.

곰과 Ursidae

곰 *Ursus thibetanus* G. Cuvier

　백두산일대의 여러곳에서 볼수 있었다. 산림지대에서 사는데 바위굴이나 나무구새통을 리용하여 산다. 날카로운 발톱으로 나무에도 잘 기여오르며 바위절벽에도 잘 기여오르고 건너뛰기도 한다. 후각과 청각이 발달하여 냄새를 잘 맡고 소리도 잘 듣고 피한다. 새끼는 겨울에 낳는데 보통 한마리 드물게는 두마리 낳는다.

큰곰 *Ursus arctos* L.

　소백산, 베개봉, 소연지봉 지어는 백두산꼭대기와 천지호반에서도 조사되였고 천지를 헤염치는것도 관찰되였다. 높은산지대의 산림속에서 자연굴, 넘어진 나무그루밑이나 바위사이에 굴을 파고 산다. 낮에도 활동하고 밤에도 활동한다. 동작이 둔하여 천천히 걸으나 급히 뛸 때는 상당히 빠르다. 나무에도 잘 기여오르며 물속에서 헤염도 잘 친다. 잡식성이다. 암컷 새끼배는 기간은 7개월이다. 굴안에서 새끼를 낳는데 한배에 1~2마리 낳는다. 성성숙은 3년 지나야 된다. 겨울에는 굴안에 이끼, 마른풀을 깔고 거의 먹지 않고 지낸다. 그러나 따뜻한 날에는 밖에 나와 다니며 먹이도 구하군 한다.

족제비과 Mustelidae

흰족제비 *Mustela nivalis* L.

　백두산일대(삼지연, 북포태산, 백암)의 여러지역에서 조사되였다. 높은 산지대의 밀림, 떨기나무숲에서 사는데 돌구멍, 쥐구멍, 나무뿌리밑의 구멍들을 리용하여 산다. 동작이 매우 빠르며 밤낮없이 활동한다. 쥐, 새, 도마뱀, 개구리, 곤충 등 주로 동물질을 먹는다. 암컷이 새끼배는 기간은 두달정도 걸리는데 한배에 3~9마리의 새끼를 낳는다. 겨울에도 역시 구멍을 리용하여 살면서 먹이를 구한다.

족제비 *Mustela sibirica* Pall.

— 25 —

간백산, 삼지연, 포태, 운흥, 백암, 대흥단의 여러곳에서 볼수 있었다. 산기슭의 강변, 호수가, 부락근처에서 산다. 밤에 많이 활동하나 낮에 활동하는것도 있다. 족제비는 주로 산림속이나 벌판에서 쥐를 많이 잡아먹는데 다람쥐, 새, 새알, 개구리, 뱀 등 여러가지 동물들도 잡아먹는다. 집근처에 나타나 닭이나 병아리를 물어가는 일도 있다. 암컷이 새끼배는 기간은 한달 정도 되며 한배에 4~7마리의 새끼를 낳는다.

검은돈 *Martes zibellina* L.

보천군의 여러곳과 청봉, 무두봉, 소백산, 포태산, 관두봉, 향도봉 등 여러지역에서 조사되였다. 바늘잎나무림에서 산다. 소백산지대에서 보면 가문비나무, 분비나무, 이깔나무림속에서 조사되였는데 돌각담, 나무통, 넘어진 나무뿌리밑둥에 자리잡고 산다. 아침과 저녁에 많이 활동하며 낮에도 활동한다. 먹이는 주로 들쥐, 다람쥐, 청서, 우는토끼, 들꿩, 새알 등이며 노루도 습격한다. 암컷이 새끼배는 기간은 대단히 오래 걸리는데 한배에 4마리 정도의 새끼를 낳는다.

산달 *Martes flavigula* Bod.

백두산일대의 여러곳의 산림에 분포되여있다. 주로 산림속에서 사는데 나무에도 잘 기여오르며 뛰기도 잘한다. 주로 낮에 활동한다. 쥐를 잡아먹는데 다람쥐, 청서, 멧토끼, 노루새끼 등도 잡아먹으며 주민부락에 나타나 집토끼와 돼지도 습격하는 경우가 있다. 여름에 새끼낳이를 하는데 보통 나무구새통안에 자리를 만들고 한배에 2마리정도의 새끼를 낳는다.

오소리 *Meles meles* L.

소백산, 간백산을 비롯한 백두산일대의 전지역에 분포되여있다. 산림지대, 산림이 있는 골짜기에서 사는데 굴을 파거나 바위굴을 리용하여 산다. 낮에는 굴안에서 자다가 밤에 나와 활동한다. 여름에 굴안에서 새끼낳이를 하는데 한배에 2~8마리를 낳는다. 겨울에 기온이 낮아지면 굴속으로 들어간다.

수달 *Lutra lutra* L.

백두산밀영주위, 리명수, 가림천, 박천수, 소홍단수상류 골짜기들에서 조사되였다. 개울가, 강변, 호수가에서 산다. 낮에는 굴안에서 쉬다가 주로 밤에 활동한다. 먹이는 주로 물고기를 먹는데 게, 새우 등과 개구리, 물새 등도 잡아먹는다. 새끼배는 기간은 두달정도이며 한배에 2~4마리의 새끼를 낳는다.

고양이과 Felidae

삵 *Felis euptilura* Ell.

간백산을 비롯한 백두산일대의 여러곳에 분포되여있다. 산림지대에서 쥐를 주로 잡아먹는데 새, 노루새끼 등 작은 짐승들도 잡아먹는다. 부락에 내려와 닭을 물어가는 경우도 있다. 암컷이 새끼배는 기간은 두달정도이며 대체로 봄에 4마리정도의 새끼를 낳는다.

시라소니 *Felis lynx* L.

백두산일대의 여러곳에 분포되여있다. 밀림지대에서 주로 산다. 먹이는 산토끼, 새, 쥐, 노루, 산양 등인데 때로는 집짐승을 해하는경우도 있다. 쌍붙기는 2~3월에 하고 5~6월초에 바위굴안에 자리를 만들고 한배에 3~5마리의 새끼를 낳는다.

표범 *Panthera pardus* (L.)

백두산일대에 분포되여있다. 풀이 무성한 산골짜기, 바위나 벼랑이 있는 울창한 산림에서 산다. 먹이는 노루, 사향노루, 멧돼지새끼, 산토끼 등이지만 새류, 쥐류 등 작은 짐승도 잡아먹는다. 대체로 혼자서 산다. 새끼배는 기간은 100여일이며 한배에 2~5마리의 새끼를 낳는다.

범 *Panthera tigris* L.

대단히 드물지만 백두산일대에도 분포되여 활동한다. 높은산지대의 산림에서 산다. 멧돼지, 노루, 사향노루, 누렁이, 산양, 승냥이 등을 잡아먹는데 굶주린 때에는 작은짐승, 새, 파충류, 물고기, 곤충까지도 잡아먹는다. 때로는 잣, 개암, 딸기 등도 먹는다. 암컷이 새끼배는 기간은 110일정도이며 한배에 2~4마리의 새끼를 낳는다.

사슴목 ARTIODACTYLA

멧돼지과 Suidae

멧돼지 *Sus scrofa* L.

백두산일대의 어느곳에나 다 분포되여 살고있는 가장 흔한 짐승이다. 암컷이 새끼배는 기간은 114일인데 한배에 4~6마리의 새끼를 낳는다.

사슴과 Cervidae

사향노루 *Moschus moschiferus* L.

소백산, 간백산, 북포태산, 남포태산, 관두봉, 두류산 등 백두산일대의 높은산에 분포되여있다.. 바위가 많은 높은산의 바늘잎나무림이나 바늘잎나무와 넓은잎나무가 섞인 산림에서 산다. 먹이는 주로 이끼류인데 연한풀, 나무순, 각종 산열매도 먹는다. 쌍불기는 11~12월에 하고 다음해 5~6월에 한배에 1~2마리의 새끼를 낳는다.

노루 *Capreolus capreolus* L.

소연지봉, 무두봉, 간백산, 북포태산, 남포태산, 보천, 운흥, 백암, 대홍단 등 백두산일대에 널리 분포되여있다. 봄과 여름에는 풀이 많은곳에서 사는데 주로 아침과 저녁에 활동하고 더운 낮에는 나무그늘에 누워 쉰다. 6월경에 새끼를 낳는데 한배에 1~3마리를 낳는다.

누렁이(말사슴) *Cervus elaphus* L.

백두산일대에만 있다. 선오산, 무두봉, 포태, 대택, 대홍단에 분포되였다. 낮에는 산림에서 쉬고 저녁과 새벽에 많이 활동한다. 여름에는 나무잎, 풀, 산열매, 버섯 등을 먹는다. 쌍불기는 9월초에 시작하여 10월초까지 진행된다. 다음해 5월~6월초에 1~2마리의 새끼를 낳는다.

사슴 *Cervus nippon* Tem.

백두산일대에 분포되여있다. 천지호반에도 이따금 나타난다. 풀, 나무잎, 연한싹, 이끼, 버섯 등을 먹는다. 아침과 저녁에는 늪이나 못, 강에 물을 먹으려 내려온다.

소과 Bovidae

산양 *Nemorhadus goral* Hardwicke

백두산일대의 높은산들에 분포되여있다. 북포태산, 남포태산 등에 많다. 전형적인 산악산림에서 산다. 산꼭대기의 바위가 많은곳에서 산다. 쌍불기는 9~10월 진행하며 다음해 5~6월에 1~2마리의 새끼를 낳는다.

제 2 절 새 류

1. 새류상의 일반특징

백두산일대는 넓은지역을 포괄하므로 동물의 생태적환경도 매우 다양하다. 따라서 새류의 종구성도 대단히 다양 하다.

백두산일대에서 새류 15목 46과 106속 189종이 조사되였다. 우리 나라 새류 394종중에서 백두산일대가 차지하는 비률은 47.97%로서 면적상으로 보면 새류의 종구성이 대단히 풍부하다고 볼수 있다(표 8).

분류군 구성   표 8

목 명 분류 등급	농병아리목	황새ㅣ왜가리목	오리ㅣ기러기목	독수리ㅣ매목	닭목	두루미목	도요목	비둘기목	두견목	부엉이목	쏙독기목	칼새목	청새목	딱따구리목	참새목	계
과	1	1	1	2	1	3	3	1	1	1	1	1	3	1	25	46
속	1	4	6	8	4	5	8	2	1	4	1	2	3	5	25	106
종	3	5	16	14	4	5	13	3	5	5	1	2	3	9	100	189
종비률, %	1.59	2.65	8.67	7.47	2.12	2.65	6.88	1.59	2.65	2.65	0.53	1.06	1.59	4.76	52.91	100

표 8에서 보는바와 같이 참새목 종수가 절반이상을 차지한다(52.91%). 다음으로 오리-기러기류(8.67%)와 독수리-매류(7.41%), 도요류(6.88%)가 많다.

백두산일대에는 우리 나라 다른 지역들에서는 볼수 없는 닭목 꿩과의 멧닭(*Lyrurus tetrix*), 부엉이목 부엉이과의 긴꼬리올빼미(*Surnia ulula*), 딱따구리목 딱따구리과의 작은알락딱따구리(*Dendrocopos minor*), 세가락딱따구리(*Picoides tridactylus*), 참새목 티티새과의 류리딱새(*Tarsiger cyanurus*), 휘파람새과의 숲새(*Bradypterus thoracicus*), 솔딱새과의 노랑솔딱새(*Ficedula mugimaki*)등이 년중 서식하고 있거나 여름에만 서식하고있다.

백두산일대의 새류상구성은 계절에 따라 변화된다. 그것은 다른 동물과 달리 새류의 특이한 생태적특성으로하여 대부분의 새류는 적합한 번식터와 겨울낳이터를 찾아 이동한다.

그러므로 백두산일대 새류도 사철머물러사는새류, 여름을 나는새류, 지나가는새류, 겨울을나는 새류로 구분된다(표 9).

백두산일대에서 년중 머물러사는 사철새류는 주로 꿩과의 새류, 딱따구리과의 새류, 박새과의 새류, 동고비과의 새류, 까마귀과의 새류가 기본을 이루고 있다. 백두산일대의 엄혹한 겨울추위로하여 전형적인 사철새들도 일부종들은 겨울기간 벌방지대로 이동한다.

백두산일대 철새류의 구성   표 9

구분\종수	사철새	여름철새	겨울철새	지나가는새(봄, 가을철새)	계
종 수	33	103	8	45	189
비률, %	17.5	54.5	4.2	23.8	100

　　백두산일대는 산림이 무성하고 골짜기와 강하천이 많고 여름기간 기온이 온화한 자연지리적특성으로하여 여름철새류는 백두산지구의 총 새들의 절반이상(54.5%)을 차지한다. 여름새류는 주로 비둘기류, 두견류, 부엉이류, 외쏙도기류, 칼새류, 물촉새류, 청새류, 후투디류, 종다리류, 제비류, 할미새류, 분디새류, 개구마리류, 물쥐새류, 쥐새류, 티티새류, 부비새류, 휘파람새류, 솔딱새류, 멧새류, 쩌르러기류, 꾀꼬리류의 대부분 종들이다. 높은 위도에서 서식하는 종들이 이지대에서 일부가 여름나고 또한 전형적인 사철새들이 겨울기간 벌방지대로 이동하였다가 다시 고산지대로 이동하여 여름새류상구성에 포함되므로 백두산일대의 여름새류상은 대단히 풍부하다.

　　백두산대의 겨울철의 엄혹한 추위와 오랜기간 눈덮임으로하여 겨울철새류는 대단히 적다.

　　그러나 백두산일대는 봄 가을철새류가 비교적 풍부하다. 겨울을 나기 위하여 우리 나라 지역으로 이행하여오는 새류도 백두산일대를 지나가기 때문에 봄 가을철새구성에 들어간다. 백두산일대의 새류구성의 기원계통을 동물지리학적구계형으로 고찰하여 보면 구북구계통의 새류와 동양구계통 그리고 전세계적범위 혹은 온대, 열대의 넓은범위에서 사는 형들로 구성되여 있다(표 10).

새류의 기원계통형   표 10

계통\종수	구북구계통	동양구계통	광분포형	계
종	161	10	18	189
비률, %	85.19	5.29	9.52	108

　　백두산일대가 구북구의 동부의 중앙부분에 위치한 지대이므로 새류구성은 구북구계통의 새류가 85.19%로서 기본구성요소로 된다. 그러나 백두산일대와 가장 가까운 동양구계통의 새류구성요소도 적게나마 포함되여있다. 그러므로 백두산일대의 새류상을 기원계통상으로 보면 동양구계통의 새류상의 영향도 받고있다고 볼수 있다.

　　구북구계통새류로서는 오리류, 매류, 꿩류, 알도요류, 비둘기류, 딱따구리류, 종다리류, 할미새류, 분디새류, 개구마리류, 물쥐새류, 쥐새류, 부비새류, 휘바람새류, 금상모박새류, 오목눈이, 박새류, 동고비류, 나무발발이류, 동박새류, 멧새류, 방울새류, 쩌르러기류, 까마귀류이다.

동양구계통 새류로서는 세가락메추리, 새매뻐꾸기, 검은등뻐꾸기, 큰접동새, 접동새, 외쑥또기, 후리새, 청새, 검은등작은딱따구리, 꾀꼬리이다.

2. 새류의 생태류형과 분포특성

백두산일대는 우리 나라 내륙의 높은산지대로서 대부분이 울창한 산림으로 덮여있으나 강 하천이 많고 밭과 주민지대 등이 많다. 그렇기 때문에 각이한 생태적류형에서 사는 새류들로 구성되여있다(표 11).

생태류형별 새류구성　　　　표 11

생태류형	강호수	습지대	밭지, 풀밭대	무림떨기나대	넓무은림잎지나대	넓림은바잎늘지나잎대무	바늘림잎지나대무	무초석림본지고,'대산암	주민지대
종수	46	24	38	85	105	64	6	6	

표 11에서 보는 바와 같이 백두산일대의 새들의 생태류형별 종구성을 보면 대부분이 산림새류이다. 물새류는 농병아리류, 왜가리류, 오리-기러기류, 두루미류, 도요류이고 강변에서 주로 사는 새류는 할미새류, 물쥐새류 등이다. 주로 밭이나 풀밭에서 사는 새류는 저광이, 조롱이, 뿔종다리, 종다리, 산논종다리 등이다. 백두산일대의 특이한 생태적환경은 백두산꼭대기에는 산림이 없는 고산초원과 산마루에 바위와 돌로 이루어진 천지가 있는것인데 이지대에 후리새, 칼새, 바위종다리가 주로 살고 작은새매, 까마귀, 굵은부리까마귀가 이따금씩 나타난다. 백두산일대의 주민지대가 늘어나고 사람의 왕래가 심하여짐과 관련하여 전형적인 주가성 새류인 제비류, 참새, 까마귀류의 일부종들이 이지대 새류상구성을 보충해주고있다.

백두산일대는 우리 나라 동북지방에 자리잡고있는 해발높이가 가장높은 내륙의 산지대로서 동물분포에서도 일정한 특성을 가지고있다.

이 지대는 구북구의 북부지대의 전형적인 동물상을 이루는 동물들이 백두산일대를 계선으로하여 남쪽분포한계선을 이루고있는 지역으로서 동물지리학적으로 주요한 의의를 가지고있다.

사철새로서 꿩과의 멧닭, 부엉이과의 긴꼬리올빼미, 딱따구리과의 작은알락딱따구리, 세가락딱따구리는 우리 나라 백두산일대까지 분포되여있다. 여름새로서 티티새과의 류리딱새, 휘파람새과의 숲새, 솔딱새과의 노랑솔딱새 등은 백두산일대까지와 그 이북지대에서 가서 여름을 난다.

그러므로 백두산일대는 우리 나라 새류상에서 특수한 지대로서 독특한 새류상을 이루고있다.

또한 백두산일대는 아세아동부 특산새류인 붉은물까마귀, 원앙, 래구매, 알락택광이, 알락물병아리, 작은딱따구리, 숲할미새, 물개구마리, 딱새, 바위찍바구리, 붉은배티티, 부비새, 딱새, 노랑솔딱새, 제비솔딱새, 황금새, 흰배멧새, 노랑턱멧새, 밀화부리 등의 분포중심지대로 되고 있다. 때문에 동물지리학적으로 주요한 지역으로 된다.

백두산은 해발 2750m의 높은 지대로서 해발높이가 높아짐에 따라 식물상이 변화되고 기상기후가 변화되기때문에 동물분포에서도 일정한 특성을 가지고있다.

백두산기슭지대인 혜산, 운흥, 대흥단의 삼봉지구는 해발높이가 1000m 내외의 지대로서 동물분포가 낮은산지대나 벌방지대와 뚜렷한 차이를 찾아볼수 없다. 그러나 그이상의 높은 지대에서는 차이가 나타난다.

해발높이 1200~1700의 지대인 포태로부터 삼지연 신무성에 이루는 지대에는 이깔나무와 자작나무를 비롯하여 분비나무, 가문비나무, 사스레나무 등 넓은잎나무와 바늘잎나무의 혼성림지대를 이루고 있으며 키나무의 밀층 숲에는 들쭉나무, 매저지나무 등 떨기나무가 빽빽히 자란다.

이 지대에는 까막딱따구리, 세가락딱따구리, 작은알락딱따구리 등 딱따구리류와 작은박새, 노랑허리솔새, 동고비, 작은동고비, 오목눈 등이 주로 분포되여있다.

해발높이 1700~2000m지대는 무두봉까지로서 이깔나무와 분비나무를 기본으로하는 바늘잎나무림지대이다. 나무밀층숲으로는 월귤나무, 두리미꽃, 들쭉나무 등 떨기나무들과 풀들이 빽빽히 자란다.

이지대에는 멧닭, 숲종다리, 박새류들과 까막딱따구리, 세가락딱따구리, 작은동고비 등이 드물게나마 분포되여있다.

해발높이 2000m 이상의 지대는 소백산, 간백산, 북포태산 등의 꼭대기부분들과 소연지봉, 대연지봉, 백두산의 장군봉에 이르는 지대로서 키나무가 전혀없는 무림지대이다. 다만 만병초, 바람꽃, 노랑제비꽃, 바위구절초, 물매화, 두메아편꽃 등 고산떨기나무들과 초본식물이 자란다.

이 지대는 물원천이 매우 적고 거의 메마른 부석지대이며 기후는 비교적 차고 바람이 세다.
　이 지대는 바위종다리만이 분포되여 있는데 이따금 종다리류, 까마귀류 등이 날아든다. 백두산꼭대기와 천지상공에는 칼새가 분포되여있다. 그리고 백두산천지호반에는 바위종다리, 노랑할미새, 새매류가 분포되여있다.

3. 새류의 종구성

농병아리목 PODICIPITIFORMES

농병아리과 Podicipidae

농병아리 *Podiceps ruficolis*(Pall.)
　4월중순경 삼지연이나 원봉저수지에 몇쌍씩 날아와 살다가 8월경이면 날아간다. 둥지는 호수의 물가운데나 호수가 기슭에서 자라는 풀들사이에 튼다.

검은목농병아리 *Podiceps nigricollis* Brehm
　비교적 큰물새이다. 삼지연못에 봄과 가을에 지나가다 드물게 들린다.

뿔농병아리 *Podiceps cristatus*(L.)
　여름철에 삼지연이나 원봉저수지에 한두쌍이 이따금 날아든다. 항상 쌍을 지어 호수의 가운데부분에서 헤염치는데 자맥질도 잘한다. 백두산지대에서 번식하는지는 알수 없으나 여름에 드물게 나타나는것은 아마도 중국동북지대에서 번식하는 개체들이 떠돌아다니는것이 아닌가 생각된다.

황새-왜가리목 CICONIFORMES

왜가리과 Ardeidae

붉은물까마귀 *Ixobrychus eurhyhmus* (SW.)
　봄에 와서 여름을 나고 간다. 주로 눅눅한 원봉저수지주변, 삼지연못기슭의 무성한 풀숲에서 살면서 물고기, 개구리, 물속에 있는 벌레들을 잡아먹는다. 저수지나 호수가의 풀사이에다 둥지를 트는데 풀대에 의지하여 틀기도 한다. 한배에 4~5개의 알을 낳는다. 가을이 되면 남쪽으로 날아간다.

물까마귀 *Butorides striatus* (L.)
　봄에 와서 여름을 나고 간다. 고요한 산간지대의 강변이나 호수가에서 산다. 낮에는 주로 나무우에서 쉬고 이른 아침이나 저녁, 밤에 강변으로 가만가만히 걸어다니면서 물고기나 물속의 벌레들을 잡아먹는다. 둥지는 보통 높은나무에 마른가지로 틀고 한배에 3~5개의 알을 낳는다. 가을이 되면 남쪽으로 날아간다.

백로 *Egretta alba* (L.)

봄과 가을에 지나간다. 원봉저수지, 삼지연 등의 주변과 대택 등 습지대에 내려 몇일동안씩 묵으면서 먹이를 구한다. 주로 습지를 걸어다니면서 여러가지 벌레, 물속의 벌레와 개구리, 뱀, 도마뱀 그리고 쥐들도 잡아먹는다.

왜가리 *Ardea cinerea* L.

봄과 가을에 지나간다. 원봉저수지, 삼지연, 대택 등 습지에 내려 몇마리씩 혹은 백로와 같이 다니며 산다. 호수가 습지에 걸어다니면서 물속의 벌레, 개구리, 작은 물고기 등을 잡아먹는다. 백두산지역의 여러곳의 습지에서 몇일씩 묵었다가 지나간다.

자지왜가리 *Ardea purpurea* L.

봄과 가을에 지나간다. 왜가리나 백로와 같이 호수가나 습지에서 살면서 물속의 벌레, 작은물고기, 개구리 등을 잡아먹는다. 백두산천지호반에서 날개를 수집하였다. 아마도 백두산천지에 내렸거나 날아지나다가 어떤원인으로 죽었을것이라고 인정된다.

오리-기러기목 ANSERIFORMES

오리기러기과 Anatidae

청둥오리 *Anas platyrhynchos*(L.)

백두산일대에서는 5월경에 와서 여름을 나고 가을에는 날아간다. 주로 산지대의 강에서 사는데 낮에는 물에서 쉬고 저녁이나 이른 아침에 활발히 활동하면서 먹이를 구한다. 먹이는 주로 강변에서 물속의 벌레들, 물속의 풀들을 먹는다. 둥지는 흔히 강 하천 가까이에 트는데 때로는 멀리 떨어져 있는 산림수풀에 트는 것도 있다. 가을이 되면 벌방지대로 가는데 강중류지대에 물이 얼지않은 여울목을 찾아다니며 겨울을 난다.

검독오리 *Anas poecilorhynca* Forster

검독오리는 청둥오리와 달리 산간지대의 강변에서 살지 않고 주로 식물이 무성한 평편한지대의 물웅덩이나 저수지들에서 산다. 대홍단군의 유곡을 비롯한 물웅덩이들이 많은곳에서 자주 볼수 있다. 저수지주변이나 물웅덩이들에서 잔풀, 풀씨 등을 주로 먹으며 수서곤충도 잡아먹는다. 둥지는 물가의 풀숲에다 튼다. 알은 보통 한배에 4~8개정도 낳는다.

되강오리 *Anas crecca* (L.)
　봄과 가을에 지나간다. 가을에 지나갈때는 수백마리 무리짓는데 천지나 리명수의 물동에도 내린다. 몇일씩 떠돌아다니면서 물속의 풀들과 벌레들을 잡아먹는다.

반달오리 *Anas formosa* Georgi
　봄과 가을에 지나간다. 지나갈때 삼지연못에서 몇일씩 머물러있다. 헤염칠때는 물속에 몸을 깊이 잠그며 날때는 보통 낮추 빠르게 난다. 수컷은 부드러운 목소리로 자주 우는데 특히 봄에 지나갈때에는 앉아서도 울고 날면서도 운다.

붉은꼭두오리 *Anas falcata* Georgi
　암컷은 댕기깃이 짧다. 봄과 가을에 지나간다. 봄에 지나갈때는 강폭이 넓은 하구나 호수에 몇마리씩 모이군 한다. 운총강하구에서 몇마리씩 볼수 있다.

알락오리 *Anas strepera* L.
　봄과 가을에 지나간다. 백두산일대의 원봉저수지, 압록강상류의 지류 하천들에서 몇마리씩 볼수 있다.

알숭오리 *Anas penelope* L.
　봄과 가을에 지나간다. 원봉저수지나 그와 가까운 마양저수지에 들렸다 지나가는데 낮에는 저수지가운데서 쉬다가 저녁이면 기슭으로 나와 먹이를 구한다. 주로 풀의 연한 밑둥부분을 많이 먹는다.

가창오리 *Anas acuta* L.
　봄과 가을에 지나간다. 지나갈때에 삼지연이나 원봉저수지에 들리는데 낮에는 저수지가운데서 쉬다가 아침이나 저녁때에는 저수지기슭으로 나와 주로 물속의 풀들과 풀씨들을 뜯어먹는다.

발구지 *Anas querquedula* L.
　작은 오리이다. 봄과 가을에 지나간다. 발구지는 큰 호수나 저수지보다는 작은 물덩이, 고인물, 작은 늪같은곳에서 살기를 좋아한다. 대택에서 몇마리씩 무리지어 다니는것을 볼수 있다.

넙적부리오리 *Anas clypeata* L.
　봄과 가을에 지나간다. 주로 동해안지대를 따라 지나가는데 원봉저수지에도 들린다. 지나갈때에는 보통 20~30마리씩 크지않은 무리를 짓는다. 저수지주변에서 주로 수서동물들을 잡아먹는다.

검은뎅기흰쭉지오리 *Aythya fuligula* L.

봄 가을에 지나간다. 봄과 가을에 삼지연못에서 볼수 있다. 주로 강이나 하천의 여울목에서 수서곤충을 잡아먹으나 수서식물도 먹는다. 물에서 헤염칠때는 자맥질도 잘하는데 40초정도까지 물속에서 있다나오군 한다.

원앙 *Aix galericulata* (L.)

백두산일대의 산간골짜기들과 호수에 눈과 얼음이 녹으면 날아들기 시작한다. 삼지연, 유곡, 포태산의 골짜기들에서 몇쌍씩 무리지어 나는것을 여름에 볼수 있다. 원앙은 사람이나 짐승이 다니기 힘든 산간지대의 깊은 골짜기 덩굴과 나무가 우거지고 물이 흐르는 가까운곳의 바위틈이나 나무구새통에 둥지를 튼다. 한배의 알수는 6~12개이다. 여름에는 산간지대의 강 하천에서 물속의 벌레들을 잡아먹으며 때로는 식물의 열매와 풀들도 먹는다. 가을이 되면 남쪽으로 내려가 겨울을 난다.

흰무늬오리 *Histrionicus histrionicus* L.

얼음이 녹고 물이 흐르기시작하면 날아든다. 삼지연일대와 대홍단일대에는 5~6월경에 쌍을 무은 흰무늬오리가 나타난다. 원앙과 같이 사람이나 짐승이 다가가기 힘든 산골짜기에 둥지를 튼다. 둥지는 물에서 멀지않은곳의 풀포기사이 혹은 바위짬에다 튼다. 한배의 알수는 6~8개이다. 알은 약 한달정도면 까난다. 여름기간에는 강하천에서 주로 물속의 벌레들을 잡아먹는다. 가을이 되면 남쪽으로 날아가 해안지대에서 겨울을 난다.

흰뺨오리 *Bucephala clangula* L.

봄과 가을에 지나간다. 지나갈때 삼지연못에 들리여 묵는다. 이 시기에 이곳저곳 날아다니며 두만강변의 무봉지역에도 나타난다. 물속의 벌레들, 골뱅이, 작은 물고기들을 잡아먹는다.

까치비오리 *Mergus albellus* L.

봄 가을에 지나간다. 주로 강 하천의 물에 몇마리씩 무리지어 내린다. 운총강에서 볼수 있다. 물속의 곤충, 골뱅이류 등을 잡아먹는다.

갯비오리 *Mergus merganser* L.

봄과 가을에 지나간다. 지나갈때에는 산간지대의 하천, 저수지들에 비교적 많이 내리는데 주로 강가에서 물고기를 잡아먹는다.

독수리-매목 FALCONIFORMES

수리과 Accipitridae

소리개 *Milvus korschun* (Gm.)

　백두산일대와 우리 나라 북부지대에서 여름을 난다. 여름에 백두산일대의 포태, 유곡 등 여러곳에서 하늘높이 떠도는 한 두마리의 소리개를 이따금 볼수 있다. 물이 가까운 산지대의 벼랑과 큰나무가 무성한 험한곳의 높은 나무에 둥지를 튼다. 알은 한배에 3～5개 낳는다. 주로 들쥐, 죽은동물 기타 여러가지 작은 짐승들을 잡아먹는다. 가을이 되면 더운 남쪽의 벌방지대로 날아가 겨울을 난다.

참매 *Accipiter gentilis* (L.)

　백두산일대에서는 겨울초와 겨울말에 드물게 볼수 있는 사나운새이다. 겨울에 추울때는 아마도 낮은 산지대로 내려가는지 보이지 않는다. 산기슭으로 날아다니며 꿩, 비둘기, 작은 산짐승을 잡아먹는다. 보통 앉을때는 나무꼭대기에 앉는다.

큰새매 *Accipiter nisus* (L.)

　봄에 와서 여름을 나고 간다. 삼지연, 대홍단, 보천지역에서 흔히 볼수 있다. 주로 산림지대에서 사는데 산기슭으로 많이 날아다닌다. 둥지는 높은 나무우에 마른가지로 넙적하고 성글게 튼다. 알은 한배에 4～6개 낳는다. 주로 작은 새를 잡아먹으나 때로는 큰새도 잡아먹는 경우가 있다. 가을이 되면 남쪽의 벌방지대로 날아간다.

작은새매 *Accipiter virgatus* (Temm.)

　봄에 와서 여름을 나고 간다. 백두산일대 어디서나 볼수 있다. 강변의 숲속, 산기슭의 숲속으로 날아다닌다. 천지호반의 바위가 많은 풀밭우로 날아다니는것을 볼수 있다. 둥지는 높은 나무우에 마른가지로 성글게 틀며 한배에 5개정도의 알을 낳는다. 주로 새를 잡아먹으나 개구리, 곤충도 잡아먹는다.

저광이 *Buteo buteo* (L.)

　백두산일대의 여러지역에서 초겨울, 늦은겨울에 흔히 볼수 있다. 이행시기에는 산기슭이나 밭주변, 길주변을 날아다니면서 주로 쥐를 잡아먹는다. 그러나 새, 작은 짐승들을 잡아먹는 경우도 많다. 밭주변의 전주우와 나무우에 앉아 아래를 가끔 지켜보고있는것을 볼수 있다.

래구매 *Butastur indicus* (Gm.)

봄에 와서 여름을 나고 간다. 둥지는 높은 나무에 작은가지로 틀고 둥지 밑바닥에 푸른잎을 깐다. 한배에 2~3개의 알을 낳는다. 간백산, 소백산, 태평 운흥 등 여러지역에서 산기슭이나 강변나무가지에 앉아 먹을것을 살피며 땅우를 지켜보고 있는것을 볼수 있다.

검독수리 *Aguila chrysaetos* L.

백두산일대에서 사철산다. 삼지연이나 대평 등 여러지역에서 2마리 혹은 4마리가 하늘 높이 떠서 빙빙 돌고있는것을 자주 보게 된다. 둥지는 산지대 바위나 벼랑사이 또는 높은 나무우에 대단히 크게 튼다. 한배에 1~3개알을 낳는다. 알은 보통 40여일정도 지나야 까난다. 검독수리는 산지대에서 멧토끼, 우는토끼, 들꿩, 오리들을 잡아먹는다. 때로는 두마리가 협력하여 노루와 산양 등을 잡아먹는때도 있다. 부락근처에 달려들어 닭, 고양이, 강아지 등 집짐승을 해하는 경우도 많다. 추운 겨울에는 높은산의 아래지대와 부락근처에 내려온다.

번대수리 *Aegypius monachus* (L.)

봄 가을에 지나간다. 먼 북쪽의 높은산지대에서 여름에 번식하고 떠돌아다닌다. 백두산일대와 우리 나라 여러지역에서는 흔히 겨울에 오는데 수는 적다. 먹이는 주로 죽은 동물을 먹는다.

회색택꽝이 *Circus cyaneus* (L.)

봄과 가을에 지나간다. 지나갈때는 산기슭이나 산림지대에서 산다. 날때는 가볍게 헤염치듯이 날면서 먹이를 구하는데 보통 새, 들쥐, 두더지, 멧토끼 등을 잡아먹는다.

알락택꽝이 *Circus melanoleucus* Penn.

봄에 와서 여름을 나고 간다. 백두산일대와 우리 나라 중부, 북부지대에서 번식한다. 둥지는 강변, 호수주변의 작은 나무밑이나 풀숲에 마른풀로 성굴게 튼다. 한배에 3~5개의 알을 낳는다. 대홍단군 농사, 백암군 대택지대의 벼랑과 돌무지 사이를 뒤지듯이 천천히 날면서 우는토끼를 잡아먹는 것을 볼수 있다. 주로 들쥐, 새, 개구리, 각종곤충 지어 물고기도 잡아먹는다. 가을이 되면 더운 남쪽의 벌방지대로 날아간다.

매과 Falconidae

조롱이 *Falco tinnunculus* (L.)

봄에 와서 여름을 나고 간다. 돌박산, 산림, 초원 그리고 밭주변에서 주로 산다. 일반적으로 들쥐, 도마뱀, 곤충 등을 잡아먹으며 새도 잡아먹는다. 백두산천지호반의 풀밭이나 돌박산이있는 공중에 한자리에 머물러 날개를 자주 놀리면서 땅우나 돌담에 있는 들쥐, 바위종다리, 우는토끼를 찾는것을 자주 볼수 있다. 한배에 4~5개의 알을 낳는다. 가을이 되면 남쪽으로 날아가 벌방지대에서 겨울을 난다.

작은조롱이 *Falco columbarius* L.

백두산의 대홍단지역에서는 여름과 초겨울에 드물게 볼수 있다. 주로 산기슭이나 작은 강이 흐르는 골짜기숲속에서 산다. 매우 빨리 난다. 나는동작이 매류와 비슷하다. 주로 작은새를 잡아먹는다.

붉은발조롱이 *Falco respertinus* L.

봄에 와서 여름을 나고 간다. 강이 흐르는 골짜기와 넓은잎나무가 섞여 있는 산림에서 주로 산다. 산림지대에서 나무에 붙어사는 곤충을 잡아먹는다. 둥지는 큰나무가지에 성글게 틀고 한배에 3~6개의 알을 낳는다. 가을이 되면 남쪽으로 날아간다.

검은조롱이 *Falco subbuteo* L.

봄에 와서 여름을 나고간다. 넓은산림지대, 초원지대, 강 하천의 골짜기 등 혼성림의 산림에서 산다. 주로 산림과 들판에서 곤충을 잡아먹는다. 대체로 무리를 짓지않고 단독으로 생활한다. 대홍단지역의 산림에 혼하다. 둥지는 일반적으로 자기가 틀지않고 다른새들의 낡은둥지나 버리고간 둥지에다 알을 낳는다. 한배에 2~4개의 알을 낳는다.

닭목 GALLIFORMES

꿩과 Phasianidae

메추리 *Coturnix coturnix* (L.)

봄에 와서 여름을 나고 간다. 풀이 많은 초원지대, 작은나무가 무성한 곳 강이나 호수가의 산기슭, 풀밭 등에서 산다. 백두산일대의 간백산밀의 모래강기슭 풀밭이나 대홍단의 여러지역에서 혼히 볼수 있다. 풀밭에서 주로 곤충을 잡아먹는다. 둥지는 땅우에다 튼다. 한배에 8~12개의 알을 낳는다. 가을이 되면 남쪽으로 간다.

꿩 *Phasianus colchicus* L.

백두산일대에서 사철 산다. 특히 소백산, 포태, 운홍, 대홍단 등 비교적 평편한 산림초원지대에 많다. 주로 산림초원지대에서 풀씨, 열매, 곤충 등을 먹는다. 백두산일대에서 꿩이 울기시작하는것은 보통 4월말～5월초부터 시작된다. 한배에 보통 12～20개의 알을 낳는다.

멧닭 *Lyrurus tetrix* (L.)

우리 나라에서 백두산일대에만 사철사는 새이다.

간삼봉, 신무성, 무봉, 강두수, 농사, 리명수, 포태, 독산, 통남, 장안 등의 풀이 많은 혼성림, 무연한 벌목지의 풀밭, 들쭉나무가 무성한 초습지에서 산다. 멧닭은 초원지대에서 들쭉, 매저지, 산딸기 등 나무열매를 먹으며 해로운 곤충도 잡아먹는다.

보통 암컷과 수컷이 따로 무리지어산다. 겨울에는 몇십마리씩 무리지어 높은산지대에서 내려와 밭이나 산기슭에서 먹이를 구한다. 둥지는 떨기나무들사이, 풀포기사이에 트는데 6월경에 6～10개의 알을 낳는다. 알은 한달정도이면 까나는데 암컷은 병아리를 데리고 다니며 보살피면서 키운다. 백두산밀영의 마당에도 멧닭의 가족무리가 이따금 나타난다. 새끼들이 자라면 엄지와 떨어져 몇마리씩 무리지어 다니면서 산다. 우리 나라 백두산일대에만 있으므로 특별히 보호하고 중식시켜야 한다.

들꿩 *Tetrastes bonasia* (L.)

삼지연, 베개봉, 신무성, 농사 등 백두산일대의 여러지역에서 사철사는 새이다. 산지대의 산림이 많고 떨기나무림이 무성한 음침한곳에서 많이 산다. 주로 그늘진 골짜기의 무성한 산림속의 나무우에 앉아있는것을 자주 볼수 있다. 나무순, 나무열매, 풀씨 여러가지 곤충과 그의 새끼벌레를 잡아먹는다. 둥지는 나무밑이나 언덕아래에 튼다. 한배에 8～10개의 알을 낳는다. 겨울에 눈이 많이 쌓여 먹을것을 구하기힘들때에는 높은산의 아래로 혹은 낮은 산지대로 내려간다.

두루미목 GRUIFORMES

세가락메추리과 Turnicidae

세가락메추리 *Turnix tanki* Blyth.

봄에 와서 여름을 나고 간다. 평편한 산기슭 풀과 떨기나무가 드문드문 난 풀밭에서 산다. 대홍단높은벌에서 흔히 볼수 있다. 대체로 날아다니지 않고 땅우에서 사는데 모래나 흙을 파헤치기 좋아한다. 풀숲에서 각종 식물종자와 곤충을 잡아먹는다. 둥지는 땅우에 풀로 간단히 튼다. 가을이 되면 남쪽으로 간다.

뜸부기과 Rallidae

알락물병아리 *Porzana paykullii* (Liungh)
　봄에 와서 여름을 나고 간다. 산간지대의 강변의 풀숲이나 떨기나무가 무성한곳에서 산다. 풀숲에서 주로 곤충을 잡아먹는다. 둥지는 땅우에 잘 숨겨 튼다. 한배에 7~9개의 알을 낳는다. 가을이 되면 남쪽으로 날아간다.

큰물닭 *Fulica atra* L.
　봄과 가을에 지나간다. 지나갈때 삼지연에서 몇마리씩 머물러있는것을 볼수 있다. 물속에서 풀잎, 풀씨를 주로 먹으며 물속의 벌레, 작은 물고기, 골뱅이도 잡아먹는다.

두루미과 Gruidae

흰두루미 *Grus japonensis* (Mull.)
　봄과 가을에 지나간다. 백두산일대에서는 백암군 대택의 높은등판의 초습지에 몇마리씩 내려 몇일간씩 묵고 가는것을 볼수 있다. 습지대에서 벌레들과 풀씨들을 먹는다.

재두루미 *Anthropoides virgo* (L.)
　봄과 가을에 지나간다. 백두산일대에서는 백암군 대택의 높은등판의 초습지에 흰두루미와 같이 몇마리씩 내려 몇일간씩 묵고가는것을 볼수 있다. 습지의 풀속이나 그주변에서 풀씨를 먹으며 벌레들도 잡아먹는다.

도요목 CHARADRIIFORMES

알도요과 Charadriidae

알도요 *Charadrius dubius* Scop.
　작은 새이다. 봄에 와서 여름을 나고 간다. 강변의 모래밭이나 자갈밭이 있는곳에서 산다. 간삼봉밑의 모래강변, 삼지연못가, 리명수의 강변에서 흔히 볼수 있다. 주로 강변에서 곤충과 그의 유충, 물속의 벌레들을 잡아먹는다. 둥지는 강변의 모래자갈밭에 튼다. 보통 한배에 4~5개의 알을 낳는다. 가을이 되면 남쪽으로 날아간다.

큰알도요 *Charadrius placidus* Gray
　봄과 가을에 지나간다. 골짜기의 강 여울목이나 좀 넓은 평편한 지대에서 산다. 백두산일대에서는 운총강중상류지대의 강변에서 볼수 있다. 물속의 벌레들을 잡아먹는다.

왕눈도요 *Charadrius mongolus* Pall.

봄과 가을에 지나간다. 다른 도요들과 마찬가지로 강변에 내려앉아 먹이를 구한다. 주로 물속의 갑각류나 강변에서 여러가지 곤충을 잡아먹는다.

댕기도요 *Vanellus vanellus* L.

봄과 가을에 지나간다. 지나갈 때 습기가 있는 들판이나 진펄에 흔히 내린다. 삼지연부근과 포태산기슭의 돌판에서 볼수 있다. 주로 습기가 있는 풀밭에 10여마리 혹은 몇십마리 무리지어 다니면서 곤충을 잡아먹는다.

도요과 Scolopaliae

삑삑도요 *Tringa ochropus* L.

봄과 가을에 지나간다. 주로 강변이나 못가에서 산다. 무두봉골짜기의 떨기나무가 무성하게 자란 물가와 삼지연의 못가에서 먹이를 얻기 위하여 부지런히 뛰여다니는것을 볼수 있었다. 물주변에서 사는 곤충들을 잡아먹는다.

민물도요 *Tringa hypoleucos* (L.)

봄에 와서 여름을 나고 간다. 주로 강기슭과 그 주변지대에서 산다. 간백산, 소연지봉, 간삼봉, 삼지연, 유곡 등지에서 강변이나 부석모래우로 뛰여다니는것을 볼수 있었다. 주로 물주변에서 사는 곤충들을 잡아먹는다. 둥지는 마른곳에 트는데 보통 풀이나 작은 나무줄기에 의지하여 잘 숨겨서 튼다. 알은 보통 한배에 4~6개 낳는다.

붉은어깨도요 *Calidris tenuinostris* (Horsf.)

봄과 가을에 지나간다. 지나갈 때 산지대의 강하천에 보통 몇마리씩 무리지어 다니나 일반적으로 많지 못한 새이다. 강변에서 곤충, 물속의 곤충, 골뱅이 등을 잡아먹는다. 운총강 강변과 덕립동수 강변에서 몇마리를 볼수 있었다.

깍도요 *Gallinago gallinago* (L.)

봄과 가을에 지나간다. 지나갈 때 주로 강변이나 습한 풀판에 내리는데 삼지연근방의 습한 풀판에서 볼수 있었다. 풀숲에서 식물종자를 많이 먹으며 곤충도 잡아먹는다.

바늘꼬리도요 *Gallinago stenura* (Bonaparte)

봄 가을에 지나간다. 지나갈 때에는 보통 습한 초원이나 풀밭에 내리는데 삼지연과 대홍단의 농사 부근에서 몇마리씩 볼수 있었다. 깍도요와 같이 수가 많지 못한 종이다. 주로 풀판에서 여러가지 무척추동물을 잡아먹는다.

산골갯도요 *Gallinago solitaria* Hodgson

봄과 가을에 지나간다. 지나갈 때 주로 산골의 냇가에서 내리는데 삼지연근방의 작은 냇가에서 볼수 있었다. 물속의 벌레들을 잡아먹는다.

멧도요 *Scolopax rusticola* L.

봄과 가을에 지나간다. 산림이 울창한곳에서 사는데 백두산지대를 지나갈 때는 운흥, 보천 지역의 산기슭의 떨기나무가 무성한곳에서 볼수 있었다. 주로 밤에 활동하였다. 눅눅한 땅에서 지렁이, 곤충의 새끼벌레들을 잡아먹는다.

갈매기과 Laridae

재갈매기 *Larus argentatus* Pont.

백두산천지에 재갈매기가 날아드는것을 발견하였다. 아마도 북부해안지대와 두만강 하류지역에서 여름나는 개체들이 여름기간 떠돌아다니다가 백두산천지에 내린것이라고 생각된다.

흰죽지작은갈매기 *Sterna leucoptera* Temm.

봄과 가을에 지나간다. 아세아대륙의 북부내륙지대의 호수나 하천에서 번식하고 가을이면 더운 남쪽으로 가는 새이다. 삼지연에서 8월중순에 발견되였는데 못의 상공을 계속 날아돌다가 못에 내리군하였다. 아마도 일찍 이행길에 오른 개체라고 생각된다. 우리 나라에는 대단히 드물게 나타나는 새이다.

비둘기목 COLUMBIFORMES

비둘기과 Columbidae

낭비둘기 *Columba rupestris* Pall.

백두산일대에서 거의 사철 산다. 주로 강가의 벼랑이나 산골짜기의 벼랑이 있는곳에서 무리지어산다. 소백산, 대홍단의 두만강변, 백암의 서두수강변의 바위산들과 벼랑들 그 주변에서 볼수 있었다. 산간지대들에서 풀밭에 내려 풀씨, 떨기나무의 여러가지 열매를 먹는다. 둥지는 벼랑짬, 작은바위굴에다 틀고 이른봄에 흰색의 두개의 알을 낳는다. 백두산일대에서 제일 추운시기에는 보이지 않는다. 아마도 낮은 지대로 먹이를 찾아 떠돌아다닐것이라고 생각된다.

멧비둘기 *Streptopelia orientalis* (Latham)

백두산일대에서 거의 사철 산다. 평편한 산지대, 산기슭 부락근처에서 몇마리씩 혹은 쌍을 뭇고 산다. 백두산일대의 어디서나 볼수 있는데 지어는 백두산 중턱의 산림없는 지대에서도 볼수 있다. 산간지대의 풀밭이나 밭에 내려 식물종자, 낟알, 돋아나는 낟알싹들을 먹으며 드물지만 벌레들을 잡아먹는다. 둥지는 산기슭의 나무우에 마른가지로 엉성하게 튼다. 한배에 2개의 알을 낳는다. 백두산일대에서 제일 추운 시기에 이 비둘기는 보이지 않는다. 아마도 낮은 지대로 먹이를 찾아떠돌아다닐것이라고 생각된다.

재비둘기 *Streptopelia decaocto* (Fr.)

봄에 와서 여름을 나고 간다. 비교적 산림이 많은 산지대의 기슭에서 주로 산다. 삼지연근방의 산림기슭에서 드물게 볼수 있다. 재비둘기도 멧비둘기와 같이 식물종자, 떨어진 낟알, 돋아나는 식물이나 낟알의 싹을 먹는다. 둥지는 비둘기와 같이 나무가지우에 마른 나무가지로 성글게 건성틀고 알을 낳는다. 보통 한배에 2개의 알을 낳는다.

두견목 CUCULIFORMES

두견과 Cuculidae

새매뻐꾸기 *Cuculus fugax* Horsfield

봄에 와서 겨울을 나고 간다. 산림지대에서 산다. 겁이 많아 숨어서 생활하며 큰키나무의 꼭대기에 앉기를 좋아한다. 흐린날이나 저녁해질무렵에 많이 운다. 신무성, 서두수산림에서 울음소리를 들을수 있다. 둥지는 틀지 않으며 다른새의 둥지에 알을 낳고 달아난다. 알은 다른 새에 의하여 까난다.

뻐꾸기 *Cuculus canorus* L.

봄에 와서 여름을 나고 간다. 백두산일대 바늘잎나무림, 바늘잎나무와 넓은잎나무가 섞여있는 산림, 나무가 드문드문 있는 초원, 강변, 호수가 등 어데서나 볼수 있다. 산림지대에서 곤충의 새끼벌레 특히 털있는 벌레들을 잡아먹는다. 뻐꾸기는 자기둥지를 틀지 않고 다른 새의 둥지에다 알을 낳고 달아난다.

벙어리뻐꾸기 *Cuculus saturatus* Blth.

봄에 와서 여름을 나고 간다. 산기슭, 잡관목이 무성한 골짜기, 벌목지, 밭주변 등에 많이 날아다닌다. 백두산지역의 어디서나 볼수 있는데 뻐꾸기보다 일찍 오는듯하다. 나무에 붙어사는 털벌레를 주로 먹으며 그외에 딱장벌레를 비롯한 여러가지 곤충들도 잡아먹는다. 벙어리뻐꾸기 역시 다른새의 둥지에다가 알을 낳는다.

검은등뻐꾸기 *Cuculus micropterus* Gould

봄에 와서 여름을 나고 간다. 비교적 습하지 않는 키나무림에서 산다. 다른 뻐꾸기들과 같이 산림의 기슭으로 날아다니며 여러가지 곤충을 잡아먹는다. 검은등뻐꾸기도 다른새의 둥지에 알을 낳는다. 백두산일대에서 검은등뻐꾸기는 매우 드물게 나타난다.

두견 *Cuculus poliocephalus* Latham

봄에 와서 여름을 나고 간다. 키나무림에서 주로 사는데 큰 나무사이를 날아다닌다. 나무꼭대기에 앉기를 좋아하는데 겁이 많아 인차 날아간다. 보통 새벽이나 저녁에 많이 울고 흐린날에는 낮에도 운다. 산림지대에서 주로 털벌레를 많이 잡아먹고 다른 곤충의 유충도 잡아먹는다. 두견도 둥지를 틀지 않고 다른새의 둥지에 알을 낳는다.

부엉이목 STRIGIFORMES

부엉이과 Strigidae

큰접동새 *Otus bakkamoena* Pennant

이른봄에 와서 여름을 나고 늦은 가을까지 있다가 간다. 삼지연을 비롯한 백두산의 밀림지대나 부락근처에서 산다. 주로 밤에 활동한다. 번식기에는 많이 우는데 낮에도 운다. 산지대에서 활동하면서 쥐를 주로 잡아먹으나 여러가지 곤충을 잡아먹는다. 둥지는 나무구새통에 튼다. 한배에 4~5개의 알을 낳는다.

접동새 *Otus scops* (L.)

이른 봄에 와서 여름을 나고 늦은 가을에 간다. 산림, 산기슭, 부락근처에서 산다. 낮에는 나무에서 쉬고 주로 밤에 활동한다. 번식기에는 해질무렵부터 울기 시작하여 밤새껏 운다. 흐린날에는 낮에도 운다. 산림지대에서 주로 쥐를 잡아먹는데 곤충도 많이 먹는다. 때로는 작은 새들도 잡아먹는다. 나무구새통에 둥지를 튼다. 한배에 3~4개의 알을 낳는다.

수리부엉이 *Bubo bubo* (L.)

　이른 봄에 와서 여름을 나고 늦은 가을이면 낮은산지대로 날아간다. 산림이나 초원지대에서 산다. 소백산, 삼지연, 보천의 산림에서 주로 밤에 <부엉부엉>하는 소리를 내는것을 들을수 있었다. 낮에는 나무에서 쉬다가 밤에 활동한다. 낮에 날아다니는것도 가끔 있다. 산림지대에서 주로 쥐를 잡아먹는데 작은 짐승들, 새, 개구리 지어 곤충도 잡아먹는다. 둥지는 벼랑짬, 나무우, 나무구새통 지어는 땅우에 트는데 간단하게 둥지를 만들고 털을 깔고 알을 낳는다. 알은 한배에 2~3개 낳는다.

긴꼬리올빼미 *Surnia ulula* (L.)

　우리 나라에서는 백두산지대에서만 사철 산다. 주로 바늘잎나무림이나 바늘잎나무와 넓은잎나무가 섞여있는데서 산다. 부엉이들파는 달리 주로 낮에 활동한다. 밀림지대에서 쥐를 잡아먹는다. 둥지는 보통 나무가지우에 트는데 까마귀, 까치의 낡은 둥지나 딱따구리의 구멍을 리용하기도 한다. 한배에 3~4개의 알을 낳는다. 겨울에는 백두산 이북에서 살던 개체들이 겨울나기 위해 오기때문에 마리수가 비교적 많다.

북올빼미 *Strix uralensis* Pall.

　우리 나라에서는 백두산일대에서만 사는 겨울철새이다. 청봉밀림과 백두산천지에서 볼수 있었는데 대단히 드문 새이다. 낮에는 밀림속에 숨어있다가 저녁때부터 밀림에서 나와 밀림기슭이나 들판에서 먹이를 구한다. 주로 쥐를 잡아먹는다.

외쏙독이목 CAPRIMULGIFORMES

외쏙독이과 Caprimulgidae

외쏙독이 *Caprimulgus indicus* Latham

　봄에 와서 여름을 나고 간다. 들판이 펼쳐진 산림이나 앞이 트인 산림에서 산다. 지어 백두산천지호반에 날아다니는것도 볼수 있었다. 낮에는 굵은 나무가지에 업디여 쉬는데 나무가지색과 같아 잘 발견되지 않는다. 주로 저녁부터 밤새도록 활동한다. 밤에 <쭉 쭉>하는 울음소리를 낸다. 외쏙독이는 날아다니면서 밤에 날아다니는 곤충을 잡아먹는다. 둥지는 바위나 산기슭 땅우에 오목하게 틀고 한배에 2~3개의 알을 낳는다.

칼새목 APODIFORMES

칼새과 Apodidae

후리새 *Hirundapus caudatus* (Latham)

봄에 와서 여름을 나고 간다. 산악지대의 절벽의 바위벼랑과 그 근방을 무리지어 날아다니며 산다. 삼지연, 간백산, 대홍단, 보천, 백두산천지 등 여러곳에서 볼수 있었다. 새들중에서 가장 빠른 새이다. 밤에는 바위틈에서 쉬고 낮에는 하루종일 날아다닌다. 날아다니면서 주로 나는 곤충을 잡아먹는다. 둥지는 바위틈에 튼다. 한배에 3~4개의 흰알을 낳는다.

칼새 *Apus pacificus* (Latham)

봄에 와서 여름을 나고 간다. 강이나 호수를 낀 산간지대의 절벽 바위, 벼랑에서 산다. 백두산천지와 신무성, 삼지연, 포태 등에서 볼수 있었다. 낮에는 하루종일 날아다닌다. 날아다니면서 주로 나는 곤충을 잡아먹는다. 둥지는 벼랑틈에다 트는데 마른풀을 침으로 붙여서 영성하게 튼다. 한배에 2~3개의 알을 낳는다.

청새목 CORACIFORMES

물촉새과 Alcedinidae

물촉새 *Alcedo atthis* (L.)

봄에 와서 여름을 나고 간다. 떨기나무가 무성한 강기슭, 내가, 호수가에서 산다. 삼지연못가나 다른 강가에서 볼수 있는데 백두산 일대에는 좀 드문편이다. 주로 물고기를 잡아먹으나 물속에 있는 곤충들, 올챙이 등도 먹는다. 둥지는 강하천이나 못가의 언덕벽에 구멍을 뚫고 반메터정도 들어가 둥근방을 만들고 한배에 5~7개의 알을 낳는다.

청새과 Coraciidae

청새 *Eurystomus orientalis* (L.)

봄에 와서 여름을 나고 간다. 키나무가 있는 산림지대와 골짜기들, 산림공지, 채벌지 등에서 산다. 무두봉, 신무성, 삼지연, 대홍단 등지에서 볼수 있었다. 산림지대에서 살면서 곤충들을 잡아먹는다. 큰나무꼭대기의 구새먹은곳에 구멍을 뚫고 알을 낳는다. 한배에 보통 3~4개의 알을 낳는다.

후투디과 Upupidae

후투디 *Upupa epops* L.

봄에 와서 여름을 나고 간다. 늙은나무들이 있는 산지대의 벌목지나 그 기슭에서 산다. 무두봉, 신무성, 삼지연 등 백두산일대 그 어디서나 볼수 있었다. 감자밭이나 보리밭을 걸어다니며 땅을 뒤지며 돌드레, 딱장벌레, 풍뎅이, 곤충의 새끼벌레, 개미 등 곤충을 잡아먹는다. 둥지는 나무구새통에 트는데 한배에 6개정도의 알을 낳는다.

딱따구리목 PICIFORMES

딱따구리과 Picidae

개미새 *Jynx torquilla* L.

봄에 와서 여름을 나고 간다. 산림지대에서 산다. 백두산일대의 신무성, 대홍단에서만 볼수 있었다. 산림지대의 나무줄기를 오르내리면서 주로 개미를 잡아먹는다. 둥지는 나무줄기의 터진틈, 딱따구리의 낡은 둥지에다 튼다. 보통 알낳는 시기는 6~7월이다. 한배에 6~10개의 알을 낳는다.

까막딱따구리 *Dryocopus martius* (L.)

몸전체가 검은색이다. 다만 수컷의 웃대가리만이 붉은색이다. 백두산일대의 사철새이다. 키나무림이 무성한곳 특히는 바늘잎나무가 무성한 곳에서 산다. 삼지연, 무두봉, 농사, 호산에서 흔히 볼수 있다. 무리를 짓지 않고 보통 혼자 다니며 생활한다. 이깔나무나 분비나무의 껍질을 벗기고 딱장벌레류, 딱장벌레류의 새끼벌레를 비롯한 여러가지 곤충들을 잡아먹는다. 둥지는 키가 큰나무 꼭대기의 구새먹은곳에 구멍을 뚫고 아무것도 깔지 않는다. 한배에 3~5개의 알을 낳는다.

풀색딱따구리 *Picus canus* Gm.

사철새이다. 넓은잎나무림, 바늘잎나무림, 넓은잎나무와 바늘잎나무가 섞여있는 산림에서 산다. 산림지대에서 흔히 볼수 있다. 먹이는 나무에 기여오르는 여러가지 곤충들과 나무껍질속에 사는 딱장벌레의 새끼벌레, 번데기 등이며 일부 풀씨도 먹는다. 큰나무 구새통안에 간단히 자리를 만들고 한배에 5~8개의 알을 낳는다.

알락딱따구리 *Dendrocopos major* (L.)

사철새이다. 산림에서 사는데 주로 바늘잎나무림에 많다. 밤에는 나무구새통에서 쉬고 낮에 활동한다. 산림에서 살면서 산림에 사는 곤충과 그의 새끼벌레를 주로 잡아먹으며 간혹 식물 종자도 먹는다. 썩은 삼송, 버들, 느릅나무 등에 구멍을 파고 들어가 한배에 보통 5~6개의 알을 낳는다.

큰알락딱따구리 *Dendrocopos leucotos* (Bechstein)

사철 새이다. 산림속에서 주로 사는데 백두산일대 어디서나 흔히 볼수 있는 딱따구리이다. 나무두드리는 소리는 대단히 크며 멀리까지 들린다. 나무구멍을 파고 나무껍질속이나 나무속에 있는 벌레를 잡아먹는다. 둥지는 다른 딱따구리와 같이 구새먹은 나무에 구멍을 파고 튼다. 한배에 3~5개의 알을 낳는다.

작은알락딱따구리 *Dendrocopos minor* (L.)

우리 나라에서는 백두산에서만 사는 사철 새이다. 백두산일대 어디서나 보통 볼수 있었다. 주로 나무꼭대기의 나무가지를 쪼으면서 나무껍질밑에 있는 벌레나 곤충의 알들을 먹는다. 둥지는 구새먹은 나무에 구멍을 뚫고 튼다. 한배에 5~6개의 알을 낳는다.

검은등작은딱따구리 *Dendrocopos canicapillus* (Blyth.)

사철 새이다. 주로 넓은잎나무림에서 많이 산다. 나무에 오르내리면서 나무껍질속에 있는 벌레와 벌레알들을 잡아먹는다. 둥지는 다른 딱따구리와 같이 나무에 구멍을 뚫고 튼다. 한배에 5개정도의 알을 낳는다.

작은딱따구리 *Dendrocopos kizuki* (Temm.)

사철새이다. 산림지대에서 사는데 이나무 저나무 가지를 조용히 옮겨다니면서 나무껍질을 쪼아가며 벌레, 개미, 곤충의 알을 먹는데 식물의 씨를 먹는 경우도 있다. 백두산일대에서는 여러곳에서 흔히 볼수 있는데 주로 여름에 많고 추운 겨울에는 대부분 벌방지대 산림으로 내려가 떠돌아다니며 산다. 둥지는 굵지 않은 마른 나무가지에 구멍을 뚫고 튼다. 한배에 3~5개의 알을 낳는다. 알은 희고 윤기가 난다.

세가락딱따구리 *Picoides tridactylus* (L.)

우리 나라에서는 백두산에만 사는 사철새이다. 산림에서 산다. 삼지연, 신무성, 남포태산, 대홍단 농사지구에서 여름에 볼수 있었고 혜산, 백암, 박천에서는 겨울에 볼수 있었다. 산림속에서 주로 나무에 있는 곤충들과 그의 새끼벌레를 잡아먹는다. 둥지는 전나무나 넓은잎나무에 구멍을 뚫고 틀며 둥지에 깃을 깐다. 한배에 보통 3~5개의 알을 낳는다.

참새목 PASSERIFORMES

종다리과 Alaudidae

뿔종다리 *Galerida cristata* (L.)

봄에 와서 여름을 나고 간다. 벌판, 벌목한 풀밭, 밭 등에서 산다. 봄에 삼지연 주변밭, 대홍단 벌판에 하늘높이 떠올라 우짖는것을 볼수 있었다. 주로 잡초씨, 벌레, 열매들을 먹는다. 둥지는 밭변두리, 산기슭 등 땅우의 오목한곳에 마른풀로 큰잔모양으로 튼다. 한배에 4~5개의 알을 낳는다.

종다리 *Alauda arvensis* L.

봄에 와서 여름을 나고 간다. 삼지연, 무봉, 농사, 유곡 등의 언덕벌의 넓은 풀밭에서나 들판에서 흔히 볼수 있었다. 여름에는 곤충을 많이 잡아먹고 풀씨들도 먹는다. 둥지는 들판의 풀포기밑에 잘 숨겨서 튼다. 한배에 보통 3~5개의 알을 낳는다.

제비과 Hirundinidae

제비 *Hirundo rustica* L.

봄에 와서 여름을 나고 간다. 백두산일대의 보천, 혜산, 운흥 지대에서 흔히 볼수 있었다. 전적으로 사람이 사는 집과 그 근방에서 산다. 하루종일 공중을 날면서 날아다니는 곤충을 잡아먹는다. 백두산지역에서는 보통 6월경에 알을 낳는데 한배에 4~6개 낳는다.

붉은허리제비 *Hirundo daurica* L.

봄에 와서 여름을 나고 간다. 제비와 같이 사람이 사는 집주변에서 산다. 제비보다 훨씬 수가 적기때문에 보기 드물다. 백두산일대에서는 대홍단, 삼지연, 혜산 등지에서 볼수 있었다. 붉은허리제비도 역시 하루종일 날면서 날아다니는 곤충들을 잡아먹는다. 한배에 4~6개의 알을 낳는다.

털발제비 *Delichon urbica* (L.)

봄에 와서 여름을 나고 간다. 산간지대의 집이나 바위동굴에서 산다. 백두산일대의 간백산이나 포태 등지에서 볼수 있었다. 주로 산간지대 바위들에서는 몇십마리씩 무리지어 사는데 날아다니는 곤충을 잡아먹는다. 둥지는 붉은허리제비와 같이 집의 처마밑에 틀기도 하고 바위굴의 천정에다 틀기도 한다. 알은 한배에 4개정도 낳는다.

할미새과 Motacillidae

숲할미새 *Dendronantus indicus* (Gm.)

봄에 와서 여름을 나고 간다. 넓은잎나무가 많은 산골짜기와 강변에서 산다. 보천을 비롯한 여러 곳에서 볼수 있었다. 다른 할미새들과는 달리 꼬리를 가로 흔드는것이 특징이며 〈힐궁힐궁〉하는 소리를 낸다. 산림속에서 곤충, 곤충의 새끼벌레, 거미 등을 잡아 먹는다. 둥지는 나무가지 짬 혹은 가지우에 트는데 알은 5개정도 낳는다. 알은 보름정도 품으면 새끼가 까난다. 까난 새끼는 엄지가 보름정도 둥지에서 키우고 날린다.

노랑할미새 *Motacilla cinerea* Tunstall

봄에 와서 여름을 나고 간다. 물이 흐르는 산골짜기의 강변에서 주로 산다. 압록강 최상류의 선오산내물가, 소백수, 가림천, 운총강, 소홍단수 등 강변에서 볼수 있다. 천지호반의 호수가에서도 풀밭과 돌박산에 자주 날아다니는것을 볼수 있다. 둥지는 개울가 가까운 떨기나무포기밑, 바위나 돌밑에다 튼다. 한배에 4～6개의 알을 낳는다.

알락할미새 *Motacilla alva* L.

봄에 와서 여름을 나고 간다. 강변이나 호수가에서 주로 살고 들판에서도 산다. 백두산일대의 소백수, 리명수, 가림천, 운총강, 두만강상류의 석을천, 소홍단수 강변에서와 삼지연, 원봉저수지못가에서 흔히 볼수 있다. 강변과 호수가에서 딱장벌레, 곤충의 새끼벌레, 거미들을 잡아먹으며 때로는 공중으로 날아올라가 날아가는 곤충도 잡아먹는다. 둥지는 돌밑, 나무구멍짬, 지어는 집의 지붕우에도 튼다. 한배에 4～6개의 알을 낳는다.

숲종다리 *Anthus hodgsoni* Richmond

봄에 와서 여름을 나고 간다. 높은 산지대의 산림에서 산다. 백두산일대의 무두봉, 선오산, 곰산 등지의 큰나무가 드문드문 있고 작은 떨기나무림이 무성한곳에서 많이 볼수 있다. 산림지대에서 살면서 산림의 곤충을 주로 잡아먹으나 식물의 열매도 먹는다. 둥지는 풀밭의 땅우 즉 풀포기밑, 바위둔덕의 기슭에 튼다. 6월상순경에 3～5개의 알을 낳는다.

붉은가슴논종다리 *Anthus cervina* (Pall.)

봄, 가을에 지나간다. 주로 습한 지대에서 사는데 소홍단수강변들과 운총강변에서 볼수 있다. 주로 강변 풀밭에서와 밭들에서 곤충을 잡아먹는다.

산논종다리 *Anthus spinoletta* L.

봄과 가을에 지나간다. 높은 산지대의 바위와 돌이 많은 물가에서 산다. 백두산일대를 지나갈때는 주로 산간지대의 강변에서 볼수 있다. 강변과 그 주변의 풀밭에서 곤충이나 풀씨를 먹는다.

분디새과 Campephagidae

분디새 *Pericrocotus divaricatus* Raff.
 봄에 와서 여름을 나고 간다. 주로 넓은잎나무림지대에서 사는데 넓은 잎나무림과 바늘잎나무림이 섞여있는 키나무림에서도 산다. 운흥지대에서 볼 수 있다. 산림지대에서 산림에 사는 곤충들과 그의 새끼벌레를 잡아먹는다. 둥지는 키나무의 가지에 풀줄기와 이끼로 잔모양으로 만든다. 한배에 4~5개의 알을 낳는다.

개구마리과 Laniidae

개구마리 *Lanius bucephalus* Temm. et Schleg.
 봄에 와서 여름을 나고 간다. 산림지대의 각이한 곳 즉 떨기나무가 무성한 강변, 나무가 무성한곳, 나무가 드문드문한곳 등에서 산다. 백두산일 대의 소백산, 신무성, 삼지연 등에서 볼수 있다. 산림속에서 곤충, 쥐, 작은새 등을 잡아먹으며 때로는 나무열매도 먹는다. 둥지는 키나무의 높은가지 혹은 떨기나무에 튼다. 한배에 4~6개의 알을 낳는다.

붉은꼬리개구마리 *Lanius cristatus* L.
 봄에 와서 여름을 나고 간다. 산지대의 산중턱이나 기슭의 산림 그리고 떨기나무가 무성한 평편한곳, 드문드문 나무가 서있는 벌목지 등 각이한 곳에서 산다. 백두산일대의 간삼봉이나 소백산지대에서 볼수 있다. 붉은꼬리개구마리는 메뚜기, 딱장벌레, 개미, 곤충의 새끼벌레 등 여러가지 곤충을 잡아먹는다. 둥지는 높은 나무가지에다 튼다. 한배에 4~6개의 알을 낳는다.

물개구마리 *Lanius sphenocercus* Caranis
 봄에 와서 여름을 나고 간다. 풀이 무성한 떨기나무림이나 키나무가 무성한 넓은 골짜기에서 산다. 대홍단, 남포태산 등지에서 볼수 있다. 물개구마리는 각종 곤충, 쥐, 도마뱀 등을 잡아먹는다. 둥지는 나무가지에다 튼다. 한배에 보통 6개알을 낳는다.

여새과 Bombycillidae

황여새 *Bombycilla garrulus* (L.)
 늦은 겨울과 이른 겨울에 지나간다. 삼지연, 남포태산기슭의 이깔나무 림이나 분비나무림, 측백나무림이 많은 곳에서 산다. 주로 나무열매를 따먹는다. 백두산일대에서 이른 겨울인 11월경과 늦은겨울인 3월경에 몇마리씩 다니는 무리를 볼수 있다.

물쥐새과 Cinclidae

물쥐새 *Cinclus pallasii* (Temm.)
 늦은 겨울에 와서 여름나고 이른 겨울에 간다.
 산간지대골짜기의 물이 흐르는 곳에서 산다. 리명수, 소백수, 가림천, 운총강, 박천수, 소홍단수상류지대나 작은 지류가 흐르는 골짜기에서 볼수 있었다. 물속의 곤충이나 곤충의 새끼벌레들, 물고기 그리고 땅우에서 사는 여러가지 곤충들을 잡아먹는다. 둥지는 강가의 바위밑이나 바위틈, 벼랑틈에 튼다. 한배에 4~6개의 알을 낳는다.

쥐새과 Troglodytiae

쥐새 *Troglodytes troglodytes* (L.)
 늦은 겨울에 왔다가 여름을 나고 이른 겨울에 간다. 산골짜기와 물가까운 숲에서 산다. 무두봉의 개울가, 리명수상류, 소백수상류, 가림천강변의 떨기나무 숲속에서 볼수 있다. 딱정벌레류, 메뚜기류, 거미류, 파리류 등 여러가지 벌레를 잡아먹으며 드물게 풀씨도 먹는다.

바위종다리과 Prunellidae

바위종다리 *Prunella collaris* (Scopoli)
 봄에 와서 여름을 나고 간다. 높은 산지대 산림이 없고 돌이나 바위가 많은 풀판에서 산다. 백두산천지주변, 백두산꼭대기에서 돌사이나 바위틈사이, 풀포기사이나 풀포기밑으로 잘 기여다니는것을 흔히 볼수 있다. 여러가지 곤충을 잡아먹는데 풀씨, 돋아나는 풀싹들도 먹는다. 둥지는 바위짬 오목한곳에다 튼다. 6~7월에 알을 낳고 새끼를 친다. 한배에 4~5개의 알을 낳는다.

티티새과 Turdidae

울타리새 *Luscinia sibilans* (Sw.)
 봄에 와서 여름을 나고 간다. 키나무림이 무성한 습한 산림에서 사는데 주로 바늘잎나무림에서 산다. 삼지연의 골짜기산림과 무두봉골짜기산림에서 볼수 있다. 산림속에서 산림곤충들과 나무에 기여오르는 개미를 잡아먹는다. 둥지는 나무구새통안에 깊숙이 튼다. 한배에 보통 5개의 알을 낳는다.

붉은턱울타리새 *Luscinia calliope* (Pall.)

봄에 와서 여름을 나고 간다. 떨기나무림이 무성하고 물이 흐르는 산골짜기, 떨기나무림의 기슭에서 산다. 소백수가 특히 백두산밀영근방의 떨기나무림에서 많이 볼수 있다. 백두산밀영근방의 소백수골짜기 버드나무와 여러가지 떨기나무가 엉켜있는 도랑옆에서 둥지를 볼수 있었다. 둥지는 버드나무잎, 마른풀들로 고뿌모양으로 튼다. 한배에 5개의 알을 낳는다.

작은류리새 *Luscinia cyane* (Pall.)

봄에 와서 여름을 나고 간다. 바늘잎나무가 기본을 이루고있는 바늘잎나무와 넓은잎나무가 섞여있는 곳에서 산다. 숲속을 숨어 다니면서 살기때문에 발견하기가 힘들다. 번식시기에 숲속의 낮은 나무가지우에서 종일 아름다운 소리로 운다. 소백산기슭과 백두산천지에서 흔히 볼수 있었다. 산림에서 여러가지 곤충과 그의 새끼벌레를 잡아먹는다. 둥지는 나무밑둥, 썩은 나무그루, 땅우 등 여러곳에 튼다.

류리딱새 *Tarsiger cyanurus* (Pall.)

봄에 와서 여름을 나고 간다. 키나무가 빽빽이 자란 바늘잎나무림에서 산다. 무두봉, 신무성, 삼지연, 청봉, 포태, 대택 등지의 산림에서 볼수 있다. 산림속에서 딱장벌레류, 메뚜기류, 파리류, 나비류 등 여러가지 곤충과 분디씨, 잡초씨 등을 먹는다. 둥지는 땅에 넘어진 나무밑둥의 드러난 뿌리들사이에다 튼다. 한배에 5~7개의 알을 낳는다.

딱새 *Phoenicurus auroreus* (Pall.)

봄에 와서 여름을 나고 간다. 물이 흐르는 골짜기, 떨기나무림과 넓은잎나무림이 있는 산기슭, 밭뚝 등 여러곳에서 산다. 백두산일대의 깊은 산림속을 제외한 여러곳에서 볼수 있다. 산림지대에서 딱장벌레류와 그의 새끼벌레 그리고 풀씨, 나무열매 등을 먹는다. 둥지는 나무구새통, 바위틈, 지어는 집의 울타리에도 튼다. 한배에 5~6개의 알을 낳는다.

흰허리딱새 *Saxicola torquata* (L.)

봄에 와서 여름을 나고 간다. 키가 큰 떨기나무가 드문드문 있는 습한 풀밭, 벌목한 풀밭, 산림속의 묵은밭, 호수나 강변의 풀밭 등에서 산다. 삼지연주변, 포태, 농사, 운흥 등지에서 흔히 볼수 있다. 풀밭을 다니면서 딱장벌레류, 파리류, 메뚜기류의 여러가지 곤충들을 잡아먹으며 이따금 나무열매도 먹는다. 둥지는 비탈진 언덕의 풀포기밑이나 밭최뚝에 튼다. 한배에 7개정도의 알을 낳는다.

바위찍바구리 *Monticola gularis* (Sw.)

봄에 와서 여름을 나고 간다. 비탈진 산지대의 벼랑이나 바위가 많은 바늘잎산림에서 산다. 신무성, 간삼봉, 삼지연, 농사 등지에서 볼수 있다. 산림속과 바위산 풀밭에서 주로 곤충을 잡아 먹는다. 둥지는 나무뿌리밑 혹은 언덕진 땅우에 튼다. 한배에 5~7개의 알을 낳는다.

흰눈섭티티 *Turdus sibiricus* Pall.

봄과 가을에 들린다. 이행시에는 떨기나무림, 물이 가까이 있는 습한 산림지대에서 산다. 향도봉분지에서 볼수 있다. 9월 이행시에 풀밭에서 기여다니며 땅우의 곤충들을 잡아먹는것을 채집하였다.

호랑티티 *Turdus dauma* Latham

봄에 와서 여름을 나고 간다. 바늘잎나무, 넓은잎나무, 바늘잎넓은잎나무림이 섞여있는 나무가 무성한 깊은 골짜기에서 산다. 흔히 땅우에 내려와 사는데 잘 숨어다니며 산기슭이나 나무사이에서 벌레들을 잡아먹는다. 삼지연읍에서 가까운 소백산기슭 골짜기산림에서 볼수 있다. 둥지는 나무우에 튼다. 한배에 4~5개의 알을 낳는다.

붉은배티티 *Turdus hortlorum* Sclater

봄에 와서 여름을 나고 간다. 강변의 울창한 떨기나무림이나 넓은잎나무림에서 산다. 삼지연근방의 강가의 떨기나무림이 무성한곳과 가림천상류의 산림지대에서 볼수 있다. 산림에 사는 곤충들을 잡아먹는다. 둥지는 산골짜기 냇물에서 가까운곳의 나무가지짬 그리 높지 않은곳에 튼다. 한배에 4개정도의 알을 낳는다.

흰배티티 *Turdus pallidus* Gm.

봄에 와서 여름을 나고 간다. 넓은잎나무, 바늘잎나무가 섞여있는 산림이나 떨기나무림에서 산다. 삼지연, 대평, 운흥 등지에서 볼수 있었다. 산림에서 주로 곤충을 잡아먹으나 번식이 끝나면 풀씨를 비롯한 여러가지 종자도 먹는다. 둥지는 나무가지우나 떨기나무림의 덩굴에다 튼다. 한배에 4~6개의 알을 낳는다.

티티새 *Turdus naumanni* Tem.

봄과 가을에 백두산일대를 지나간다. 이행시에는 산기슭의 덩굴, 떨기나무림이 무성한곳에서 무리지어 산다. 티티새는 여러가지 나무종자, 나무열매 등을 먹으며 여러가지 곤충도 잡아먹는다. 무두봉, 소백산, 삼지연, 관두봉기슭 등 여러 지역에서 볼수 있었다.

부비새과 Paradoxornithidae

부비새 *Paradoxornis webbiana* Gray

봄에 와서 여름을 나고 간다. 산기슭이나 도랑이 흐르는 골짜기의 떨기나무가 무성한 곳에서 산다. 떨기나무림이 무성한 덩굴속에서 살면서 풀씨, 딱정벌레류의 여러가지 곤충과 그의 새끼벌레를 잡아먹는다. 둥지는 산골짜기의 풀포기나 떨기나무포기에다 튼다. 한배에 5~6개정도의 알을 낳는다.

휘파람새과 Sylvidae

딱새 *Cettia squameiceps* (Sw.)

봄에 와서 여름을 나고 간다. 떨기나무림이 무성하고 덩굴이 많은 산골짜기에서 산다. 여러가지 곤충을 잡아먹는다. 둥지는 떨기나무그루밑의 잘 은페된 곳이나 떨기나무그루 짬에다 튼다. 한배에 5~7개의 알을 낳는다.

휘파람새 *Cettia diphone* (Kittlitz)

봄에 와서 여름을 나고 간다. 떨기나무가 무성한 산림지대, 떨기나무와 덩굴이 많은 골짜기에서 산다. 백두산일대 여러곳에서 볼수 있다. 곤충과 그의 새끼벌레들을 잡아먹으며 풀씨도 먹는다. 둥지는 떨기나무줄기나 풀줄기에다 튼다. 한배에 보통 4~6개의 알을 낳는다.

숲새 *Bradypterus thoracicus* (Blyth)

봄에 와서 여름을 나고 간다. 우리 나라에서 삼지연과 무두봉에서 처음으로 채집되였다. 풀과 떨기나무가 무성한 산림지대에서 산다. 둥지는 땅우, 풀우, 낮은 나무가지사이에 튼다. 한배에 4~6개의 알을 낳는다.

북쥐발귀 *Locustella centhiola* (Pall.)

봄에 와서 여름을 나고 간다. 벼과식물이 무성한 숲, 개울이나 못가의 떨기나무숲에서 산다. 삼지연못 주변에서 볼수 있었다. 주로 산림에 해로운 곤충들을 잡아먹는다. 둥지는 땅우의 풀포기사이에다 잘 숨겨서 튼다. 한배에 4~6개의 알을 낳는다.

쥐발귀 *Locustella lanceolata* (Temm.)

봄에 와서 여름을 나고 간다. 물가의 높이 자란 풀숲이나 떨기나무가 무성한 습한곳에서 산다. 풀숲에서 딱정벌레류, 나비류, 메뚜기류 등 여러가지 곤충을 잡아먹는다. 둥지는 무성하게 자란 풀줄기밑둥의 땅우에다 튼다. 한배에 3~5개의 알을 낳는다.

갈새 *Acrocephalus arundinaceus* (L.)

봄에 와서 여름을 나고 간다. 물이 가까운곳의 갈숲, 무성한 풀숲, 떨기나무숲 등에서 산다. 백두산일대의 강변이나 호수가의 수풀에서 흔히 볼수 있다. 수풀속에서 여러가지 곤충을 잡아먹는다. 둥지는 풀대나 갈대의 중간부분에 몇개 줄기에 의지하여 튼다. 한배에 5알정도 낳는다.

갈색숲솔새 *Phylloscopus fuscatus* (Blyth)

봄에 와서 여름을 나고 간다. 떨기나무림에서 산다. 신무성과 삼지연 내가의 떨기나무숲에서 볼수 있다. 숲속에서 여러가지 곤충을 잡아먹는다. 둥지는 물가에서 자라는 떨기나무대 혹은 그 밑둥에 튼다. 한배에 4~6개의 알을 낳는다.

긴다리솔새 *Phylloscopus schwarzi* (Radde)

봄에 와서 여름을 나고 간다. 산림이나 산기슭에서 산다. 주로 나무밑, 수풀속으로 숨어다니면서 딱장벌레류, 나비류, 파리류의 여러가지 곤충을 잡아먹는다. 둥지는 산기슭 풀숲의 나무그루우나 풀우에 튼다.

노랑눈섭솔새 *Phylloscopus inornatus* (Blyth)

봄에 와서 여름나고 간다. 산림지대에서 산다. 삼지연의 여러곳에서 몇마리 볼수 있다. 산림에서 살면서 여러가지 곤충과 그의 새끼벌레를 잡아먹는다. 둥지는 산림대 땅우의 풀이나 이끼사이에 튼다. 한배에 5~7개의 알을 낳는다.

노랑허리솔새 *Phylloscopus proregulus* (Pall.)

봄에 와서 여름을 나고 간다. 높은산의 산림지대에서 산다. 신무성, 삼지연 등 산림에서 나무가지사이를 날아다니면서 벌레들을 잡아먹는것을 볼수 있다. 둥지는 나무에 둥글게 튼다. 한배에 5~6개의 알을 낳는다.

솔새 *Phylloscopus borealis* (Bl.)

봄에 와서 여름을 나고 간다. 키나무림에서 산다. 삼지연, 간백산, 곤장덕 등 산림에서 나무가지사이를 날아다니면서 산림속에 사는 벌레들을 잡아먹는것을 볼수 있었다. 둥지는 보통 땅우에다 튼다. 한배에 3~6개의 알을 낳는다.

버들솔새 *Phylloscopus trochiloides* (Sund.)

봄에 와서 여름을 나고 간다. 무성한 밀림지대의 골짜기나 강가들에서 산다. 백두산밀영골짜기나 간백산골짜기들에서 볼수 있다. 산림에서 딱장벌레류나 나비류의 여러가지 곤충들을 잡아먹는다. 둥지는 도랑이나 강이 흐르는 골짜기의 비탈면의 바위틈에다 튼다. 한배에 5~6개의 알을 낳는다.

북솔새 *Phylloscopus tenellipes* Sw.

봄에 와서 여름을 나고 간다. 넓은잎나무가 우거진 골짜기에서 산다. 삼지연, 와사봉, 포태, 농사, 박천 등 여러 지역의 산골짜기에서 볼수 있다. 산림속에서 사는 여러가지 곤충을 잡아먹는다. 둥지는 낭떠러지기의 바위틈이나 구멍에다 튼다. 한배에 4~6개의 알을 낳는다.

산솔새 *Phylloscopus occipitalis* (Blyth)
봄에 와서 여름을 나고 간다. 넓은잎나무와 바늘잎나무가 섞여있는 산림, 산골짜기에서 산다. 산림속에서 딱장벌레류, 메뚜기류, 빌류 등의 여러가지 곤충을 잡아먹는다. 둥지는 나무가지나 떨기나무숲속, 오목한 땅우풀포기 등에 튼다. 한배에 5~7개의 흰알을 낳는다.

굼상모박새과 Regulidae

금상모박새 *Regulus regulu* (L.)
봄과 가을에 대부분 지나가고 일부가 백두산일대에서 여름난다. 나무가 빽빽한 바늘잎나무림에서 산다. 산림속에서 딱장벌레류, 파리류, 개미류 등 여러가지 곤충을 잡아먹으며 풀씨, 솔씨 등도 먹는다. 둥지는 나무가지에 튼다. 한배에 7~8개의 알을 낳는다.

솔딱새과 Muscicapidae

제비솔딱새 *Muscicapa griseisticta* (Sw.)
우리 나라에서는 백두산일대에서만 일부가 여름을 나고 간다. 딱장벌레류, 개미류를 비롯한 곤충들을 잡아먹고 일부 풀씨도 먹는다.

담색솔딱새 *Muscicapa sibirica* Gm.
백두산일대에서 봄, 가을에 많이 지나가고 일부가 여름을 나고 간다. 바늘잎나무림이 많고 넓은잎나무가 조금 섞인 아고산대의 산림에서 산다. 삼지연, 무두봉 등지의 산림에서 7월에 볼수 있다. 거미류, 벌류, 나비류, 딱장벌레류 등을 잡아먹는다. 둥지는 나무우에 트는데 한배에 3~5개의 알을 낳는다.

솔딱새 *Muscicapa latirostris* Raffles
봄에 와서 여름을 나고 간다. 산림의 기슭이나 양지바른골짜기 산턱에서 산다. 둥지는 높은 나무에다 튼다. 한배에 4~5개의 알을 낳는다.

노랑솔딱새 *Ficedula mugimaki* (Temm.)
우리 나라에서는 백두산일대에서만 여름을 나고 간다. 무두봉, 소백산, 삼지연 청봉 등 바늘잎나무림에서 산다. 둥지는 나무우에 튼다. 한배에 4~8개의 알을 낳는다.

흰꼬리솔딱새 *Ficedula parva* (Bechstein)
봄과 가을에 지나간다. 산림지대에서 산다. 백두산일대를 지나갈 때는 나무가 드문 드문 서있는 풀밭이나 산기슭의 풀밭에서 볼수 있다. 산림과 초판에서 여러가지 곤충을 잡아먹는데 주로 딱정벌레류의 곤충을 잡아먹는다.

황금새 *Ficedula zanthopygia* Hay

봄에 와서 여름을 나고 간다. 바늘잎나무림, 넓은잎나무림, 물가의 떨기나무림, 산기슭, 부락근처에서 산다. 메뚜기류, 딱정벌레류, 나비류, 벌류 등 여러가지 곤충을 잡아먹는다. 한배에 4~6개의 알을 낳는다.

큰류리새 *Ficedula cyanomelana* (Temm.)

봄에 와서 여름을 나고 간다. 골짜기의 산림지대에서 산다. 딱정벌레류, 청벌레류, 털벌레류 등 곤충의 새끼벌레들을 잡아먹으며 나무열매도 먹는다. 한배에 4~5개의 알을 낳는다.

오목눈과 Aegithalidae

오목눈 *Aegitalos candatus* (L.)

백두산일대에서 사철 산다. 넓은잎나무림, 넓은잎나무와 바늘잎나무가 섞인 산림지대에서 산다. 6월~7월에 7~10개의 알을 낳는다.

박새과 Paridae

굵은부리박새 *Parus palustris* L.

사철새이다. 백두산밀영, 간백산밀영, 청봉밀영 등 산림속에서와 그리고 신무성, 삼지연, 포태 등 여러곳에서 흔히 볼수 있다. 여름기간에는 주로 여러가지 곤충을 잡아먹으나 겨울에는 벌레의 알, 풀씨 등을 먹는다. 둥지는 나무구멍에다 튼다. 딱따구리의 구멍이나 인공새둥지에도 잘 들어가 번식한다. 한배에 6~8개의 알을 낳는다.

작은박새 *Parus montanus* Baldenstein

백두산일대에서 사철새이다. 신무성, 소백산, 삼지연, 남포태산, 포태, 호산 등의 바늘잎나무림에서 주로 산다. 둥지는 나무구멍에다 트는데 땅에서 그리 높지 않은곳에 튼다. 5월경에 둥지틀곳을 택하고 6월이면 알을 낳기 시작한다. 7월이면 새끼들을 날리기 시작한다.

깨새 *Parus ater* L.

사철새이다. 백두산일대의 바늘잎나무림 어디서나 볼수 있다. 여러가지 곤충과 그의 알, 번데기들을 잡아먹는다. 둥지는 구새먹은 나무, 돌담에다 튼다. 인공새둥지에서도 잘 번식한다. 보통 5월~6월초에 한배에 6~11개의 알을 낳는다.

박새 *Parus maior* L.

사철새이다. 넓은잎나무림, 바늘잎나무림, 산기슭강변의 떨기나무림, 공원림에서 흔히 볼수 있고 지어는 백두산천지호반에도 이따금 날아든다. 박새는 여름에는 딱장벌레류, 나비류 등 여러가지 곤충과 그의 새끼벌레들을 잡아먹고 겨울에는 곤충의 알, 번데기, 풀씨, 솔씨 등을 먹는다. 둥지는 나무구새통, 돌담 혹은 딱따구리의 낡은 구멍에다 트는데 인공새둥지에도 잘 튼다. 한배에 9~12개의 알을 낳는다.

동고비과 Sittidae

동고비 *Sitta europaea*

사철새이다. 무두봉, 신무성, 삼지연 포태에서 여름에 흔히 볼수 있고 지어는 백두산천지호반에도 이따금 날아든다. 산림속에 살면서 여름에는 주로 곤충과 그의 새끼벌레를 잡아먹으며 겨울에는 풀씨, 곤충의 알, 번데기들을 먹는다. 둥지는 나무구새통에다 튼다. 한배에 7알정도 알을 낳는다.

작은동고비 *Sitta villosa* Verreaux

사철새이다. 산지대의 바늘잎나무림에서 주로 산다. 무두봉, 신무성, 삼지연, 대홍단 등의 이깔나무림이나 분비나무림에서 흔히 볼수 있다. 알은 6월상순에 집중적으로 낳는데 한배에 5~6개의 알을 낳는다.

나무발발이과 Certhidae

나무발발이 *Certhia familiaris* L.

사철새이다. 넓은잎나무림, 바늘잎나무림, 넓은잎나무와 바늘잎나무가 섞인 산림에서 산다. 둥지는 나무구새통, 나무줄기가 터진 틈에다 튼다. 한배에 5~7개의 알을 낳는다.

동박새과 Zosteropidae

북동박새 *Zosterops erythropleura* Sw.

봄에 와서 여름을 나고 간다. 산기슭이나 넓은잎나무가 많은 곳에서 산다. 운총강과 오시천 강변산림에서 볼수 있다. 산림속에서 여러가지 곤충과 그의 새끼벌레를 잡아먹는다. 둥지는 나무우에 튼다. 6월경에 한배에 5~6개의 알을 낳는다.

멧새과 Emberizidae

흰머리멧새 *Emberiza leucocephala* Gm.

봄과 가을에 지나간다. 이행시에는 나무가 그리 많지 않는 산림초원이나 강변의 떨기나무숲, 밭주변의 떨기나무숲에서 사는데 여러가지 곤충을 잡아먹으며 각이한 식물종자, 떨어진 낟알을 주어 먹는다. 삼지연근방의 밭주변에서 볼수 있다.

밭멧새 *Emberiza cioides* Brandt

사철새이다. 산기슭, 나무가 드문드문 있는 초원, 풀숲, 떨기나무림, 밭 등에서 산다. 밭멧새는 여름에는 여러가지 벌레를 잡아먹으나 겨울에는 잡초씨, 솔씨, 밀, 보리 등을 먹는다. 둥지는 낮은 나무가지나 바위틈, 나무그루, 풀포기 등에 튼다. 6월경에 한배에 4~5개의 알을 낳는다.

함북멧새 *Emberiza jankowskii* Taczanowski

1960년대 백두산일대에서 관찰되였다.

흰배멧새 *Emberiza tristrami* Sw.

봄에 와서 여름을 나고 간다. 삼지연의 분비나무, 가문비나무, 이깔나무림속에서 자라나는 여러가지 작은 떨기나무들사이를 뒤지면서 먹이를 구하는것을 볼수 있다. 한배에 3개정도의 알을 낳는다.

붉은빰멧새 *Emberiza fucata* Pall.

봄에 와서 여름을 나고 간다. 풀숲과 떨기나무가 있는 벌이나 언덕벌에서 산다. 벌판에서 딱장벌레류, 나비류, 메뚜기류 등 곤충을 많이 잡아먹으며 잔디씨를 비롯한 잡초씨를 먹는다. 한배에 4~5개정도의 알을 낳는다.

작은붉은빰멧새 *Emberiza pusilla* Pall.

봄에 와서 여름을 나고 간다. 떨기나무가 무성한 산림에서 산다. 청봉과 포태의 물가의 떨기나무숲에서 볼수 있다. 한배에 4~6개의 알을 낳는다.

검은머리멧새 *Emberiza yessoensis* (Sw.)

봄과 가을에 지나간다. 백두산지대를 지나갈 때에는 강변이나 못가의 습한 풀밭 혹은 넓은 풀밭에서 볼수 있다. 주로 풀씨를 먹는데 곤충과 마른 벌레들도 잡아먹는다.

노랑눈섭멧새 *Emberiza chrysophrys* Pall.

봄과 가을에 지나간다. 백두산일대를 지나갈 때에는 풀밭, 산림기슭에서 주로 볼수 있다.

뿔멧새 *Emberiza ructica* Pall.

봄에 와서 여름을 나고 간다. 진펄을 낀 산림에서 산다. 여름에 청봉, 삼지연, 농사 등에서 흔히 볼수 있다. 산림과 누기찬곳에서 사는 여러가지 벌레들과 풀씨들을 먹는다. 둥지는 풀포기밑, 풀포기사이의 땅우에 잘 숨겨서 튼다, 한배에 4~5개의 알을 낳는다.

노랑턱멧새 *Emberiza elegans* Temm.

봄에 와서 여름을 나고 간다. 넓은잎나무가 많은 산기슭이나 산림주변의 떨기나무에서 산다. 떨기나무숲과 그 주변에서 딱장벌레류, 메뚜기류 등 여러가지 곤충들과 잡초씨, 열매들을 먹는다. 둥지는 산기슭의 떨기나무숲이나 풀속에다 튼다. 한배에 4~6개의 알을 낳는다.

노랑가슴멧새 *Emberiza aureola* Pall.

봄에 와서 여름을 나고 간다. 떨기나무가 무성한 골짜기에서 산다. 소백산의 리명수 골안에서 흔히 볼수 있었다. 떨기나무숲에서 사는 여러가지 곤충들, 풀씨 등을 먹는다. 둥지는 풀포기밑에 혹은 풀포기사이에 잘 숨겨서 튼다. 한배에 4~5개의 알을 낳는다.

밤등멧새 *Emberiza rutila* Pall.

봄에 와서 여름을 나고 간다. 이깔나무가 무성한 삼지연, 포태 등의 산림에서 드물게 볼수 있다. 여름에는 곤충과 그의 새끼벌레를 잡아먹으나 가을이나 봄에는 잡초씨나 떨어진 낟알을 먹는다. 둥지는 땅우 떨기나무, 월귤나무, 묵은 풀포기밑에다 튼다. 한배에 4개정도의 알을 낳는다.

버들멧새 *Emberiza spodocephala* Pall.

봄에 와서 여름을 나고 간다. 산골짜기의 무성한 풀숲, 떨기나무숲, 나무가 드문드문한 산림, 산간지대의 언덕벌 등 다양한 곳에서 산다. 신무성이나 간백산의 모래강 기슭숲에서 많이 볼수 있고 백두산일대 골짜기나 언덕밑에서 볼수 있는 흔한 새이다. 둥지는 초습지, 떨기나무숲, 풀밭 등 각이한 곳에 튼다. 한배에 보통 4~5개의 알을 낳는다.

북검은머리멧새 *Emberiza pallasi* (Cabanis)

산골짜기의 버드나무가 많은 떨기나무숲에서 산다. 지나갈 때 주로 잡초씨를 먹는다. 백두산일대를 비롯한 우리 나라 북부의 높은산지대에서는 겨울에 볼수 없으나 다른 지역에는 겨울에 흔한 새이다. 백두산일대의 엄혹한 추위 눈덮임이 오래동안 지속되여 먹을것이 적으므로 겨울을 나지 않는것 같다. 백두산일대에 늦은 겨울이나 이른 겨울에 지나간다. 유곡에서 3월에 볼수 있다.

큰검은머리멧새 *Emberiza schoeniclus* L.

봄과 가을에 지나간다. 백두산일대를 지나갈 때에는 물가의 떨기나무숲이나 풀숲 특히 갈이 많은 곳에서 산다. 풀숲에서 주로 곤충과 여러가지 벌레들을 잡아먹으며 잡초씨를 비롯한 식물종자를 많이 먹는다.

방울새과 Carduelidae

꽃참새 *Fringilla montifringilla* L.

봄과 가을에 지나간다. 이행시는 언덕벌, 산골짜기, 강변, 벌목지, 산림 등 각이한 환경에서 무리지어 산다. 주로 풀밭이나 밭에서 재빠르게 뛰여다니면서 풀씨, 떨어진 낟알 등을 먹고 나무순도 잘라먹으며 벌레들도 잡아먹는다.

방울새 *Carduelis sinica* (L.)

사철새이다. 소백산, 간백산 지대에 대단히 드물게 나타나나 보천, 운흥, 혜산 등 지대에서 흔히 볼수 있다. 산지대에서 잡초씨, 솔씨, 여러가지 떨기나무의 열매를 먹으며 밀, 무씨 등을 먹는다. 둥지는 산기슭이나 골짜기의 양지쪽, 부락근처의 낮은산지대의 나무우에 튼다. 알은 한배에 3~5개 정도 낳는다.

검은머리방울새 *Carduelis spinus* (L.)

봄과 가을에 지나간다. 이행시에는 바늘잎나무림, 풀밭, 강변, 떨기나무숲 등을 찾아다니며 산다. 작은 무리를 지어 다니면서 잡초씨, 솔씨 등 나무종자들을 먹는다.

붉은방울새 *Acanthis flamea* (L.)

이행시에는 작은 무리를 지어 산기슭이나 밭주변을 찾아다니며 먹을것을 구한다. 주로 솔씨, 풀씨를 먹는다. 백두산일대에서는 겨울에 볼수 없으나 우리 나라 북부의 여러 지역에서는 많지는 않으나 가끔 볼수 있다. 유곡에서 3월에 채집한것으로 보아 늦은 겨울에 지나가는것 같다.

싸리양지니 *Leucosticte arctoa* (Pall.)

겨울에 먹이를 찾아 떠돌아다니는 일부 무리가 이른겨울 혹은 늦은겨울에 백두산일대에 온다. 눈녹은 벌판이나 산기슭을 찾아다니며 풀씨와 여러가지 식물종자를 먹는다.

긴꼬리양지니 *Uragus sibiricus* (Pall.)

봄에 와서 여름을 나고 간다. 산골짜기의 떨기나무숲, 도랑이나 강가의 떨기나무숲에서 산다. 소백산, 포태, 대홍단군의 서무구 골짜기들과 서두수, 박천수 상류지대 골짜기들에서 여름에 흔히 볼수 있다. 주로 잡초씨나 떨기나무열매들을 먹으나 이따금 벌레들도 잡아먹는다. 둥지는 도랑이나 강변의 조팝나무, 산사나무, 야광나무의 낮은 가지에 튼다. 한배에 보통 4개의 알을 낳는다.

붉은양지니 *Carpodacus erythrinus* (Pall.)

봄에 와서 여름을 나고 간다. 바늘잎나무림과 넓은잎나무림이 섞인 산림, 강가나 골짜기의 떨기나무숲, 습지대 등 매우 다양한 곳에서 산다. 삼지연, 소백산, 남포태산의 낮은 골짜기들에서 매우 아름다운 소리를 내며 우는것을 흔히 볼수 있다. 산림지대의 풀밭에서 풀씨나 나무열매를 먹으며 여러가지 곤충도 잡아먹는다. 둥지는 습지, 강변의 떨기나무에다 튼다. 보통 한배에 4개의 알을 낳는다.

양지니 *Carpodacus roseus* (Pall.)

봄과 가을에 지나간다. 이행시에는 산골짜기의 산림, 떨기나무숲, 산기슭의 작은 수풀, 밭 등에서 먹이를 구하면서 지나간다. 청봉골짜기와 삼지연골짜기들에서 4월에 잡초씨와 나무종자를 먹는것을 채집하였다. 백두산일대에는 봄 가을에만 볼수 있는것은 겨울의 엄혹한 추위와 눈덮임으로 먹을것이 없는것과 관련되는것 같다.

잣새 *Loxia curvirostra* L.

봄과 가을에 지나간다. 바늘잎나무림과 바늘잎나무와 넓은잎나무가 섞여있는 산림에서 주로 산다. 솔씨, 나무종자나 열매 등을 먹는다.

산까치 *Pyrrhula pyrrhura* (L.)

남포태산기슭, 삼지연, 대홍단의 여러곳에서 초겨울에 볼수 있는데 나무의 싹이나 식물종자 등을 먹는다. 백두산일대에 엄혹한 추위와 눈덮임으로 하여 먹을것이 적으므로 주로 낮은산지대에서 겨울을 나는것 같다.

콩새 *Coccothraustes coccothraustes* L.

백두산일대에서는 초겨울과 늦은겨울에 드물게 볼수 있으나 추울 때에는 볼수 없다. 눈이 녹은 산기슭, 밭을 찾아다니며 나무종자, 잡초씨, 콩 등을 먹으며 곤충도 잡아먹는다.

밀화부리 *Eophona migratoria* Hartert

봄에 와서 여름을 나고 간다. 산기슭, 부락근처의 키나무림에서 산다. 보천, 운흥지대에서 흔히 볼수 있다. 산림에 있는 여러가지 딱장벌레, 그의 새끼벌레, 잡초씨들을 먹는다. 둥지는 키나무의 나무가지에다 튼다. 한배에 4개정도의 알을 낳는다.

참새과 Passeridae

참새 *Passer montanus* (L.)

부락이나 그 근처에서 사철 산다. 그 어디에서나 볼수 있는 가장 흔한 새이다. 둥지는 건물의 지붕짬이나 기와장밑에 튼다. 백두산일대에서 2번 번식하는데 한배에 3~8개의 알을 낳는다.

찌르러기과 Sturnidae

작은찌르러기 *Sturnus sturnus* (Pall.)
봄에 와서 여름을 나고 간다. 산기슭, 도시주변, 부락근처, 공원 등 키나무림에서 산다. 혜산, 운흥 등에서 볼수 있다. 둥지는 부락근처, 공원 등의 늙은나무의 구새구멍에다 튼다. 인공새둥지에도 잘 튼다. 한배에 5~6개의 알을 낳는다.

찌르러기 *Sturnus cineraceus* Temm.
봄에 와서 여름을 나고 간다. 산림, 산기슭에서 산다. 무두봉, 소백산, 대홍단, 보천 등 여러곳에서 여름에 볼수 있다. 백두산일대에서는 6월경에 알을 낳는데 한배에 6개정도 낳는다.

피꼬리과 Oriolidae

피꼬리 *Oriolus chinensis* (L.)
봄에 와서 여름을 나고 간다. 주로 넓은잎나무가 많은 산기슭, 강기슭, 골짜기 등에서 산다. 6월에 들어서면 간백산, 소백산, 삼지연 등과 대홍단, 보천 등의 여러 지방에서 피꼬리의 울음소리를 들을수 있다. 대체로 한 골짜기에 2~3쌍 보인다. 산림지대에서 털벌레, 풍뎅이 등 여러가지 곤충들과 그의 새끼벌레를 잡아먹으며 혹간 나무열매도 먹는다. 둥지는 키나무가지에다 매달아튼다.

까마귀과 Corvidae

어치 *Garrulus glandarius* (L.)
백두산일대에서 사철새이다. 바늘잎나무림, 넓은잎나무림, 바늘잎나무와 넓은잎나무가 섞인 산림에서 산다. 나무종자, 나무열매 그리고 여러가지 곤충들을 잡아먹는다. 둥지는 키나무들의 높은 가지에 혹은 버랑틈사이에 사발모양으로 튼다.

물까치 *Cyanopica cyanus* (Pall.)
백두산일대에서 사철새이다. 산간지대의 떨기나무가 무성한 골짜기에서 주로 산다. 삼지연, 포태, 대평, 무봉, 농사 등 여러 지역에서 볼수 있다. 여름에는 주로 여러가지 곤충을 잡아먹고 가을이나 겨울에는 나무열매, 나무종

자 등을 먹는다. 둥지는 키나무나 떨기나무의 가지에 그리 높지 않은 가지
에다 튼다. 알낳는시기는 6월말경인데 한배에 4~8개의 알을 낳는다.

까치 *Pica pica* (L.)

사철새이다. 부락근처 낮은산지대 등에서 산다. 둥지는 산기슭, 부락
주변, 도로주변의 키나무가지우에 마른 나무가지로 틀고 흙을 발라 든든히
만든다. 백두산일대에서 5월경에 6~8개의 알을 낳는다.

잣까마귀 *Nucifraga caryocatactes* (L.)

이른 봄에 와서 여름을 나고 늦은 가을에는 낮은 산지대로 내려간다. 잣
나무와 바늘잎나무가 무성한 곳에서 산다. 간백산, 신무성, 남포태산, 대홍
단 등 여러곳에서 여름에 가끔 볼수 있다. 잣을 비롯한 나무종자와 열매, 여
러가지 곤충을 잡아먹는다. 둥지는 키나무의 높은 가지우에다 튼다. 알은
한배에 보통 3~4개 낳는다.

땅까마귀 *Gorvus monedula* L.

이른 봄에 와서 여름을 나고 이른 겨울에 간다. 산지대의 산림, 물이
흐르는 골짜기에서 산다. 보천, 소백수 골짜기에서 가끔 여름에 볼수 있다.
여름에는 여러가지 곤충을 잡아먹으며 나무열매, 종자 등을 먹는다. 둥
지는 나무구새통, 바위짬, 벼랑짬에 깊은 사발모양으로 튼다. 한배에 5~
6개의 알을 낳는다.

까마귀 *Corvus corone* L.

산지대, 벌판, 부락근처 어디에나 산다. 여름에는 번식터를 차지하고
흩어져서 사나 대체로 가을과 겨울에는 한곳에 모여 밤을 지내고 무리지어
먹이터를 찾아간다. 백두산정에서도 볼수 있다. 둥지는 산골짜기 큰나무의
높은곳에 나무가지로 둥글게 튼다. 한배에 4~6개의 알을 낳는다.

굵은부리까마귀 *Corvus macrorhynchos* Wagler

사철새이다. 산간지대의 산림에서 산다. 가을과 겨울에는 무리지어 부
락근처나 들판에 내려와 먹이를 구한다. 굵은부리까마귀는 잡식성이므로 나
무종자, 풀씨, 곤충, 작은 동물 등 닥치는 대로 잡아먹는다. 둥지는 산림지
대의 큰나무에다 나무가지로 둥글게 튼다. 한배에 5개정도의 알을 낳는다.

제 3 절 파 충 류

백두산일대의 자연지리적특성과 엄혹한 기후, 동시에 습윤한 산림으로
덮여있는 생태적환경은 파충류생활에 적당하지 못하다. 일부 돌바위산, 밭,

백두산의 두리에 펼쳐진 부석지대만이 메마른지역일뿐이다. 그러므로 백두산일대의 파충류의 종구성은 대단히 단순한데 5종으로서 우리 나라 파충류 종수의 19%정도이다.

백두산일대에서 조사된 파충류를 종별로 보면 다음과 같다.

뱀-도마뱀목 SQUAMATA

장지뱀과 Scincidae

미끈도마뱀 *Lygosoma laterale* Say

백암에서 조사되였다. 눅눅한 풀밭이나 돌담들이 있는곳에서 산다. 거미, 파리 등 여러가지 벌레들을 잡아먹는다. 백암일대에서는 7월말경에 바위밑이나 돌밑에 들어가 한배에 4~5마리의 알새끼를 낳는다.

도마뱀과 Lacertidae

긴꼬리도마뱀 *Takydromus amurensis* Pet.

백두산밀영의 답사숙영소부근, 백암에서 조사되였다. 산기슭, 강기슭의 바위가 많은곳에서 산다. 거미, 파리 그리고 여러가지 곤충들과 그의 새끼벌레를 잡아먹는다. 7월말~8월초에 가랑잎아래 혹은 부드러운 흙속에 한배에 3~7개의 알을 낳는다.

살모사과 Crotalidae

살모사 *Agkistrodon halys* Pall.

백두산전지역에 분포되여있다. 산기슭이나 돌각담, 개울주변, 숲속, 떨기나무림이 무성한 곳에서 산다. 쥐, 새, 개구리, 여러가지 곤충 등을 잡아먹는다. 암컷은 8월말~9월초순경에 한배에 6~8마리의 알새끼를 낳는다.

검은살모사 *Agkistrodon blomhoffii* Boie

백암에서 조사되였다. 밭, 풀밭, 떨기나무림의 밑에서 산다. 주로 개구리, 새류, 쥐류 등을 잡아먹는다. 암컷은 9월초순경에 한배에 6~9마리의 알새끼를 낳는다. 최고 20마리까지 낳는다.

북살모사과 Vipeidae

북살모사 *Vipera berus* Boul

백두산일대를 중심으로한 우리 나라 북부지대에 분포되여있다. 백두산밀영골짜기, 소백산, 무두봉, 리명수, 백암 등지에서 조사되였다. 개울가의 풀밭이나 산지대의 풀밭에서 산다. 개구리, 쥐, 작은새와 그의 알, 도마뱀, 여러가지 곤충을 잡아먹는다. 여름에 한배에 5~8마리의 알새끼를 낳는다.

제 4 절 량 서 류

백두산일대는 우리 나라의 북부내륙의 높은산지대로서 동서로 흐르는 강들의 분수령을 이루고 있다.

강의 시원지대로서 크고작은 강, 하천들의 류속은 빠르다. 또한 백두산일대는 년평균기온이 낮아 여름이 짧고 겨울이 길다. 이로 인하여 눈이 오래동안 덮이고 강, 하천은 얼음으로 덮이고있으며 짧은 여름기간의 수온도 낮다.

이러한 자연지리적환경은 량서류의 분포와 생활에 일정한 제약을 주고 있다.

백두산일대의 량서류는 6종으로서 우리 나라 량서류 종수의 23% 정도에 불과하다. 이 지역의 량서류종구성은 광분포종과 구북구북부계통의 종으로 이루어져있다.

백두산일대에서 조사된 량서류를 총별로 보면 다음과 같다.

유미목 CAUDATA

도롱룡과 Cryptobranchoidae

합수도롱룡 *Sallamandrela keisereingi* Dyb.

소백수의 백두산밀영골짜기, 리명수의 소백산골짜기, 삼지연가 수풀속 등에서 조사되였다. 산지대의 흐르는 물이나 고인물주변에서 산다. 주로 벌레를 잡아먹는다. 백두산일대에서 6월하순 7월상순경에 산골짜기의 강물이나 도랑물이 천천히 흐르는곳, 물웅덩이에다 알을 낳는다.

발톱도롱룡 *Onychodactylus fischeri* (Boul).

백암에서 수컷 1마리 새끼 수십마리를 채집하였다. 산골짜기의 비교적 찬샘물이 흐르는 물에서 산다. 풀숲이나 녹녹한곳에서 사는 벌레들을 잡아 먹는다. 엄지는 봄에 샘물이나 개울물에다 알을 낳는다.

무미목 ECAUDATA

비단개구리과 Discoglosidae

비단개구리 *Bombina orientalis* Boul.

삼지연, 보천, 대홍단, 백암 등 백두산일대의 전지역에서 조사되였다. 산지대의 물웅덩이에서 산다. 물속의 벌레들과 풀밭에 사는 여러가지 곤충과 그의 새끼벌레, 거미 등을 잡아먹는다. 암컷은 7월에 알을 낳는데 간삼봉에서 조사한데 의하면 고인물에 있는 풀포기사이나 풀잎에 2～6개알씩 낳아 붙이였다.

청개구리과 Hylidae

청개구리 *Hyla arborea* Can.

보천, 혜산지역에서 알려졌다. 넓은잎나무의 나무잎이나 나무가지에서 주로 산다. 여러가지 곤충과 그의 새끼벌레들과 진디물을 잘 잡아먹는다. 봄에 물속의 풀잎이나 검불에 보통 300개이상의 알을 낳는다.

참개구리과 Ranidae

참개구리 *Rana nigromaculata* Hall.

백두산일대에는 혜산지방에까지만 분포되여있다. 물가의 풀밭에서 주로 산다. 여러가지 곤충들과 그의 새끼벌레들 즉 늦벌레, 청벌레, 자벌레 등을 많이 잡아먹는다. 6월경에 논판이나 물웅덩이에 알을 낳는다. 보통 한마리가 1500～2000개의 알을 낳는다. 알은 7～9일간이면 까나며 모습갈이는 두달정도 걸린다. 가을이 되면 양지쪽 따뜻한곳의 흙을 파고 들어가기 시작하여 깊은곳에 들어가 겨울잠을 잔다.

북개구리 *Rana temporaria* L.

백두산일대 전지역에 분포되여있다. 강변, 개울가의 풀밭, 산림밑의 눅눅한 풀밭에서 산다. 백두산천지호반의 장군봉분지의 온천부근과 청석봉분지의 목장샘물이 있는 천지호반에서도 조사되였다. 풀밭에서 딱장벌레류, 나비류, 파리류, 메뚜기류의 여러가지 곤충들과 그의 새끼벌레들, 다족류 등을 잡아먹는다.

제 5 절 물고기류

1. 물고기상의 일반특징

백두산일대는 백두산천지에서 소백수, 리명수, 가림천, 오시천, 운총강들과 그리고 두만강상류류역과 그에 류입하는 석을수, 사동수, 소홍단수, 서두수가 있으며 자연호로서 삼지연과 수많은 늪과 물웅덩이, 인공저수지로서 원봉저수지 등 넓은 면적의 수역이 있다.

백두산일대의 수역에서 원구류 1목 1과 1속 2종, 물고기류 4목 7과 20속 30종 및 아종 즉 모두 5목 8과 21속 32종 및 아종을 조사하였다(표 12).

이것은 우리 나라 민물고기류 185종 및 아종가운데서 17%를 차지하는것으로서 백두산일대수역의 민물고기상이 비교적 풍부하다는것을 보여주고 있다. 그러나 백두산일대 수역에만 있는 고유종은 없고 다만 우리 나라 북부 고원지대 수역과 같은 종들이 많은것이 특징이다.

백두산지구수역과 우리 나라 북부지대수역에 있는 공통종은 보천칠성장어, 정장어, 산천어, 고원산천어, 사루기, 야레, 두만강야레, 두만강자그사니 등을 들수 있다.

백두산일대수역의 물고기상의 분류군조성은 연어목의 연어과, 잉어목의 잉어과 물고기가 많은 비중을 차지하고 있는것이다.

분류군조성   표 12

목 및 과명 분류등급	칠성장어목	연어목			잉어목		메기목	우레기목	계
	칠성장어과	연어과	사루기과	모이고기과	잉어과	미꾸리과	메기과	횟대어과	
속	1	5	1	1	9	2	1	1	21
종	2	9	1	1	14	3	1	1	32
종비률, %	6.3	28.1	3.1	3.1	43.8	9.4	3.1	3.1	100

백두산일대에 잉어류가 다양하고 많은것은 우리 나라 민물고기조성의 일반적특징과 일치한다. 그러나 연어류가 많은것은 산간지대 강하천의 생태적 환경과 관련하여 력사적으로 형성된 백두산일대수역의 물고기상의 하나의 특징이다.

2. 물고기류의 생태적구성과 분포특징

1) 생태적구성

 백두산일대 수역은 우리 나라 내륙산지대에 위치하고 있으므로 일련의 특성을 가지고 있다. 백두산일대 수역은 산간지대의 골짜기의 비교적 크지 않는 강하천들로 이루어져 있으므로 전반적으로 물호름이 빠르고 수온은 대단히 낮기때문에 물고기의 생태적구성도 비교적 단순하다(표 13).

생태적특성   표 13

구분	생태적 구성		생태류형							
			고 착 형				이 동 형			
	더운물성물고기	찬물성물고기	강변숲웅덩이에서사는것이약한	물살이잘사는곳판에	물이에서물살이빠른곳사기	목이얕은여울에서사기	호수,저수지에서사기	바다로내려갔다오르내리는	저류수지하천입리물면에서사기	오르사는고면오르서기	강상류깊은곳에서오서기곳리면
종 수	6	26	2	13	5	4	2	2		4
비률,%	19	81	75				25			

 즉 백두산일대 수역에 사는 물고기의 절대다수인 81%(26종)가 찬물성물고기인데 이것은 높은 산간지대의 전형적인 물고기상이다. 그러나 이 지대에 더운물성물고기가 6종(19%)이나 살고있는것은 지사학적과정의 력사적산물로서 산간지대의 찬물에서 살아남아 적응된 것이다.
 백두산일대 물고기상은 산간지대 골짜기에 형성된 수역이라는 비교적 단순한 생태적조건에 처하여 있으나 여러가지 형태로 분화되어 각이한 생태적류형조건에 적응되어 생태적공간에 합리적으로 배치되어 서식하고 있다.
 한곳에 머물러사는 고착형이 24종(75%)이며 멀리를 떠돌아다니며 사는 이동생활형이 8종(25%)이다.
 흥미있는것은 백두산일대 물고기상에서 이동형물고기가 비교적 많은 비중을 차지하는것이다. 전형적인 이동형생활순환을 하는 강오름성물고기로서는 송어와 황어를 들수 있다.
 송어와 황어는 두만강상류의 삼장일대수역까지 올라온다. 송어는 소홍단수를 따라 해발 1000m지역인 삼수평수역까지 올라온다.

동시에 소극적인 이동형생활순환을 하는 애기빙어, 열묵어, 정장어, 사루기 등은 강이나 저수지의 깊은 물속에서 살다가 알쓸이시기에는 강상류나 류입하천에 올라온다. 이것은 이 물고기들이 지난 력사적기간에 생태적조건의 부단한 변화를 겪으면서 자기의 고유한 생활순환과정을 현재생활조건에 적응한 작은생활순환형으로 변화되여 보존된것이라고 말할수 있다.

그러므로 백두산일대수역의 물고기상은 오랜 기간의 복잡한 지사학적과정에 형성되고 공고화된것이다.

2) 분포특징

백두산일대수역의 물고기상은 분포에서도 일정한 특성을 가지고 있다.

백두산천지에서 발원하여 흐르는 압록강과 두만강상류수역들은 지리적으로 매우 가까우며 생태적조건도 매우 비슷하지만 물고기의 분포에서는 일련의 차이가 나타나고 있다(표 14).

압록강, 두만강물고기와 린접수역의 물고기와의 분포관계   표 14

구분	압록강					두만강				
	조사종수	두만강과 공통종수	료하수역과 공통종수	아무르-송화강과 공통종수	연해주수역과 공통종수	조사종수	압록강과 공통종수	료하수역과 공통종수	아무르-송화강과 공통종수	연해주수역과 공통종수
종수	19	8	9	11	8	21	8	5	13	15

백두산일대수역의 압록강과 두만강에 분포된 물고기의 종수는 크게 차이가 나지 않는다.

압록강과 두만강에 공통적으로 분포된 종으로서는 열묵어, 붕어, 모치, 참붕이, 종개, 산종개, 하늘종개, 뚝중개 인데 모두 8종(25%)이다. 이것은 공통성이 있으나 차이점이 많다는것을 보여주고 있다. 주요한 차이점은 계통학적류연관계가 멀며 생태학적류형이 다른 물고기들인 연어과의 정장어, 사루기, 잉어과의 돌고기, 버들치, 금강모치, 메기과의 산메기가 압록강상류에 분포되여있고 연어과의 송어, 고들메기, 오이고기과의 애기빙어, 잉어과의 실망성어, 두만강자그사니, 황어 등 두만강상류수역들에 분포되여있는것이다.

다음으로 백두산일대 물고기분포상태를 린접수역들과 비교하여 보아도 일정한 특성이 나타나고 있다.

즉 백두산일대의 압록강수역의 물고기분포는 아무르-송화강수역, 료하수역과 공통성이 가깝고 **연해주수역과는** 비교적 공통성이 적다. 그러나 두만강수역은 이와는 반대로 연해주수역, 아무르-송화강수역과 공통성이 가까우나 료하수역과는 공통성이 적다.

이것은 백두산일대의 물고기상이 아무르-송화강물고기상과 깊은 호상련관속에서 형성되고 발전하였으며 료하수역과 연해주수역 물고기상과도 련관되여 발생발전하였다는것을 보여 주는것이다. 동시에 압록강물고기상과 두만강물고기상은 호상련관속에서 발생하였으나 점차 련관없이 독자적으로 발전하여 왔다고 볼수 있다.

그러므로 압록강과 두만강 상류수역의 현재 물고기상의 분포를 고찰해보면 종적 및 아종적 분화도가 높은것이 특징이다(표 15).

속, 종의 분화관계   표 15

속, 종	압록강	두만강
Lampetra	보천칠성장어 L. morii	모래칠성장어 L. reissneri
phoxinus	버들치 Ph. oxycephalus	동북버들치 Ph. lagowskii
Salvelinus malma	고원산천어 S. m. coreanus	산천어 S. m. curilus
Gobio gobio	자그사니 G. g. cynocephalus	동북자그사니 G. g. macrocephalus
Leuciscus waleckii	야레 L. W. waleckii	두만강야레 L. W. tumensis

이와 같이 백두산일대의 압록강수역과 두만강수역 물고기상은 분포의 차이점이 뚜렷이 나타나고 있다.

백두산일대수역의 물고기분포는 균일하지 않으며 일련의 특성을 가지고 있다(표 16).

물고기상의 수역별분포   표 16

수역별	압록강							두만강								
	소백수	리명수	포태천	가림천	오시천	운총강	본류	석을수	사동단수	소홍단수	서두수	덕립동수	박천수	원봉저수지	본류	삼지연
종수	2	3	3	9	9	12	16	1	1	7	9	8	8	7	13	3

표 16에서 보는바와 같이 백두산천지, 무두봉과 신무성을 흐르는 물에는 자연적으로 분포된 물고기는 없다. 소백수에는 고원산천어와 둑중개 2종만

이 분포되여있다. 일반적으로 강상류로 올라갈수록 분포종수는 적으며 하류로 내려갈수록 분포종수는 많아진다.

이것은 수온의 차이와 생태적조건과 관련된다.

백두산지대의 수역가운데서 삼지연은 자연호수로서 일정한 특성을 가지고 있다. 류입하천은 거의 없다고 볼수 있으며 대체로 샘으로 물량이 유지된다. 그러므로 물저충수온은 낮고 표면수온은 높다.

삼지연에 자연분포된 물고기는 붕어, 버들치, 참붕어 3종이 조사되였다. 잉어와 초어를 처음 이식하였다. 삼지연과 가까운 리명수, 포태천, 소백수, 소홍단수에는 붕어, 버들치, 참붕어가 분포되여 있지 않다. 그러므로 삼지연은 수역적인 고립만이 아니라 물고기상적견지에서도 고립된 분포상을 이루고 있다.

이것은 지난 기간에 지사학적변화과정에 잔존어류상으로서 백두산지구의 어류상의 유구성을 보여주고 있다.

3. 물고기류의 종구성

원구류강 CYCLOSTOMATA

칠성장어목 PETROMYZONIFORMES

칠성장어과 Petromyzonidae

보천칠성장어 *Lampetra morii* Berg

차가수, 보천 수역에서 조사되였다. 강하천 중상류에서 고착되여 산다. 다른 물고기의 몸에 붙어서 피를 빨아먹는다. 알은 보통 6000~9000개 낳는데 10~15일이면 까난다. 알쓸이한 엄지는 죽는다.

모래칠성장어 *Lampetra reisneri* (Dybowski)

서두수와 그의 지류들에 분포되여있다. 강하천의 중상류지대의 모래판이나 자갈판에서 산다. 다른 물고기의 몸에 붙어 피를 빨아먹는다. 알쓸이는 4~6월경에 한다. 알은 보통 1000~1800개 낳는다. 알낳은후 엄지는 죽는다.

물고기강 PISCES

연어목 SALMONIFORMES

연어과 Salmonidae

송어 *Oncorhynchus masu masu* (Br.)
소홍단수를 따라 삼수평일대까지 올라온다. 찬물성불고기이며 엄지고기들은 바다에서 살다가 알쓸이때가 되면 강으로 오르기 시작한다. 한마리가 보통 2000~4000개의 알을 낳는다. 알낳이한 엄지는 죽는다.

고들매기 *Oncorhynchus masu morpha formosanus* (Jordan et Oshima)
두만강의 최상류수역에 분포되여있다. 강상류에서 까난 송어새끼가 바다에 내려가지 않고 그냥 남아서 민물생활에 적응된것이 고들매기이다. 고들매기는 대부분이 수컷이다. 송어암컷이 알쓸이할 때 따라다니며 수정에 참가한다. 강상류의 물속에서 부유성갑각류와 수서곤충들을 잡아먹으며 다른 물고기들의 알과 새끼도 잡아먹으면서 산다.

마양송어 *Oncorhynchus masu mayangensis* Kim
마양저수지에 륙봉화된것을 1985년에 원봉저수지에 이식하여 순화된것이다. 알쓸이는 8월하순경부터 9월말까지 진행된다. 알을 쓴 엄지들은 죽는다. 작은 강에서 사는 새끼들은 물속의 곤충을 잡아먹으며 저수지에서 사는 엄지고기들은 작은 물고기들인 버들치, 모치, 자그사니 등을 잡아먹는다. 우리 나라 특산아종이다.

열묵어 *Brachymystax lenok* (Pall.)
압록강수역에서는 리명수가 합치는 삼포일대까지, 두만강수역에서는 소홍단수의 삼수평일대까지 그리고 운총강의 령하, 서두수상류의 도내까지 분포되였다. 물이 차고 맑은 산간지대 강하천에서 산다. 강의 깊은 곳에서 겨울을 나고 이른봄에 얼음이 풀리며 물이 많이 흐르기 시작하면 강상류로 오르기 시작한다. 주로 밤에 오르며 물이 불면 더많이 오른다. 알쓸이는 4월초순경부터 5월초순에 진행한다. 한마리가 보통 2000개의 알을 낳는다. 열묵어는 물속의 여러가지 벌레를 잡아먹는데 물에 들어오는 개구리와 쥐를 잡아먹는다. 가을에는 강의 깊은 곳으로 내려와 겨울을 난다.

정장어 *Hucho ishikawai* Mori
압록강 특산종이다. 압록강의 가림천합수구역, 운총강의 합수구역에서 조사되였다. 압록강의 중류수역과 압록강에 흘러 들어오는 큰 강들에도 분포되여있다. 강의 깊은 곳에서 겨울을 나고 봄에 얼음이 풀리면 강상류수역으로 올라오기 시작한다. 알쓸이는 5~6월경에 진행된다. 한마리가 보통 3500~5000개의 알을 낳는다. 정장어는 사납고 먹성이 강하여 물속의 여러가지 벌레들과 행베리, 버들치, 자그사니 등 작은 물고기를 잡아먹는다. 지어 물가의 개구리, 뱀, 들쥐, 새들도 잡아먹는다.

산천어 *Salvelinus malma curilus* (Pall.)

두만강 최상류의 석을수, 소홍단수까지, 서두수의 상류인 도내 북계수지역까지에 분포되여있다. 물이 찬 산간지대 강상류수역에서 고착되여 산다. 알쓸이는 9월말부터 10월말에 진행한다. 한마리가 보통 200~300개의 알을 낳는다. 산천어는 물밑에 사는 여러가지 벌레들과 물우에 떠다니는 벌레들을 잡아먹는다. 두만강의 산천어를 백두산천지에 처음(1960. 7.30)이식하였다.

고원산천어 *Salvelinus malma coreanus* Kim.

소백수, 리명수, 포태천, 가림천, 오시천, 운총강에 널리 분포되여있다. 물이 찬 산간지대의 강상류수역에서 고착되여 산다. 알쓸이는 9월말부터 10월말경에 진행한다. 한마리가 보통 200~300알 낳는데 500개 낳는것도 있다. 물속의 벌레, 물우에 떠도는 벌레, 다른 물고기의 알 등을 먹는다.

원봉산천어 *Salvelinus wonbongensis* Kim

원봉저수지의 특수한 생활환경에 적응되여 변화된 산천어의 한 새종이다. 다른 산천어와 다른점은 몸뚱이가 굵고 뚱뚱하고 몸높이가 높고 눈이 작으며 지느러미가 작고 꼬리끝에 치우쳐있다. 물살이 없는 저수지 밑층에서 번식하고 생장한다. 우리 나라의 새로운 호소형 산천어이다.

칠색송어 *Salmo irideus* Gib.

우리 나라 산간지대 찬물수역들에서 양어대상물고기로 많이 기르고있는데 운흥양어장에서 기르던 칠색송어가 강으로 나와 운총강상류수역에서 순화되여 분포서식하고있다. 강상류와 샘물이 흘러드는 깊은 곳에서 산다. 알은 물밑바닥의 자갈밭을 파고 낳는다. 먹이는 물속의 여러가지 벌레들이며 물우를 날아다니는 벌레도 잡아먹는다.

사루기과 Thymallidae

사루기 *Thymallus arcticus jaluensis* Mori

압록강 특산아종이다. 백두산일대에서는 차가수 독산일대까지 드물게 올라간다. 물이 맑은 산간지대의 강복판에서 주로 산다. 강의 깊은 곳에서 겨울을 나고 봄에 얼음이 풀리면 강상류로 오르기 시작한다. 알쓸이는 **4월** 중순부터 5월사이에 진행한다. 한마리가 보통 500~600개의 알을 낳는다. 물속의 벌레들, 다른 물고기의 알을 먹는다.

오이고기과 Osmeridae

애기빙어 *Hypomesus olidus bergi* Tar.

원봉저수지에 분포되여있다. 맑고 깨끗하며 비교적 물이 찬곳에서 산다. 저수지의 깊고 넓은 수역에서 겨울을 나고 얼음이 풀리기 시작하면 저수지에 흘러드는 하천어구나 아래목으로 올라와 모래 자갈판에 **알을** 쓴다. 한마리가 2000~3000개의 알을 낳는다. 알을 쓴 엄지는 죽는다. 주로 떠살이생물을 먹는다.

잉어목 CYPRINIFORMES
잉어과 Cyprinidae

붕어 *Carassius auratus* (L.)

삼지연에 분포되여있다. 더운물성붕어가 해발 1400여m의 높은산지대의 자연호수에 고립적으로 분포되여있는것은 지난시기의 오랜 력사적기간을 거쳐 여러 차례의 수역과 땅의 변화과정을 겪으면서 살아남은 후대일것이다. 삼지연에서 알쓸이는 5월하순에 시작하여 6월에 끝난다. 한마리가 5만~10만개의 알을 낳는다. 잡식성물고기이다. 삼지연의 붕어를 백두산천지에 처음(1960년 7월 30일) 이식하였다.

실망성어 *Rhodeus sericeus* (Pall.)

두만강상류의 삼장과 원봉저수지에 분포되여있다. 물살이 약하고 물풀이 많은 강하천의 기슭, 웅덩이, 저수지 등에서 산다. 알쓸이는 5~6월경에 진행한다. 알은 민물조개의 외투강안에다 낳는다. 한마리가 보통 50~60개의 알을 낳는다. 모래, 감탕밭을 뒤지면서 작은 수서동물과 수생식물을 먹으며 감탕속의 유기물질의 찌꺼기도 먹는다.

자그사니 *Gobio gobio cynocephalus* Dyb.

가림천이 압록강과 합치는곳과 운총강수역에서 조사되였다. 물이 차고 맑은 강하천 중, 상류수역에서 산다. 알쓸이는 5~6월에 진행하며 여러번 알을 낳는다. 한마리가 보통 1만~2만개의 알을 낳는다. 먹이는 모래자갈판에 붙어사는 바닥살이생물이다.

동북자그사니 *Gobio gobio macrocephalus* Mori

두만강상류의 삼장일대까지와 원봉저수지에 분포되여있다. 물이 차고 맑은 물의 물밑에서 산다. 알쓸이는 5~6월에 하는데 한마리가 1만~2만개의 알을 낳는다. 먹이는 물밑에 사는 여러가지 바닥살이생물이다.

두만강자그사니 *Mesogobio tumenensis* Chang

삼장일대수역까지 분포되여있다. 두만강 특산종이다. 물이 맑은 곳에서 산다. 알쓸이는 5~6월에 하는데 한마리가 3000~5000개의 알을 낳는다. 돌밑에 사는 무척추동물과 식물성조류들을 먹는다.

돌고기 *Pungtungia herzi* Her.

혜산일대까지의 압록강수역에 분포되여있다. 물이 맑고 좀 깊은곳에 돌이 많은곳에서 산다. 알쓸이는 4월말 5월초에 진행하는데 한마리가 900~1200개정도의 알을 낳는다. 돌밑을 뒤지면서 여러가지 벌레들과 돌에 붙는 조류들을 먹는다.

야레 *Leuciscus waleckii waleckii* (Dyb)

운총강하구에 많이 분포되였고 가림천 합수수역까지 드물게 올라간다. 물이 비교적 차고 맑은 물이 흐르는 좀 깊은물에서 산다. 알쓸이는 4월중순부터 5월초순까지 하며 한마리가 16000~7만여개 알을 낳는다. 물밑의 무척추동물들과 식물성조류들을 먹는다.

두만강야레 *Leuciscus waleckii tumensis* Mori

두만강의 삼장일대까지와 원봉저수지에 분포되여있다. 물이 비교적 차고 맑은 물이 흐르는 좀 깊은 곳에서 산다. 알쓸이는 4월~5월에 하는데 물이 얕고 물살이 빠른 모래 자갈판에 알을 쓸어 붙인다.

황어 *Triborodon brandti* (Dyb.)

두만강의 삼장일대까지 극히 드물게 올라온다. 덜짠물수역에서 살다가 알쓸이하기 위하여 강으로 올라오는 강오름성물고기이다. 4월중순경부터 오르기 시작하여 5~6월경에 알쓸이를 한다. 알을 다 낳은 엄지들은 다시 강하구로 천천히 내려간다. 먹이는 물속의 무척추동물들과 식물질 등이다.

버들치 *Phoxinus oxycephalus* (Sauvage et Dabry)

가림천상류, 운총강상류에 분포되였고 삼지연에서도 조사되였다. 비교적 맑고 찬물을 좋아한다. 작은개울, 산골개울에서 수십마리씩 무리지어 물가의 버들포기밑 혹은 나무그루밑에 의지하여 산다. 알쓸이는 5월하순경부터 6월기간에 한다. 보통 한마리가 1000~1500개 알을 낳는다. 잡식성물고기이다. 가림천의 버들치를 백두산천지에 처음(1991년 7월 16일) 이식하였다.

동북버들치 *Phoxinus lagowskii* Dyb.

소홍단수의 삼수평, 유곡, 서두수의 도내 일대까지 분포되여있다. 물이 차고 맑은 강하천에서 산다. 알쓸이는 5~6월에 한다. 한마리가 1500~2000개 알을 낳는다. 물속의 여러가지 곤충, 물속의 조류, 풀의 싹, 뿌리 등을 먹으며 다른 물고기의 알도 먹는다.

금강모치 *Phoxinus kumgangensis* Kim
가산리, 혜산 등 압록강수역에 분포되여있다. 우리 나라 중부이북의 서해 비탈면 강하천의 상류에 분포된 특산종이다. 물이 차고 맑은 물이 흐르는 강상류지대에서 산다. 알쓸이는 5월상순부터 시작하여 6~7월까지 진행된다. 알쓸이습성은 다른 버들치들과 비슷하다. 잡식성이다.

모치 *Phoxinus phoxinus* (L.)
보천, 혜산일대까지의 압록강상류수역과 백암, 유평, 원봉저수지, 삼장 일대까지의 두만강 상류강하천에 분포되여있다. 물이 맑고 찬 산간지대 강하천에서 산다. 알쓸이는 5월하순부터 6월기간에 한다. 한마리가 5000~6000개의 알을 낳는다. 잡식성물고기이다.

참붕어 *Pseudorasbora parva* (Tem. et Schl.)
삼지연에서 조사되였다. 물이 얕은 호수, 강하천기슭에 산다. 원봉저수지에도 있다. 알쓸이는 5~6월에 하는데 삼지연에서는 6월중순이 최성기이다. 한마리가 대략 1000~3000알을 낳는다. 참붕어는 물풀사이와 돌밑을 다니면서 작은 무척추동물들과 조류들을 먹는다. 삼지연의 참붕어를 백두산 천지에 처음(1989년 9월 10일)이식하였다.

종개 *Nemachilus barbatulus toni* (Dyb.)
혜산일대까지의 압록강수역과 백암, 유평, 원봉, 삼장 등에 분포되였다. 물이 차고 모래와 자갈이 깔린 여울목에 모여서 산다. 가림천의 종개를 백두산천지에 처음(1991년 7월 16일) 이식하였다. 한마리가 3000여개 알을 낳는다. 물속의 여러가지 벌레들과 그의 새끼들 그리고 규조류, 록조류 등을 먹는다.

산종개 *Nemachilus barbatulus intermedia* (Kessler)
압록강수계에서는 운총강상류, 가림천상류, 차가수일대까지, 두만강수계에서는 삼수평, 유곡, 덕립, 박천, 도내일대에 분포되여있다. 생태적습성은 종개와 비슷하다. 다만 그보다 물이 좀더 찬 강하천의 상류의 골짜기물에서 산다.

하늘종개 *Cobitis taenia* L.

압록강수계에서는 운총강하류, 가림천하류까지의 수역에, 두만강수계에서는 삼장으로부터 원봉, 유평일대까지 분포되여있다. 물이 맑고 물호름이 빠르지 않은 모래자갈밭에서 산다. 알쓸이는 4월하순경부터 6월에 걸쳐 한다. 한마리가 2000～3000개 알을 낳는데 몇번에 나누어 낳는다. 먹이는 물밑에 사는 작은 무척추동물과 수조류이다.

메기목 SILURIFORMES

메기과 Silnridae

산메기 *Parasilus micnodorsalis* Mori

가림천수역에 드물게 분포되였다. 우리 나라 특산종이다. 강상류지대의 돌과 바위들이 많은 곳에서 산다. 알쓸이는 5～7월에 한다. 작은 물고기를 잡아먹는 맹어이다.

우레기목 SCORPAENIFORMES

횟대어과 Cottidae

뚝중개 *Cottus poecilopus* Hec

압록강상류의 소백수합수지점인 웃삼포에서 약 15km상류까지 그리고 가림천에서는 대평까지, 운총강에서는 령하까지, 두만강에서는 삼수평, 유곡, 서두수의 상도내까지에 분포되여있다. 물이 맑고 찬 산골개울에 개별적으로 흩어져있다. 알쓸이는 3월초부터 4월초까지 한다. 한마리가 1000～2000개의 알을 낳는다. 물밑바닥에 붙어다니면서 여러가지 물속벌레들과 그 새끼들을 잡아먹는다.

제 2 장
백두산일대의 무척추동물상

    우리 나라 북변에 높이 솟은 백두산과 그 일대는 해발높이 800~2750m 인 높은 산악지대로서 이 일대에서만 고유한 무척추동물상이 형성되기까지는 매우 장구한 지사학적과정이 흘렀다.
    중생대구조운동이 있은후 백두산일대를 포함한 우리 나라는 오래동안 평 온한 상태에서 주로 깎이며 낮아지는 준억덕화작용을 받아 제3기중신세까지 는 넓은 준언덕지형을 이루고있었다.
    제3기말 제4기초에 이르는 신기구조운동에 의하여 비로서 우리 나라의 지금의 모습 즉 륙지와 바다, 내륙의 큰 기복들이 형성되고 우리 나라 동북 부와 조선동해안지대를 따라 일어난 화산활동에 의하여 불산인 백두산이 솟 아나고 백두용암대지도 형성되였다.
    제4기 홍적세에는 균쯔, 민델, 리스, 부름 등으로 불리우는 여러차례의 빙하기가 도래하여 유라시아대륙에서는 동물들이 대량적인 사멸과 이동이 일 어났다. 그러나 우리 나라를 비롯한 동북아세아의 동쪽지역은 부름빙기를 내 놓고는 빙하의 직접적인 영향을 받지않았으므로 동물들의 생존에 유리한 조 건이 조성되여있었다.
    따라서 빙기에 남하하였던 북방형요소들이 간빙기에 백두산일대를 포함 한 우리 나라 북부고지대에 수직이동하여 정착하게 되였으며 한편 멀리 남쪽 과 서쪽에서 남방형요소들도 북상하여 들어왔다.
    이와 같이 백두산일대의 현존 무척추동물상은 지각운동, 화산활동, 빙하 의 영향 등과 같은 복잡하고도 심각한 과정들을 걸치면서 형성되였다.

1. 무척추동물상의 일반특징

    장구한 지사학적과정을 걸치면서 형성된 백두산일대의 현존 무척추동물 상은 기원계통에서 북방기원계통을 위주로 하고 여기에 약간의 남방기원계통 이 혼합되여 이루어진 북방요소의 색채가 매우 강한 동물상이다.
    몇가지 분류군들의 기원계통(표 17)에서 보여주는 바와같이 북방기원계통은 낮나비류에서 158종(83.2%), 밤나비류에서 140종(76.9%), 나무좀류에서 40종(100.0%), 돌드레류에서 91종(97.8%), 잠자리류에서 42종(76.4%), 계 471종(84.1%)이고 남방기원계통은 낮나비류에서 31종(16.3%), 밤나비류에서 32종(17.6%), 나무좀류에는 한종도 없으며 돌드레류에서 2종(2.2%), 잠자리류에서 12종(21.8%), 계 77종(13.8%)으로서 5개분류군에서 북방기원계통종들이 남방기원계통종들의 6배에 이른다.

몇가지 분류군들의 기원계통   표 17

분류군명	종수	세계광포종		북방기원계통종		남방기원계통종	
		수	비률,%	수	비률,%	수	비률,%
낮나비류	190	1	0.5	158	83.2	31	16.3
밤나비류(밤나비과)	182	10	5.5	140	76.9	32	17.6
딱장벌레류(나무좀과)	40			40	100.0		
딱장벌레류(돌드레과)	93			91	97.8	2	2.2
잠자리류	55	1	1.8	42	76.4	12	21.8
계	560	12	2.1	471	84.1	77	13.8

북방기원계통의 대표적인 종들로는 낮나비류에서 백두산표범나비, 노랑무늬산뱀눈나비, 큰산뱀눈나비, 높은산뱀눈나비, 밤나비류에서 검은보리밤나비, 줄배추밤나비, 흰띠재색밤나비, 높은산별꽃밤나비, 높은산금날개밤나비, 나무좀류에서 덧이발나무좀, 가문비털나무좀, 가문비큰털나무좀, 가문비가는나무좀, 돌드레류에서 넉점배기꽃돌드레, 돼지점배기꽃돌드레, 풀꽃돌드레, 애기풀꽃돌드레, 잠자리류에서 가는곤봉잠자리, 북곤봉잠자리, 대륙고추잠자리, 얼룩왕잠자리 등을 들수 있다.

백두산일대에서는 북방기원계통종들이 우세하지만 백두산일대까지를 포함하는 전국적인 범위에서는 북방기원계통종들의 비률이 낮아지고 남방기원계통종들의 비률이 높아지는 경향이 뚜렷이 나타난다. 낮나비류에서만 하여도 백두산일대에서는 북방기원계통종들이 남방기원계통종들의 5배라면 전국적인 범위에서는 251종가운데서 세계광포종 1종(0.4%), 북방기원계통 178종(70.9%), 남방기원계통 72종(28.7%)으로서 북방기원계통종들이 남방기원계통종들의 2.5배정도에 지나지 않는다.

이와 같이 백두산일대의 무척추동물상에서 북방기원계통종들이 우세한것은 이 일대의 특이한 자연지리적조건과 관계된다.

백두산일대는 오랜 지질시대로부터 대륙과 계속 잇닿아있었고 해발높이

2750m인 백두산을 비롯하여 해발높이 2000m이상인 북포태산, 남포태산, 소백산, 간백산 등과 같은 높은 산들이 솟아있으며 식물피복이 다양하고 대륙성기후의 특징이 뚜렷한 높은 산악지대로서 여러갈래의 북방기원계통종들이 정착할수 있는 유리한 조건이 조성되여있다.

한편 백두산일대에 남방기원계통종들이 퍼져있는것은 조선동해, 조선서해, 조선남해가 형성되기이전시기에 우리 나라는 중국본토는 물론, 그보다 훨씬 멀리 남쪽지방과도 륙지로 서로 잇닿아있었으므로 남방기원계통종들이 우리 나라에 침투하여 북상하는 과정에 백두산일대에 정착하였기때문이다.

백두산일대에서 알려진 남방기원계통의 대표적인 종들은 낮나비류에서 사향범나비, 붉은수두나비, 노랑알락희롱나비, 밤나비류에서 줄기흰검은밤나비, 경사무늬밤나비, 흰점떠밤나비, 중금날개밤나비, 나무좀류에는 한종도 없으며 돌드레류에서 잎사귀돌드레, 네눈돌드레, 잠자리류에서 흰잠자리, 파란실잠자리, 금빛실잠자리 등을 들수 있다.

백두산일대의 무척추동물상은 린접지방 또는 다른 세계동물지리구들의 무척추동물상과 일정한 류사성이 있으며 이것은 공통종들의 비교에서 잘 반영된다.

몇가지 분류군들의 동물지리적분포 표 18

분류군명	종수	구 북 구				신북구	동양구	에피티아오구	신열대구
		중동국북	원동	일본	구라파				
낮나비류	190	187	185	108	87	17	131	13	3
밤나비류(밤나비과)	182	112	131	168	60	8	27	2	
잠자리류	55	49	41	47	15	6	10	1	1
벌류	159	53	39	73	45	11	14	2	
계	586	401	396	396	207	42	182	18	4
총종수에 대한 비률, %	100.0	68.4	67.5	67.5	35.3	7.2	31.0	3.1	0.7

몇가지 분류군들의 동물지리적분포(표 18)에서 백두산일대와 린접지방 및 세계동물지리구들과의 공통종수를 4가지 동물분류군에서 비교하였다. 백두산일대와의 공통종수는 구북구에 속하는 중국동북지방, 원동지방, 일본, 구라파 등에서 401~207종(68.4~35.3%), 동양구에서 182종(31.0%), 신북구에서 42종(7.2%), 에리오피아구에서 18종(3.1%), 신열대구에서 4종(0.7%)으로서 백두산일대와 지리적으로 가까운 지방 또는 동물지리구일수록 공통종수가 많고 류사성이 뚜렷하며 지리적으로 먼 지방 또는 동물지리구일수록 공통종수가 적고 류사성이 적게 나타난다.

중국동북지방이나 원동지방에 공통종수가 많은것은 아세아대륙의 동북단에 위치한 우리 나라는 오랜 지질시대로부터 계속 이 지방들과 잇닿아 있었고 지형과 기후조건 식물피복 등 환경조건의 류사성으로하여 동물상의 호상교류가 끊임없이 진행된 결과이다.

낮나비류에서 공통종수는 중국동북지방에서 187종(98.4%), 원동지방에서 185종(97.4%)으로서 백두산일대에서 출현하는 거의 모든 종들이 중국동북지방이나 원동지방에도 분포되여있으므로 백두산일대의 낮나비류상은 중국동북지방이나 원동지방의 낮나비류상과 매우 류사하다.

그러나 밤나비류에서 공통종수는 중국동북지방에서 112종(61.5%), 원동지방에서 131종(71.9%), 벌류에서 공통종수는 중국동북지방에서 53종(33.3%), 원동지방에서 39종(24.5%)으로서 밤나비류와 벌류에서는 낮나비류에서보다 중국동북지방이나 원동지방에서 공통종들의 비률이 훨씬 낮아지는데 이것은 이 일대에서 낮나비류에 비하여 밤나비류나 벌류의 연구가 적게 진행되였기때문이며 앞으로 연구사업이 진척되는데 따라 밤나비류나 벌류에서도 공통종들이 더 늘어날것으로 예견된다.

다음으로 일본과의 공통종수는 396종(67.5%)으로서 비교적 많은편인데 이것은 조선동해가 형성되기이전시기 오늘의 일본렬도는 대륙과 잇닿아 있었으므로 동물상의 호상교류가 부단히 진행된 결과이다.

우리 나라와 생태적환경이 다를뿐만 아니라 지리적으로 멀리 떨어져있는 구라파에서는 공통종수가 207종(35.3%)으로서 구북구가운데서 가장 적다.

동양구에서 공통종수는 4가지 분류군에서 182종(31.0%)이며 특히 낮나비류에서는 131종(68.9%)이나 된다. 이와같이 동양구에 공통종수가 비교적 많은것은 제4기 홍적세말기까지의 시기에 우리 나라는 중국 및 동남아세아지방과 륙지로 련결되여있었으므로 동물상의 호상교류가 비교적 활발히 진행되였기때문이라고 말할수 있다.

백두산일대와 지리적으로 매우 멀리 떨어져있는 신북구, 에티오피아구, 신열대구 등에서 공통종수는 각각 42종(7.2%), 18종(3.1%), 4종(0.7%)으로서 이러한 동물지리구들과 백두산일대 동물상과의 류사성은 거의 인정되지 않는다.

이와같이 백두산일대의 무척추동물상은 린접지방 또는 다른 세계동물지리구들의 무척추동물상과 일정한 류사성이 있다.

백두산일대를 포함하는 우리 나라 북부고지대에는 이 일대를 세계적인 분포남한계선으로 하는 종들이 많이 분포되여있다.

레하면 낮나비류에서 연주노랑나비, 꼬마표범나비, 백두산표범나비, 노랑무늬산뱀눈나비, 큰산뱀눈나비, 밤나비류에서 높은산불나비, 높은산별꽃밤나비, 멧희롱밤나비, 붉은알락금날개밤나비, 북방배추밤나비, 딱장벌레류에서 덧이발나무좀, 가문비큰털나무좀, 동방털나무좀, 잠자리류에서 흰뺨잠자리, 붉은배고추잠자리, 누런날개곤봉잠자리, 작은실잠자리 등을 들수 있다.
　이러한 종들은 모두가 북방기원계통의 종들로서 빙하기에 남하하였다가 간빙기에 수직이동하여 백두산일대에 정착된 유류종들이다.
　백두산일대를 포함한 우리 나라 북부고지대를 세계적인 분포남한계선으로 하는 낮나비류들인 개마꼬리숫돌나비, 후치령숫돌나비, 북방숫돌나비, 백두산표범나비, 노랑무늬산뱀눈나비, 큰산뱀눈나비, 북방흰떠애기뱀눈나비 등을 포함하여 높은산노랑나비, 꼬마숫돌나비, 연한물빛숫돌나비, 백두산숫돌나비, 높은산표문번티기, 작은표문번티기, 흰점희롱나비 등 10여종은 우리 나라특산아종으로 분화되였다.
　백두산일대를 포함하는 우리 나라 북부고지대에는 이 일대를 세계적인 분포남한계선으로 하는 종들을 포함하여 우리 나라 저지대에는 없는 종들이 많이 분포되여있다.
　레하면 낮나비류에서 큰붉은점모시범나비, 남색붉은숫돌나비, 암검정붉은숫돌나비, 검정테붉은숫돌나비, 꼬마숫돌나비, 아무르숫돌나비, 쇠깃표문번티기, 은점표문번티기, 북방표문번티기, 은점선표범나비, 꼬마표범나비, 높은산표범나비, 가는한줄나비, 높은산한줄나비, 붉은산뱀눈나비, 큰붉은산뱀눈나비, 북방알락희롱나비, 밤나비류에서 북방톱이박나비, 별맞이불나비, 앞노랑보리밤나비, 점날개보리밤나비, 줄배추밤나비, 노랑점박이밤나비, 앞노랑가는날개밤나비, 가운데점노랑밤나비, 산앞붉은밤나비, 토끼풀밤나비, 큰 서리밤나비, 푸른넉줄행군밤나비, 검은떠흰점밤나비, 깊은산떠밤나비, 좁은날개털밤나비, 애기뾰족날개밤나비, 경사작은밤나비, 높은산금날개밤나비, 대고엽나비, 흰떠딸기자밤나비, 삿갓무늬검은자밤나비, 흰떠잠자리자밤나비, 잠자리류에서 북곤봉잠자리, 가는곤봉잠자리, 넓은날개곤봉잠자리, 별무늬왕잠자리, 붉은고추잠자리, 북알락실잠자리, 백두산일대를 포함한 우리 나라 북부고지대의 하천들에 분포되여있는 북가재 등을 들수 있다.
　백두산일대를 포함한 우리 나라 북부고지대에 분포된 이상과 같은 종들은 모두가 북방기원계통의 종들에 속한다.
　백두산일대는 해발높이 800～2750m인 높은 산악지대로서 수직높이의 범위는 1950m에 이른다. 이러한 수직높이의 범위에는 기상기후조건과 식물피복 등에 의하여 서로 차이나는 각이한 생태적환경이 조성되고있으며 따라서 해발높이의 증가에 따라 분포된 동물의 종수에서도 일정한 차이를 나타낸다. 백두산일대에서는 낮은 지대에서 높은 지대에로 올라갈수록 동물의 종수가 차츰 감소된다.

몇가지 분류군들의 해발높이에 따르는 분포(표 19)에서 보여주는바와 같이 해발높이 800~1300m에 818종(72.0%), 1300~1600m에 561종(49.4%), 1600~2000m에 307종(27.0%), 2000~2750m에 207종(18.2%)이다. 해발높이의 증가에 따라 동물의 종수가 이처럼 적어지는것은 높은 지대에로 올라갈수록 먹이조건, 기상기후조건, 음폐조건 등과 같은 환경조건이 보다 불리해지고 단순해지는 사정과 관계된다.

몇가지 분류군들의 해발높이에 따르는 분포   표 19

분류군명		종수	해 발 높 이, m			
			800~1300	1300~1600	1600~2000	2000~2750
나비류	낮 나 비	190	189	169	150	138
	밤 나 비	254	147	126	41	8
	계	444	336	295	191	146
	벌 류	159	67	67	42	31
	딱장벌레류	359	304	124	55	24
	노 린 재 류	99	60	43	3	3
	거 미 류	75	51	32	16	3
	계	1136	818	561	307	207
총종수에 대한 비률, %		100.0	72.0	49.4	27.0	18.2

각이한 지방에서 해발높이에 따르는 낮나비류의 분포   표 20

종 명	해 발 높 이, m		
	백두산일대	아무르지방	일 본
높은산노랑나비	1000~2400	300~600	2000~2500
큰붉은산뱀눈나비	800~2700	평 지 대	1600~2800
붉은산뱀눈나비	〃	〃	〃
큰한줄나비	〃	〃	1500~2000

같은 종이라하여도 해발높이에 따르는 동물의 분포는 위도에 따라 서로 다르게 나타난다.

례하면 백두산일대, 아무르지방, 일본 등 서로 다른 위도에 위치한 지방들에 다같이 분포되여있는 4종의 낮나비류의 해발높이에 따르는 분포모습은 서로 다르다(표 20).

표 20에서 보여주는바와 같이 높은산노랑나비는 백두산일대에서 해발높이 1000~2400m에, 아무르지방에서 해발높이 300~600m에, 일본에서 해발높이 2000~2500m에 퍼져있으며 큰붉은산뱀눈나비, 붉은산뱀눈나비, 큰한줄나비 등은 백두산일대에서 해발높이 800~2700m에, 아무르지방에서 평지대에, 일본에서 큰붉은산뱀눈나비와 붉은산뱀눈나비는 해발높이 1600~2800m에, 큰한줄나비는 해발높이 1500~2000m에 각각 분포되여있다.

이와같이 저위도에서 고위도에 올라갈수록 동물들이 분포되는 해발높이가 낮아진다는것을 보여주고있다.

위도에 따라 낮나비류가 분포되는 해발높이가 달라지는것은 주로 기온조건과 많이 관계된다고 말할수 있다.

2. 분류군수

백두산일대에서 지금까지 알려진 무척추동물의 분류군수는 5문 9강 35목 228과 919속 1594종이다(표 21).

원형동물문에는 선충강, 환형동물문에는 지렁이강, 연체동물문에는 골뱅이강, 곰벌레동물문에는 곰벌레강 등 각각 1강씩 속하고 절족동물문에는 갑각강, 거미강, 진드기강, 다족강, 곤충강 등 5강이 속한다.

문별 분류군수는 원형동물문 1강 1목 1과 1속 1종, 환형동물문 1강 2목 3과 7속 9종, 연체동물문 1강 2목 4과 5속 5종, 곰벌레동물문 1강 1목 3과 8속 20종으로서 모든 문들에서 분류군수가 적다.

그러나 절족동물문은 5강 29목 217과 898속 1559종으로서 다른 문들의 분류군수에 비하여 훨씬 더 많다.

문별분류군수					표 21
문 명	강	목	과	속	종
원형동물문	1	1	1	1	1
환형동물문	1	2	3	7	9
연체동물문	1	2	4	5	5
곰벌레동물문	1	1	3	8	20
절족동물문	5	29	217	898	1559
계	9	35	228	919	1594

따라서 백두산일대에서 지금까지 알려진 무척추동물가운데서 대부분의 종들이 절족동물문에 속하는 종들이라고 말할수 있다.
다음으로 강별 분류군수는 표 22에서와 같다.
표 22에서 보는바와 같이 곤충강이 17목 166과 809속 1397종으로서 다른 강들의 분류군수에 비하여 압도적인 우세를 차지한다.

강별분류군수 표 22

강 명	목	과	속	종
선충강	1	1	1	1
지렁이강	2	3	7	9
골뱅이강	2	4	5	5
곰벌레강	1	3	8	20
갑각강	5	8	10	11
거미강	1	11	33	75
진드기강	2	25	37	66
다족강	4	7	9	10
곤충강	17	166	809	1397
계	35	228	919	1594

따라서 백두산일대에서 알려진 무척추동물가운데서 대부분이 곤충강에 속하는 종들이라는것을 알수 있다.
또한 거미강 1목 11과 33속 75종, 진드기강 2목 25과 37속 66종으로서 각각 곤충강의 다음 자리를 차지한다.
곰벌레강은 1목 3과 8속 20종으로서 목, 과, 속들의 수는 적으나 종수는 곤충강, 거미강, 진드기강의 다음 자리를 차지한다.
다음으로 골뱅이강은 2목 4과 5속 5종이고 선충강은 1목 1과 1속 1종뿐이다.

제 1 절 곤 충 류

곤충류는 종수가 많고 생활양식이 매우 다양할뿐아니라 인간생활의 이런저런 측면과 밀접한 관계가 있는 동물계의 한 무리이다.
백두산일대에서 알려진 곤충류가운데는 꿀을 주는 꿀벌류, 충매화식물의 꽃가루받이작용을 하는 벌류 또는 낮나비류, 모기류나 하루살이류를 많이 잡아먹는 잠자리류, 산림해충이나 농작물해충을 잡아먹는 걸음벌레류 또는 점벌레류, 해로운 벌레를 죽이는 애기벌류, 고치벌류, 금벌류 등과 같은 기생벌류, 여러가지 벌레들을 잡아먹는 사마귀류 또는 뿔잠자리류, 새끼벌레시기에 물고기먹이로 되는 풀미기류, 돌미기류, 하루살이류 등과 같은 물살이곤충류 등 리로운 곤충류가 많이 퍼져있다.

그러나 산림이나 농작물에 해를 주는 돌드레류, 나무좀류, 돼지벌레류, 진디물류, 잎벌류, 노린재류, 집짐승병을 일으키는 파리류, 등에류 등과 같은 해로운 곤충류도 있다.

백두산일대에서 알려진 무척추동물가운데서 곤충류는 17목 166과 809속 1397종이다(표 23).

따라서 이것은 이 일대에서 지금까지 알려진 무척추동물의 종수 1594종의 88%, 절족동물의 종수 1559종의 90%에 해당되는 곤충류가 백두산일대에서 알려진것으로 된다.

목별분류군수 표 23

목 명	과	속	종	목 명	과	속	종
다맹이목	1	1	1	듯무지목	3	3	4
톡톡벌레목	5	11	15	딱장벌레목	35	214	359
하루살이목	7	13	26	뿔잠자리목	2	2	3
잠자리목	8	24	55	풀미기목	9	21	35
사마귀목	1	2	2	나비목(낮나비류)	7	92	190
돌미기목	3	7	8	〃 (밤나비류)	10	159	254
메뚜기목	4	15	22	벌 목	19	69	159
가위벌레목	1	3	3	파리목	28	83	130
매미목	8	25	32	계	166	809	1397
노린재목	15	69	99				

표 23에서 보여주는바와 같이 나비목은 낮나비와 밤나비를 합쳐 17과 251속 444종이라는 다양한 분류군들로 이루어졌으며 다른 목들에 비하여 종수가 철씬 많다.

딱장벌레목은 35과 214속 359종으로서 역시 다양한 분류군들로 이루어지고 종수도 많다.

그밖에 벌목 19과 65속 159종, 파리목 28과 83속 130종, 노린재목 15과 69속 99종, 잠자리목 8과 24속 55종으로서 비교적 종수가 많다.

그밖의 곤충류가운데서 풀미기목 9과 21속 35종, 매미목 8과 25속 32종, 하루살이목 7과 13속 26종, 톡톡벌레목 5과 11속 15종, 돌미기목 3과 7속 8종, 듯무지목, 가위벌레목, 사마귀목, 다맹이목 등은 1~3과, 1~3속, 1~4종으로서 종수가 많지못하다.

1. 낮나비류 RHOPALOCERA

낮나비류는 완전모습갈이를 하는 곤충류로서 새끼벌레와 번데기를 걸쳐 엄지벌레인 낮나비로 되는데 일반적으로 낮나비시기는 짧고 새끼벌레시기와 번데기시기는 길다. 엄지벌레인 낮나비는 봄부터 가을까지의 기간에만 나타나는데 백두산일대에서는 저지대에서보다 봄이 늦어지고 가을이 빨라지므로 상대적으로 엄지벌레시기가 더 짧아지고 새끼벌레시기와 번데기시기는 더 길어진다. 또한 우리 나라 낮나비류가운데는 한해에 여러번 생겨나는 종들이 많은데 백두산일대에서는 저지대에서보다 봄부터 가을까지의 기간이 짧으므로 생겨나는 회수도 더 적어진다. 례하면 흰나비는 한해에 우리 나라 남부에서 5~6번, 중부에서 3~4번 생겨나지만 백두산일대를 포함한 북부산지대에서는 2번정도 생겨날뿐이다.

낮나비류의 한생에서 낮나비시기에는 아름다운 색갈과 모양으로하여 자연의 풍치를 돋구고 꽃가루받이도 돕는 유익한 역할을 하지만 새끼벌레시기에는 여러가지 식물의 잎을 갉아먹으므로 많은 종류의 낮나비류는 농작물, 산림 및 남새류의 해충으로도 된다.

그러나 번데기시는 먹지도 않고 움직이지도 않은채 숨어있는 안정기로 된다.

1) 분류군수

백두산일대에서 알려진 낮나비류의 분류군수는 7과 92속 190종으로서 그 종수는 우리 나라에서 알려진 낮나비류 251종의 75.7%에 해당된다(표 24).

과별속수의 순위는 숫돌나비과 32속, 멧나비과 19속, 희롱나비과 16속, 뱀눈나비과 13속, 흰나비과 7속, 범나비과 4속, 뿔나비과 1속이며 과별종수의 순위는 멧나비과 66종, 숫돌나비과 47종, 뱀눈나비과와 희롱나비과는 각각 26종, 흰나비과 15종, 범나비과 9종, 뿔나비과 1종이다.

이와 같이 숫돌나비과는 속수에서 첫번째, 종수에서 두번째이고 멧나비과는 종수에서 첫번째, 속수에서 두번째이며 2개과의 종수는 113종으로서 전체 종수의 59.5%에 해당된다.

그밖의 5개과들은 속과 종의 순위가 같으며 총종수는 77종으로서 전체종수의 40.5%를 차지한다.

백두산일대 나비류의 분류군수 표 24

과 명	속		종	
	수	비률, %	수	비률, %
범나비과	4	4.3	9	4.7
흰나비과	7	7.6	15	7.9
숫돌나비과	32	34.8	47	24.7
멧나비과	19	20.7	66	34.8
뿔나비과	1	1.1	1	0.5
뱀눈나비과	13	14.1	26	13.7
희롱나비과	16	17.4	26	13.7
계	92	100.0	190	100.0

우리 나라 낮나비류의 분류군수 표 25

과 명	속		종	
	수	비률, %	수	비률, %
범나비과	6	4.4	15	6.0
흰나비과	8	5.8	18	7.2
숫돌나비과	43	31.4	67	26.7
알락나비과	3	2.2	3	1.2
멧나비과	39	28.5	78	31.0
뿔나비과	1	0.7	1	0.4
뱀눈나비과	16	11.7	35	14.0
희롱나비과	21	15.3	34	13.5
계	137	100.0	251	100.0

　백두산일대 낮나비류의 분류군수(표 24)를 우리 나라 낮나비류의 분류군수(표 25)와 비교하였다.
　표 24와 표 25에서 보는바와 같이 우리 나라의 낮은 지대에 분포되여있는 열대성기원의 전형적인 남방형나비류인 알락나비과의 종들은 백두산일대에 한종도 없으며 우리 나라 낮나비류의 분류군수에서처럼 백두산일대 낮나비류의 분류군수에서도 숫돌나비과와 멧나비과가 우세를 차지한다.

2) 종구성의 다양성과 그 원인

　백두산일대 낮나비류의 종구성은 매우 다양하다.
　표 26에서 보는바와 같이 백두산일대에는 190종의 낮나비류가 퍼져있는

도별낮나비류의 종수   표 26

№	도 별	종수	천 km² 종수	천 km² 비률, %
1	백두산일대	190	35.5	100.0
2	평안남도	185	15.0	42.3
3	평안북도	178	14.2	40.8
4	자 강 도	186	11.1	31.3
5	함경남도	197	10.6	29.9
6	함경북도	210	17.2	48.5
7	북강원도	175	15.8	44.5
8	황해남도	157	19.0	53.5
9	황해북도	166	20.4	57.5
10	남강원도	167	9.9	27.9
11	경 기 도	159	14.6	41.1
12	충청남도	113	12.6	35.5
13	충청북도	111	14.9	42.0
14	경상남도	125	10.5	29.6
15	경상북도	132	6.8	19.2
16	전라남도	128	10.3	29.0
17	전라북도	122	15.3	43.1

데 이것은 천km²당 35.5종에 해당된다.

다른 16개도들의 낮나비류의 종수와 비교하면 함경북도와 함경남도가 다음 자리를 차지하지만 천km²당 종수에서는 함경북도의 2.1배, 함경남도의 3.3배로서 훨씬 많다. 특히 경상북도는 백두산일대에 비하여 3.6배에 해당되는 넓은 면적을 가진 도지만 낮나비류의 종수는 132종으로서 백두산일대의 종수에 비하여 58종이 더 적고 천km²당 6.8종으로서 28.7종이 더 적다.

백두산일대 낮나비류의 종구성이 매우 다양하다는것은 린접지방이나 가까운 나라의 낮나비류의 종수와 비교하여도 잘 나타난다. 백두산일대의 면적은 5,350km², 낮나비류의 종수는 190종이라면 중국동북지방의 면적은 810,000km²이고 낮나비류의 종수는 223종, 싸할린의 면적은 74,000km²이고 낮나비류의 종수는 77종, 일본의 면적은 372,313km²이고 낮나비류의 종수는 250종, 몽골의 면적은 1566,500km²이고 낮나비류의 종수는 247종으로서 단위면적당 낮나비류의 종수는 중국동북지방, 싸할린, 일본, 몽골 등에 비하여 백두산일대에서 훨씬 많다는것을 알수 있다.

백두산일대에 이처럼 많은 종류의 낮나비류가 분포되여있는것은 다음과 같은 문제들과 관련된다고 말할수 있다.

첫째, 백두산일대는 해발높이 800m로부터 2750m의 구간에 놓여있으며 수직높이의 범위는 1950m에 이른다. 이 넓은 구간에는 식물피복과 기후조건 등에 의하여 차이나는 각이한 생태적환경이 조성되고있는데 이것은 다양한 종류의 낮나비류가 퍼져 살수있는 유리한 조건으로 된다.

따라서 백두산일대에는 수직분포 한계가 차이나며 각이한 기원계통으로 이루어진 다양한 종류의 낮나비류가 퍼져있다.

둘째, 백두산일대를 포함한 우리 나라 북부고지대는 오랜 지질시대로부터 변함없이 대륙과 계속 잇닿아있었으므로 북방계낮나비들이 호상 교류될수 있는 유리한 조건을 갖추고있었다.

특히 지난 지질시기에 우리 나라는 구대륙의 대부분을 휩쓸었던 빙하의 영향을 적게 받았으므로 낮나비류의 좋은 살이터, 피난처로 되였으며 간빙기에는 북상하던 종들이 수직이동하여 유류종으로 백두산일대에 정착함으로서 낮나비류의 종구성이 보다 다양화될수 있었다.

3) 해발높이에 따르는 분포

백두산일대에서 낮나비류의 과별 수직분포한계는 표 27에서와 같다.

표 27에서 보는바와 같이 해발높이 800~1000m, 1000~1500m, 1500~2000m, 2000~2500m, 2500~2750m에서 각각 185종, 183종, 152종, 148종, 102종으로서 낮은 지대에서 높은 지대에로 올라갈수록 종수가 차츰 적어진다.

해발높이에 따르는 낮나비류의 분포   표 27

해발높이, m 과 명	800~1000	1000~1500	1500~2000	2000~2500	2500~2750
범나비과	9	9	7	7	6
흰나비과	15	15	15	15	11
숫돌나비과	43	46	32	31	8
멧나비과	66	66	62	62	56
뿔나비과	1	1	—	—	—
뱀눈나비과	26	25	19	17	15
희롱나비과	25	21	17	16	16
계	185	183	152	148	102

특히 해발높이 800~1000m와 1000~1500m에서는 백두산일대에서 출현하는 거의 모든 종들이 나타난다. 백두산정을 넘어 해발높이 2257m인 천지호반은 바람이 비교적 약하고 온화하므로 범나비, 산검은범나비, 애기흰나비, 노랑나비, 높은산노랑나비, 줄흰나비, 흰나비, 작은표문나비, 은줄표문나비, 은별표문나비, 은점표문나비, 한줄나비, 두줄나비, 밤색노랑수두나비, 공작나비, 은오색나비, 높은산뱀눈나비 등을 비롯하여 여러종류의 낮나비들이 분포되여 천지의 풍치를 돋군다.

특히 흰나비과의 종들은 일반적으로 환경에 대한 적응력이 강하기때문에 분포범위가 넓은것이 특징인데 백두산일대에 분포되여있는 15종가운데서 11종은 해발높이 800～2750m에, 나머지 4종은 해발높이 800～2500m에 분포되여있으며 천지호반에서도 여러종이 나타난다.

멧나비과의 종들도 수직분포한계가 넓은데 백두산일대에 분포되여있는 66종가운데서 해발높이 800～2750m의 넓은 구간에서 나타나는 종들은 56종이나 되며 천지호반에서는 여러종이 나타난다.

범나비과의 종들도 수직분포한계가 비교적 넓은데 백두산일대에서 나타나는 9종가운데서 해발높이 800～2750m의 구간에서 6종이 나타난다.

그러나 숫돌나비과, 뱀눈나비과, 희롱나비과 등의 종들은 흰나비과, 멧나비과, 범나비과 등의 종들에 비하여 수직분포한계가 비교적 좁은데 특히 47종의 숫돌나비과의 종들가운데서 해발높이 800～2750m의 구간에 분포된 종들은 8종뿐이다.

백두산일대의 낮나비류는 또한 해발높이에 따르는 분포에 따라 백두산일대를 포함한 북부고지대에만 분포된 종들과 백두산일대를 포함한 북부고지대와 저지대에도 분포된 종들로 나눌수 있다.

백두산일대를 포함한 북부고지대에만 분포된 대표적인 종들로는 큰붉은점모시범나비, 높은산노랑나비, 연주노랑나비, 개마꼬리숫돌나비, 남색붉은숫돌나비, 암검정붉은숫돌나비, 검정테붉은숫돌나비, 꼬마숫돌나비, 백두산숫돌나비, 아무르숫돌나비, 쇠깃표문번티기, 높은산표문번티기, 작은표문번티기, 은점표문번티기, 북방표문번티기, 은점선표범나비, 꼬마표범나비, 높은산표범나비, 큰은줄표문나비, 가는한줄나비, 높은산한줄나비, 붉은산뱀눈나비, 큰붉은산뱀눈나비, 노랑무늬산뱀눈나비, 북방흰떠애기뱀눈나비, 흰점알락희롱나비, 북방알락희롱나비, 흰점희롱나비 등 약 60종이 있다. 이 가운데서 높은산노랑나비, 개마꼬리숫돌나비, 남색붉은숫돌나비, 암검정붉은숫돌나비, 검정테붉은숫돌나비, 백두산숫돌나비, 높은산표문번티기, 작은표문번티기, 노랑무늬산뱀눈나비, 북방흰떠애기뱀눈나비, 흰점알락희롱나비, 흰점희롱나비 등은 백두산일대를 포함한 북부고지대의 매우 제한된 지역에 분포된 종들이며 은알락점희롱나비는 백두산일대에서는 대택과 북계수에서만 알려졌을뿐이다.

백두산일대를 포함한 북부고지대와 저지대에까지 분포된 종들은 약 130종인데 이 가운데서 모시범나비, 노랑범나비, 범나비, 노랑나비, 갈구리노랑나비, 줄흰나비, 흰나비, 알락흰나비, 범숫돌나비, 검은숫돌나비, 물빛점무늬숫돌나비, 연한색표문번티기, 여름표문번티기, 금빛표문번티기, 작은 표문나비, 큰표문나비, 흰줄표문나비, 은줄표문나비, 은별표문나비, 한줄나비, 참한줄나비, 넓은한줄나비, 작은세줄나비, 높은산세줄나비, 세줄나비, 두줄나비, 큰세줄나비, 노랑세줄나비, 검은세줄나비, 작은팔자나비, 노랑수두나비, 붉은밤색수두나비, 애기붉은수두나비, 붉은수두나비, 노랑오색나비, 은오색나비, 띠오색나비, 외눈이산뱀눈나비, 암뱀눈나비, 참흰뱀눈나비, 흰띠애기그늘나비, 꼬마금강희롱나비, 수풀검은줄희롱나비, 유리창노랑희롱나비 등을 비롯하여 약 70종은 백두산일대의 낮은 지대로부터 높은 지대에까지 분포되여있다. 그러나 넓은떠푸른숫돌나비, 큰뱀눈나비, 큰검은희롱나비, 멧희롱나비, 알락점희롱나비, 한줄꽃희롱나비 등은 해발높이 1000m아래의 낮은 지대에서 나타나고 꼬리범나비, 깊은산숫돌나비, 참귤빛숫돌나비, 금강산귤빛숫돌나비, 암귤빛꼬리숫돌나비, 민무늬귤빛숫돌나비, 물결귤빛숫돌나비, 암붉은점푸른숫돌나비, 참푸른숫돌나비, 금강산푸른숫돌나비, 참먹숫돌나비, 큰사과먹숫돌나비, 팔자나비, 감색얼럭나비, 뿔나비, 작은물결뱀눈나비, 물결뱀눈나비, 얼럭그늘나비, 검은그늘나비, 노랑애기그늘나비, 검은줄희롱나비 등은 해발높이 1500m아래의 낮은 지대에서 나타난다.

4) 지리적분포

지구상에 낮나비류의 첫선조가 출현하여 오늘과 같은 낮나비류로 진화하고 세계적인 분포모습을 갖추기까지에는 매우 오랜 지질학적시기가 경과되였다.

고생물학적자료에 의하면 낮나비류는 백악기중엽에 발생하여 제3기 점신세와 중신세에는 지금의 낮나비류와 큰 차이가 없는 속들이 나타났다. 그후 상신세로부터 제4기 홍적세에 이르는 기간에 여러차례 반복된 빙하의 도래와 후퇴, 그리고 조산운동과 화산활동, 해침과 해퇴 등의 복잡한 지사학적과정을 걸치면서 점차 오늘과 같은 세계적인 분포모습을 나타나게 되였다.

우리 나라는 아세아동북부에 위치한 반도로서 지질시대로부터 변함없이 아세아대륙과 잇닿아있었으므로 북방계낮나비류들이 많이 퍼져 살게 되였으며 한편 제4기 홍적세에 있은 최종해침에 의하여 우리 나라 주변에 바다가 형성되기전까지는 중국과는 물론 훨씬 더 먼 남쪽지방과도 넓은 평원으로 잇닿아있었으므로 동양구를 비롯하여 열대 및 아열대계통의 낮나비류도 침투하여 정착하게 되였다.

또한 제4기에 여러차례 반복된 빙하기에 구라파를 비롯한 여러지역에서는 낮나비류가 대량적으로 사멸하거나 다른 지역으로 옮겨가는 현상이 있었으나 우리 나라를 포함한 아세아동북지방은 빙하기의 영향을 크게 받지않았으므로 북부의 여러지방에서 옮겨오는 낮나비류의 좋은 살이터, 피난처로 되였다.

우리 나라의 낮나비류상과 백두산일대의 낮나비류상도 이러한 복잡한 지사학적과정을 걸치면서 형성되고 발전하였으며 오늘과 같은 분포모습을 나타나게 되였다.

백두산일대의 현존 낮나비류상에서는 북방기원계통인 조선북부-중국동북지방계통과 조선북부-우쑤리계통 등이 가장 기본적이고 주도적인 부분을 이루며 이러한 계통들에 속하는 많은 종들이 분포중심에서 멀리 벗어나지 못하고 중국동북지방, 원동지방, 몽골, 일본 등 동북아세아의 여러지역과 지방들에 널리 분포되였다. 이 가운데서 우리 나라 저지대에는 없고 백두산일대를 포함한 우리 나라 북부고지대에만 분포된 종들로는 큰붉은점모시범나비, 검은테붉은숫돌나비, 꼬마숫돌나비, 푸른숫돌나비, 백두산숫돌나비, 은점선표범나비, 가는날개표범나비, 높은산표범나비 등이고 백두산일대를 포함하는 우리 나라 북부고지대와 저지대에도 분포된 종들로는 참푸른숫돌나비, 큰사과먹숫돌나비, 꼬마알락희롱나비 등이다.

그러나 산검은범나비, 봄갈구리노랑나비, 갈구리흰나비, 고운점배기숫돌나비, 큰푸른숫돌나비, 먹숫돌나비, 긴은점표문나비, 흰줄표문나비, 암검은표문나비, 작은팔자나비, 한줄나비, 두줄나비, 별세줄나비, 갈색얼룩나비, 애기그늘나비, 암흰뱀눈나비 등은 백두산일대를 포함한 우리 나라 북부고지대와 저지대에도 분포되여있으며 구북구의 범위를 벗어나 멀리 남쪽으로 동양구까지 분포구를 넓혔다.

백두산일대의 낮나비류상의 구성에는 가장 전형적인 북방기원계통인 백두산표범나비, 노랑무늬산뱀눈나비, 큰산뱀눈나비, 높은산뱀눈나비 등과 같은 북극권주위계통의 종들도 들어있으며 이러한 종들은 백두산일대를 포함하는 우리 나라 북부고지대와 중국동북지방, 원동지방, 몽골 등에 분포되여있다.

그밖에 백두산일대의 낮나비류에는 서부씨비리계통, 구북구계통 등과 같은 북방기원계통의 종들이 있다.

또한 남방기원계통인 서부중국계통이나 동양구계통 등도 있는데 여기에서 위주로 되는것은 서부중국계통이며 대표적인 종들로는 사향범나비, 범나비, 검은범나비, 민무늬굴빛숫돌나비, 물결굴빛숫돌나비, 사과먹숫돌나비, 큰점배기숫돌나비, 큰흰줄표문나비, 구름표문나비, 구넓은한줄나비, 산세줄나비, 팔자나비, 산오색나비, 물결뱀눈나비, 얼럭그늘나비, 검은그늘나비, 꼬마금강희롱나비, 은줄희롱나비, 유리창희롱나비 등을 들수있으며 이러한 종들은 우리 나라 저지대에도 분포되여있다. 이러한 남방기원계통의 종들은 우리 나라 주변에 바다가 형성되기이전시기에 발생중심지를 벗어나 북상한 종들이다.

표 28 백두산일대 낮나비류의 동물지리적분포

동물지리구 과 명	구 북 구					신북구	동양구			오스트랄구	에티아오구	신대열구
	원동	구라파	몽골	중국동북	일본		인도	중국대만	기타			
범나비과	8	1	7	9	6	2	5	5	8	1	—	—
흰나비과	15	9	11	15	12	3	8	4	13	2	5	1
숫돌나비과	46	24	21	46	26	6	8	5	20	1	1	2
멧나비과	66	32	35	66	35	3	27	10	49	4	5	—
뿔나비과	—	1	—	1	1		1	1	1	—	1	—
뱀눈나비과	25	10	14	24	13	1	5	2	17	—	—	—
희롱나비과	25	10	14	26	15	2	6	4	20	—	1	—
계	185	87	102	187	108	17	60	31	128	8	13	3
공통종들의 비률, %	97.3	45.8	53.7	98.4	56.8	8.9	31.6	16.3	67.4	4.2	6.8	1.6

표 29 우리 나라 낮나비류의 동물지리적분포

동물지리구 과 명	구 북 구						신북구	동양구			오스트랄구	에티아오구	신열대구
	조선	원동싸할린및연해	구라파	몽골	중국동북	일본		인도	중국대만	기타			
범나비과	15	10	1	7	12	12	3	8	8	13	13	1	
흰나비과	18	17	9	12	16	14	3	10	6	15	4	7	1
숫돌나비과	67	55	26	26	56	42	6	13	11	30	4	3	2
알락나비과	3	1	1			3	1	3	2	3	2	1	
멧나비과	78	67	32	37	70	44	5	33	20	60	9	9	
뿔나비과	1		1		1	1		1	1	1		1	
뱀눈나비과	35	31	10	16	28	16	1	7	4	22	1	1	
희롱나비과	34	29	11	17	31	19	2	9	7	27	1	2	
계	251	210	91	115	214	151	21	84	59	171	34	25	3
비률, %	100.0	83.6	36.3	45.8	85.3	60.1	8.3	33.4	23.5	68.1	13.5	10.0	1.2

백두산일대와 세계동물지리구들에서의 낮나비류의 공통종수를 비교하였다(표 28).

표 28에서 보여주는바와 같이 백두산일대와의 공통종수는 백두산일대와 지리적으로 가장 가까이 위치하였으므로 낮나비류의 교류가 가장 활발히 진행된 중국동북지방과 원동지방에서 각각 187종(98.4%), 185종(97.3%)로서 가장 많으며 백두산일대에서 출현하는 거의 모든 종들이 이 지방들에 분포되여있다.

백두산일대와 지리적으로 멀리 떨어져있는 동양구에서는 인도와 중국대만을 내놓은 기타지방에서 공통종수는 128종(67.4%)으로서 이것은 지난시기 우리 나라가 멀리 남쪽지방과 평원으로 련결되여있을때 낮나비류의 호상교류가 비교적 활발히 진행되였다는 증거로 된다.

그밖에 백두산일대와의 공통종수는 일본에서 108종(56.8%), 몽골에서 102종(53.7%), 구라파에서 87종(45.8%), 인도에서 60종(31.6%), 중국대만에서 31종(16.3%), 신북구에서 17종(8.9%), 에티오피아구에서 13종(6.8%), 오스트랄리아구에서 13종(6.8%), 신열대구에서 3종(1.6%)으로서 지리적으로 멀어질수록 공통종수가 감소되는 경향이 있다.

백두산일대를 포함하는 우리 나라 전반지역과 세계동물지리구들에서의 낮나비류의 공통종수를 비교하였다(표 29).

표 28, 표 29에서 보는바와 같이 백두산일대를 포함하는 우리 나라 전반지역과의 공통종수의 비률 및 백두산일대와의 공통종수의 비률은 각각 중국동북지방에서 85.3%(214종), 98.4%(187종), 원동지방에서 83.6%(210종), 97.3%(185종), 동양구의 기타지방에서 68.1%(171종), 67.4%(128종)로서 백두산일대에서는 우리 나라 전반지역에서보다 중국동북지방 및 원동지방과의 공통종수의 비률이 높고 동양구의 기타지방과의 공통종수의 비률이 낮아지는 경향이 뚜렷하게 나타나는데 이것은 지리적으로 가까울수록 낮나비류의 호상교류가 활발히 진행된다는것을 잘 보여준다.

5) 특산아종(지역아종)

백두산일대가 오늘과 같은 모습을 갖춘때로부터 오늘까지에 이르는 오랜 시기를 경과하는 과정에 이 일대의 자연지리적조건에 적응되고 이 일대에서만 고유한 특산아종(지역아종)나비들이 많이 분화되였다.

그것은 이미 이 일대에서 여러종류의 특산아종나비들이 기록된데 뒤이어 최근에만 하여도 연한물빛숫돌나비 *Polyommatus icarus tumangensis*

1M, 노랑무늬산뱀눈나비 *Erebia embla baekamensis* 1M, 큰산뱀눈나비 *Oeneis magnauchangi* 1M, 북방흰띠애기뱀눈나비 *Coenonympha glycerion songhyoki* 1M 등과 같은 나비들이 새롭게 발견된것을 들수 있다.

구라파에서 *Papilio icarus* Rottemburg, 1775, *P. embla* Thunberg, 1791, *P. glycerion* Borkhausen, 1888, 아무르지방에서 *Oeneis jutta* var. *magna* Graeser, 1888 등이 세상에 처음으로 알려진후 이러한 낮나비류의 분류 및 분포학적 연구를 진행한 학자들은 로씨야의 각이한 지방들에서 *Polyommatus icarus fuchsi Erebia embla succulenta, Oeneis magna magna, O. magna magadanica, O. magna kamtschatica, O. magna transbaicalica, Coenonympha glicerion*, 몽골에서 *Oeneis magna mongolica* 등과 같은 많은 아종들을 기재하였다.

지난시기 우리 나라 낮나비류의 분류 및 분포학적 연구를 진행한 학자들은 백두산일대를 포함한 우리 나라 북부고지대에는 아무르지방에서 처음으로 기재된것과 같은 *Polyommatus icarus fuchsi, Oeneis jutta magna*, 알따이에서 처음으로 기재된것과 같은 *Erebia embla succulenta* 등이 분포된것으로 인정하였으며 큰산뱀눈나비 *Oeneis magna ssp.* 는 지역아종으로 분화될 가능성이 있다고 보았다.

그러나 북방흰띠애기뱀눈나비 *Coenonympha glycerion*을 우리 나라에서 기록하지 못하였으며 최근에 와서야 량강도 삼지연군일대와 함경북도 연사군 삼포리에서 채집되여 1987년에 우리 나라 미기록종으로 세상에 알려지게 되였다.

이상과 같은 4종의 나비들은 모두가 북방기원계통의 종들로서 제4기의 빙하기와 간빙기에 자체의 분포구범위내에서 분포모습을 부단히 변화시키였으며 마지막 빙기가 끝난후에야 비로서 지리적으로 서로 멀리 격리되여있는 백두산일대를 포함한 우리 나라 북부고지대, 아무르지방, 구라파 등에서 기본적으로 오늘과 같은 분포모습을 갖추면서 서로 다른 개체무리를 이루게 되였다.

지리적으로 서로 멀리 격리되여 서로 다른 자연지리적조건에서 오래동안 생존하여 온 이 나비들의 개체무리들은 마침내 서로 다른 지역아종으로 분화될수 있었으며 백두산일대와 우리 나라 북부고지대에도 아무르지방이나 구라파지대에서와는 다른 이 일대의 고유하고도 독특한 자연지리적조건에 적응된 별개의 지역아종들이 분화될수 있었다.

그밖에 백두산일대를 포함한 우리 나라 북부고지대에서 이미 알려진 지역아종나비들인 흰나비과의 높은산노랑나비 *Colias palaeno coreacola*, 숫돌나비과의 개마꼬리숫돌나비 *Thecla betulina gaimana*, 꼬마숫돌나비 *Cupido minimus happensis*, 백두산숫돌나비 *Aricia agestis hakutozana*, 후치령숫돌나비 *Cyanirus semiargus peiktusana*, 북방숫돌나비 *Vacciniiha optilete shonis*, 멧나비과의 백두산표범나비 *Clossiana angarensis hakutozana*, 높은산표범나비 *Boloria titania nansetsuzana*, 높은산표문번티기 *Melitaeaarcesia gaimana*, 작은표문번티기 *M. plotina snyder*, 희롱나비과의 흰점희롱나비 *Spialia sertorius murasaki*, 흰점알락희롱나비 *Pyrgus alveus hesanzina* 등도 이미 언급된 연한풀빛숫돌나비, 노랑무늬산뱀눈나비, 큰산뱀눈나비, 북방흰띠애기뱀눈나비 등과 시간적으로나 공간적으로 비슷한 경위를 걸쳐 우리 나라 특산이종으로 분화되였다고 말할수 있다.

앞으로 백두산일대를 포함한 우리 나라 북부고지대에 퍼져있는 낮나비들에 대한 분류 및 분포학적연구가 심화되면 이 일대에서만 고유한 새로운 아종들이 발견될수 있는 가능성이 많다.

지금까지 우리 나라 낮나비류에 대한 분류학적연구를 진행한 선행 학자들은 아무르, 우쑤리, 싸할린, 야꾸쯔크 씨비리, 구라파, 일본, 카슈미르고원 등을 본보기산지(T. L.)로 하는 대덕산숫돌나비 *Eumedonia eumedon antiqua* (T. L. 아무르), 먹숫돌나비 *Fixsenia w—album fentoni* (T. L. 일본), 높은산점배기숫돌나비 *Maculinea arion ussuriensis* (T. L. 우쑤리), 참숫돌나비 *Lycaena eros erotides* (T. L. 씨비리), *L. eros sutleja* (T. L. 카슈미르고원) *Polyommatus eros boisduvalii* (T. L. 로씨야남부) 아무르숫돌나비 *Lycaena amandus amurensis* (T. L. 아무르), 큰한줄나비 *Limenitis populi ussuriensis* (T. L.우쑤리), 붉은밤색수두나비 *Palygonia l—album samurai* (T. L. 일본), *Nymphalis l—album vau—album* (T. L. 구라파), 노랑깃수두나비 *N. antiopa asopos* (T. L. 일본), *N. antiopa antiopa* (T. L. 스웨리예), *N. antiopa borealis* (T. L. 야꾸쯔크), 공작나비 *Vanessa io geisha* (T. L. 일본), *Brenthis io amurensis* (T. L. 아무르), 높은산뱀눈나비 *Oeneis jutta sachalinensis* (T. L. 싸할린), 북방노랑점희롱나비 *Pamphila pala murasei* (T. L. 싸할린) 등

과 꼭같은 아종들을 백두산일대를 포함한 우리 나라 북부고지대에서 기록하였다.

그러나 이러한 아종들의 본보기산지들은 백두산일대와 지리적으로 멀리 떨어져있을뿐만 아니라 본보기산지들과 백두산일대와의 사이에서 나비들은 불련속적 분포를 이루고있으므로 백두산일대에서는 본보기산지의 아종들과 형태학적으로 차이나는 별개의 아종들이 분화될수 있다.

또한 학자들은 백두산일대를 포함하는 우리 나라 북부고지대에서 바이깔, 아무르, 우쑤리, 싸할린, 구라파 등을 본보기산지로 하는 남색붉은숫돌나비 *Helleia helle* (T. L. 구라파), 검정테붉은숫돌나비 *Heodes virgaureae* (T. L. 구라파), 높은산한줄나비 *Limenitis amphyssa* (T. L. 아무르), 높은산세줄나비 *Neptis speyeri* (T. L. 우쑤리), 검은세줄나비 *Aldania raddei* (T. L. 아무르), 붉은무늬산뱀눈나비 *Erebia edda* (T. L. 아무르), 북방알락희롱나비 *Pyrgus speyeri* (T. L. 바이깔) 등과 같은 나비들을 기록하였는데 이러한 나비들 역시 본보기산지들과 백두산일대와의 사이에서 불련속적분포를 이루는 종들로서 백두산일대에서 지역아종으로 분화될수 있는 가능성이 많다.

6) 종 구 성

범나비과 Papilionidae

꼬리범나비 *Sericinus montela* Grey

한해에 2번 생겨난다. 번데기로 겨울을 난다. 운흥, 백암에서 채집되였다.

모시범나비 *Parnassius stubbendorfii* Mén.

한해에 한번 생겨난다. 나비는 6월중순~7월중순에 나타나며 산골짜기의 해가 잘 쪼이는 양지바른 경사지, 산기슭의 경사지 등에서 천천히 날아다닌다. 알로 겨울을 난다. 백두산, 베개봉, 무두봉에서 채집되였다.

붉은점모시범나비 *Parnassius bremeri* Brem.

한해에 한번 생겨난다. 나비는 6월하순~7월하순에 나타나 풀관우를 낮게 날아다닌다. 알속에 있는 1령의 새끼벌레로 겨울을 난다. 백두산, 혜산, 보천, 운흥, 백암, 신무성, 무봉, 리명수, 포태, 대홍단 등에서 채집되였다.

큰붉은점모시범나비 *Parnassius nomion* Fisch.

한해에 한번 생겨나며 나비는 7월하순~8월중순에 나타난다. 무봉, 신무성, 리명수, 포태, 북포태산, 백암, 대홍단, 보천, 혜산 등 여러곳에서 채집되였다.

사향범나비 *Atrophaneura alcinous*(Klug)

한해에 2번 생겨나는데 제1세대 나비는 5월하순~6월하순, 제2세대 나비는 7월상순~8월중순에 나타난다. 번데기로 겨울을 난다. 삼지연, 보천 등지에서 채집되였다.

노랑범나비 *Papilio machaon* L.

한해에 2번 생겨난다. 제1세대의 나비는 4월하순~5월하순에 나타나며 제2세대의 여름형은 6월중순~8월하순에 나타난다. 번데기로 겨울을 난다. 대택, 유평, 베개봉, 남포태산, 혜산 등에서 채집되였다.

범나비 *Papilio xuthus* L.

한해에 2번 생겨난다. 제1세대의 나비는 4월하순~6월상순에, 제2세대의 나비는 6월하순~8월하순에 나타난다. 번데기로 겨울을 난다. 백두산, 천지호반, 혜산, 백암, 남포태산 등지에서 채집되였다.

검은범나비 *Papilio bianor* Cram.

한해에 2번 생겨나는데 제1세대의 나비는 4월중순~6월하순에, 제2세대의 나비는 7월상순~8월하순에 나타난다. 백두산, 백암 등에서 채집되였다.

산검은범나비 *Papilio maackii* Mén.

한해에 2번 생겨난다. 천천히 날아다니며 물을 먹기 위하여 골짜기의 흐르는 물가나 산길에 모이는것을 볼수 있다. 늦은가을 번데기로 나무가지 또는 마른잎에 매달려 겨울을 지낸다. 백두산, 천지호반, 운흥, 무봉, 남포태산 등에서 채집되였다.

흰나비과 Pieridae

북방애기흰나비 *Leptidea morsei* Fenton

한해에 2번 생겨난다. 제1세대나비인 봄형이 나타나는것은 4월하순내지 5월중순이고 제2세대인 여름형은 6월하순부터 8월상순에 나타난다. 번데기로 겨울을 난다. 백두산, 혜산, 대홍단, 운흥, 백암, 무봉, 포태, 간삼봉, 보천 등에서 채집되였다.

애기흰나비 *Leptidea amurensis* (Mén.)

한해에 2번 생겨난다. 제1세대나비는 4월하순~5월하순, 제2세대나비는 6월중순~7월하순에 나타난다. 번데기로 겨울을 난다. 백두산, 천지호반, 무봉, 간삼봉, 베개봉, 혜산 등에서 채집되였다.

노랑나비 *Colias erate* Esp.

한해에 3번 생겨난다. 제1세대나비는 4월하순~5월하순, 제2세대나비는 6월중순~7월하순, 제3세대는 8월중순~9월상순에 나타난다. 새끼벌레로 겨울을 난다. 백두산, 천지호반, 백암, 운흥, 무두봉 등에서 채집되였다.

높은산노랑나비 *Colias palaeno* (L.)

한해에 한번 생겨난다. 7월상순~8월중순에 나타나는데 최성기는 7월중하순이다. 백두산, 천지호반, 보천, 백암, 운흥, 무봉, 신무성, 포태, 북포태산, 간삼봉, 베개봉, 무두봉 등에서 채집되였다.

연주노랑나비 *Colias heos* (Herbst)

매우 아름다운 나비이다. 한해에 한번 생겨난다. 백두산, 혜산, 보천, 운흥, 백암, 대홍단, 무봉, 삼지연, 신무성, 포태, 북포태산, 간삼봉, 베개봉, 무두봉 등에서 채집되였다.

높은산흰나비 *Aporia hippia* (Brem.)

한해에 한번 생겨난다. 수직분포 아래한계선은 해발높이 1000m이며 1500m의 높은 지대에서는 7월상순내지 8월상순에 나타난다. 백두산, 혜산, 운흥, 보천, 백암, 대홍단, 베개봉, 무봉, 포태, 소백산 등에서 채집되였다.

산흰나비 *Aporia crataegi* (L.)

한해에 한번 생겨난다. 나비는 7월상순~8월상순에 나타나 산골짜기의 시내물가나 산림주변에서 살면서 여러가지 꽃에 모여든다. 보통 제3령기의 새끼벌레들이 둥지안에서 나드는 구멍을 막고 무리지어 겨울을 난다. 백두산, 운흥, 혜산, 보천, 대홍단, 백암, 베개봉, 남포태산, 무봉, 포태 등에서 채집되였다.

갈구리노랑나비 *Gonepteryx rhamni* (L.)

한해에 한번 생겨나며 엄지벌레로 겨울을 난다. 백두산부근, 운흥, 보천, 대홍단, 삼지연 등에서 채집되였다.

봄갈구리노랑나비 *Gonepteryx aspasia* Mén.

한해에 한번 생겨나며 엄지벌레로 겨울을 난다. 백두산, 백암, 무봉, 포태, 혜산, 대홍단, 보천, 운흥 등에서 채집되였다.

줄흰나비 *Artogeia napi* (L.)

한해에 2번 생겨난다. 제1세대나비는 5월중순~6월중순에, 제2세대나비는 7월중순~8월상순에 나타난다. 나비는 산림주변에서 천천히 날아다니면서 여러가지 꽃에서 꿀을 빨아먹는다. 번데기로 겨울을 난다. 백두산, 천지호반, 혜산, 운흥, 보천, 대홍단, 백암, 베개봉, 리명수 등에서 채집되였다.

큰줄흰나비 *Artogeia melete*(Mén.)

한해에 2번 생겨난다. 제1세대나비는 4월하순부터 5월중순까지, 제2세대나비는 6월부터 8월말~9월초까지 나타난다. 번데기로 겨울을 난다. 백두산, 운흥, 혜산, 보천, 온수평, 리명수, 북포태산, 남포태산 등에서 채집되였다.

흰나비 *Artogeia rapae*(L.)

한해에 2번 생겨난다. 제1세대나비는 4월하순부터 6월상순까지, 제2세대나비는 6월하순부터 9월상순까지 나타난다. 번데기로 겨울을 난다. 백두산, 천지호반, 백암, 혜산, 보천, 삼지연, 운흥 등에서 채집되였다.

작은흰나비 *Artogeia canidia* (Sparrm.)

한해에 여러번 생겨나며 백두산일대에서 첫세대는 5월중순에 나타난다. 백두산, 운흥 등에서 채집되였다.

알락흰나비 *Pontia daplidice* (L.)

한해에 2번 생겨난다. 제1세대나비는 4월하순부터 5월하순까지, 제2세대나비는 8월중순부터 9월상순까지 나타나는데 마리수는 많지 못하다. 나비는 여러가지 꽃우를 천천히 날아다닌다. 번데기로 겨울을 난다. 백두산, 혜산, 백암, 무봉, 포태, 간삼봉, 소백산, 대홍단, 운흥, 보천 등에서 채집되였다.

갈구리흰나비 *Anthocharis scolymus* Butl.

한해에 한번 생겨난다. 번데기로 겨울을 난다. 백두산일대의 여러곳에서 채집되였다.

숫돌나비과 Lycaenidae

깊은산숫돌나비 *Artopoetes pryeri* (Murr.)

한해에 한번 생겨난다. 나비는 6월상순~7월상순에 나타나 산골짜기의 시내가, 숲기슭이나 빈터에서 살며 해질무렵에 활발히 날아다닌다. 알로 겨울을 난다. 운흥, 보천, 혜산, 대홍단, 삼지연 등에서 채집되였다.

참굴빛숫돌나비 *Coreana raphaelis* (Oberth.)

한해에 한번 생겨난다. 나비는 6월~7월하순에 나타나는데 최성기는 7월 상중순이다. 알로 겨울을 난다. 혜산, 보천, 운흥, 백암 등에서 채집되였다.

금강산귤빛숫돌나비 *Ussuriana michaelis* (Oberth.)
한해에 한번 생겨난다. 알로 겨울을 난다. 보천, 백암 등에서 채집되였다.

암귤빛꼬리숫돌나비 *Thecla betulae* (L.)
한해에 한번 생겨난다. 나비는 7월하순~8월상순에 나타나며 산림지대에서 볼수 있다. 혜산, 백암, 대홍단, 보천, 삼지연 등에서 채집되였다.

개마꼬리숫돌나비 *Thecla betulina* Stg.
한해에 한번 생겨난다. 나비는 7월상순~8월상순에 나타나 숲속에서 산다. 운흥, 보천, 삼지연, 대홍단, 백암 등에서 채집되였다.

민무늬귤빛숫돌나비 *Shirozua jonasi* (Jans.)
한해에 한번 생겨난다. 나비는 7월중순~8월하순에 나타나는데 최성기는 7월하순~8월상순이다. 보천, 혜산 등에서 채집되였다.

귤빛숫돌나비 *Japonica lutea* (Hew.)
한해에 한번 생겨난다. 알로 겨울을 난다. 백두산, 혜산, 보천, 삼지연, 백암 등에서 채집되였다.

물결귤빛숫돌나비 *Japonica saepestriata* (Hew.)
한해에 한번 생겨나며 나비는 7월상순부터 8월중순까지 나타나는데 최성기는 7월중하순이다. 알로 겨울을 난다. 대홍단, 혜산, 보천 등에서 채집되였다.

은빛숫돌나비 *Protantigius superans* (Oberth.)
한해에 한번 생겨난다. 나비는 6월중순~7월중순에 나타나 산간지대의 풀판에서 산다. 보천, 대홍단, 무봉, 포태, 백암 등에서 채집되였다.

암붉은점푸른숫돌나비 *Chrysozephyrus smaragdinus* (Brem.)
한해에 한번 생겨난다. 나비는 7월상순~8월중순에 나타나는데 최성기는 7월하순이다. 알로 겨울을 난다. 보천, 혜산, 백암, 삼지연 등에서 채집되였다.

큰푸른숫돌나비 *Favonius orientalis* (Murr.)
한해에 한번 생겨난다. 나비는 7월~8월에 나타나며 주로 오전에 활동하고 저녁때에는 날지않는다. 알로 겨울을 난다. 백두산, 혜산, 보천 등에서 채집되였다.

참푸른숫돌나비 *Favonius aurorinus* (Oberth.)
한해에 한번 생겨나며 나비는 6월하순내지 7월중순에 나타난다. 알로 겨울을 난다. 혜산에서 채집되였다.

금강푸른숫돌나비 *Favonius ultramarinus* (Fixs.)
한해에 한번 생겨나며 나비는 7월상순~8월상순에 나타난다. 알로 겨울을 난다. 보천, 백암 등에서 채집되였다.

넓은띠푸른숫돌나비 *Favonius latifasciatus* (Shir. et Hayashi)
혜산에서 채집되였다.

참먹숫돌나비 *Fixsenia herzi* (Fixs.)
한해에 한번 생겨나며 나비는 6월하순부터 7월하순까지 나타나 산골짜기의 시내물가의 풀판우에서 산다. 운흥, 보천, 혜산, 백암, 삼지연, 무봉, 대홍단 등에서 채집되였다.

먹숫돌나비 *Fixsenia W-album* (Knoch)
한해에 한번 생겨나며 7월중순에 나타난다. 알로 겨울을 난다. 백두산, 백암 등에서 채집되였다.

큰먹숫돌나비 *Fixsenia eximia* (Fixs.)
한해에 한번 생겨난다. 백두산, 운흥, 보천, 혜산, 백암, 삼지연, 무봉, 대홍단 등에서 채집되였다.

사과먹숫돌나비 *Fixsenia prunoides* (Stg.)
한해에 한번 생겨나며 나비는 6월하순~7월중순에 나타난다. 알로 겨울을 난다. 백두산, 혜산, 보천, 백암, 대홍단, 무봉 등에서 채집되였다.

큰사과먹숫돌나비 *Fixsenia pruni* (L.)
한해에 한번 생겨난다. 나비는 6월하순~7월상순에 나타난다. 알로 겨울을 난다. 혜산, 보천, 백암, 삼지연, 대홍단 등에서 채집되였다.

북방먹숫돌나비 *Fixsenia spini* (Sch.)
한해에 한번 생겨나는데 나비는 7월상순~8월상순에 나타난다. 주로 넓은잎나무숲의 산골짜기, 시내물 부근에서 산다. 백두산, 혜산, 보천, 운흥, 백암, 대홍단 등에서 채집되였다.

범숫돌나비 *Rapala caerulea* (Brem. -Grey)
한해에 2번 생겨난다. 번데기로 겨울을 난다. 백두산일대의 여러곳에서 채집되였다.

쇠빛숫돌나비 *Callophrys frivaldszkyi* (Led.)
한해에 한번 생겨나며 나비는 5월상순~6월중순까지 나타난다. 나비는 숲주변에서 살며 수컷은 매우 빠르게 날아다니면서 나무가지끝에 멎어서 터세권을 나타낸다. 번데기로 겨울을 난다. 운흥, 혜산, 보천, 백암, 보서, 리명수, 포태 등에서 채집되였다.

큰붉은숫돌나비 *Lycaena dispar* (Haw.)

한해에 2번 생겨난다. 제1세대나비는 6월하순~7월하순에, 제2세대나비는 8월상순~9월에 나타난다. 백두산, 혜산, 보천, 운흥, 무봉, 포태, 백암 등에서 채집되였다.

붉은숫돌나비 *Lycaena phlaeas* (L.)

한해에 2번 생겨난다. 나비는 6월상순~7월하순과 8월상순~9월하순에 나타난다. 새끼벌레로 겨울을 난다. 백두산일대의 여러곳에서 채집되였다.

남색붉은숫돌나비 *Helleia helle* (Den. et Sch.)

한해에 2번 생겨나며 제1세대나비는 5월하순~6월하순에, 제2세대나비는 7월상순~7월하순에 나타난다. 나비는 주로 높은 산지대에서 산골짜기의 넓은잎나무숲의 풀판에서 산다. 백두산, 혜산, 백암, 보천, 삼지연, 무봉, 포태, 신무성 등에서 채집되였다.

암검정붉은숫돌나비 *Palaeochrysophanus hippothoe* (L.)

한해에 한번 생겨나며 나비는 7월중순~8월중순에 나타난다. 북부고지대 산림의 풀판에서 살며 마리수가 매우 적다. 백두산, 보천, 대홍단, 운흥, 백암, 삼지연, 무봉 등에서 채집되였다.

검정테붉은숫돌나비 *Heodes virgaureae* (L.)

한해에 한번 생겨난다. 나비는 7월중순~8월중순에 나타나며 나무숲과 풀판에서 산다. 혜산, 보천, 백암, 삼지연, 무봉, 대홍단 등에서 채집되였다.

검은숫돌나비 *Niphanda fusca* (Brem. —Grey)

한해에 한번 생겨나며 나비는 6월중순~8월중순에 나타나는데 최성기는 7월이다. 새끼벌레로 겨울을 난다. 백두산일대의 여러곳에서 채집되였다.

제비숫돌나비 *Everes argiades* (Pall.)

한해에 2번 생겨나며 제1세대나비는 5월상순~6월하순, 제2세대는 7월상순~8월하순에 나타난다. 나비는 길가, 논, 밭주변, 제방뚝 등 양지바른 풀판우를 낮게 천천히 날아다닌다. 새끼벌레로 겨울을 난다. 백두산, 혜산, 백암 등에서 채집되였다.

검은제비숫돌나비 *Tongeia fischeri* Ev.

한해에 3번정도 생겨난다. 제1세대나비는 4월하순~6월상순, 제2세대나비는 6월하순~7월하순, 제3세대나비는 8월중순~9월하순에 나타난다. 나비는 강기슭, 제방뚝, 길가의 풀숲 등에서 천천히 날아다닌다. 새끼벌레로 겨울을 난다. 백두산일대의 여러곳에서 채집되였다.

꼬마숫돌나비 *Cupido minimus* (Fuessl.)

한해에 한번 생겨나며 나비는 7월상순～8월상순에 나타난다. 백두산, 보천, 백암, 삼지연, 무봉, 베개봉, 신무성, 무두봉, 대홍단 등에서 채집되였다.

물빛숫돌나비 *Celastrina argiolus* (L.)

한해에 여러번 생겨난다. 나비는 4월하순부터 8월하순에 나타나며 나무숲기슭, 풀판, 살림집주변 등에서 산다. 번데기로 겨울을 난다. 백두산, 혜산, 보천, 백암 등에서 채집되였다.

푸른숫돌나비 *Glaucopsyche lycormas* (Butl.)

한해에 한번 생겨난다. 나비는 5월하순내지 8월상순에 나타나서 양지바른 풀판이나 강하천의 풀판우를 날아다닌다. 번데기로 겨울을 난다. 백두산, 보천, 혜산, 백암, 삼지연, 무봉, 운흥, 대홍단 등에서 채집되였다.

작은붉은띠숫돌나비 *Scolitandides orion* (Pall.)

한해에 한번 생겨나며 나비는 5월상순에 나타나 산지의 벼랑, 바위 등 먹이풀이 있는데서 살면서 그 주변을 천천히 날아다닌다. 번데기로 겨울을 난다. 백두산, 보천, 혜산, 백암, 대택 등에서 채집되였다.

큰점배기숫돌나비 *Maculinea arionides* (Stg.)

한해에 한번 생겨난다. 나비는 7월상순～8월하순에 나타나는데 7월하순～8월상순이 최성기이다. 나비는 산림의 시내물가, 풀판이나 길가에서 많이 산다. 다 자란 새끼벌레로 겨울을 난다. 백두산, 운흥, 보천, 혜산, 대홍단, 백암, 삼지연 등에서 채집되였다.

높은산점배기숫돌나비 *Maculinea arion* (L.)

한해에 한번 생겨나며 나비는 7월중순～8월상순에 나타난다. 나비는 산간지대의 풀판에서 볼수 있다. 백두산, 보천, 혜산, 대홍단, 운흥, 백암, 북계수, 무봉, 신무성, 삼지연, 포태, 리명수, 온수평 등에서 채집되였다.

고운점배기숫돌나비 *Maculinea teleius* (Brgst.)

한해에 한번 생겨나며 나비는 7월하순부터 9월에 나타난다. 백두산에서는 7월하순에 나무숲이나 풀판우를 천천히 날아다니는것을 자주 본다. 새끼벌레로 겨울을 난다. 백두산, 혜산, 보천, 운흥, 대홍단, 백암, 무봉, 삼지연 등에서 채집되였다.

연한물빛숫돌나비 *Polyommatus icarus* (Rott.)

한해에 한번 생겨나며 나비는 7～8월에 나타나 산림의 풀판에서 산다. 백두산에서 세계신아종 *P. icarus tumangensis* Im이 처음으로 발견되였다. 백두산, 운홍, 혜산, 보천, 백암, 대홍단, 신무성, 포태, 무봉 등에 퍼져있다.

참숫돌나비 *Polyommatus eros* (Ochs.)

한해에 한번 생겨나며 나비는 7월중순～8월중순에 나타난다. 백두산, 운홍, 혜산, 보천, 백암, 북계수, 대택, 대홍단, 포태, 무봉, 신무성 등에서 채집되였다.

숫돌나비 *Plebejus argus* (L.)

한해에 한번 생겨나며 나비는 6월하순～8월상순에 나타난다. 산지의 풀판우에 많이 나타나 낮게 천천히 날아다닌다. 알로 겨울을 난다. 백두산, 보천, 백암, 대택, 대홍단, 삼지연, 무봉 등에서 채집되였다.

물빛점무늬숫돌나비 *Lycaeides argyrognomon* (Brgst.)

한해에 여러번 생겨난다. 나비는 5월중순부터 9월하순까지 계속 나타난다. 알로 겨울을 난다. 백두산일대의 여러곳에서 채집되였다.

산숫돌나비 *Lycaeides subsolana* Ev.

한해에 한번 생겨나며 나비는 7월중순～8월에 나타난다. 양지바른 풀밭이나 제방뚝 등에 많이 나타나 천천히 난다. 알로 겨울을 난다. 백두산, 혜산, 보천, 대홍단, 운홍, 백암, 대택, 북계수, 상도내, 삼지연, 무봉 등에서 채집되였다.

후치령숫돌나비 *Cyaniris semiargus* (Rott.)

한해에 한번 생겨나며 나비는 6월하순～7월하순에 나타나 북부높은지대의 산지 풀판에서 산다. 백두산, 운홍, 백암, 대택, 상도내, 대홍단, 삼지연, 포태, 무봉, 신무성, 무두봉, 베개봉, 정일봉, 리명수, 온수평 등에서 채집되였다.

백두산숫돌나비 *Aricia agestis* (Den. et Sch.)

한해에 한번 생겨나며 나비는 7월중순～8월중순에 나타난다. 우리 나라 북부 높은산지의 풀판이나 나무가 드물게 서있는 산림지대에서 산다. 백두산, 혜산, 운홍, 보천, 백암, 대택, 상도내, 북계수, 포태, 베개봉, 북포태산, 무봉, 신무성, 정일봉, 사자봉밀영, 대홍단 등에서 채집되였다.

북방숫돌나비 *Vacciniina optilete* (Knoch)

한해에 한번 생겨난다. 나비는 7월상순～8월하순에 나타나는데 최성기는 7월상순～8월상순이다. 새끼벌레로 겨울을 난다. 백두산, 운홍, 백암, 유평, 대택, 북계수, 상도내, 혜산, 보천, 대홍단, 삼지연, 무포, 베개봉, 정일봉, 북포태산, 청봉, 리명수, 포태, 신무성, 무봉 등에서 채집되였다.

아무르숫돌나비 *Agrodiaetus amandus* (Schn)

한해에 한번 생겨난다. 나비는 6월하순~8월상순에 나타난다. 습한 풀판에서 흔히 살며 산림의 풀판에는 드물게 나타난다. 백두산, 보천, 운홍, 혜산, 백암, 대택, 북계수, 대홍단, 간삼봉, 포태, 신무성, 삼지연못가, 무포, 리명수 등에서 채집되였다.

대덕산숫돌나비 *Eumedonia eumedon* (Esp.)

한해에 한번 생겨난다. 나비는 6월하순~8월에 나타나 높은 산지대의 풀판에서 산다. 백두산, 운홍, 백암, 대택, 서두, 북계수, 상도내, 대홍단, 신무성, 포태, 무봉 등에서 채집되였다.

멧나비과 Nymphalidae

연한색표문번티기 *Melitaea diamina* (Lang)

한해에 한번 생겨난다. 나비는 6월중순~7월하순에 나타나는데 7월상순~하순이 최성기이다. 새끼벌레로 겨울을 난다. 백두산, 혜산, 보천, 백암, 대택, 북계수, 상도내, 서두, 연암, 대홍단, 삼지연, 무봉 등에서 채집되였다.

쇠깃표문번티기 *Melitaea didyma* (Esp.)

한해에 한번 생겨난다. 나비는 6월중순~7월상순에 나타나서 산간지대 풀판과 습지에서 산다. 백두산, 운홍, 대홍단, 대택, 북계수, 상도내, 연암, 무봉, 신무성, 삼지연, 포태 등에서 채집되였다.

암표문번티기 *Melitaea phoebe* (Knock)

한해에 한번 생겨난다. 나비는 7월중순에 나타나서 습지주변의 풀판에서 살며 때로는 나무숲의 공지에 나타난다. 새끼벌레로 겨울을 난다. 백두산, 보천, 혜산, 대홍단, 삼지연 등에서 채집되였다.

높은산표문번티기 *Melitaea arcesia* Brem.

백두산, 보천, 운홍, 백암, 대택, 두류산, 북계수, 상도내, 대홍단, 신무성, 무봉 등에서 채집되였다.

작은표문번티기 *Mellicta plotina* Brem.

한해에 한번 생겨나며 나비는 7월상순~8월중순에 나타난다. 백두산, 보천, 백암, 북계수, 상도내, 대택, 대홍단, 삼지연, 무봉 등에서 채집되였다.

은점표문번티기 *Mellicta dictynna* (Esp.)

한해에 한번 생겨나며 나비는 6월중순~7월중순에 나타나서 나무숲의 습한풀판에서 산다. 백두산, 혜산, 보천, 운흥, 백암, 대택, 상도내, 북계수, 대홍단, 신무성, 무봉 등에서 채집되였다.

여름표문번디기 *Mellicta athalia* (Rott.)

한해에 한번 생겨난다. 나비는 6월하순부터 8월하순에 나타나는데 일반적으로 7월중하순이 최성기이다. 나비는 나무숲이나 풀판에서 많이 산다. 4~5령의 새끼벌레로 겨울을 난다. 백두산, 보천, 혜산, 운흥, 대홍단, 백암, 대택, 서두, 상도내, 북계수, 연암, 삼지연, 베개봉, 오호물동, 리명수, 무봉, 신무성, 청봉 등에서 채집되였다.

북방표문번디기 *Hypodryas intermedia* (Mén.)

한해에 한번 생겨난다. 나비는 6월하순~7월하순에 나타나서 나무숲의 공지나 풀숲에서 산다. 백두산, 백암, 대택, 북계수, 상도내, 운흥, 혜산, 보천, 삼지연, 무봉, 신무성, 포태, 베개봉 등에서 채집되였다.

금빛표문번디기 *Eurodryas aurinia* (Rott.)

한해에 한번 생겨난다. 나비는 6월중순~7월중순에 나타나서 바늘잎나무와 넓은잎나무가 섞여있는 숲에서 산다. 백두산, 혜산, 보천, 운흥, 대홍단, 백암, 대택, 북계수, 상도내, 연암, 서두, 베개봉, 리명수, 온수평, 신무성, 무봉, 포태, 삼지연 등에서 채집되였다.

은점선표범나비 *Clossiana euphrosyne* (L.)

한해에 한번 생겨난다. 나비는 6월중순~7월중순에 나타난다. 새끼벌레로 겨울을 난다. 백두산, 운흥, 혜산, 보천, 대홍단, 백암, 서두, 대택, 북계수, 상도내, 연암, 신무성, 무봉, 포태 등에서 채집되였다.

꼬마표범나비 *Clossiana selenis* (Ev.)

한해에 2번 생겨난다. 제1세대나비는 6월상순~7월중순에, 제2세대는 8월상순~8월하순에 나타난다. 백두산, 운흥, 혜산, 보천, 대홍단, 백암, 대택, 북계수, 상도내, 연암, 서두, 신무성, 포태, 무봉, 베개봉, 온수평, 리명수 등에서 채집되였다.

작은은점선표범나비 *Clossiana selene* (Den. et Sch.)

한해에 2번 생겨난다. 제1세대의 나비는 6월상순~7월상순에, 제2세대나비는 7월하순~8월하순에 나타난다. 운흥, 보천, 혜산, 대홍단, 백암, 대택, 연암, 삼지연, 베개봉, 포태, 리명수, 무봉, 백두산 등에서 채집되였다.

큰은점선표범나비 *Clossiana oscarus* (Ev.)

한해에 한번 생겨난다. 나비는 6월중순~7월중순에 나타나서 산간지대의 건조한 풀판에서 산다. 혜산, 운흥, 백암, 대택, 북계수, 상도내, 연암, 서두, 베개봉, 무두봉, 무봉, 신무성, 백두산, 정일봉, 사자봉밀영, 리명수 등에서 채집되였다.

백두산표범나비 *Clossiana angarensis* (Ersch.)

한해에 한번 생겨난다. 나비는 6월중순~7월하순에 나타나는데 최성기는 7월상순~7월중순이다. 마리수가 매우 적은 나비이다. 운흥, 보천, 혜산, 무봉, 베개봉, 남포태산, 삼지연, 신무성, 리명수, 포태, 백두산밀영, 백두산, 간삼봉, 온수평, 백암, 대택, 상도내, 연암, 서두, 대홍단 등에서 채집되였다.

가는날개표범나비 *Clossiana thore* (Hbn.)

한해에 한번 생겨난다. 나비는 6월하순~7월중순에 나타나서 산골짜기의 풀판이나 길가를 천천히 날아다닌다. 새끼벌레로 겨울을 난다. 대홍단, 혜산, 보천, 운흥, 백암, 대택, 상도내, 연암, 서두, 삼지연, 리명수, 포태, 온수평, 신무성, 무봉, 베개봉, 백두산 등에서 채집되였다.

높은산표범나비 *Boloria titania* (Esp.)

한해에 한번 생겨나며 나비는 7월하순~8월상순에 나타난다. 높은산지대의 산골짜기에서 산다. 백두산, 보천, 대홍단, 운흥, 백암, 북계수, 상도내, 연암, 포태, 무봉 등에서 채집되였다.

작은표문나비 *Brenthis ino* (Rott.)

한해에 한번 생겨난다. 나비는 7월중순~8월상순에 나타나서 산골짜기 시내물가의 풀판이나 그 주변에서 살면서 천천히 날아다닌다. 새끼벌레로 겨울을 난다. 백두산, 천지호반, 운흥, 보천, 혜산, 백암, 대택, 상도내, 북계수, 연암, 서두, 삼지연, 남포태산, 신무성, 포태, 무봉, 대홍단 등에서 채집되였다.

큰표문나비 *Brenthis daphne* (Den. et Sch.)

한해에 한번 생겨난다. 나비는 북부산지에서는 7월중순~8월상순에 나타나며 산골짜기의 건조한 풀판에서 살면서 천천히 날아다니다가 여러가지 꽃에 앉아 꿀을 빨아먹는다. 2~3령의 새끼벌레로 겨울을 난다. 백두산, 혜산, 보천, 운흥, 대홍단, 백암, 서두, 연암, 북계수, 대택, 상도내, 삼지연, 베개봉, 남포태산, 무봉, 포태, 리명수, 온수평 등에서 채집되였다.

흰줄표문나비 *Argyronome laodice* (Pall.)

한해에 한번 생겨나며 나비는 7월상순~8월상순에 나타난다. 알 또는 1령의 새끼벌레로 겨울을 난다. 백두산, 혜산, 운흥 등에서 채집되였다.

큰흰줄표문나비 *Argyronome ruslana* (Motsch.)

한해에 한번 생겨난다. 나비는 7월상순~8월상순에 나타나며 양지바른 풀판이나 나무숲주변의 풀판에서 많이 살며 재빨리 날아다닌다. 알로 겨울을 난다. 백두산, 농사, 보천, 혜산, 대택, 백암, 삼지연, 무봉 등에서 채집되였다.

암검은줄표문나비 *Damora sagana* (Doubl.)

한해에 한번 생겨나며 나비는 6월하순~7월하순에 나타난다. 산림성나비로서 수풀이나 그 부근의 산길에서 많이 볼수 있다. 새끼벌레로 겨울을 난다. 백두산일대의 여러곳에서 채집되였다.

구름표문나비 *Nephargynnis anadyomene* (C. et R. Feld.)

한해에 한번 생겨난다. 나비는 7월중순~8월상순에 나타나며 주로 나무숲에서 산다. 1령의 새끼벌레상태로 겨울을 난다. 백두산일대의 여러곳에서 채집되였다.

은줄표문나비 *Argynnis paphia* (L.)

한해에 한번 생겨난다. 나비는 7월중순~8월하순에 나타나며 나무숲주변에 많다. 알 또는 1령의 새끼벌레로 겨울을 난다. 백두산, 천지호반, 혜산, 보천, 간삼봉, 베개봉, 남포태산 등에서 채집되였다.

큰은줄표문나비 *Childrena zenobia* (Leech)

한해에 한번 생겨나며 나비는 6월중순~8월상순에 나타난다. 혜산, 농사, 운흥, 보천, 연암, 서두, 상도내 등에서 채집되였다.

은별표문나비 *Speyeria aglaja* (L.)

한해에 한번 생겨나며 나비는 6월하순부터 9월중순까지도 볼수 있는데 최성기는 7월중순~8월상순이다. 나비는 산기슭이나 풀판에 많으며 천천히 날아다닌다. 알 또는 1령의 새끼벌레로 겨울을 난다. 백두산, 혜산, 대택, 베개봉, 무두봉, 남포태산 등에서 채집되였다.

은점표문나비 *Fabriciana adippe* (L.)

한해에 한번 생겨난다. 나비는 6월중순~7월중순에 나타나며 산기슭이나 산골짜기의 풀판우에서 많이 살며 재빨리 날아다닌다. 어린새끼벌레로 겨울을 난다. 백두산, 천지호반, 혜산, 백암, 대택, 유평, 무두봉, 베개봉, 남포태산 등에서 채집되였다.

긴은점표문나비 *Fabriciana pallescens* (Butl.)

한해에 한번 생겨난다. 나비는 7월중순~8월중순에 나타나서 해가 잘 쪼이는 습지의 풀판우나 숲주변의 풀판에서 산다. 백두산, 보천, 삼지연 등에서 채집되였다.

왕은점표문나비 *Fabriciana nerippe* (C. et R. Feld.)

한해에 한번 생겨나며 나비는 6월하순~7월중순에 나타난다. 나비는 산지대의 풀판에서 비교적 천천히 날아다닌다. 새끼벌레로 겨울을 난다. 백두산, 보천, 운홍, 혜산, 부계수, 리명수 등에서 채집되였다.

한줄나비 *Limenitis camilla* (L.)

한해에 2번 생겨나며 제1세대나비는 5월하순~6월하순, 제2세대나비는 7월중순~9월상순에 나타난다. 나비는 산골짜기의 시내물이 흐르는 나무숲주변에서 살며 천천히 날아다닌다. 새끼벌레로 겨울을 난다. 백두산, 천지호반, 혜산, 백암, 베개봉 등에서 채집되였다.

참한줄나비 *Limenitis helmanni* Led.

한해에 한번 생겨나며 나비는 6월하순~8월중순에 나타난다. 백두산, 혜산, 보천, 백암, 대택, 운홍, 삼지연, 포태, 리명수, 온수평 등에서 채집되였다.

제이한줄나비 *Limenitis doerriesi* Stg.

한해에 한번 생겨난다. 나비는 7월중순~8월중순에 나타나서 넓은잎나무숲속에서 바위나 벼랑우를 잘 날아다닌다. 백두산, 혜산, 보천 등에서 채집되였다.

가는한줄나비 *Limenitis homeyeri* Tancré

한해에 한번 생겨난다. 나비는 6월하순~8월상순에 나타나서 높은 산지대의 넓은잎나무숲사이나 시내물가우를 잘 날아다닌다. 백두산, 보천, 혜산, 운홍, 백암, 대홍단, 삼지연 등에서 채집되였다.

산한줄나비 *Limenitis moltrechti* Kard.

한해에 한번 생겨난다. 나비는 7월중순~8월중순에 나타나며 넓은잎나무와 혼성림에서 산다. 백두산, 보천, 혜산, 운홍, 대홍단, 백암, 삼지연 등에서 채집되였다.

높은산한줄나비 *Limenitis amphyssa* Mén.

한해에 한번 생겨난다. 나비는 6월하순~8월상순에 나타나서 높은산지대 넓은잎나무숲의 시내물가를 잘 날아다닌다. 백두산, 보천, 운홍, 백암, 대홍단, 삼지연 등에서 채집되였다.

넓은한줄나비 *Limenitis sydyi* Led.

한해에 한번 생겨나며 나비는 7월중순~8월상순에 나타난다. 백두산, 혜산, 보천, 운홍, 삼지연, 북계수 등에서 채집되였다.

큰한줄나비 *Limenitis populi* (L.)

한해에 한번 생겨난다. 나비는 6월하순~8월중순에 나타나는데 최성기는 7월중순~하순이다. 나비는 나무숲사이의 양지바른 빈터나 산길 또는 산골짜기부근을 날아다닌다. 새끼벌레로 겨울을 난다. 백두산, 보천, 혜산, 운흥, 백암, 대홍단, 삼지연, 포태, 신무성, 무봉, 베개봉, 온수평 등에서 채집되였다.

붉은점한줄나비 *Seokia pratti* (Leech)

한해에 한번 생겨난다. 나비는 7월하순~8월중순에 나타나는데 때로는 9월상순까지도 볼수 있다. 나비는 높은 나무쪽대기우를 날아다니며 나무가지우에 앉기도 한다. 혜산, 백암 등에서 채집되였다.

작은세줄나비 *Neptis sappho* (Pall.)

한해에 2번 생겨난다. 제1세대나비는 5월상순~6월상순에, 제2세대나비는 7월상순~9월중순경에 나타난다. 백두산, 백암 등에서 채집되였다.

높은산세줄나비 *Neptis speyeri* Stg.

한해에 한번 생겨난다. 나비는 7월상순~8월상순에 나타난다. 백두산, 보천, 운흥, 혜산, 백암, 삼지연, 대홍단 등에서 채집되였다.

세줄나비 *Neptis philyra* Mén.

한해에 한번 생겨난다. 나비는 5월하순~7월하순에 나타나는데 산지에서 많이 볼수 있다. 백두산, 대홍단, 보천, 혜산, 운흥, 백암, 삼지연 등에서 채집되였다.

산세줄나비 *Neptis philyroides* Stg.

한해에 한번 생겨난다. 나비는 6월중순~7월하순에 나타나서 양지바른 나무숲주변에서 살면서 여러가지 꽃에 날아든다. 새끼벌레로 겨울을 난다. 혜산, 백두산 등에서 채집되였다.

별세줄나비 *Neptis pryeri* Butl.

한해에 2번 생겨난다. 제1세대나비는 5월상순~7월중순에, 제2세대나비는 8월상순이후에 나타난다. 백두산부근, 보천, 혜산 등에서 채집되였다.

큰세줄나비 *Neptis alwina* (Brem.-Grey)

한해에 한번 생겨난다. 나비는 6월하순~7월하순에 나타나며 나무숲속에는 적고 먹이풀이 많은 산간지대의 마을부근에서 많이 볼수 있다. 먹이식물의 나무가지틈에서 새끼벌레로 겨울을 난다. 백두산일대의 여러곳에서 채집되였다.

두줄나비 *Neptis rivularis* (Scop.)

한해에 한번 생겨난다. 나비는 7월하순~8월상순에 나타나서 나무숲이나 그 주변의 골짜기, 시내물 또는 습지 등이 있는 풀판우에서 흔히 볼수 있다. 새끼벌레로 겨울을 난다. 백두산, 천지호반, 혜산, 보천, 백암, 삼지연, 베개봉, 간삼봉, 남포태산, 리명수, 온수평 등에서 채집되였다.

노랑세줄나비 *Neptis thisbe* Mèn.

한해에 한번 생겨난다. 나비는 6월중순~8월중순까지 나타나는데 산지대 양지바른 길우나 풀판에서 산다. 백두산, 보천, 삼지연, 베개봉, 혜산 등에서 채집되였다.

북방노랑세줄나비 *Neptis yunnana* Oberth.

백두산, 보천, 혜산, 운흥, 백암, 대홍단, 포태, 신무성 등에서 채집되였다.

작은노랑세줄나비 *Neptis themis* Leech

백두산, 보천, 혜산, 운흥, 대홍단, 백암 등에서 채집되였다.

검은세줄나비 *Aldania raddei* (Brem.)

한해에 한번 생겨난다. 나비는 5월중순~6월하순에 나타나서 산골짜기의 넓은잎나무숲에서 산다. 백두산, 신무성, 삼지연, 사자봉밀영, 베개봉, 남포태산, 온수평, 백두산밀영, 정일봉 등에서 채집되였다.

팔자나비 *Araschnia burejana* Brem.

한해에 2번 생겨난다. 제1세대나비는 5월상순~6월하순에, 제2세대나비는 7월하순~8월하순에 나타난다. 나비는 산골짜기의 숲주변과 산길에 많으며 비교적 활발히 날아다닌다. 번데기상태로 겨울을 난다. 혜산, 운흥, 대홍단, 백암 등에서 채집되였다.

작은팔자나비 *Araschnia levana* (L.)

한해에 2번 생겨난다. 제1세대의 봄형은 5월중순~6월하순에, 제2세대의 여름형은 7월중순~8월중순에 나타난다. 나비는 산골짜기의 빈터, 양지바른 풀판에서 살며 천천히 날아다닌다. 번데기로 겨울을 난다. 백두산, 보천, 혜산, 운흥, 백암, 삼지연, 무봉, 신무성, 포태, 리명수, 베개봉, 온수평, 대홍단 등에서 채집되였다.

노랑수두나비 *Polygonia c-aureum* (L.)

한해에 한번 생겨나며 나비는 7월중순~8월중순에 나타난다. 백두산, 혜산, 보천, 삼지연, 베개봉, 남포태산, 온수평, 북계수 등에서 채집되였다.

밤색노랑수두나비 *Polygonia c-album* (L.)

한해에 한번 생겨나는데 7월하순~8월상순에 가을형만이 나타난다. 백두산, 천지호반, 혜산, 보천, 백암, 무봉, 삼지연, 베개봉, 포태, 온수평, 리명수 등에서 채집되였다.

붉은밤색수두나비 *Nymphalis vau-album* (Den. et Sch.)

한해에 한번 생겨난다. 나비는 7월중순부터 8월하순에 나타나며 들판과 나무숲에서 산다. 엄지벌레로 겨울을 난다. 백두산, 보천, 혜산, 운흥, 대홍단, 백암, 포태, 신무성, 무봉 등에서 채집되였다.

멧나비 *Nymphalis xanthomelas* (Esp.)

한해에 한번 생겨나며 나비는 6월상순경에 나타난다. 엄지벌레상태로 겨울을 난다. 봄이 되면 겨울잠에서 깨여나 길우 또는 나무줄기우에서 날개를 펴고 앉아있는것을 흔히 볼수 있다. 백두산일대의 여러곳에서 채집되였다.

노랑깃수두나비 *Nymphalis antiopa* (L.)

한해에 한번 생겨난다. 겨울난 묵은 나비는 다음해 6~7월경까지 살며 새 나비는 8월상순~9월중순에 나타난다. 나비는 흔히 높은산의 나무숲, 길가 등에서 볼수 있다. 백두산, 무두봉, 삼지연, 정일봉, 신무성, 포태, 온수평, 리명수 등에서 채집되였다.

파란띠수두나비 *Kaniska canace* (L.)

한해에 2~3번 생겨난다. 나비는 6월상순부터 늦가을까지 련이어 나타나서 나무숲주변에서 살면서 재빨리 날아다닌다. 땅우나 바위, 나무줄기같은데 날개를 펴고 잘 앉는다. 엄지벌레로 겨울을 난다. 백두산, 혜산 등에서 채집되였다.

공작나비 *Inachis io* (L.)

한해에 한번 생겨난다. 나비는 6월하순부터 8월상순에 나타난다. 나비는 나무숲주변의 양지바른 풀판우나 호프밭 주변에서 많이 살며 길가나 바위우에 잘 앉는다. 집처마밑, 나무구멍 등에서 엄지벌레로 겨울을 난다. 백두산, 천지호반, 보천, 혜산, 운흥, 백암, 대홍단, 삼지연, 신무성, 포태, 무봉, 베개봉, 무두봉 등에서 채집되였다.

쐐기풀나비 *Aglais urticae* (L.)

한해에 한번 생겨나며 7월중순~8월하순에 나타난다. 나비는 빨리 날며 높은산의 벼랑지대, 산골짜기의 길가 그리고 높은산의 꽃밭에서 무리를 짓는다. 엄지벌레로 겨울을 난다. 백두산, 보천, 혜산, 운흥, 백암, 삼지연, 신무성, 베개봉, 포태, 무봉 등에서 채집되였다.

애기붉은수두나비 *Cyntia cardui* (L.)

한해에 2번 생겨난다. 제1세대나비는 5월하순~6월하순에, 제2세대나비는 7월중순~8월중순에 나타난다. 엄지벌레로 겨울을 난다. 백두산, 혜산,

보천, 백암, 무두봉, 신무성 등에서 채집되였다.

붉은수두나비 *Vanessa indica* (Herbst)

한해에 여러번 생겨나며 제1세대나비는 5월하순～6월상순에 나타난다. 엄지벌레로 겨울을 난다. 백두산, 혜산, 백암 등에서 채집되였다.

오색나비 *Apatura ilia* (Den. et Sch.)

한해에 한번 생겨나며 나비는 7월상순～8월하순에 나타난다. 새끼벌레로 겨울을 난다. 백두산, 보천, 운흥, 백암, 대홍단, 삼지연, 무봉, 신무성, 남포태산, 포태 등에서 채집되였다.

산오색나비 *Apatura iris* (L.)

한해에 한번 생겨난다. 나비는 6월상순～7월하순에 나타나서 바늘잎나무와 넓은잎나무가 섞인숲에서 사는데 개체수가 매우 적다. 백두산, 운흥, 보천, 대홍단, 백암, 무봉, 포태, 신무성, 삼지연, 남포태산 등에서 채집되였다.

노랑오색나비 *Apatura metis heijona* Mats.

백두산일대의 여러곳에서 채집되였다.

은오색나비 *Mimathyma schrenckii* (Mén.)

한해에 한번 생겨나며 나비는 6월상순～8월상순에 나타난다. 새끼벌레로 겨울을 난다. 백두산, 천지호반, 보천, 삼지연, 베개봉, 무봉, 포태, 리명수 등에서 채집되였다.

띠오색나비 *Athymodes nycteis* (Mén.)

한해에 한번 생겨나며 나비는 6월중순～8월하순에 나타난다. 백두산, 운흥, 보천, 혜산, 백암, 삼지연, 대홍단 등에서 채집되였다.

감색얼룩나비 *Sephisa princeps* (Fixs.)

한해에 한번 생겨난다. 나비는 7월상순～8월중순에 나타나서 산골짜기의 넓은잎나무숲과 혼성림지대에서 살며 매우 빨리 난다. 혜산, 백암, 삼지연, 보천 등에서 채집되였다.

뿔나비과 Libytheidae

뿔나비 *Libythea celtis* (Laich.)

한해에 한번 생겨나며 엄지벌레로 겨울을 난다. 겨울난 암컷은 5월경에 알을 낳으며 알에서 까난 새끼벌레는 6월경에 번데기단계를 걸쳐 새로운 나비가 된다. 혜산, 삼지연 등에서 채집되였다.

뱀눈나비과 Satyridae

작은물결뱀눈나비 *Ypthima argus* Butl.

한해에 2번 생겨난다. 제1세대나비는 6월중순~7월상순에, 제2세대나비는 8월상순~8월하순에 나타난다. 나비는 일반적으로 숲속 또는 산지의 풀판에 많이 나타난다. 새끼벌레로 겨울을 난다. 백암에서 채집되였다.

물결뱀눈나비 *Ypthima motschulskyi* (Brem. -Grey)
한해에 한번 생겨난다. 나비는 6월하순~7월하순에 나타나서 나무가 드물게 있는 숲속이나 길가, 풀판에서 살며·밝고 양지바른 곳을 좋아한다. 새끼벌레로 겨울을 난다. 혜산, 보천 등에서 채집되였다.

붉은산뱀눈나비 *Erebia neriene* (Böb.)
한해에 한번 생겨난다. 나비는 6월하순~8월하순에 나타나는데 최성기는 7월상중순이다. 나비는 산지의 풀판에 무리를 지어 천천히 날아다니며 꽃들에 앉는다. 새끼벌레로 겨울을 난다. 백두산, 운흥, 혜산, 대홍단, 백암, 신무성, 포태, 무봉 등에서 채집되였다.

큰붉은산뱀눈나비 *Erebia ligea* (L.)
나비는 7월중순~8월중순에 나타나 높은산의 풀판우를 천천히 날아다닌다. 알로부터 엄지벌레가 되기까지는 만3년이 걸리는데 첫해에는 알상태로, 두번째와 세번째 해에는 새끼벌레상태로 겨울을 난다. 백두산, 운흥, 대홍단, 백암, 베개봉, 신무성, 포태, 무봉 등에서 채집되였다.

노랑높은산뱀눈나비 *Erebia cyclopius* (Ev.)
한해에 한번 생겨난다. 나비는 6월상순~7월중순에 나타나서 산간지대 혼성림의 작은풀판과 산골짜기의 나무가 없는 풀판에서 산다. 백두산, 혜산, 보천, 운흥, 대홍단, 백암, 신무성, 포태, 무봉 등에서 채집되였다.

노랑무늬산뱀눈나비 *Erebia embla* (Thunb.)
한해에 한번 생겨난다. 나비는 6월중순~7월중순에 나타나서 양지바른 바늘잎나무숲 특히 전나무숲에서 산다. 세계신아종 E. embla baekamensis Im이 처음으로 백두산일대에서 발견되였다. 백두산, 보천, 혜산, 운흥, 대덕산, 대홍단, 백암 등에서 채집되였다.

붉은무늬산뱀눈나비 *Erebia edda* Mén.
한해에 한번 생겨나며 나비는 5월하순~7월상순에 나타난다. 백두산, 혜산, 보천, 운흥, 백암 등에서 채집되였다.

외눈이산뱀눈나비 *Erebia wanga* Brem.
한해에 한번 생겨난다. 나비는 6월상순~7월중순에 나타나서 혼성림의 풀판에서 산다. 백두산, 혜산, 보천, 백암, 삼지연, 리명수 등에서 채집되였다.

산뱀눈나비 *Oeneis walkyria* Fixs.

한해에 한번 생겨난다. 나비는 6월중순~7월중순에 나타난다. 나비는 산지의 풀판에서 살며 여러가지 꽃에 모여드는것을 볼수 있다. 백두산, 보천, 정일봉, 베개봉, 신무성, 무두봉 등에서 채집되였다.

큰산뱀눈나비 *Oeneis magna* Graes.

한해에 한번 생겨난다. 나비는 6월중순~7월중순에 나타난다. 나비는 바늘잎나무나 넓은잎나무숲에서 산다.

세계신아종나비인 *O. magna uchangi* Im이 백두산일대에서 새로 발견되였다.

백두산, 운흥, 보천, 혜산, 대홍단, 백암, 대택, 부계수, 상도내, 연암, 서두, 포태, 무봉 등에서 채집되였다.

높은산뱀눈나비 *Oeneis jutta* (Hbn.)

한해에 한번 생겨난다. 나비는 6월하순~7월하순에 나타난다. 백두산정에서는 7월하순~8월상순에 볼수 있다. 백두산, 천지호반, 대홍단, 운흥, 백암, 대택, 산양, 북계수, 상도내, 연암, 포태, 무봉, 베개봉 등에서 채집되였다.

함경산뱀눈나비 *Oeneis urda* Ev.

한해에 한번 생겨난다. 나비는 6월상순~7월중순에 나타나며 높은산지대의 풀판과 습지, 나무숲 등에서 산다. 운흥, 혜산, 보천, 백암, 대홍단, 리명수, 포태, 무봉 등에서 채집되였다.

뱀눈나비 *Minois dryas* (Scop.)

한해에 한번 생겨나며 나비는 7월상순~8월중순에 나타난다. 나비는 들쭉나무나 풀판우를 낮게 날아다니면서 꽃에 앉아서 꿀을 빨아먹는다. 새끼벌레로 겨울을 난다. 혜산, 백암, 무두봉, 삼지연, 무봉, 베개봉, 남포태산, 리명수 등에서 채집되였다.

암흰뱀눈나비 *Lopinga deidamia* (Ev.)

한해에 2번 생겨난다. 제1세대나비는 6월상순~7월하순에, 제2세대나비는 8월상순~9월중순에 나타난다. 새끼벌레로 겨울을 난다. 백두산, 혜산, 백암, 대택 등에서 채집되였다.

알뱀눈나비 *Pararge achine* (Scop.)

한해에 한번 생겨난다. 나비는 6월상순~7월하순까지 나타나는데 7월상중순이 최성기이다. 2~3령의 새끼벌레로 겨울을 난다. 백두산, 혜산, 백암, 보천, 삼지연, 베개봉, 정일봉 등에서 채집되였다.

얼럭그늘나비 *Kirinia epimenides* (Mén.)
한해에 한번 생겨나며 나비는 7월상순~8월중순에 나타난다. 새끼벌레로 겨울을 난다. 혜산, 보천, 삼지연 등에서 채집되였다.

큰뱀눈나비 *Ninguta schrenckii* (Mén.)
한해에 한번 생겨난다. 나비는 7월중순~8월상순에 나타나며 밭주위, 못가, 시내물가, 습지 등에서 산다. 2~3령의 새끼벌레로 겨울을 난다. 혜산, 보천 등에서 채집되였다.

검은그늘나비 *Lethe marginalis* (Motsch.)
한해에 한번 생겨나며 나비는 6월중순~8월중순에 나타나는데 최성기는 7월하순~8월상순이다. 3~4령의 새끼벌레로 겨울을 난다. 혜산, 대홍단, 백암 등에서 채집되였다.

흰뱀눈나비 *Melanargia halimede* (Mén.)
한해에 한번 생겨난다. 나비는 6월중순~7월하순에 나타나서 산지의 풀판우를 천천히 날아다니므로 눈에 잘 띄운다. 백두산, 혜산, 보천, 대택, 연암, 대홍단 등에서 채집되였다.

참흰뱀눈나비 *Melanargia epimede* Stg.
한해에 한번 생겨나며 나비는 6월하순~7월하순에 나타난다. 백두산, 혜산, 무두봉, 정일봉, 소백산, 베개봉, 사자봉밀영 등에서 채집되였다.

애기뱀눈나비 *Mycalesis flancisca* (Stoll)
한해에 2번 생겨나며 제1세대나비는 5월상순~6월중순에 나타난다. 나비는 그늘진곳을 좋아하며 산간지대 나무숲의 공지에서 많이 산다. 천천히 날아다니면서 오물이나 썩은 과일에 날아든다. 새끼벌레로 겨울을 난다. 백두산, 혜산 등에서 채집되였다.

흰띠애기뱀눈나비 *Coenonympha hero* (L.)
한해에 한번 생겨난다. 나비는 6월하순~8월하순까지 나타나는데 최성기는 7월중순이다. 암컷은 산골짜기의 시내가, 풀판우 등을 천천히 날아다니며 먹이풀에 알을 낳는다. 새끼벌레로 겨울을 난다. 백두산, 혜산, 백암, 대택, 베개봉, 무두봉, 정일봉, 삼지연, 남포태산 등에서 채집되였다.

암노랑애기뱀눈나비 *Coenonympha oedippus* (F.)
한해에 한번 생겨나며 나비는 7월상순~8월하순에 나타난다. 백두산, 대덕산, 백암, 산양, 대택, 북계수, 삼지연, 포태 등에서 채집되였다.

북방흰띠애기그늘나비 *Coenonympha glycerion* (Borkh.)
세계신아종 *C. glycerion songhyoki* Im이 백두산일대에서 새로 발견되였다.

량강도와 함북도 고지대의 매우 제한된 지역에 퍼져있으며 보천, 혜산, 백암, 대홍단, 신무성, 무봉 등에서 채집되였다.

노랑애기뱀눈나비 *Coenonympha amaryllis* (Cram.)

한해에 한번 생겨나며 나비는 6월상순~7월하순에 나타난다. 나비는 풀판의 여러가지 꽃과 풀판우를 천천히 날아다닌다. 혜산, 베개봉, 무두봉 등에서 채집되였다.

참산뱀눈나비 *Aphantopus hyperanthus* (L.)

한해에 한번 생겨나며 나비는 6월중순~8월중순에 나타나는데 최성기는 7월이다. 나비는 산지의 나무숲 공지나 산길 등 밝은 산속에서 무리를 지어 날아다닌다. 백두산, 보천, 혜산, 운흥, 대홍단, 백암, 청봉, 무봉, 신무성, 포태, 남포태산 등에서 채집되였다.

희롱나비과 Hesperiidae

큰검은희롱나비 *Lobocla bifasciata* (Brem.-Grey)

한해에 한번 생겨나며 나비는 6월상순~7월중순에 나타난다. 나비는 산지의 넓은잎나무숲의 골짜기들에서 산다. 혜산, 보천 등에서 채집되였다.

꼬마금강희롱나비 *Daimio tethys* (Mén.)

한해에 2번 생겨난다. 나비는 나무숲주변의 먹이풀이 많은 곳에서 살며 재빨리 날아다니다가 풀우에 날개를 펴고 앉는다. 늙은새끼벌레들은 늦가을이 되면 먹이식물에서부터 땅우에 내려와 겨울을 나고 이른봄에 번데기로 된다. 백두산, 보천, 혜산 등에서 채집되였다.

멧희롱나비 *Erynnis montanus* (Brem.)

한해에 한번 생겨난다. 겨울난 새끼벌레는 이듬해 봄에 먹이를 먹지 않고 번데기로 되였다가 나비로 된다. 나비는 나무가 드믄 산지나 들판의 길가에서 재빨리 날아다니면서 마른풀우나 땅우에 자주 내려앉는다. 혜산, 보천 등에서 채집되였다.

꼬마알락희롱나비 *Pyrgus malvae* (L.)

한해에 2번 생겨난다. 제1세대나비는 5월상순~6월하순에, 제2세대나비는 7월중순~8월하순에 나타난다. 나비는 양지바른곳을 좋아하며 산지의 풀판에서 산다. 백두산, 혜산, 보천, 백암, 운흥, 무두봉, 신무성, 무봉, 삼지연, 베개봉, 온수평 등에서 채집되였다.

흰점알락희롱나비 *Pyrgus alveus* (Hbn.)

한해에 한번 생겨난다. 나비는 6월중순～7월중순에 나타나서 나무숲의 풀판에서 산다. 백두산, 혜산, 대홍단, 간삼봉, 삼지연, 포태, 온수평, 리명수, 운홍 등에서 채집되였다.

북방알락희롱나비 *Pyrgus speyeri* (Stg.)

한해에 한번 생겨난다. 나비는 7월중순～8월중순에 나타나서 산지 나무숲과 풀판에서 산다. 백두산, 보천, 혜산, 운홍, 백암, 대홍단, 삼지연, 베개봉, 정일봉, 신무성 등에서 채집되였다.

알락희롱나비 *Pyrgus maculatus* (Brem.-Grey)

한해에 한번 생겨나며 5～6월에 나비가 나타난다. 나비는 양지바른곳을 좋아하며 풀판이나 밭주변에서 살며 그 우를 낮게 활발히 날아다니면서 여러가지 꽃에 날아든다. 번데기로 겨울을 난다. 혜산, 보천, 백두산에서 채집되였다.

흰점희롱나비 *Spialia sertorius* (Hoffm.)

한해에 한번 생겨난다. 나비는 6월중순～8월상순에 나타나 풀판이나 산지의 나무숲 풀판에서 산다. 보천, 혜산, 대홍단 등에서 채집되였다.

큰흰점희롱나비 *Syrichtus tessellum* (Hbn.)

한해에 한번 생겨난다. 나비는 7월중순～8월중순에 나타나는데 마리수가 매우 적다. 백두산, 보천, 백암, 대홍단, 무봉 등에서 채집되였다.

은줄희롱나비 *Leptalina unicolor* (Brem.-Grey)

한해에 한번 생겨난다. 나비는 5월하순～7월하순에 나타나는데 양지바른 산기슭, 풀판, 언덕, 제방뚝, 철도연선 등에서 살며 풀우에 잘 앉는다. 새끼벌레로 겨울을 난다. 백두산, 혜산, 보천 등에서 채집되였다.

북방노랑점희롱나비 *Carterocephalus palaemon* (Pall.)

한해에 한번 생겨난다. 나비는 6월중순부터 7월하순까지 나타나며 아고산지대의 산기슭과 풀판에 많으며 해가 잘 쪼이는 날에는 풀판우를 활발히 날아다니다가 풀밑에 숨는다. 백두산, 운홍, 대홍단, 백암, 포태, 신무성, 무봉, 삼지연, 무두봉 등에서 채집되였다.

은알락점희롱나비 *Carterocephalus argyrostigma* Ev.

한해에 한번 생겨난다. 나비는 5월하순～6월중순에 나타나서 높은 산줄기의 풀판우를 날아다닌다. 북계수, 대택에서 채집되였다.

수풀알락점희롱나비 *Carterocephalus silvicola* (Meig.)

한해에 한번 생겨나며 나비는 6월중순～7월중순에 나타난다. 나비는 나무숲주변, 산기슭의 양지바른 풀판이나 산골짜기의 시내물이 흐르는곳, 산길

근방에서 살며 해가 잘 쪼이는 날에는 재빨리 날아다닌다. 새끼벌레로 겨울을 난다. 백두산, 보천, 혜산, 운흥, 백암, 대홍단, 포태, 남포태산, 온수평, 무봉, 신무성 등에서 채집되였다.

알락점희롱나비 *Carterocephalus diekcmanni* Graes.

한해에 한번 생겨난다. 나비는 5월하순~7월중순에 나타나며 주로 산지대의 산림경사면에서 산다. 혜산에서 채집되였다.

노랑별희롱나비 *Heteropterus morpheus* (Pall.)

한해에 한번 생겨난다. 나비는 6월하순~8월상순까지 나타나서 습지의 풀판이나 산지 나무숲, 풀판 등에서 살며 여러가지 꽃에 붙는다. 백두산, 혜산, 백암, 삼지연, 베개봉, 신무성, 남포태산 등에서 채집되였다.

별희롱나비 *Aeromachus inachus* (Mén.)

한해에 한번 생겨난다. 나비는 7~8월에 나타나 벼과식물의 잡초들이 많은 양지바른 풀판이나 산골짜기의 시내물가, 산길가에서 많이 산다. 3령의 새끼벌레로 겨울을 난다. 백두산일대의 여러곳에서 채집되였다.

두만강검은줄희롱나비 *Thymelicus lineola* (Ochs.)

한해에 한번 생겨난다. 나비는 6월중순에 나타나 산간지대의 풀판과 혼성림, 바늘잎나무숲에서 산다. 백두산, 보천, 혜산, 백암, 대홍단 등에서 채집되였다.

수풀검은줄희롱나비 *Thymelicus sylvaticus* (Brem.)

한해에 한번 생겨난다. 나비는 7월중순~8월상순에 나타나서 양지바른 산지 풀판이나 나무숲주변, 시내물이 흐르는 산골짜기의 공지, 길가 등에서 산다. 새끼벌레로 겨울을 난다. 백두산, 혜산 등에서 채집되였다.

검은줄희롱나비 *Thymelicus leoninus* (Butl.)

한해에 한번 생겨난다. 나비는 7월하순~8월하순에 나타나며 양지바른 풀판이나 산골짜기의 풀판 등에 많이 모인다. 알로 겨울을 난다. 혜산, 보천, 삼지연 등에서 채집되였다.

은점꽃희롱나비 *Hesperia comma* (L.)

한해에 한번 생겨난다. 나비는 7월상순~8월중순에 나타나는데 8월하순까지도 볼수 있다. 산지의 풀판과 드물게는 넓은잎 나무숲에서 산다. 혜산, 보천 등에서 채집되였다.

수풀노랑희롱나비 *Ochlodes venata* (Brem. −Grey)

한해에 한번 생겨난다. 나비는 7월상순~8월상순에 나타난다. 나비는 해가 잘 쪼이는 양지바른 풀판이나 길가의 풀밭에서 살면서 재빨리 날아다니며 꽃에 붙는다. 새끼벌레로 겨울을 난다. 백두산, 혜산, 보천, 백암, 삼지연, 신무성, 정일봉, 무두봉 등에서 채집되였다.

유리창노랑희롱나비 *Ochlodes subhyalina* (Brem.—Grey)

한해에 한번 생겨난다. 나비는 5월하순~8월에 나타나며 나무숲에서 산다. 백두산, 혜산, 백암, 등지에서 채집되였다.

검은레노랑희롱나비 *Ochlodes ochracea* (Brem.)

한해에 한번 생겨난다. 나비는 6월상순~8월상순에 나타나며 양지바른 나무숲주변, 산골짜기, 시내물가, 풀밭에서 산다. 새끼벌레로 겨울을 난다. 백두산, 혜산, 삼지연 등에서 채집되였다.

노랑알락희롱나비 *Potanthus flava* (Murr.)

한해에 한번 생겨난다. 나비는 7월상순~8월하순에 나타나서 숲주변이나 산골짜기의 풀판에서 살며 재빨리 날아다닌다. 새끼벌레로 겨울을 난다. 혜산, 운흥, 베개봉, 포태, 온수평 등에서 채집되였다.

한줄꽃희롱나비 *Parnara guttata* (Brem.—Grey)

한해에 2번 생겨난다. 나비는 매우 빨리 날아다니며 여러가지 꽃에 날아든다. 새끼벌레로 겨울을 난다. 혜산, 보천 등에서 채집되였다.

멧꽃희롱나비 *Pelopidas jansonis* Butl.

한해에 한번 생겨나며 번데기로 겨울을 난다. 혜산, 삼지연 등에서 채집되였다.

2. 밤나비류 HETEROCERA

밤나비류는 몸색이 어둡고 주로 밤에 활동하는 곤충류로서 낮나비류처럼 완전모습갈이를 한다.

새끼벌레시기에는 주로 여러가지 식물의 줄기, 잎, 뿌리 등을 갉아먹으면서 식물의 성장과 발육에 피해를 준다.

백두산일대에서 알려진 해로운 밤나비류의 종들가운데서 넓은잎나무류를 해하는 독나비, 주로 이깔나무를 해하는 이깔나무송충나비, 넓은잎나무류와 바늘잎나무류를 다같이 해하는 북방칼밤나비 등을 대표적인 종들로 들수 있다.

독나비는 우리 나라 저지대에서는 보통 한해에 2번 생겨나지만 백두산일대에서는 한번 생겨난다. 이 밤나비는 알상태로 겨울을 나고 5월중순경에 새끼벌레로 까나 여러가지 넓은잎나무류의 잎을 갉아먹는 산림의 주요해충이다.
　이깔나무송충나비는 한해에 한번 생겨나는데 새끼벌레상태로 겨울을 나며 백두산일대에서 엄지벌레는 7월중순부터 8월초순까지에 걸쳐 무리로 나타난다. 새끼벌레는 주로 이깔나무의 잎목을 갉아먹으면서 빛합성을 저해하고 나무의 성장을 억제하는 산림해충이다.
　북방칼밤나비는 우리 나라 저지대에서부터 백두산일대의 높은 지대에까지 분포되여있으며 새끼벌레는 바늘잎나무류와 넓은잎나무류를 다같이 해하는 다식성해충이다. 우리 나라 저지대에서는 한해에 두번 생겨나지만 백두산일대에서는 한해에 한번 7월부터 8월하순까지의 사이에 나타난다.
　밤나비류의 새끼벌레는 땅속에서 번데기로 되지만 지상에서 고치를 트는 종들도 있다. 례하면 백두산일대에서 알려진 산풍잠나비는 새끼벌레시기에는 참나무잎을 갉아먹어 해를 주지만 번데기시기에는 고치를 틀므로 리로운 역할을 한다.
　엄지벌레인 밤나비는 봄부터 가을까지의 기간에 나타나는데 우리 나라 낮은지대에서보다 백두산일대에서는 겨울기간이 길어지고 봄부터 가을까지의 기간이 짧아지므로 엄지벌레인 밤나비가 나타나는 기간도 짧아진다.
　따라서 엄지벌레인 밤나비가 많이 나타나는 시기는 우리 나라 저지대에서는 보통 6～9월이라면 백두산일대에서는 7～8월이다.

1) 분류군수

과별 분류군수　　　　　표 30

과 명	속 수	비률, %	종 수	비률, %
박나비과	11	6.9	12	4.7
작잠나비과	3	1.9	3	1.2
불나비과	9	5.6	10	3.9
밤나비과	95	60.0	182	71.7
등불나비과	7	4.3	8	3.1
독나비과	3	1.9	5	2.0
고엽나비과	3	1.9	5	2.0
뾰족날개밤나비과	3	1.9	3	1.2
갈구리밤나비과	2	1.2	2	0.8
자밤나비과	23	14.4	24	9.4
계	159	100.0	254	100.0

　백두산일대에서 알려진 밤나비류의 분류군수는 10과 159속 254종이다(표 30).
　표 30에서 보는바와 같이 밤나비과 95속(60.0%), 182종(71.7%)으로서 전체 속 및 종수의 절반이상을 훨씬 넘으며 자밤나비과는 23속(14.4%), 24종(9.4%)으로서 다음자리를 차지한다.
　그밖의 과들의 속 및 종수는 매우 적으며 모두

가 10%미만이다.

밤나비류가운데서 가장 우세를 차지하는 밤나비과의 아과별 분류군수는 표 31에서와 같다.

표 31에서 보는바와 같이 백두산일대의 밤나비류에서 기본무리를 이루는 제비밤나비아과는 26속(27.3%) 42종(23.0%)로서 가장 종수가 많고 나무들이 성글게 자란 곳이나 밭경계면에서 여러가지 먹이를 찾는 잡식성종들인 밤나비아과는 15속(15.8%) 38종(20.9%)으로서 다음자리를 차지한다. 또한 넓은잎나무류의 잎과 잡초를 먹는 뒤날개고운밤나비아과 9속(9.5%) 23종(12.6%), 금날개밤나비아과 9속(9.5%) 22종(12.1%), 칼밤나비아과 9속(9.5%) 17종(9.4%)으로서 종수가 많다. 그밖에 행군밤나비아과 8속(8.4%) 15종(8.3%), 나무발밤나비아과 9속(9.5%) 14종(7.8%)이고 깨작은밤나비아과, 수염밤나비아과, 수레밤나비아과, 서리밤나비아과, 지이밤나비아과 등은 1~3속(1.0~3.2%) 1~3종(0.5~1.6%)으로서 종수가 매우 적다.

밤나비과의 아과별분류군수   표 31

아과명	속		종	
	수	비률, %	수	비률, %
칼밤나비아과	9	9.5	17	9.4
지이밤나비아과	1	1.0	1	0.5
밤나비아과	15	15.8	38	20.9
행군밤나비아과	8	8.4	15	8.3
나무발밤나비아과	9	9.5	14	7.8
제비밤나비아과	26	27.3	42	23.0
서리밤나비아과	2	2.1	2	1.1
깨작은밤나비아과	2	2.1	3	1.6
금날개밤나비아과	9	9.5	22	12.1
뒤날개고운밤나비아과	9	9.5	23	12.6
수염밤나비아과	3	3.2	3	1.6
수레밤나비아과	2	2.1	2	1.1
계	95	100.0	182	100.0

2) 해발높이에 따르는 분포

백두산일대에서 해발높이에 따르는 밤나비과종들의 분포는 표 32에서와 같다.

표 32에서 보는바와 같이 해발높이 800~1300m에 154종, 1300~1600m에 126종, 1600~2000m에 41종, 천지호반에 8종으로서 해발높이가 증가되는데 따라 종수가 점차 감소된다.

해발높이에 따르는 밤나비류의 분포   표 32

해발높이, m 아과명	800~ 1300	1300~ 1600	1600~ 2000	2000~ 2750
칼밤나비아과	17	14	10	1
지이밤나비아과	1	1	—	—
밤나비아과	33	28	14	3
행군밤나비아과	14	12	4	2
나무발밤나비아과	8	12	—	—
제비밤나무아과	34	27	3	—
서리밤나비아과	1	1	1	1
깨작은밤나비아과	2	1	—	—
금날개밤나비아과	18	16	8	—
뒤날개고운밤나비아과	21	13	1	1
수염밤나비아과	3	1	—	—
수레밤나비아과	2	—	—	—
계	154	126	41	8

해발높이 800~1300m에서 흔히 나타나는 대표적인 종들은 배노랑칼밤나비, 대목알락칼밤나비, 구름무늬노랑뒤날개밤나비, 버드나무뒤날개밤나비, 세줄검은목밤나비, 푸른날개밤나비, 칼무늬노랑밤나비 북방창포밤나비 등이고 드물게 나타나는 종들은 앞노랑가는날개밤나비, 은점갈구리밤나비, 북방배추밤나비, 가운데점노랑밤나비, 재밤색별꽃밤나비, 여러이발나무발밤나비, 머리짧은노랑밤나비 등이다.

이 지대의 밤나비들은 비교적 온도가 높고 여러가지 농작물, 넓은잎나무림과 초본식물이 많이 자라는 곳에서 살며 활동한다.

해발높이 1300~1600m에는 800~1300m에 분포되여있는 종수보다 28종이 더 적게 분포되여있다. 흔히 볼수 있는 대표적인 종들로서는 북방배추밤나비, 북방검정보리밤나비, 흰머재색밤나비, 토끼풀밤나비, 흰점미역귀밤나비, 칼무늬노랑밤나비, 흰별뒤노랑가시날개밤나비, 좁은날개털밤나비, 붉은알락금날개밤나비, 석점수염밤나비 등이고 안경테밤나비, 머위밤나비, 깊은산창포밤나비, 은백색몟밤나비, 점노랑수염밤나비, 애기뾰족날개밤나비, 붉은별귀밤나비 등은 출현빈도가 낮다. 이 밤나비들은 바늘잎나무림 사이에 있는 넓은잎나무와 떨기나무, 잡초 등을 먹는다.

해발높이 1600~2000m에는 800~1300m와 1300~1600m에 분포된 종수의 약 3분의 1에 해당되는 41종이 분포되여있을뿐이다. 이 해발높이에서 나타나는 대표적인 종들은 줄배추밤나비, 노란점박이밤나비, 굴밤색질경이밤나비, 뒤노랑금날개밤나비, 오색금날개밤나비 등이며 높은산별꽃밤나비, 높은

산금날개밤나비, 푸른넉줄행군밤나비, 경사작은밤나비 등은 그 출현빈도가 매우 낮을 뿐아니라 마리수도 적다. 이 밤나비들은 높은산지대의 떨기나무, 초본식물을 먹는다. 이 지대의 밤나비과 나비들가운데서 백두산일대에서 처음으로 기록된 높은산별꽃밤나비, 높은산금날개밤나비, 줄배추밤나비 등은 세계적으로 가장 추운 지대에 분포된 종들로서 알프스산지대에서는 해발높이 2500m이상의 높은 지대에 분포되여있다.

산림한계선을 벗어나 해발높이 2000~2750m에서는 아직까지 밤나비들이 채집되지 않았으나 해발높이 2257m인 천지호반에서 그물서리밤나비, 무궁화잎밤나비, 산앞붉은밤나비, 큰흰별밤나비, 큰서리밤나비, 북방검정보리밤나비, 앞노랑보리밤나비, 앞흰가는날개밤나비 등과 같은 종들이 채집되였다. 이러한 종들은 모두 한대성 및 아한대성종들로서 백두산일대에서는 산림한계선까지의 높은 지대에 분포되여있다.

백두산정을 넘어 천지호반에까지 밤나비들이 분포될수 있는것은 높은 절벽으로 둘러쌓인 천지주변에는 여러가지 초본식물과 떨기나무들이 자라고있어 먹이활동과 숨어살기에 알맞는 환경이 마련된데 있다고 말할수 있다.

3) 동물지리적분포

백두산일대 밤나비류의 동물지리적분포모습은 표 33에서와 같다.

표 33에서 보는바와 같이 백두산일대와의 공통종수는 일본에 175종(96.1%), 원동 및 싸할린에 133종(73.1%), 중국동북지방에 120종(65.9%), 구라파에 65종(35.7%), 몽골에 40종(21.9%)으로서 구북구의 여러지방들에는 다른 동물지리구 또는 지방들에서보다 공통종수가 많이 분포되여있다.

백두산일대와 지리적으로 가까운 중국동북지방이나 원동지방들과의 사이에서 밤나비들의 호상 교류가 활발히 진행되였으며 한편 제3기말~제4기초의 지각운동에 의하여 우리 나라 주변에 바다가 형성되기까지에는 오늘의 일본 렬도와는 물론 멀리 남쪽지방과도 륙지로 서로 잇닿아있었으므로 밤나비들이 호상 교류될수 있었다.

일반적으로 백두산일대와 지리적으로 가까운 지방일수록 공통종수가 많은데 이것은 지리적으로 가까울수록 밤나비류의 호상 교류가 보다 활발히 진행되였다는것을 의미한다.

밤나비류의 동물지리적분포　　　　표 33

동물지리구 아과명	구북구						신북구	동양구			오스트랄구	에티오피아구	신열대구	광포종
	원동할및린	싸구라파	몽골	중동북지방	일본	기타		인도	중국대만	기타				
칼밤나비아과	14	3	2	12	16			2	1	1				
지이밤나비아과	1			1	1									
밤나비아과	28	15	12	22	34	3	7	8	7	7				5
행군밤나비아과	11	8	7	11	15	1	1	3	1	3		1		1
나무발밤나비아과	11	9	5	6	14		· 1							
제비밤나비아과	32	11	5	25	41	3	1	6	2	3		1		
서리밤나비아과	2	1		2	2									
깨작은밤나비아과	1			3	3									
금날개밤나비아과	13	10	2	16	21		1	5	1					
뒤날개고운밤나비아과	18	7	6	19	23			5	3	3				1
수염밤나비아과	1			2	3									
수레밤나비아과	1	1	1	1	2									
계	133	65	40	120	175	7	11	29	15	17	0	2	0	7
총종수에 대한 비율(%)	73.1	35.7	21.9	65.9	96.1	3.8	6.1	15.9	8.3	9.3	0	1.1	0	3.8

4) 종구성

박나비과 Sphingidae

박나비 *Herse convolvuli* (L.)

백두산일대에서는 한세대만 경과하는데 8~9월까지 난다. 새끼벌레는 나팔꽃, 메꽃, 제비꽃, 담배와 여러가지 초본식물을 먹는다. 보천, 삼지연에서 채집되였다.

검정박나비 *Hyloicus caligineus* Butl.

백두산일대에서는 한세대만 경과하는데 8월에 난다. 새끼벌레는 곰솔, 분비나무, 가문비나무의 잎을 먹는다. 삼지연, 보천에서 채집되였다.

줄흥색박나비 *Sphinx ligustri constrista* Butl.

한해에 한번 생겨나며 번데기로 겨울을 난다. 엄지벌레는 6월초에 난다. 새끼벌레는 참산회나무, 가막살나무, 개암나무, 조팝나무, 은버들, 들쭉나무의 잎을 먹는다. 보천에서 채집되였다.

검정무늬박나비 *Kentrochrysalis consimilis* Rotsch. et Jord.

한해에 한번 생겨나며 번데기로 겨울을 난다. 엄지벌레는 6월에 난다. 새끼벌레는 물푸레나무의 잎을 먹는다. 보천에서 채집되였다.

파란박나비 *Callambulyx tatarinovi* Brem. et Gr.

한해에 한번 생겨나며 번데기로 겨울을 난다. 엄지벌레는 6월에 난다. 새끼벌레는 느티나무, 느릅나무의 잎을 먹는다. 보천, 삼지연에서 채집되였다.

애가집박나비 *Smerinthus caecus* Men.

한해에 한번 생겨나며 번데기로 겨울을 난다. 엄지벌레는 8월에 난다. 새끼벌레는 버드나무의 잎을 먹는다. 보천에서 채집되였다.

북방톱이박나비 *Amorpha amurensis* Staud.

한해에 한번 생겨나며 번데기로 겨울을 난다. 엄지벌레는 7월말에 난다. 새끼벌레는 황철나무와 사시나무 등 여러가지 넓은잎나무잎을 먹는다. 대홍단에서 채집되였다.

먹떡풍이 *Macroglossum saga* Butl.

한해에 한번 생겨나며 엄지벌레로 겨울을 난다. 새끼벌레는 굴거리나무 잎을 먹는다. 보천, 운홍에서 채집되였다.

붉은점박나비 *Celerio galli* Rott.

한해에 한번 생겨나며 번데기로 겨울을 난다. 엄지벌레는 8월말경에 난다. 새끼벌레는 버드나무의 잎을 먹는다. 삼지연에서 채집되였다.

애기박나비 *Pergesa askoldensis* Oberth.

한해에 한번 생겨나며 번데기로 겨울을 난다. 엄지벌레는 8월말에 난다. 새끼벌레는 참산회나무, 섬물푸레나무잎을 먹는다. 삼지연, 보천에서 채집되였다.

붉은박나비 *Pergesa elpenor* L.

한해에 한번 생겨나며 번데기로 겨울을 난다. 엄지벌레는 7월말에 난다. 새끼벌레는 봉선화, 독나물, 달맞이꽃, 버드나무잎을 먹는다. 삼지연에서 채집되였다.

비로드박나비 *Rhagastis mongoliana* Butl.

한해에 한번 생겨나며 번데기로 겨울을 난다. 엄지벌레는 8월에 나타난다. 새끼벌레는 버드나무와 다른 식물의 잎을 먹는다. 보천에서 채집되였다.

작잠나비과 Saturniidae

산풍잠나비 *Caligula boisduvalii Jonasii* Butl.

한해에 한번 생겨나며 알로 겨울을 난다. 엄지벌레는 9월말에 난다. 새끼벌레는 물참나무와 넓은잎나무의 잎을 먹는다. 삼지연에서 채집되였다.

밤나무누에나비 *Dictyoploca japonica* Moore

한해에 한번 생겨나며 알로 겨울을 난다. 엄지벌레는 8월에 난다. 새끼벌레는 참나무, 은행나무, 황철나무, 사시나무, 가래나무, 자작나무의 잎을 먹는다.

개암나무누에나비 *Actias artemis* Butl.

한해에 1-2번 생겨나며 번데기로 겨울을 난다. 삼지연, 엄지벌레는 8월에 난다. 새끼벌레는 여러가지 과일나무, 개암나무, 키나무의 잎을 먹는다. 삼지연, 보천에서 채집되였다.

불나비과 Arctiidae

검정가는불나비 *Paraona staudingeri* Alph.

한해에 한번 생겨나며 엄지벌레는 7~8월에 난다. 새끼벌레는 여러가지 초본식물을 먹는다. 삼지연, 보천에서 채집되였다.

알락누런불나비 *Stigmatophora flava* Brem. et Gr.

한해에 한번 생겨나며 엄지벌레는 6월말에 난다. 새끼벌레는 지이류와 선태류를 먹는다. 보천에서 채집되였다.

흰제비불나비 *Spilosoma nivea* Men.

한해에 한번 생겨나며 새끼벌레로 겨울을 난다. 엄지벌레는 8월초에 난다. 새끼벌레는 질경이, 민들레, 괴싱아, 송구지 등 초본식물을 먹는다. 삼지연에서 채집되였다.

붉은줄이끼불나비 *Miltochrista striata* Brem. et Gr.

한해에 두번 생겨나는데 첫번째 날기는 5월하순부터 6월하순까지이고 두번째날기는 7~8월까지이다. 백두산일대에서는 한해에 한번 나는데 7월중순부터 8월말까지 난다. 새끼벌레는 지이류를 먹는다. 보천, 삼지연에서 채집되였다.

별맞이불나비 *Rhyparioides metelkana flavida* Brem.

한해에 한번 생겨나는데 엄지벌레는 7월말에 난다. 새끼벌레는 버들류의 잎을 먹는다. 보천에서 채집되였다.

붉은별불나비 *Rhyparioides amurensis amurensis* Brem.

한해에 한번 생겨나며 엄지벌레는 7월초부터 8월초까지 난다. 새끼벌레는 붓꽃과 식물의 잎을 먹는다. 보천, 삼지연에서 채집되였다.

높은산불나비 *Orodemnias quenselii daisetsuzana* Mats.

한해에 한번 생겨나는데 2500m정도의 높은산 지대에 있는 매우 희귀한 극한대성종이다. 백두산천지부근에서 7월중순에 날아다닌다.

붉은동방불나비 *Pericallia matronula* L.

한해에 한번 생겨나며 새끼벌레로 겨울을 난다. 엄지벌레는 7월중순에 난다. 새끼벌레는 벼들류, 민들레, 질경이, 인동덩굴을 먹는다. 보천, 삼지연, 백두산천지부근에서 채집되였다.

불나비 *Arctia caja phaeosoma* Butl.

한해에 한번 생겨나며 엄지벌레는 7월말~8월초에 난다. 새끼벌레는 뽕나무, 무우, 꽃수염풀, 박달나무, 아마와 여러가지 잡초를 먹는다. 보천에서 채집되였다.

범무늬방불나비 *Callimorpha histrio* Walk.

한해에 두번 생겨난다. 백두산일대에서는 한세대만 경과하는데 9월에 난다. 삼지연에서 채집되였다.

밤나비과 Noctuidae

뒤노랑칼밤나비 *Xantomathis cornelia* Staud.

한해에 한번 생겨나며 번데기로 겨울을 난다. 엄지벌레는 6월초에 난다. 보천에서 채집되였다.

북방칼밤나비 *Panthea coenobita* Esp.

백두산일대에서는 한해에 한번 생겨나는데 엄지벌레는 7월부터 9월까지 난다. 새끼벌레는 소나무, 분비나무의 잎을 먹는다. 삼지연, 혜산, 보천, 백두산밀영에서 채집되였다.

배노랑칼밤나비 *Trichosea champa* Moore

한해에 두번 생겨나서 오래동안 산다. 새끼벌레로 겨울을 난다. 보천, 운흥 지역에서는 6월에 나타나고 삼지연, 백두산밀영지역에서는 7월말부터 8월까지 나타난다. 새끼벌레는 쪽가래나무, 조팝나무, 월귤나무, 진달래나무 등의 잎을 먹는다. 백두산밀영지구, 삼지연, 보천, 운흥에서 채집되였다.

뿌리검은칼밤나비 *Colocasia mus* Oberth.

한해에 한번 생겨나는데 엄지벌레는 6월중순에 난다. 새끼벌레는 여러가지 나무잎을 먹는다. 보천, 운홍 지대에서 채집되였다.

세무늬칼밤나비 *Cymatophoropsis trimaculata* Butl.

한해에 한번 생겨나며 엄지벌레는 7월부터 8월사이에 난다. 새끼벌레는 피나무, 가래나무, 사시나무, 버드나무와 같은 넓은잎나무의 잎을 먹는다. 보천에서 채집되였다.

자지무늬칼밤나비 *Belciades virens* Butl.

한해에 한번 생겨나는데 엄지벌레는 7월에 난다. 새끼벌레는 벽오동나무의 잎을 먹는다. 보천에서 채집되였다.

푸른칼밤나비 *Canna malachitis* Oberth.

백두산일대에서는 한번 생겨나며 엄지벌레는 6월부터 8월까지 난다. 새끼벌레는 떨기나무잎을 먹는다. 보천, 삼지연에서 채집되였다.

뒤노랑칼밤나비 *Acronicta catocaloidea* Graes.

한해에 한번 생겨나며 번데기로 겨울을 난다. 엄지벌레는 7월말부터 8월초까지 난다. 새끼벌레는 넓은잎나무잎들을 먹는다. 백두산밀영지구, 삼지연, 보천에서 채집되였다.

사과칼밤나비 *Acronicta incretata* Hamps.

한해에 한번 생겨나며 번데기로 겨울을 난다. 엄지벌레는 7월말부터 8월초까지 난다. 새끼벌레는 봇나무, 오리나무, 버들류, 따두릅나무잎을 먹는다. 백두산밀영지구, 삼지연, 보천, 운홍에서 채집되였다.

은백색칼무늬밤나비 *Acronicta sapporensis* Mats.

한해에 한번 생겨나며 번데기로 겨울을 난다. 엄지벌레는 6월초부터 8월중순까지 난다. 새끼벌레는 넓은잎나무의 잎을 먹는다. 보천, 삼지연에서 채집되였다.

오리나무칼밤나비 *Acronicta alni* L.

한해에 한번 생겨나며 번데기로 겨울을 난다. 엄지벌레는 6월초부터 8월까지 난다. 새끼벌레는 자작나무, 오리나무, 버드나무 등 넓은잎나무잎을 먹는다. 보천, 삼지연에서 채집되였다.

흰사과칼밤나비 *Acronicta leporina* (L.)

한해에 한번 생겨나며 번데기로 겨울을 난다. 엄지벌레는 6월초부터 7월말까지 난다. 새끼벌레는 오리나무, 까치박달나무, 버드나무의 잎을 먹는다. 보천에서 채집되였다.

큰칼밤나비 *Acronicta major* Brem.

한해에 한번 생겨나며 번데기로 겨울을 난다. 엄지벌레는 8월에 날아다닌다. 새끼벌레는 과일나무와 아카시아나무, 단풍나무 등 넓은잎나무잎을 먹는다. 보천, 삼지연에서 채집되였다.

밀흰칼밤나비 *Acronicta hercules*. Feld.
번데기로 겨울을 난다. 보천지역에서는 한세대 경과하는데 6월~7월에 난다. 새끼벌레는 넓은잎나무의 잎을 먹는다. 보천, 운홍에서 채집되였다.

대목알락칼밤나비 *Cranionycta oda* De Latt.
한해에 한번 생겨나는데 엄지벌레는 8월에 난다. 삼지연, 보천에서 채집되였다.

줄칼무늬밤나비 *Craniophora fasciata* Moore
백두산일대에서는 한세대만 경과한다. 새끼벌레는 물푸레나무, 광나무, 호랑가시나무 등 넓은잎나무의 잎을 먹는다. 백두산밀영지구, 삼지연, 보천에서 채집되였다.

빛칼무늬밤나비 *Craniophora praeclara* Graes.
백두산일대에서는 한세대만 경과한다. 새끼벌레는 떨기나무잎을 먹는다. 백두산밀영, 보천에서 채집되였다.

지이밤나비 *Cryphia gramitalis* Butl.
한해에 한번 생겨나며 번데기로 겨울을 난다. 새끼벌레는 지이류를 먹는다. 보천, 삼지연에서 채집되였다.

닭개비밤나비 *Heliothis viriplacta adaucta* Butl.
백두산일대에서는 한세대 경과한다. 새끼벌레는 초본식물, 농작물을 먹는다. 보천에서 채집되였다.

쑥밤나비 *Heliothis scutosa* Den. et Schiff.
한해에 한번 생겨나며 엄지벌레는 8월에 난다. 새끼벌레는 쑥을 비롯한 국화과식물의 잎을 먹는다. 삼지연, 보천에서 채집되였다.

담배밤나비 *Heliothis assulta* Guen.
백두산일대에서는 한세대만 경과한다. 새끼벌레는 담배, 아마, 벼 여러가지 공예작물의 잎을 먹는다. 삼지연, 보천에서 채집되였다.

큰담배밤나비 *Heliothis armigera* Hübn.
백두산일대에서는 한번 생겨나 번데기로 겨울을 난다. 새끼벌레는 주요 농작물과 여러가지 식물의 잎을 먹는다. 보천, 운홍에서 채집되였다.

노랑담배밤나비 *Pyrrhia umbra* Hufn.
한해에 한번 생겨난다. 엄지벌레는 7월말에 날아다닌다. 새끼벌레는 담배, 콩, 토끼풀, 일부 농작물도 먹는다. 보천에서 채집되였다.

북방검정보리밤나비 *Euxoa sibirica* Boisd.

번데기로 겨울을 난다. 백두산일대에서는 한세대만 경과한다. 새끼벌레는 보리를 비롯한 높은산지대의 농작물의 잎을 먹으며 **초본식물을** 먹는다. 삼지연, 보천, 백두산천지부근에서 채집되였다.

검은보리밤나비 *Euxoa nigrata* Mats.

한해에 한번 생겨나며 엄지벌레는 6월중순에 난다. 새끼벌레는 보리, 떨기나무와 일부 나무잎을 먹는다. 삼지연에서 채집되였다.

앞노랑보리밤나비 *Euxoa oberthüri* Leech.

한해에 한번 생기는데 엄지벌레는 7월중순부터 8월까지 난다. 새끼벌레는 보리, 귀밀, 현삼, 등대풀, 송구지, 민들레와 같은 초원습지대식물을 먹는다. 삼지연, 백두산천지부근에서 채집되였다.

점날개보리밤나비 *Euxoa coreana* Mats.

한해에 한번 생겨나며 번데기로 겨울을 난다. 엄지벌레는 8월중순에 날아다닌다. 새끼벌레는 보리, 밀, 감자를 비롯한 산지대 농작물, 남새류잎을 먹는다. 보천에서 채집되였다.

숫무우밤나비 *Agrotis segetum* Schiff.

새끼벌레단계로 겨울을 난다. 백두산일대의 **해발높이에** 따라 출현기가 다르다. 엄지벌레는 5월부터 6월하순에 날아다니다가 7~8월에 다시 생겨난다. 새끼벌레는 밀 보리와 강냉이, 고추, 담배, 남새작물의 줄기와 밑둥을 잘라먹는다. 보천, 운흥, 포태 지역에서 채집되였다.

양배추밤나비(돗벌레, 근절충) *Agrotis ipsilon* (Rott.)

한해에 2~3번 생겨나며 번데기 및 새끼벌레로 겨울을 난다. 백두산일대에서는 한세대 경과하는데 6월초부터 8월사이에 난다. 새끼벌레는 각종 남새, 공예작물, 나무잎을 먹는 해충이다. 삼지연, 보천, 운흥, 혜산에서 채집되였다.

칼무늬숫무우밤나비 *Agrotis exclamationis* L.

백두산일대에서는 한세대 경과한다. 엄지벌레는 7월중순부터 8월말까지 난다. 새끼벌레는 여러가지 농작물, 남새와 산림의 나무잎을 먹는다. 보천, 운흥에서 채집되였다.

큰숫무우밤나비 *Agrotis tokionis* Butl.

한해에 두번 생겨나며 번데기로 겨울을 난다. 백두산일대에서는 한세대만 경과하는데 8월초부터 9월까지 난다. 새끼벌레는 남새류와 알곡작물의 잎을 먹는다. 보천, 삼지연에서 채집되였다.

줄배추밤나비 *Agrotis militaris* Staud.
한해에 한번 생겨나는데 백두산밀영지구에서는 8월초에 나타난다. 새끼벌레는 남새류와 초본식물의 잎을 먹는다. 백두산밀영, 삼지연에서 채집되였다.

노란점박이밤나비 *Hermonassa arenosa* Butl.
한해에 한번 생겨나며 엄지벌레는 8월초에 난다. 새끼벌레는 초본식물을 먹는다. 보천에서 채집되였다.

검은점박이밤나비 *Hermonassa cecilia* Butl.
백두산지역에서는 한세대만 경과한다. 8월초부터 9월말까지 난다. 새끼벌레는 초본식물의 잎을 먹는다. 보천, 백두산밀영지구, 삼지연에서 채집되였다.

앞흰가는날개밤나비 *Ochropleura plecta* L.
백두산일대에서는 한세대만 경과한다. 7월말~8월말까지 난다. 새끼벌레는 국화과식물의 잎을 먹는다. 보천, 삼지연에서 채집되였다.

앞노랑가는날개밤나비 *Ochropleura triangularis* Moore.
한해에 한번 생겨나며 엄지벌레는 7월말~8월초에 나타난다. 새끼벌레는 벼과식물을 비롯한 초본식물의 잎을 먹는다. 보천에서 채집되였다.

큰푸른가는날개밤나비 *Ochropleura praecurrens* Staud.
한해에 한번 생겨나며 엄지벌레는 7월초~8월말까지 난다. 새끼벌레는 질경이속, 벼과식물, 쑥, 바늘꽃, 버드나무속 식물을 먹는다. 삼지연, 백두산천지, 보천, 운흥에서 채집되였다.

가운데점노랑밤나비 *Chersotis cuprea japonica* Warn.
한해에 한번 생겨나며 엄지벌레는 8월중순에 나타난다. 새끼벌레는 갈퀴덩굴의 잎을 먹는다. 보천에서 채집되였다.

세줄검은목밤나비 *Noctua undosa* Leech.
한해에 한번 생겨나며 엄지벌레는 7월말~8월말까지 난다. 새끼벌레는 앵초속, 피속 식물과 딸기나무, 갈퀴덩굴속 식물의 잎을 먹는다. 삼지연, 보천, 운흥에서 채집되였다.

흰띠재색밤나비 *Spaelotis lucens* Butl.
한해에 한번 생겨나며 엄지벌레는 8월초에 난다. 새끼벌레는 산지대 초본식물을 먹는다. 백두산밀영지구에서 채집되였다.

산앞붉은밤나비 *Spaelotisv valida* Walk.
한해에 한번 생겨나며 엄지벌레는 7월중순에 난다. 새끼벌레는 초본식물의 잎을 먹는다. 백두산천지부근, 삼지연에서 채집되였다.

밤색줄밤나비 *Sineugraphe exusta* Butl.

한해에 한번 생겨나며 엄지벌레는 6월중순~8월말까지 난다. 새끼벌레는 넓은잎나무의 잎을 먹는다. 삼지연, 보천, 운흥에서 채집되였다.

긴띠자색밤나비 *Paradiarsia punicea* Hubn.

한해에 한번 생겨나며 엄지벌레는 8월초에 난다. 새끼벌레는 여러가지 식물의 잎을 먹는다. 삼지연, 보천에서 채집되였다.

노랑질경이작은밤나비 *Diarsia dewitzi* Graes.

한해에 한번 생겨나며 엄지벌레는 8월중순~9월말까지 난다. 새끼벌레는 질경이, 민들레와 산지초본식물의 잎을 먹는다. 보천에서 채집되였다.

귤밤색질경이작은밤나비 *Diarsia deparca* Butl.

한해에 한번 생겨나며 엄지벌레는 8월초부터 9월중순까지 나는데 새끼벌레는 양치식물, 초본식물의 잎을 먹는다. 삼지연에서 채집되였다.

높은산별꽃밤나비 *Xestia speciosa* Hubn.

한해에 한번 생겨나며 엄지벌레는 8월초에 난다. 매우 희귀한 종이다. 새끼벌레는 조팝나무, 인동덩굴의 잎을 먹는다. 백두산밀영지구에서 채집되였다.

재밤색별꽃밤나비 *Xestia tabida* Butl.

한해에 한번 생겨나며 엄지벌레는 8월중순에 난다. 새끼벌레는 자작나무, 버드나무의 잎을 먹는다. 보천에서 채집되였다.

진밤색별꽃밤나비 *Xestia fuscostigma* Brem.

한해에 한번 생겨나며 엄지벌레는 8월초에 난다. 새끼벌레는 봇나무, 버드나무의 잎을 먹는다. 보천에서 채집하였다.

흰무늬별꽃밤나비 *Xestia c-nigrum* L.

한해에 두번 생겨나며 새끼벌레단계로 겨울을 난다. 운흥, 보천, 백암지역에서는 두번 발생하는데 6월초부터 7월말까지, 7월말부터 9월까지 나며 그 이상 지역에서는 7~8월 한세대만 난다. 새끼벌레는 밀, 보리, 아마, 사탕무우, 보라콩, 초본식물의 잎을 먹는다.

노란앞기슭별꽃밤나비 *Xestia stupenda* Butl.

한해에 한번 생겨나며 엄지벌레는 8월에 난다. 새끼벌레는 여러가지 초본식물을 먹는다. 보천, 삼지연에서 채집되였다.

뒤노랑점별꽃밤나비 *Xestia efforescens* Butl.

한해에 한번 생겨나며 6월중순~8월말까지 난다. 새끼벌레는 오리나무,

바늘잎나무, 자작나무의 잎을 먹는다. 백두산밀영지구, 삼지연, 보천에서 채집되였다.

　　푸른날개밤나비 *Anaplectoides prasina* Den. et Schiff.
　　한해에 한번 생겨나는데 엄지벌레는 6월말~8월말까지 난다. 새끼벌레는 여러가지 식물을 먹는다. 보천에서 채집되였다.

　　큰푸른날개밤나비 *Anaplectoides virens* Butl.
　　한해에 한번 생겨나는데 엄지벌레는 7월말~8월초에 난다. 새끼벌레는 다식성이다. 백두산일대 1600m이상을 제외한 모든 지역에서 채집되였다.

　　토끼풀밤나비 *Discestra trifolii* Hüfn.
　　한해에 두번 생겨나나 백두산일대에서는 8~9월에 한번 난다. 새끼벌레는 토끼풀, 농작물, 여러가지 초본식물을 먹는다. 삼지연에서 채집되였다.

　　흰별뒤노랑가시날개밤나비 *Polyphaenis oberthüri* Staud.
　　한해에 한번 생겨나며 엄지벌레는 8월에 난다. 보천에서 채집되였다.

　　뒤노랑가시날개밤나비 *Polyphaenis pulcherrima* (Moore)
　　한해에 한번 생겨나며 엄지벌레는 8월말경에 난다. 보천에서 채집되였다.

　　큰흰별서리밤나비 *Polia nebulosa* Hüfn.
　　한해에 한번 생겨나며 엄지벌레는 7월말부터 9월까지 난다. 새끼벌레는 높은산지대의 초본식물, 바늘잎나무잎을 먹는다. 백두산천지, 삼지연에서 채집되였다.

　　큰서리밤나비 *Polia goliathi* Oberth.
　　한해에 한번 생겨나며 엄지벌레는 7월중순~9월말까지 난다. 새끼벌레는 초본식물과 바늘잎나무잎을 먹는다. 백두산천지, 삼지연, 보천에서 채집되였다.

　　큰자작나무밤나비 *Polia bombycina* Hüfn.
　　한해에 한번 생겨나는데 엄지벌레는 8월초~9월말까지 나타난다. 새끼벌레는 자작나무잎과 떨기나무와 다른 초본식물을 먹는다. 삼지연, 보천에서 채집되였다.

　　흰별배추밤나비 *Mamestra persicariae* L.
　　한해에 한번 생기는데 엄지벌레는 8월~9월에 난다. 새끼벌레는 배추, 초본식물, 넓은잎나무의 잎을 먹는다. 삼지연, 보천에서 채집되였다.

　　흰뒤날개배추밤나비 *Mamestra illoba* Butl.
　　한해에 두번 생겨나며 새끼벌레로 겨울을 나거나 번데기단계로 겨울을 나기도 한다. 백두산일대에서는 한세대만 경과하는데 7월부터 8월까지 난다. 새끼벌레는 여러가지 초본식물을 먹는다.

산배추밤나비 *Mamestra thalasina contrastata* Bryk

한해에 한번 생겨나며 엄지벌레는 6월부터 8월말까지 난다. 새끼벌레는 참나무, 떡갈나무, 산딸기, 들쭉나무 등을 먹는다. 보천, 운흥에서 채집되였다.

자지색배추밤나비 *Mamestra contigua* Den. et Schiff.

한해에 한번 생겨나며 엄지벌레는 6월~8월까지 난다. 새끼벌레는 배추와 초본식물을 먹는다. 보천, 삼지연에서 채집되였다.

북방배추밤나비 *Mamestra glauca* Hübn.

한해에 한번 생겨난다. 2500m의 높은 산지대의 나비인데 백두산일대에서 엄지벌레는 6월중순부터 8월말까지 난다. 새끼벌레는 딸기나무, 조팝나무와 여러가지 초본식물을 먹는다. 삼지연, 보천, 백암에서 채집되였다.

줄기흰검은밤나비 *Heliophobus dissectus* Walk.

한해에 한번 생겨나는데 엄지벌레는 8월에 난다. 새끼벌레는 산수국의 잎을 먹는다. 보천, 삼지연에서 채집되였다.

작은재빛밤나비 *Anepia aberrans* Evers.

한해에 한번 생겨나며 엄지벌레는 8월중순에 난다. 새끼벌레는 초본식물의 잎을 먹는다. 보천에서 채집되였다.

푸른늑줄행군밤나비 *Miselia kogurei* (Sugi)

한해에 한번 생겨난다. 엄지벌레는 8월초에 난다. 새끼벌레는 초본식물을 먹는다. 백두산밀영에서 채집되였다.

큰두띠노랑밤나비 *Mythimna grandis* Butl.

한해에 한번 생겨난다. 엄지벌레는 7월말경에 난다. 새끼벌레는 농작물, 벼과식물을 먹는다. 보천, 운흥, 혜산에서 채집되였다.

작은두띠노랑밤나비 *Mythimna divergens* Butl.

한해에 한번 생겨나며 엄지벌레는 7월말경에 난다. 새끼벌레는 초본식물, 바늘잎나무잎 등을 먹는다. 보천에서 채집되였다.

검은띠흰점밤나비 *Aletia consanguis* (Guen.)

백두산일대에서는 한세대만 경과한다. 6월중순경 그늘진곳에서 낮에는 기여다니다가 밤에는 불빛에 모이는 습성이 있다. 새끼벌레는 남새, 딸기나무와 잡초를 먹는다. 삼지연, 보천, 백암에서 채집되였다.

늦밤나비 *Leucania separata* Walk.

새끼벌레와 번데기단계로 겨울을 난다. 때로는 엄지벌레단계로 겨울을 난다. 백두산일대에서는 6월중순부터 9월말까지 나는데 한세대만 경과한다. 새끼벌레는 다식성이다. 삼지연, 보천, 운홍, 백암에서 채집되였다.

은무늬나무밤나비 *Cucullia argentea* Hüfn.
한해에 한번 생겨난다. 엄지벌레는 8월에 난다. 새끼벌레는 쑥속식물을 먹는다. 삼지연, 보천에서 채집되였다.

별애기나무밤나비 *Cucullia fraudatrix* Evesm.
한해에 한번 생겨난다. 엄지벌레는 7~8월 사이에 난다. 새끼벌레는 국화과식물을 먹는다. 보천에서 채집되였다.

그늘밑나무밤나비 *Cucullia lucifuga* Den. et Schiff.
한해에 한번 생겨난다. 엄지벌레는 7월중순부터 8월말까지 사이에 난다. 1500m 이상의 높은산 지대에서 사는 나비인데 마리수는 매우 적다. 새끼벌레는 여러가지 초본식물을 먹는다. 삼지연에서 채집되였다.

흰점미역귀밤나비 *Lithomoia solidaginis* Hübn.
한해에 한번 생겨난다. 엄지벌레는 9월말에 날아다닌다. 새끼벌레는 5~6월에 들쭉나무, 백산차나무, 버드나무의 잎을 먹는다. 삼지연에서 채집되였다.

가운데검은별밤나비 *Lithophane socia* Hüfn.
한해에 한번 생겨난다. 엄지벌레는 8월에 난다. 보천에서 채집되였다.

땅빛밤나비 *Agrochola vulpecula* Led.
한해에 한번 생겨난다. 해발높이 1500m정도의 높은산지대 나비인데 그 마리수는 극히 적다. 삼지연에서 채집되였다.

깊은산띠밤나비 *Conistra grisescens* Dr.
한해에 두번 생겨나는데 백두산지대에서는 한세대만 경과한다. 새끼벌레는 초본식물을 먹는다. 삼지연에서 채집되였다.

노랑칼밤나비 *Xanthia flavago* Fabr.
한해에 한번 생겨나며 엄지벌레는 9월말경에 난다. 새끼벌레는 고산지대의 초본식물을 먹는다. 삼지연에서 채집되였다.

큰노랑칼밤나비 *Xanthia tunicata* Graes.
한해에 한번 생겨나며 엄지벌레는 9월에 난다. 삼지연에서 채집되였다.

칼무늬노랑밤나비 *Xanthia fulvago* Cler.
한해에 한번 생겨나는데 엄지벌레는 9월말경에 난다. 새끼벌레는 초본식물을 먹는다. 보천, 삼지연에서 채집되였다.

좁은날개털밤나비 *Isopolia stenoptera* Sugi

한해에 한번 생겨나는데 엄지벌레는 8월에 난다. 보천, 삼지연에서 채집되였다.

풀색넓은날개밤나비 *Valeriodes viridimacula* Graes.

한해에 한번 생겨나며 번데기로 겨울을 난다. 엄지벌레는 9월에 난다. 새끼벌레는 넓은잎나무의 잎을 먹는다. 삼지연, 보천에서 채집되였다.

안경테밤나비 *Meganephria extensa* Butl.

한해에 한번 생겨난다. 엄지벌레는 9월말경에 난다. 새끼벌레는 떨기나무와 초본식물의 잎을 먹는다. 삼지연에서 채집되였다.

북방가시날개밤나비 *Bleopharita amita ussuriensis* Sheij.

한해에 한번 생겨나는 추운지방 나비이다. 엄지벌레는 9월말에 난다. 새끼벌레는 초본식물의 잎을 먹는다. 삼지연에서 채집되였다.

별귀밤나비 *Apamea secalis* L.

백두산일대에서는 한세대만 경과한다. 새끼벌레는 벼과식물의 잎을 먹는다. 보천, 운흥 지대에서 채집되였다.

붉은별귀밤나비 *Apamea oriens* Walk.

한해에 한번 생겨난다. 새끼벌레는 갈대의 줄기, 싸리나무, 붓꽃속의 식물을 먹는다. 삼지연에서 채집되였다.

검은테별귀밤나비 *Apamea veterina haelsseni* Graes.

한해에 한번 생겨나며 엄지벌레는 6~7월사이에 난다. 새끼벌레는 싸리속, 갈대의 줄기, 진들피속식물의 잎을 먹는다. 보천에서 채집되였다.

흰별귀밤나비 *Apamea conciliata* Butl.

한해에 두번 생겨난다. 삼지연지대에서는 한해에 한번 나는데 엄지벌레는 7월말부터 8월말까지 난다. 새끼벌레는 싸리속, 붓꽃속의 식물을 먹는다. 삼지연에서 채집되였다.

작은나무발밤나비 *Actinotia intermedia* Brem.

보천지대에서는 한번 생겨나는데 엄지벌레는 6월부터 7월 사이에 난다. 새끼벌레는 초본식물을 먹는다. 보천, 운흥에서 채집되였다.

여러이발나무발밤나비 *Actinotia poliodon* L.

백두산일대에서는 한해에 한세대만 경과하는데 엄지벌레는 7~8월에 난다. 새끼벌레는 초본식물을 먹는다. 백두산밀영, 삼지연, 보천 등 지역에서 채집되였다.

연노랑뒤날개밤나비 *Triphaenopsis postflava* Leech

한해에 한번 생겨나며 엄지벌레는 8월에 난다. 보천, **삼**지연에서 채집되였다.

머리짧은노랑밤나비 *Brachyxanthia zelotypa pecuciavis* Butl.
한해에 한번 생겨나며 엄지벌레는 8월중순에 난다. 새끼벌레는 **초본**식물의 잎을 먹는다. 보천에서 채집되였다.

머위밤나비 *Hydraecia amurensis* Staud.
한해에 한번 생겨나며 엄지벌레는 9월말까지 난다. 새끼벌레는 머위나무 뿌리를 갉아먹는다. 삼지연에서 채집되였다.

북방창포밤나비 *Amphipoea asiatica* Butl.
한해에 한번 생겨나며 엄지벌레는 7월말에 난다. 새끼벌레는 창포와 벼과식물을 먹는다. 보천에서 채집되였다.

북창포밤나비 *Amphipoea fucosa* Fr.
한해에 한번 생겨나며 엄지벌레는 8월초에 난다. 새끼벌레는 벼과식물의 잎을 먹는다. 삼지연에서 채집되였다.

깊은산창포밤나비 *Amphipoea burrowsi* Chapm.
한해에 한번 생겨나며 엄지벌레는 8월초에 난다. 새끼벌레는 창포, 알곡작물의 잎을 먹는다. 삼지연에서 채집되였다.

창포큰밤나비 *Helotropha leucostigma laevis* Butl.
한해에 한번 생겨나며 엄지벌레는 8월말에 난다. 새끼벌레는 벼과식물의 잎을 먹는다. 보천에서 채집되였다.

애기뾰족날개밤나비 *Gortyna basalipunctata* Graes.
한해에 한번 생겨나며 엄지벌레는 5월에 난다. 새끼벌레는 벼과식물의 잎을 먹는다. 삼지연에서 채집되였다.

멧희롱밤나비 *Luperina hedeni* Graes.
한해에 한번 생겨나며 엄지벌레는 5월에 난다. 새끼벌레는 벼과식물의 잎을 먹는다. 보천에서 채집되였다.

은백색멧희롱밤나비 *Luperina sapporensis* Mats.
한해에 한번 생겨나며 엄지벌레는 8월에 난다. 새끼벌레는 벼과식물의 잎, 줄기를 먹는다. 삼지연에서 채집되였다.

흰무늬구리밤나비 *Euplexia lucipara* L.
삼지연지대에서는 한세대만 경과하는데 8월에 난다. 새끼벌레는 들쭉나무, 딸기나무의 잎을 먹는다. 삼지연에서 채집되였다.

흰띠구리밤나비 *Euplexia illustrata* Graes.

한해에 한번 생겨나며 백두산지대에서는 8월초부터 9월 상순까지 난다. 새끼벌레는 딸기나무, 콩과식물잎을 먹는다. 삼지연, 보천에서 채집되였다.

소루쟁이밤나비 *Atrachea nitens* Butl.

한해에 한번 생겨나며 엄지벌레는 7월말에 난다. 새끼벌레는 초본식물을 먹는다. 보천에서 채집되였다.

나무발밤나비 *Axylia putris* L.

백두산지대에서는 한세대만 경과한다. 갈퀴덩굴속의 식물을 먹는다. 삼지연, 보천, 운흥에서 채집되였다.

붉은점한삼덩굴밤나비 *Chytonixfolinae* Oberth.

한해에 한번 생겨나며 엄지벌레는 8월중순에 난다. 새끼벌레는 한삼덩굴잎을 먹는다. 보천에서 채집되였다.

한삼덩굴밤나비 *Chytonix segregata* Butl.

백두산일대에서는 한세대만 경과하는데 7~8월에 난다. 새끼벌레는 한삼덩굴잎을 먹는다. 보천지대에서 채집되였다.

제비밤나비 *Amphipyra livida* Schiff.

백두산일대에서는 한세대만 경과하는데 8~9월에 난다. 새끼벌레는 5~6월에 민들레, 조팝나무, 미나리, 가시나무, 삼, 까치무릇, 송구지를 먹는다. 삼지연, 보천에서 채집되였다.

큰연밤색제비밤나비 *Amphipyra erebina* Butl.

한해에 한번 생겨나며 새끼벌레로 겨울을 난다. 엄지벌레는 7~8월에 난다. 새끼벌레는 넓은잎나무의 잎을 먹는다. 삼지연, 보천에서 채집되였다.

흰눈섭제비밤나비 *Amphipyra schrenckii* Men.

한해에 한번 생겨나며 엄지벌레는 8월에 난다. 새끼벌레는 넓은잎나무의 잎을 먹는다. 보천지대에서 채집되였다.

알락제비밤나비 *Amphipyra pyramidea* L.

한해에 한번 생겨나며 새끼벌레로 겨울을 난다. 엄지벌레는 8월에 난다. 새끼벌레는 과일나무와 산림의 넓은잎나무의 잎을 먹는다. 삼지연, 보천에서 채집되였다.

큰무늬제비밤나비 *Amphipyra monolitha* Guen.

한해에 한번 생겨난다. 새끼벌레는 초본식물을 먹는다. 삼지연, 보천, 운흥에서 채집되였다.

톱이긴밤나비 *Orthogonia sera* C. et R. Feld.

한해에 한번 생겨나며 엄지벌레는 6월에 난다. 새끼벌레는 여러가지 넓은잎나무의 잎을 먹는다. 보천에서 채집되였다.

흰별눈섭밤나비 *Cosmia restituta* Walk.

한해에 한번 생겨나며 엄지벌레는 8월에 난다. 새끼벌레는 넓은잎나무의 잎을 먹는다. 보천에서 채집되였다.

검정눈섭밤나비 *Cosmia apicimacla* Sugi

한해에 한번 생겨나며 엄지벌레는 7～8월에 넓은잎나무림에서 난다. 새끼벌레는 떡드릅나무와 다른넓은잎나무잎을 먹는다. 보천, 삼지연에서 채집되였다.

재빛밤색눈섭밤나비 *Cosmia exigua* (Butl.)

한해에 한번 생겨나며 엄지벌레는 8월에 난다. 새끼벌레는 과일나무와 넓은잎나무의 잎을 먹는다. 보천에서 채집되였다.

알락파꽃눈섭밤나비 *Cosmia variegata* (Oberth.)

한해에 한번 생겨나며 엄지벌레는 8월에 난다. 새끼벌레는 넓은잎나무의 잎을 먹는다. 삼지연, 보천에서 채집되였다.

은백양나무밤나비 *Ipimorpha subtusa* (Den. et Schiff.)

한해에 한번 생겨나며 엄지벌레는 9월에 난다. 새끼벌레는 백양나무, 사시나무의 잎을 먹는다. 삼지연에서 채집되였다.

달무늬밤나비 *Enargia paleacea* (Esp.)

한해에 한번 생겨나며 엄지벌레는 6월에 난다. 새끼벌레는 바늘잎나무의 잎을 먹는다. 보천에서 채집되였다.

알락자지밤나비 *Telesilla amethystina* (Hübn.)

한해에 한번 생겨난다. 새끼벌레는 미나리과의 풀을 먹는다. 보천에서 채집되였다.

경사작은밤나비 *Balsa malana* Fitch.

한해에 한번 생겨나며 엄지벌레는 6월중순에 난다. 새끼벌레는 떨기나무의 잎을 먹는다. 백두산밀영지구에서 채집되였다.

흰점검은밤나비 *Perigea cyclica* Hamps.

한해에 한번 생겨나며 엄지벌레는 6월중순경에 난다. 새끼벌레는 초본식물을 먹는다. 보천에서 채집되였다.

경사무늬밤나비 *Prodenia litura* Fabr.

백두산일대에서는 한세대 경과하는데 엄지벌레는 6월중순부터 8월까지 난다. 새끼벌레는 아마, 콩류와 초본식물을 먹는다. 보천에서 채집되였다.

흰점띠밤나비 *Dadica lineosa* Moore

백두산일대에서는 한세대 경과하는데 엄지벌레는 8월에 난다. 새끼벌레는 민들레, 괴싱아, 잠초를 먹는다. 보천에서 채집되였다.

알락띠애기밤나비 *Dysmilichia gemella* Leech

한해에 한번 생겨나며 엄지벌레는 6~9월까지 난다. 새끼벌레는 초본식물을 먹는다. 보천, 혜산, 운홍 지대에서 채집되였다.

그물각산무늬밤나비 *Callopistria aethiops* Butl.

한해에 한번 생겨나는데 엄지벌레는 8월에 난다. 새끼벌레는 양치식물을 먹는다. 보천에서 채집되였다.

둥근무늬흰밤나비 *Sphragifera sigillata* Men.

한해에 한번 생겨나며 엄지벌레는 8월에 난다. 새끼벌레는 떨기나무의 잎을 먹는다. 삼지연, 보천에서 채집되였다.

두줄푸른밤나비 *Bena prasinana* L.

백두산일대에서는 한세대만 경과하는데 엄지벌레는 8월에 난다. 새끼벌레는 6월부터 9월까지 참나무, 떡갈나무의 잎을 먹는다. 번데기로 겨울을 난다. 보천, 삼지연에서 채집되였다.

그물서리밤나비 *Sinna externa* Walk.

한해에 한번 생겨나며 엄지벌레는 7월중순에 난다. 백두산천지부근에서 채집되였다.

흰띠구름무늬작은밤나비 *Stenoloba jankowskii* Oberth.

한해에 한번 생겨나며 엄지벌레는 7월에 산지대에서 산다. 보천에서 채집되였다.

흰줄구름무늬작은밤나비 *Stenoloba confusa* (Leech)

한해에 한번 생겨나는데 엄지벌레는 8월에 난다. 보천에서 채집되였다.

구슬무늬작은밤나비 *Sinocharis korbae* Pung.

한해에 한번 생겨나며 엄지벌레는 7월에 나는데 희귀한 종이다. 삼지연에서 채집되였다.

높은산금날개밤나비 *Syngrapha interrogationis* L.

한해에 한번 생겨나며 엄지벌레는 8월초에 난다. 새끼벌레는 월귤나무잎을 먹는다. 백두산밀영지구에서 채집되였다.

뒤노랑금날개밤나비 *Calopulusia ain* (Hoch.)

한해에 한번 생겨나며 엄지벌레는 7~8월에 난다. 삼지연, 백두산밀영, 보천에서 채집되였다.

큰금날개밤나비 *Autographa chryson* Esp.

한해에 한번 생겨나며 보천지대에서는 8월말에 난다. 새끼벌레는 쐐기풀속식물과, 벼과식물을 먹는다. 보천에서 채집되였다.

푸른큰금날개밤나비 *Autographa coreae* Str.

한해에 한번 생겨나며 엄지벌레는 8월초에 난다. 새끼벌레는 떨기나무잎을 먹는다. 삼지연, 보천에서 채집되였다.

뿔금날개밤나비 *Autographa leonina* Oberth.

한해에 한번 생겨나며 엄지벌레는 8월중순경에 난다. 새끼벌레는 벼과식물의 잎을 먹는다. 보천에서 채집되였다.

솜방망이금날개밤나비 *Autographa excelsa* Kretsch.

한해에 한번 생겨나며 엄지벌레는 6~8월에 난다. 새끼벌레는 벼과식물과 아마, 창포의 잎을 먹는다. 삼지연, 보천에서 채집되였다.

보라금날개밤나비 *Autographa pulchrina* Haw.

한해에 한번 생겨나며 엄지벌레는 8월초에 난다. 새끼벌레는 벼과식물의 잎을 먹는다. 삼지연지대에서 채집되였다.

국화은날개밤나비 *Autographa confusa* Steph.

보천, 운흥 지대에서는 한세대 경과하는데 6월부터 8월까지 난다. 새끼벌레는 국화과식물, 가두배추, 잡초를 먹는다. 보천, 운흥 지대에서 채집되였다.

큰국화은날개밤나비 *Autographa crassisigna* Warr.

한해에 한번 생겨나며 엄지벌레는 8월중순에 난다. 새끼벌레는 국화과식물과 잡초를 먹는다. 보천에서 채집되였다.

재빛누런금날개밤나비 *Autographa stenochrysis* Warr.

백두산일대에서는 한세대만 경과하는데 8월중순경에 난다. 새끼벌레는 민들레를 비롯한 잡초를 먹는다. 삼지연, 보천에서 채집되였다.

은별금날개밤나비 *Autographa ornatissima* Walk.

한해에 두번 생겨난다. 백두산일대에서는 한세대만 경과하며 8월중순경에 난다. 새끼벌레는 민들레를 비롯한 잡초를 먹는다. 삼지연, 보천에서 채집되였다.

밤색은날개밤나비 *Autographa hebetata* Butl.

한해에 한번 생겨나며 엄지벌레는 8월에 난다. 보천에서 채집되였다.

붉은등금날개밤나비 *Autographa pyropia* Butl.

한해에 한번 생겨나는데 엄지벌레는 9월에 난다. 새끼벌레는 벼과식물과 잡초를 먹는다. 보천에서 채집되였다.

중금날개밤나비 *Autographa intermixta* Walk.
한해에 한번 생겨나며 엄지벌레는 8월에 난다. 새끼벌레는 우엉(국화과), 잡초를 먹는다. 보천, 백두산밀영지구에서 채집되였다.

벼금날개밤나비 *Plusia festata* Graes.
번데기로 겨울을 난다. 백두산일대에서는 한세대만 경과하는데 6월부터 8월에 난다. 새끼벌레는 벼, 창포, 아마 등을 먹는다. 보천, 운흥 지대에서 채집되였다.

오색금날개밤나비 *Plusia zosimi* Hubn.
한해에 한번 생겨나며 엄지벌레는 8월에 난다. 새끼벌레는 초본식물의 잎을 먹는다. 백두산밀영지구, 보천에서 채집되였다.

얼룩자지금날개밤나비 *Plusidia cheiranthi* Thausch.
한해에 한번 생겨나며 엄지벌레는 8월에 난다. 새끼벌레는 진펄의 지치과식물잎을 먹는다. 보천에서 채집되였다.

붉은알락금날개밤나비 *Polychrysia aurata* Staud.
한해에 한번 생겨나며 엄지벌레는 8월초에 난다. 새끼벌레는 그늘진곳의 제비꽃속, 금매화속 식물의 잎을 먹는다. 백두산밀영, 삼지연에서 채집되였다.

씨알락금날개밤나비 *Polychrysia mikadina* Butl.
한해에 한번 생겨나며 엄지벌레는 8월초에 난다. 새끼벌레는 밀림의 매발톱꽃속식물잎을 먹는다. 백두산밀영지대에서 채집되였다.

은점갈구리밤나비 *Panchrysia ornata* Brem.
한해에 한번 생겨나며 번데기로 겨울을 난다. 엄지벌레는 9월말에 난다. 보천에서 채집되였다.

쐐기풀알락밤나비 *Abrostola triplasia* L.
한해에 두번 생겨나나 보천지대에서는 한세대만 경과하는데 8월에 난다. 새끼벌레는 쐐기풀속식물을 먹는다. 보천에서 채집되였다.

작은쐐기풀알락밤나비 *Abrostola asclepiades* Schiff.
한해에 한번 생겨나며 엄지벌레는 8월초에 난다. 새끼벌레는 박주가리과 식물을 먹는다. 보천에서 채집되였다.

푸른띠뒤날개밤나비 *Catocala fraxini* L.
한해에 한번 생겨나는데 알로 겨울을 난다. 엄지벌레는 9월말에 난다. 새끼벌레는 버드나무, 느릅나무, 단풍나무, 너도밤나무의 잎을 먹는다. 삼지연에서 채집되였다.

큰흰띠뒤날개밤나비 *Catocala lara* Brem.
　한해에 한번 생겨나며 엄지벌레는 8월에 난다. 새끼벌레는 피나무속의 나무잎을 먹는다. 삼지연, 보천에서 채집되였다.

귀흰뒤날개밤나비 *Catocala dissimilis* Brem.
　한해에 한번 생겨나며 엄지벌레는 8월에 난다. 새끼벌레는 참나무과 나무들의 잎을 먹는다. 삼지연에서 채집되였다.

버드나무붉은뒤날개밤나비 *Catocala nupta* (L.)
　한해에 한번 생겨나며 엄지벌레는 8∼9월에 난다. 새끼벌레는 버드나무, 사시나무의 잎을 먹는다. 삼지연, 보천에서 채집되였다.

참나무붉은뒤날개밤나비 *Catocala dula* Brem.
　한해에 한번 생겨나며 엄지벌레는 8∼9월에 난다. 새끼벌레는 참나무과의 나무잎을 먹는다. 삼지연, 보천에서 채집되였다.

붉은뒤날개밤나비 *Catocala electa* Borkh.
　한해에 한번 생겨나며 엄지벌레는 8∼9월에 난다. 새끼벌레는 사시나무, 버드나무의 잎을 먹는다. 삼지연, 보천에서 채집되였다.

고리노랑뒤날개밤나비 *Catocala fulminea* Scop.
　한해에 한번 생겨나며 엄지벌레는 8∼9월에 난다. 새끼벌레는 넓은잎나무의 잎을 먹는다. 삼지연, 보천에서 채집되였다.

재색노랑뒤날개밤나비 *Catocala agitatrix* Graes.
　한해에 한번 생겨나며 엄지벌레는 8월에 난다. 새끼벌레는 싸리나무, 참등덩굴, 산과일나무의 잎을 먹는다. 삼지연에서 채집되였다.

사과노랑뒤날개밤나비 *Catocala bella* Butl.
　한해에 한번 생겨나며 엄지벌레는 8월에 난다. 새끼벌레는 참등덩굴을 먹는다.

둥근무늬노랑뒤날개밤나비 *Catocala dilecta* Hübn.
　한해에 한번 생겨나며 엄지벌레는 8월말에 난다. 새끼벌레는 넓은잎나무잎을 먹는다. 보천에서 채집되였다.

뒤날개흰점밤나비 *Catocala sancta* Butl.
　한해에 한번 생겨나며 엄지벌레는 9월말에 난다. 삼지연에서 채집되였다.

무궁화잎밤나비 *Dermaleipa juno* Dalm.
　한해에 한두번 생겨나며 번데기로 겨울을 난다. 엄지벌레는 8∼9월에 난다. 새끼벌레는 가래나무, 과일나무와 넓은잎나무의 잎을 먹는다. 삼지연,

백두산천지, 보천에서 채집되였다.

특한발범밤나비 *Parallelia stufosa* F.

백두산일대에서는 한세대만 경과하는데 엄지벌레는 8월에 난다. 새끼벌레는 넓은잎나무의 잎을 먹는다. 번데기로 겨울을 난다. 보천에서 채집되였다.

가는띠룩한발범밤나비 *Parallelia arctotaenia* Guen.

한해에 한번 생겨나며 엄지벌레는 7월말~8월초에 난다. 새끼벌레는 피마주, 가시나무 잎을 먹는다. 보천에서 채집되였다.

큰새깃밤나비 *Oraesia lata* Butl.

한해에 한번 생겨나며 엄지벌레는 8월중순에 난다. 새끼벌레는 새모래덩굴, 댕댕이덩굴, 이깔나무, 지치과의 식물잎을 먹는다. 보천에서 채집되였다.

새깃오목날개밤나비 *Calpe capcina* Esp.

한해에 한번 생겨나며 엄지벌레는 8월중순에 난다. 새끼벌레는 이깔나무의 잎을 먹는다. 보천에서 채집되였다.

목화붉은칼밤나비 *Anomis flava* (F.)

한해에 여러번 생기며 엄지벌레는 보통 6~9월까지 산지대에서 난다. 새끼벌레는 아마의 잎을 먹는다. 보천에서 채집되였다.

톱이날개밤나비 *Ectogonitis pryeri* Leech

한해에 두번 생겨나나 삼지연지대에서는 한세대만 경과하는데 9월에 난다. 새끼벌레는 참나무과 나무들의 잎을 먹는다. 삼지연에서 채집되였다.

변두리검은밤나비 *Hypocana subsatura* Guen.

한해에 두번 생겨나나 백두산일대에서는 한번 생겨나는데 6월~7월에 난다. 새끼벌레는 참나무의 잎을 먹는다. 삼지연, 보천, 운흥에서 채집되였다.

구름무늬노랑뒤날개밤나비 *Chrysorithrum flavomaculatum* Brem.

한해에 한번 생겨나며 엄지벌레는 6월초부터 말까지 난다. 새끼벌레는 콩과식물의 잎을 먹는다. 보천, 운흥에서 채집되였다.

뿔무늬노랑뒤날개밤나비 *Chrysorithrum amatum* Brem. et Gr.

한해에 한번 생겨나며 엄지벌레는 6월에 난다. 새끼벌레는 싸리나무와 다른 콩과식물의 잎을 먹는다. 보천에서 채집되였다.

검은목범밤나비 *Lygephila maxima* Butl.

한해에 한번 생겨나며 백두산일대에서는 8~9월에 난다. 새끼벌레는 갈퀴덩굴속, 연리초속, 단너삼속의 식물을 먹는다. 삼지연, 보천에서 채집되였다.

애기검은목밤나비 *Lygephila recta* Brem.
백두산일대에서는 한번 나는데 7월말 8월초에 난다. 새끼벌레는 갈퀴덩굴속식물의 잎을 먹는다. 보천에서 채집되였다.

점노랑수염밤나비 *Rivula sericealis* Scop.
한해에 두번 생겨나나 백두산일대에서는 한세대만 경과한다. 새끼벌레는 초본식물을 먹는다. 보천에서 채집되였다.

산수염밤나비 *Bomolocha stygiana* Butl.
백두산일대에서는 한세대만 경과하는데 엄지벌레는 7~8월에 난다. 새끼벌레는 쐐기풀속의 식물을 먹는다. 보천에서 채집되였다.

석점수염밤나비 *Hypena tristalis* Leech
백두산일대에서는 한세대만 경과하는데 엄지벌레는 7~8월에 난다. 새끼벌레는 쐐기풀속, 호프, 피속, 딸기나무잎을 먹는다. 보천, 삼지연에서 채집되였다.

둥근줄수레밤나비 *Paracolax glaucinalis* Schiff.
한해에 한번 생겨나며 번데기로 겨울을 난다. 엄지벌레는 7월말 8월초순에 난다. 새끼벌레는 참나무, 버드나무, 물푸레나무의 잎에서 산다. 보천에서 채집되였다.

흰별보라줄밤나비 *Epizeuxis pryeri* Butl.
백두산일대에서는 한세대만 경과하는데 엄지벌레는 8월에 난다. 새끼벌레는 넓은잎나무의 잎을 먹는다. 보천에서 채집되였다.

등불나비과 Notodontidae

큰검정등불나비 *Harpyia bicuspis* Borkh
한해에 한번 생겨나며 엄지벌레는 6월에 난다. 보천에서 채집되였다.

띠눈얼룩등불나비 *Notodonta tritophus sugitanii* Mats.
한해에 한번 생겨나며 엄지벌레는 6월에 난다. 새끼벌레는 넓은잎나무의 잎을 먹는다. 보천에서 채집되였다.

노란큰점등불나비 *Notodonta dembowskii* Oberth.
한해에 한번 생겨나며 엄지벌레는 6월에 난다. 새끼벌레는 자작나무와 다른 넓은잎나무의 잎을 먹는다. 보천, 운흥에서 채집되였다.

칼등불나비 *Lophopteryx jezoensis* Mats.

한해에 한번 생겨나며 엄지벌레는 7월말경에 난다. 보천에서 채집되였다.

긴띠등불나비 *Shaka atrovittatus* Brem.

한해에 한번 생겨나며 엄지벌레는 6월중순경에 난다. 보천에서 채집되였다.

박쥐등불나비 *Pheosia fusiformis* Mats.

한해에 두번 생겨나나 보천지역에서는 한세대만 경과하는데 6~7월에 난다. 새끼벌레는 자작나무의 잎을 먹는다. 보천에서 채집되였다.

은색동불나비 *Hybocampa umbrosa* Staud.

한해에 한번 생겨나며 엄지벌레는 6월중순경에 난다. 보천에서 채집되였다.

독나비과 Lymantridae

붉은매미독나비 *Lymantria mathura aurora* Butl.

한해에 한번 생겨나며 알로 겨울을 난다. 엄지벌레는 7월에 난다. 새끼벌레는 굴참나무, 떡갈나무 등 넓은잎나무의 잎을 먹는다. 삼지연, 보천에서 채집되였다.

파도무늬독나비 *Lymantria minomonis* Mats.

한해에 한번 생겨나며 엄지벌레는 8월에 난다. 새끼벌레는 여러가지 넓은잎나무의 잎을 먹는다. 보천, 삼지연에서 채집되였다.

큰산독나비 *Lymantria lucescens* Butl.

한해에 한번 생겨나며 엄지벌레는 8~9월까지 난다. 새끼벌레는 떡갈나무, 여러가지 넓은잎나무잎을 먹는다. 삼지연에서 채집되였다.

검은무늬독나비 *Pida niphonis* Butl.

한해에 한번 생겨나며 엄지벌레는 7월말경에 난다. 새끼벌레는 오리나무, 장미과 나무의 잎을 먹는다. 보천에서 채집되였다.

독나비 *Euproctis flava* Brem.

한해에 한번 생겨나며 엄지벌레는 7~9월까지 난다. 새끼벌레는 참나무, 가시나무의 잎을 먹는다. 삼지연, 보천에서 채집되였다.

고엽나비과 Lasiocampidae

사시나무잡색밤나비 *Poecilocampa populi tamanukii* Mats.

한해에 한번 생겨나며 엄지벌레는 8~9월에 난다. 새끼벌레는 종가시나무, 피나무, 산사나무의 잎을 먹는다. 삼지연, 보천에서 채집되였다.

솔충나비 *Dendrolimus spectabilis* Butl.

한해에 한번 생겨나며 새끼벌레로 겨울을 난다. 엄지벌레는 7월하순~8월상순에 난다. 새끼벌레의 독털은 염증을 일으킨다. 새끼벌레는 소나무, 곰솔, 잣나무, 이깔나무의 잎을 먹는다. 삼지연, 보천, 백두산천지 부근에서 채집되였다.

이깔나무솔충나비 *Dendrolimus sibiricus* Tsch.

한해에 한번 생겨나며 새끼벌레로 겨울을 난다. 백두산일대에서는 8월초에 무리로 나타난다. 새끼벌레는 이깔나무, 분비나무, 가문비나무, 잣나무 등의 잎을 먹는다. 삼지연, 보천에서 채집되였다.

도토리고엽나비 *Dendrolimus undans flaveola* Motsch.

한해에 한번 생겨나며 새끼벌레로 겨울을 난다. 엄지벌레는 8~10월까지 난다. 새끼벌레는 굴밤나무, 굴참나무, 종가시나무의 잎을 먹는다. 보천, 삼지연에서 채집되였다.

대고엽나비 *Philudoria albomaculata* Brem.

한해에 두번 생겨나나 백두산일대에서는 한세대 경과하는데 엄지벌레는 7월말경에 난다. 새끼벌레는 참억새를 먹는다. 대홍단에서 채집되였다.

뾰족날개밤나비과 Cymatophoridae

무늬뾰족날개밤나비 *Thyatira batis* L.

한해에 한번 생겨나며 엄지벌레는 7월말경에 난다. 새끼벌레는 딸기나무의 잎을 먹는다. 보천에서 채집되였다.

딸기뾰족날개밤나비 *Habrosyne pyritoides derasoides* Butl.

한해에 두번 생겨나나 백두산일대에서는 한세대 경과하는데 7월말경에 난다. 새끼벌레는 가시나무, 딸기나무잎을 먹는다. 보천에서 채집되였다.

은무늬뾰족날개밤나비 *Parapsestis argenteopicta* Oberth.

한해에 두번 생겨나나 백두산일대에서는 한세대만 경과하는데 8월초에 난다. 보천, 삼지연에서 채집되였다.

갈구리밤나비과 Drepanidae

물결갈구리밤나비 *Drepana harpagula* Esp.

한해에 한번 생겨나며 엄지벌레는 8월중순에 난다. 새끼벌레는 봇나무, 피나무, 떡갈나무의 잎을 먹는다. 보천에서 채집되였다.

밤색띠갈구리밤나비 *Falcaria curvatula acuta* Butl.
한해에 한번 생겨나며 엄지벌레는 7월말경에 난다. 보천에서 채집되였다.

자밤나비과 Geometridae

큰흰띠푸른자밤나비 *Geometra papilionaria subrigula* Prout
한해에 한번 생겨나며 새끼벌레로 겨울을 난다. 엄지벌레는 7월말경에 난다. 새끼벌레는 오리나무, 개암나무의 잎을 먹는다. 보천에서 채집되였다.

흰띠검은물결자밤나비 *Baptria tibiale aterrima* Butl.
한해에 한번 생겨나며 엄지벌레는 6월중순부터 7월초까지 난다. 새끼벌레는 초본식물의 잎을 먹는다. 삼지연, 보천, 리명수에서 채집되였다.

흰띠딸기자밤나비 *Mesoleuca albicillata casta* Butl.
한해에 한번 생겨나며 엄지벌레는 7월중순경에 난다. 새끼벌레는 나무딸기잎을 먹는다. 간백산에서 채집되였다.

삿갓무늬검은자밤나비 *Eulype hastata hecate* Butl.
한해에 한번 생겨나며 엄지벌레는 6월초부터 말까지 난다. 새끼벌레는 월귤나무, 자작나무의 잎을 먹는다. 백두산밀영지구, 삼지연, 백암에서 채집되였다.

앞푸른물결자밤나비 *Hydriomena furcata nexifasciata* Butl.
한해에 한번 생겨나며 엄지벌레는 9월에도 난다. 찬지대 나비이다. 새끼벌레는 넓은잎나무잎을 먹는다. 삼지연에서 채집되였다.

귀노랑띠줄큰자밤나비 *Gandaritis fixseni magnifica* Prout
한해에 두번 생겨나나 백두산일대에서는 한해에 한번 생기는데 6월부터 7월까지 난다. 보천에서 채집되였다.

그물자밤나비 *Eustroma reticulata chosensis* Bryk
한해에 한번 생겨나며 엄지벌레는 7~8월에 난다. 보천에서 채집되였다.

검은점복판흰자밤나비 *Dysstromma japonica* Heyd.
한해에 두번 생겨나며 백두산일대에서는 9월에 난다. 새끼벌레는 들쭉나무, 딸기나무의 잎을 먹는다. 삼지연에서 채집되였다.

대목붉은복판흰자밤나비 *Dysstromma corussaria* Oberth.
백두산일대에서는 한세대 경과하는데 9월말까지 난다. 새끼벌레는 들쭉나무과의 식물을 먹는다. 삼지연에서 채집되였다.

맴시물결자밤나비 *Eupithecia subicterata* Prout

한해에 한번 생겨나며 엄지벌레는 7월말경에 난다. 삼지연에서 채집되였다.

애기그물자밤나비 *Chiasmia clathrata albifenestra* Inoue

한해에 한번 생겨나는데 엄지벌레는 8월에 난다. 새끼벌레는 꽃자리풀을 먹는다. 백두산, 백두산밀영지구에서 채집되였다.

흰띠잠자리자밤나비 *Cystidia truncanagula* Wenl.

한해에 한번 생겨나며 엄지벌레는 7월중순경에 난다. 새끼벌레는 노박덩굴의 잎을 먹는다. 백두산천지부근에서 채집되였다.

큰깨배기노랑자밤나비 *Obeidia tigrata neglecta* Th. —M.

한해에 한번 생겨나며 엄지벌레는 8월말경에 난다. 새끼벌레는 초본식물의 잎을 먹는다. 보천, 삼지연에서 채집되였다.

큰깨배기흰자밤나비 *Percnia giraffata* Guen.

백두산일대에서는 한세대 경과하는데 6월에 난다. 새끼벌레는 화초를 먹는다. 보천, 혜산에서 채집되였다.

물결가시자밤나비 *Peristygis charon* Butl.

한해에 한번 생겨나며 새끼벌레로 겨울을 난다. 엄지벌레는 7월말경에 난다. 새끼벌레는 차나무, 사철나무의 잎을 먹는다. 보천에서 채집되였다.

큰재빛가시자밤나비 *Biston betulata parha* Leech

한해에 한번 생겨나며 엄지벌레는 7월말경에 난다. 새끼벌레는 자작나무, 피나무, 오리나무, 월귤나무의 잎을 먹는다. 보천에서 채집되였다.

사철나무큰자밤나비 *Buzura recursaria superans* Butl.

한해에 한번 생겨나며 새끼벌레로 겨울을 난다. 엄지벌레는 7월말까지 난다. 새끼벌레는 사철나무와 노박덩굴의 잎을 먹는다. 보천에서 채집되였다.

추리자밤나비 *Angerona prunaria turbata* Prout

한해에 한번 생겨나며 새끼벌레로 겨울을 난다. 엄지벌레는 9월말경에 난다. 새끼벌레는 자작나무, 개암나무, 버드나무, 까치박달나무, 산사나무 등의 잎을 먹는다. 삼지연에서 채집되였다.

갈고리자밤나비 *Ennomus autumnaria nephotropa* Prout

한해에 한번 생겨나며 새끼벌레로 겨울을 난다. 엄지벌레는 9월말에 난다. 새끼벌레는 자작나무, 오리나무, 개암나무의 잎을 먹는다. 삼지연에서 채집되였다.

연검은자밤나비 *Genodontis bidentata harutai* Inoue

한해에 한번 생겨나며 새끼벌레로 겨울을 난다. 엄지벌레는 7월하순경에 난다. 새끼벌레는 자작나무, 졸참나무, 오리나무의 잎을 먹는다. 보천, 삼지연에서 채집되였다.

북방등색자밤나비 *Colotois pennaria ussuriensis* O. B. —H.

한해에 한번 생겨나며 9월하순에 난다. 새끼벌레는 단풍나무, 밤나무, 가막살나무, 꽃다지의 잎을 먹는다. 삼지연에서 채집되였다.

자지밤색자밤나비 *Selenia tetralunaria tetralunaria* Hüfn.

한해에 두번 생겨나며 새끼벌레로 겨울을 난다. 백두산일대에서는 7~8월말에 새끼벌레는 개암나무, 수양버들, 자작나무, 오리나무 잎을 먹는다. 백두산밀영지구, 보천에서 채집되였다.

연노랑복숭아자밤나비 *Ourapteryx persica* Men.

한해에 한번 생겨나며 엄지벌레는 7월말경에 난다. 새끼벌레는 정금나무의 잎을 먹는다. 보천에서 채집되였다.

연재빛띠애기자밤나비 *Pogonitis cumulata cumulata* Christ.

한해에 한번 생겨나며 엄지벌레는 8월말에 난다. 보천에서 채집되였다.

3. 벌류 HYMENOPTERA

지구상에 현존하는 벌류의 종수는 약 30만종으로 추산되는데 지금까지 알려진 종수는 약 9만종으로서 딱장벌레류의 다음자리를 차지한다.

벌류는 이와같이 종수가 많을뿐만아니라 생활양식이 또한 매우 다양하며 직접 또는 간접적으로 인간생활과의 관계가 매우 깊은 곤충류의 한 무리이다.

례하면 백두산일대에서 알려진 벌류가운데서 꿀벌류, 칼벌류 등은 식물의 꽃가루받이작용에서 큰 의의를 가지며 특히 꿀벌은 사람들에게 꿀, 밀랍, 벌젖 등을 주는 매우 리로운 종이다. 또한 애기벌과, 금벌과, 고치벌과의 종들은 산림해충과 농작물해충에 기생하는 천적곤충류로서 백두산일대의 산림 및 농작물을 해충의 피해로부터 막아주는 중요한 역할을 한다.

그러나 백두산일대에서 알려진 벌류가운데는 납작잎벌류, 나무벌류의 종들처럼 식물의 잎, 줄기, 열매 등에 붙어살면서 식물들의 정상적인 발육과 성장에 지장을 주는 종들도 있다.

1) 분류군수

백두산일대에서 지금까지 알려진 벌류의 분류군수는 9과 65속 159종이다(표 34).

표 34에서 보는바와 같이 잎벌과 22속 72종, 고치벌과 6속 34종, 꿀벌과 6속 13종으로서 속수나 종수가 많으나 그밖의 과들은 1~4속 1~5종의 범위이다.

백두산일대에서 기록된 벌류가운데는 량강먹잎벌, 누런수염검은머리잎벌, 검은머리잎벌, 자작나무검은잎벌, 넓은머리잎벌, 머리검은무늬잎벌, 넓은머리고치벌, 고산고치벌, 높은산수풀고치벌, 작은배고

분류군수　　　　　표 34

과 명	속	종	아종
납작잎벌과	2	2	
나무벌과	2	2	
잎벌과	22	72	6
솔잎벌과	1	1	
곤봉잎벌과	2	2	
세마디잎벌과	2	2	1
애기벌과	4	4	
고치벌과	6	34	
금 벌 과	4	4	
쏘는벌과	2	4	
나나니과	1	1	
왕퉁이과	2	2	
꿀벌번티기과	1	1	
애기꽃벌과	1	2	
작은꽃벌과	1	2	
털다리꽃벌과	1	1	
칼 벌 과	2	5	
꿀 벌 과	6	13	
개 미 과	3	5	
계	65	159	7

치벌, 들어낸고치벌, 꽃잎고치벌, 잘룩고치벌, 높은산군은고치벌, 고원고치벌, 펼친고치벌, 이맥고치벌, 강대고치벌 등과 같이 최근시기 알려진 세계 신종들이 들어있다.

2) 해발높이에 따르는 벌류의 분포

백두산일대에 분포되여있는 벌류가운데서 꿀벌번티기과, 애기꽃벌과, 작은꽃벌과, 털다리꽃벌과, 칼벌과, 꿀벌과 등 6과에 속하는 12속 24종은 꿀벌상과에 속하는 분류군들이다.

해발높이에 따르는 꿀벌류의 분포 표 35

종 명	해발높이, m				
	800~1300	1300~1600	1600~2000	2000~2750	2257 (천지호반)
구멍작은꽃벌	+				
검은애기꽃벌	+	+			
붉은다리애기꽃벌	+	+			
구리빛작은꽃벌	+				
흰줄작은꽃벌	+				
흰줄털다리꽃벌	+				
애 기 칼 벌	+	+			
작은돌기칼벌번티기	+	+			
극 동 칼 벌	+	+			
큰 칼 벌	+	+			
벽 벌	+				
꿀 벌	+				
서 양 꿀 벌	+				
누런호박벌	+	+	+	+	
범 호 박 벌	+	+	+	+	
검은호박벌	+	+	+	+	
호 박 벌		+	+	+	+
큰 호 박 벌	+	+	+	+	+
센 호 박 벌	+	+	+	+	
들관떡벌	+	+	+	+	+
수 염 꽃 벌	+				
흰줄긴수염꽃벌	+				
붉은긴수염꽃벌	+				
털보꽃벌	+				
계	23	13	7	7	3
전체 종수에 대한 비률, %	95.8	54.2	29.2	29.2	12.5

백두산일대는 해발높이 800～2750m인 높은 지대이지만 350여종의 많은 꽃들이 계절마다 피여나므로 꿀벌류의 먹이활동에 매우 유리한 조건이 조성되고있으며 백두산일대의 낮은 지대로부터 백두산정을 넘어 천지호반에 이르기까지 벌류들이 분포되여있다.

　표 35에서 보는바와 같이 해발높이 800～1300m에 23종(95.8%), 1300～1600m에 13종(54.2%), 1600～2000m와 2000～2750m에 각각 7종(29.2%), 천지호반에 3종(12.5%)으로서 해발높이의 증가에 따라 종수가 점차 감소된다.

　해발높이 800～1300m에서 주요먹이식물은 고로쇠나무, 달피나무, 산겨릅나무, 시닥나무, 가시오갈피나무, 물싸리, 매저지나무 등이며 호박벌을 제외한 모든 종들이 다 분포되여있다. 해발높이 1300～1600m에서 주요먹이식물은 산겨릅나무, 야광나무, 구름나무, 매저지나무, 들쭉 등이며 대표적인 종들은 검은애기꽃벌, 애기칼벌, 극동칼벌, 누런호박벌, 범호박벌, 검은호박벌, 들판떡벌 등이다. 해발높이 1600～2000m에서 주요먹이식물은 애기황산참꽃, 담자리꽃, 시로미, 바위구절초, 구름범의귀풀 등이며 호박벌, 큰호박벌, 센호박벌, 들판떡벌 등 7종이 분포되여있다. 해발높이 2000～2750m에서 주요먹이식물은 만병초, 콩버들, 두메자운, 두메무릇, 두메아편꽃, 바위구절초 등이며 해발높이 1600～2000m에서 볼수 있는 종들이 다 나타나는데 특히 호박벌의 마리수가 많다. 천지호반에도 먹이식물들이 자라며 호박벌, 큰호박벌, 들판떡벌 등이 나타난다.

　종별로 해발높이에 따르는 분포를 보면 호박벌속에 속하는 누런호박벌, 범호박벌, 검은호박벌, 호박벌, 큰호박벌, 센호박벌 등 6종과 떡벌속의 들판떡벌 등이 분포범위가 넓고 그밖의 종들은 해발높이 1300m 또는 1600m까지의 아래지대에 분포되여있다.

3) 벌류의 동물지리적분포

　백두산일대에서 알려진 꿀벌류의 동물지리적분포는 표 36에서와 같다.

　표 36에서 보는바와 같이 백두산일대와의 공통종수는 일본에 17종 (70.8%), 중국동북지방에 15종(62.5%), 원동 및 싸할린에 10종(41.7%), 구라파에 8종(33.3%), 중국남부에 6종(25.0%)으로서 구북구에 속하는 모든 지방들에 공통종수가 많고 동양구나 신북구에는 공통종수가 적다.

　우리 나라는 오랜 지질시대로부터 대륙과 직접 잇닿아있었으므로 지난시기 중국동북지방 또는 원동지방들과의 사이에서 동물들의 호상 교류가 활발히 진행되였으며 한편 우리 나라 주변에 바다가 형성되기전까지에는 오늘의

꿀벌류의 동물지리적분포   표 36

종명 \ 동물지리구	구북구				신북구	동양구			기타
	중동국북지방	원동싸할린및	구라파	일본		중국남부	인도	중대국만	
구멍작은꽃벌	+	+		+		+			
검은애기꽃벌	+	+	+						+
붉은다리애기꽃벌	+	+	+		+	+			+
구리작은꽃벌	+	+		+			+		
흰줄작은꽃벌				+					
흰줄털다리꽃벌	+		+	+		+			
애기칼벌	+			+					
작은돌기칼벌번티기	+			+		+			
극동칼벌	+			+		+			
큰칼벌	+			+		+			
벽벌	+			+					
꿀벌		+					+		+
서양꿀벌			+						
누런호박벌		+		+					
범호박벌		+		+					
검은호박벌	+	+		+					
호박벌	+								
큰호박벌		+		+					
센호박벌				+					
들판떡벌	+		+		+				
수염꽃벌	+			+					
흰줄긴수염꽃벌			+	+					
붉은긴수염꽃벌	+	+	+	+					
털보꽃벌			+						
계	15	10	8	17	2	6	1	1	2
전체종수에 대한 비률, %	62.5	41.7	33.3	70.8	8.3	25.0	4.2	4.2	8.3

일본렬도는 물론이고 멀리 남쪽지방과도 륙지로 련결되여있었으므로 동물들의 호상 교류가 활발히 진행될수 있었으며 따라서 백두산일대에 분포되여있는것과 같은 종들이 다른 지방 또는 다른 동물지리구들에도 분포될수 있었다.

4) 종구성

납작잎벌과 Pamphiliidae

높은산납작잎벌 *Cephalcia lariciphila*(Wachtl.)

삼지연으로부터 서북쪽 백두산으로 가는길(해발높이 2000m지점)에서 채집되였다.

합수납작잎벌 *Pamphilus varius* Lep.
백암군 양곡에서 채집되였다.

나무벌과 Siricidae

큰나무벌 *Sirex gigas* L.
새끼벌레들은 여러가지 바늘잎나무들의 목질부안에서 살면서 나무를 해한다. 백두산천지호반에서 채집되였다.

검은나무벌 *Xiphydria* sp.
몸길이는 15~25mm정도이다. 백암에서 채집되였다.

잎벌과 Tenthredinidae

아무르긴다리잎벌 *Aglaostigma amoorensis* Cam.
몸길이는 9mm정도이다. 백두산에서 채집되였다.

검정날개잎벌 *Allantus luctifer* Sm.
몸길이는 9mm정도이다. 북계수에서 채집되였다.

백두잎벌 *Ametastegia poligoni* Tak.
백두산일대에서 처음으로 채집되였다.

점무늬잎벌 *Armitarsus punctifemoratus* Mal.
몸길이는 11mm정도이다. 백두산밀영에서 채집되였다.

무우잎벌 *Athalia colibri* Chr.
한해에 2번 생겨나며 새끼벌레로 겨울을 난다. 남새잎을 해한다. 운흥일대에서 채집되였다.

일본숫무우잎벌 *Athalia japonica* Klug
한해에 두번 생겨나며 배추과식물을 해한다. 백암군 양곡, 대택에서 채집되였다.

삼지연잎벌 *Athalia lugens proxima* (Klug)
새끼벌레는 배추과식물을 해한다. 삼지연에서 채집되였다.

붉은뿔잎벌 *Athalia rosae ruficornis* Tak.
혜산에서 채집되였다.

제당산잎벌 *Cladius pectinicornis* Geoff.
한해에 여러번 생겨나며 5~11월에 엄지벌레로 된다. 새끼벌레는 장미류의 잎을 먹는다. 혜산, 보천에서 채집되였다.

굵은허리잎벌 *Corymbas nipponica* Tak.

몸길이는 13mm정도이다. 한해에 한번 생겨나며 엄지벌레는 6∼7월에 나타난다. 사자봉밀영에서 채집되였다.

누런잎벌 *Dolerus armillatus* Kon.

남설령, 백두산밀영에서 채집되였다.

등빨간잎벌 *Dolerus ephippiatus* Sm.

몸길이는 10mm정도이다. 보천에서 채집되였다.

밀잎벌 *Dolerus hordei* Roh.

몸길이는 암컷에서 10∼12mm, 수컷에서 8∼10mm정도이다. 한해에 한번 생겨나며 새끼벌레단계로 땅속에 들어가 겨울을 난다. 밀, 보리, 귀밀 등을 해한다. 백암군 북계수에서 채집되였다.

왜잎벌 *Dolerus japonicus* Kirby

몸길이는 8mm정도이다. 보천에서 채집되였다.

두별잎벌 *Dolerus yokohamensis* Roh.

한해에 한번 생겨나며 4∼5월에 엄지벌레들이 나타난다. 삼지연에서 채집되였다.

량강잎벌 *Emphytus basalis*(Klug)

삼지연(해발높이 1700m지점), 혜산시 제당령(해발높이 984m지점), 가림천가(해발높이 1100m지점) 등에서 채집되였다.

벗나무검은잎벌 *Emphytus nakabusensis* Tak.

몸길이는 6mm정도이다. 보천에서 처음으로 채집되였다.

누런수염검은머리잎벌 *Fenella continuata* Zomb.

백무고원, 백두산(해발높이 2000m지점의 이깔나무-자작나무림)에서 채집되였다.

검은머리잎벌 *Fenella crenata* Zomb.

몸길이는 3mm정도이다. 백무고원, 백두산(해발높이 2000m지점)에서 채집되였다.

자작나무검은잎벌 *Fenella excavata* Zomb.

몸길이가 3.5mm 밖에 안되는 작은 잎벌류이다. 백두산(해발높이 2000m지점), 삼지연(해발높이 1700m지점) 등지에서 채집되였다.

양지꽃검은잎벌 *Fenella nigrita* Westw.

무두봉일대(해발높이 2100∼2200m지점)에서 채집되였다.

붉은잎벌 *Hemichroa haematopygia* Zhel.

남설령에서 채집되였다.

씨비리잎벌 *Jermakia sibirica* Kr.
몸길이는 14mm정도이다. 베개봉에서 채집되였다.
두띠잎벌 *Jermakia japonica* Rohw.
남설령에서 채집되였다.
암검은잎벌 *Macrophya apicalis* Sm.
몸길이는 12mm정도이다. 한해에 한번 생겨나며 6~7월경에 엄지벌레들이 나타난다. 보천에서 처음으로 채집되였다.
노랑무늬잎벌 *Macrophya crassuliformis* Fors.
몸길이는 9mm정도이다. 보천에서 처음으로 채집되였다.
혜산먹잎벌 *Macrophya imitator* Tak.
혜산일대에서 채집되였다.
산먹잎벌 *Macrophya vacillans* Mal.
백암군 양곡리에서 채집되였다.
흰발등먹잎벌 *Macrophya albitarsis* Mocs.
백암군 양곡리에서 채집되였다.
북방암검은잎벌 *Macrophya infumata* Roh.
몸길이는 12mm정도이다. 한해에 한번 생겨나며 엄지벌레는 5~6월경에 나타난다. 백두산밀영에서 채집되였다.
량강먹잎벌 *Macrophya koreana* Tak.
혜산시 제당령에서 채집되였다.
똥똥보먹잎벌 *Macrophya obesa* Tak.
백암군 양곡리에서 채집되였다.
수염잎벌 *Nematus capreae*(L).
삼지연(해발높이 1700m지점)에서 채집되였다.
풀판잎벌 *Nesoselandria morio*(F.)
삼지연의 공원들에서 처음 채집되였다.
노랑머리잎벌 *Pachynematus kirbyi* Dahl.
삼지연에서 채집되였다.
흰관잎벌 *Pachyprotasis albicincta* Cam.
삼지연(해발높이 1700m지점)에서 채집되였다.
가는뿔잎벌 *Pachyprotasis antennata* Klug
남설령에서 채집되였다.
머위노랑잎벌 *Pachyprotasis fukii* Ok.

몸길이는 8mm정도이다. 백암에서 처음으로 채집되였다.

검은무늬가는뿔잎벌 *Pachyprotasis nigronotata* Kr.
몸길이는 9mm정도이다. 운흥에서 처음으로 채집되였다.

흰배뿔잎벌 *Pachyprotasis pallidiventris* Marl.
몸길이는 8mm정도이다. 백암군 북계수에서 처음으로 채집되였다.

검은가는뿔잎벌 *Pachyprotasis rapae melas* Tak.
몸길이는 8mm정도이다. 백암군 북계수에서 처음으로 채집되였다.

먹과실잎벌 *Pristiphora melanocarpa*(Hart.)
삼지연(해발높이 1700m지점)에서 채집되였다.

연한털잎벌 *Pristiphora mollis*(Hart.)
삼지연(해발높이 1700m지점)에서 채집되였다.

검은등배잎벌 *Rhogogaster varipes* Kirby.
몸길이는 15mm정도이다. 백암군 양곡리, 보천군 가산리, 남설령에서 채집되였다.

검은배잎벌 *Rhogogaster nigriventris* Mal.
백암군 양곡리에서 채집되였다.

산검은배잎벌 *Rhogogaster opacella* Mocs.
백암군 양곡리, 남설령에서 채집되였다.

붉은허리잎벌 *Siobla sturmii* Klug
몸길이는 11mm정도이다. 백두산밀영에서 처음으로 채집되였다.

붉은뿔류리잎벌 *Siobla ruficornis* Cam.
백암군 양곡리, 남설령에서 채집되였다.

붉은발류리잎벌 *Siobla zenaida* Dovn. —Zap.
백암군 양곡리에서 채집되였다.

흰암붉은허리잎벌 *Siobla venusta apicalis* Tak.
몸길이는 15mm정도이다. 한해에 한번 생겨나며 엄지벌레는 6~7월경에 나타난다. 삼지연에서 채집되였다.

흰잎술잎벌 *Taxonus delumbris* Kon.
혜산으로부터 삼지연으로 가는 로정(해발높이 1600m지점)에서 채집되였다.

넓은머리잎벌 *Tenthredo amplicapitata* Zomb.
몸길이는 12mm정도이다. 혜산일대에서 채집되였다.

짧은뿔잎벌 *Tenthredo brachycera* Mocs.

남설령, 보천 등지에서 채집되였다.

검은등잎벌 *Tenthredo mesomelas* L.
백암군 양곡리에서 채집되였다.

높은산잎벌 *Tenthredo colon* Klug
백두산(해발높이 2000m지점), 무두봉에서 채집되였다.

작은잎벌 *Tenthredo deaurata* Eusl.
몸길이는 11mm정도이다. 삼지연(해발높이 1700m지점)에서 채집되였다.

흰수염붉은허리잎벌 *Tenthredo dentina* Ensl.
몸길이는 10mm정도이다. 한해에 한번 생겨나며 엄지벌레는 5~7월에 나타난다. 북계수에서 처음으로 채집되였다.

붉은눈가슴잎벌 *Tenthredo devius* Kon.
몸길이는 11mm정도이다. 보천에서 처음으로 채집되였다.

너도밤나무잎벌 *Tenthredo fagi fagi* Pan.
혜산시 제당령에서 채집되였다.

검은밤색잎벌 *Tenthredo fulva adusta* Motsch.
몸길이는 17mm정도이다. 혜산시 제랑령, 백암군 양곡리, 남설령, 대홍단 등지에서 채집되였다.

밤색꼬리잎벌 *Tenthredo fuscoterminata* Marl.
몸길이는 16mm정도이다. 보천에서 처음으로 채집되였다.

기장자리잎벌 *Tenthredo limbata* Klug(=*T. oraria* Zomb.)
몸길이는 12mm정도이다. 삼지연에서 처음으로 채집되였다.

검은가슴푸른잎벌 *Tenthredo nigropicta* Sm.
삼지연에서 채집되였다.

검은앞가슴잎벌 *Tenthredo omissoides*(Jac.)
삼지연(해발높이 1700m지점)에서 채집되였다.

머리검은무늬잎벌 *Tenthredo pappi* Zomb.
혜산시 제당령에서 채집되였다.

붉은꼬리잎벌 *Tenthredo rubrocaudata* Tak.
남설령에서 채집되였다.

볼록잎벌 *Tenthredo tumida* Mocs.
남설령에서 채집되였다.

누렁무늬밤색잎벌 *Tenthredo versuta* Mocs.

몸길이는 15mm정도이다. 보천에서 채집되였다.

가시가슴푸른잎벌 *Tenthredo viridatrix* Mal.

몸길이는 14mm정도이다. 한해에 한번 생겨나며 5~7월에 엄지벌레가 나타난다. 보천에서 채집되였다.

황매화잎벌 *Tenthredo fukaii* Roh.

보천에서 채집되였다.

피라미드잎벌 *Tenthredo vivida* Mal.

몸길이는 15mm정도이다. 북계수에서 채집되였다.

올리브잎벌 *Tenthredo olivacea* Klug

백암군 양곡리, 남설령에서 채집되였다.

솔잎벌과 Diprionidae

소나무누런잎벌 *Neodiprion seritifer* Geoff.

몸길이는 8~9mm정도이다. 한해에 한번 생겨나며 알로 겨울을 난다. 백두산지역의 여러곳에 분포되여있다.

곤봉잎벌과 Cimbicidae

오목입술잎벌 *Cimbex carinulata* Kon.

삼지연에서 채집되였다.

납작잎벌 *Leptocimbex petri-magni* Mal.

남설령에서 채집되였다.

세마디잎벌과 Argidae

검은꽃잎벌 *Arge nigripes alpina*(Kon.)

여러가지 풀을 먹는다. 혜산시 제당령에서 채집되였다.

금속빛꽃잎벌 *Arge metalica* Kl.

백암군 양곡리, 남설령에서 채집되였다.

애기벌과 Ichneumonidae

붉은배애기벌 *Bassus laetatorius* F.

몸길이는 6.5mm정도이다. 주로 파리의 새끼벌레에 기생한다. 베개봉에서 채집되였다.

범나비애기벌 *Dinotomus mactator* Tosq.

몸길이는 16mm정도이다. 범나비류의 새끼벌레들에 기생한다. 백두산천지호반에서 채집되였다.

검은애기벌 *Hadrojoppa cognatoria* Sm.
박나비류의 새끼벌레에 기생한다. 삼지연에서 채집되였다.

송충먹가슴애기벌 *Rhythmonotus takagii* Mats.
송충의 새끼벌레들에 기생한다. 베개봉에서 채집되였다.

고치벌과 Braconidae

긴발톱고치벌 *Apanteles longicalcar* Th.
삼지연(해발높이 1600m지점)에서 채집되였다.

등불고치벌 *Apanteles melitaearum* Wilk
백두산(해발높이 1900m지점)에서 채집되였다.

넓은머리고치벌 *Apanteles oppugnator* Papp
암컷의 몸길이는 3.1mm정도이다. 삼지연(해발높이 1500m지점)에서 채집되였다.

긴알날이관고치벌 *Apanteles princeps* Wilk
삼지연(해발높이 1500m지점)에서 채집되였다.

붉은가시고치벌 *Apanteles ruficrus*(Hal.)
혜산에서 채집되였다.

정원고치벌 *Apanteles restulis*(Hal.)
혜산에서 채집되였다.

석탄고치벌 *Biosteres carbonarius*(Nees)
백두산일대에서 채집되였다.

고산고치벌 *Biosteres dudich* Papp
몸길이가 4.5~5cm이다. 백두산(해발높이 2000m지점)에서 처음 채집되였다.

높은산수풀고치벌 *Diachasma disputabilis* Papp
백두산(해발높이 1700m지점)에서 8월경에 볼수 있다.

작은혹고치벌 *Macrocentrus(Amicroplus) gibber* Eady et Clarx
혜산에서 채집되였다.

연한고치벌 *Macrocentrus infirmus*(Nees)
삼지연에서 처음으로 채집되였다.

가장자리고치벌 *Macrocentrus marginator*(Nees)

혜산에서 채집되었다.
가슴고치벌 *Macrocentrus thoracicus*(Nees)
삼지연호수가에서 유인등에 날아온것을 채집하였다.
작은배고치벌 *Microgaster szelenyii* Papp
암컷의 몸길이는 4~4.2mm이다. 삼지연(해발높이 1600m지점)에서 채집되였다.
삼지연고치벌 *Opius (Cryptonastes) blantoni* Fisch.
삼지연에서 채집되였다.
가락지고치벌 *Opius(Nosopoea) circulator*(Nees)
백두산일대에서 처음으로 채집되였다.
풀판가락지고치벌 *Opius(Nosopoea) cubitalis* Fisch.
삼지연에서 처음으로 채집되였다.
꼬마고치벌 *Opius(Phaedrotoma) exiguus* Wesm.
백두산일대에서 처음으로 채집되였다.
돌어낸고치벌 *Opius(Pendopius) extusus* Papp
백두산일대에서 처음으로 채집되였다.
꽃잎고치벌 *Opius(P.) henignus* Papp
백두산일대에서 처음으로 채집되였다.
잘룩고치벌 *Opius(Cryptonastes) hospitus* Papp
백두산에서 채집되였다.
앝은고치벌 *Opius(Opiothorax) levis* Wesm.
백두산일대와 대홍단지구에서 채집되였다.
높은산굳은고치벌 *Opius(Nosopoea) ostentatus* Papp
삼지연에서 채집되였다.
고원고치벌 *Opius(Nosopoea) oversus* Papp
백두산일대에서 여름철에 흔히 볼수 있다.
검은밤색고치벌 *Opius(Opius)picens* Thoms.
백두산과 삼지연에서 채집되였다.
펄친고치벌 *Opius(Apodesmia) porrectus* Papp.
혜산에서 채집되였다.
뒷머리고치벌 *Opius(Utetus) posticatae* Fisch.
삼지연과 백두산에서 채집되였다.
알락고치벌 *Opius(Pendopius) pseudoromensis* Fisch.

삼지연에서 채집되였다.

고운머리고치벌 *Opius(Allophlebus) pulchriceps* Szep.
백두산과 무포에서 채집되였다.

이형고치벌 *Opius(Allotypus) sderus* Hol.
백두산, 삼지연일대에서 채집되였다.

이맥고치벌 *Opius(Allophlebus) sitagrus* Papp
삼지연과 백두산에서 채집되였다.

가는뿔고치벌 *Opius(Aulonotus) tenuicornis* Thoms.
백두산정부근과 삼지연에서 채집되였다.

누런머리고치벌 *Opius(Phaedrotoma) turneri* Gah.
백두산, 삼지연일대에서 채집되였다.

강대고치벌 *Opius(Utetus) valens* Papp
백두산정부근과 삼지연에서 처음으로 채집되였다.

금벌과 Pteromalidae

곤봉금벌 *Coruna clavata* Walk.
여러가지 진디물에 복기생하는 금벌이다. 삼지연일대에서 채집되였다.

꽃등에금벌 *Pachyneuron groenlaudicus*(Holm.)
꽃등에의 번데기에 기생하는데 간혹 진디물과 깍지벌레에도 기생한다. 삼지연에서 채집되였다.

고정금벌 *Rhicnocoelia constans*(Walk.)
삼지연에서 채집되였다.

높은산금벌 *Skeloceras carniferum* Kam.
삼지연일대에서 채집되였다.

쏘는벌과 Dryinidae

털뿔쏘는벌 *Anteon pubicorne* (Dalm.)
삼지연과 혜산에서 채집되였다.

밑쏘는벌 *Prenanteon basale* (Dalm.)
백두산(해발높이 2200m지점)과 삼지연의 수림속에서 채집되였다.

백두산쏘는벌 *Prenanteon pektusanense* Mócz.
암컷의 몸길이는 2.8～3.8mm이다. 백두산(해발높이 2000m지점)과 삼지연못가에서 채집되였다.

붉은뿔쏘는벌 *Prenanteon ruficornis*(Dalm.)
삼지연에서 채집되였다.

나나니과 Eumenidae

꽃나나니 *Eumenes pomiformis* F.
운흥군 대오시천에서 채집되였다.

왕퉁이과 Vespidae

땡비의 일종 *Polistes* sp.
백두산천지호반에서 채집되였다.

알락왕퉁이 *Vespa crabroniformis* Sm.
몸길이는 25mm정도이다. 백두산천지호반의 풀판에서 여름철에 볼수 있다.

꿀벌번티기과 Colletidae

구멍작은꽃벌 *Hylaeus perforata* Sm.
목조건물의 기둥과 말라죽은 나무 등에 작은구멍을 뚫고 둥지를 튼다. 삼지연에서 채집되였다.

애기꽃벌과 Andrenidae

검은애기꽃벌 *Andrena carbonaria* L.
몸길이는 15~16mm정도이다. 한해에 2번 발생한다. 신무성에서 채집되였다.

붉은다리애기꽃벌 *Andrena haemorrhoa* F.
몸길이는 7~8mm정도이다. 정일봉에서 채집되였다.

작은꽃벌과 Halictidae

구리빛작은꽃벌 *Halictus aerarius* Sm.
대체로 가을에 출현하며 땅우의 구멍속에 둥지를 튼다. 삼지연과 보천에서 채집되였다.

흰줄작은꽃벌 *Halictus occidens* Sm.
몸길이는 10mm정도이다. 대체로 가을에 출현하는데 삼지연못가에서 채집되였다.

털다리꽃벌과 Melittidae

흰줄털다리꽃벌 *Dasypoda japonica* Ckll.
운흥과 혜산에서 채집되였다.

칼벌과 Megachilidae

애기칼벌 *Megachile spissula* Ckll.
몸길이는 9mm정도이다. 운흥, 혜산에서 채집되였다.
작은둘기칼벌번티기 *Megachile disjunctiformis* Ckll.
몸길이는 12~14mm정도이다. 혜산에서 채집되였다.
극동칼벌 *Megachile remota* Sm.
포태에서 채집되였다.
큰칼벌 *Megachile sculpturalis* Sm.
몸길이는 22~23mm정도이다. 정일봉, 소백수가에서 채집되였다.
벽벌 *Osmia heudei* Ckll.
몸길이는 11~12mm정도이다. 운흥, 혜산에서 채집되였다.

꿀벌과 Apidae

꿀벌 *Apis indica* F.
삼지연일대에서 볼수 있다.
서양꿀벌 *Apis mellifera* L.
몸길이는 6~17mm정도이고 검은 색이다. 리명수일대까지 분포되여 있다.
누런호박벌 *Bombus tersatus* Sm.
암컷의 몸길이는 19~23mm이고 로동벌은 12~19mm, 수컷은 11~20mm정도이다. 대체로 해발높이 1000m이상의 고지대에 분포되여있다. 백두산지역에서는 무두봉일대까지 분포되여있는데 8~9월경에 활동하는것을 볼수 있다.
범호박벌 *Bombus diversus* Sm.
몸은 검은색이고 암컷의 몸길이는 20~26mm, 로동벌은 10~18mm, 수컷은 16~19mm정도이다. 신무성에서 볼수 있다.
검은호박벌 *Bombus ignitus* Sm.
몸은 검은색이고 암컷의 몸길이는 19~23mm, 로동벌은 12~19mm, 수컷은 20mm정도이다. 백두산지역에서는 무두봉일대까지 있다.

호박벌 *Bombus speciosum* Sm.

몸은 검은색이고 암컷의 몸길이는 18~23mm, 수컷은 15~20mm정도이다. 무봉, 무두봉, 신무성 일대에 많이 있다. 때로는 백두산천지호반에까지 날아든다.

큰호박벌 *Bombus sapporensis* Cock.

몸은 검은색이고 몸길이는 암컷에서 17~22mm, 로동벌에서 10~20mm, 수컷에서 12~19mm정도이다. 백두산천지호반에서 날아다니는것을 볼수 있다.

센호박벌 *Bombus ardens* Sm.

몸은 검은색이며 암컷의 몸길이는 16~21mm, 로동벌은 10~14mm, 수컷은 16mm정도이다. 남포태산에서 채집되였다.

들판떡벌 *Psithyrus campestris* Panz.

머리에 검은색의 긴털이 빽빽히 있다. 해발높이 1500m이상의 고지대에 많이 퍼져있는데 백두산일대에서는 무두봉과 그이상 높은 지역들에서 볼수 있으며 천지호반에까지도 날아다닌다.

수염꽃벌 *Tetralonia chinensis* Sm.

몸은 검은색인데 배에 흰색의 털띠가 있다. 리명수에서 채집되였다.

흰줄긴수염꽃벌 *Eucera difficilis* Per.

몸은 검은색이고 입술은 누런색이다. 리명수에서 채집되였다.

붉은긴수염꽃벌 *Eucera longicorne* L.

온 몸에 붉은색의 털이 덮여있다. 가림천에서 채집되였다.

털보꽃벌 *Anthophora acervorum* L.

몸은 검은색이며 길이는 13~15mm정도이다. 운흥, 혜산에서 채집되였다.

개미과 Formicidae

산개미 *Formica lugubris*(Zett.)

백두산에서 채집되였다.

불개미 *Formica sanguinea* Latr.

백두산일대에서 흔히 볼수 있다.

속굽은개미 *Myrmica incurvata*(Oll.)

백두산일대에서 처음으로 채집되였다.
홉마디개미 *Myrmica sulcinodis* Nyl.
백두산일대에서 처음으로 채집되였다.
가는가슴개미 *Leptothorax acervorum* F.
삼지연에서 처음으로 채집되였다.

4. 파리류 DIPTERA

파리류는 곤충류가운데서 딱장벌레류, 나비류, 벌류다음으로 종수가 많으며 세계적으로 알려진 종수는 약 8만종에 이른다. 이와 같이 파리류는 종수가 많을뿐만아니라 생활양식도 매우 다양하며 인간생활과의 관계도 매우 깊은 곤충류의 한 무리이다.

백두산일대에서 알려진 파리류가운데는 해로운 종들도 있고 리로운 종들도 있다.

피를 빨아먹으며 여러가지 전염병을 매개하는 모기류, 좀모기류, 등에모기류, 양의 코구멍점막, 눈, 귀구멍 등에 기생하는 양파리, 소, 말, 양 등의 피하에 기생하는 소파리, 오물이나 음식물에 모여사는 집파리류, 짐승류의 사체나 고기 등에서 자주 생겨나며 전염병과 기생충병을 퍼뜨리는 류리파리류나 쉬파리류 등이 알려졌다.

또한 벼, 보리, 밀 등의 잎을 먹어 해하는 벼잎파리, 어린 식물의 싹이나 보리의 어린 싹을 해하는 왕모기류, 콩줄기속을 파먹는 콩줄기파리, 무우, 배추, 감자, 아마 등의 잎을 해하는 완두잎파리 등과 같은 농작물해충도 알려졌다.

그러나 백두산일대에서 알려진 파리류가운데는 산림해충이나 농작물해충 등의 천적으로 의의있는 종들도 적지않다. 례하면 엄지벌레시기에는 꽃꿀을 먹지만 새끼벌레시기에는 주로 진디불을 잡아먹는 꽃등에과의 노랑꽃등에, 큰두점꽃등에, 누런머꽃등에, 네띠줄꽃등에, 엄지벌레시기나 새끼벌레시기에 다 파리류나 풍뎅이류를 잡아먹는 파리매과의 가는돌파리매, 가는뿔파리매, 해로운 딱장벌레류, 나비류 등의 새끼벌레에 기생하는 기생파리과의 종들, 땅속에서 사는 곤충류의 새끼벌레에 기생하는 벌등에과의 종들을 들수 있다.

그밖에 새끼벌레시기에 물속에서 살면서 물고기류의 자연먹이로 중요한 의의를 가지는 알모기과나 그물모기과의 여러종들도 알려졌다.

1) 분류군수

백두산일대에서 알려진 파리류의 분류군수는 4아목 28과 83속 130종이다(표 37).

표 37에서 보는바와 같이 종수에 비하여 과수나 속수가 많은것이 특징

분류군수 표 37

아목명	과명	속		종	
		수	비률, %	수	비률, %
긴뿔아목	왕모기과	4	4.8	4	3.1
	애기왕모기과	3	3.6	4	3.1
	모기과	4	4.8	9	7.0
	그물모기과	2	2.4	2	1.5
	알 모기과	5	6.0	6	4.6
	좀 모기과	1	1.2	6	4.6
	털 파리과	1	1.2	2	1.5
	혹 파리과	1	1.2	1	0.8
	등에모기과(깔따구과)	3	3.6	6	4.6
	계	24	29.0	40	30.8
짧은뿔아목	물등에과	3	3.6	3	2.3
	등에과	6	7.2	24	18.6
	도요번티기과	2	2.4	3	2.3
	별등에과	2	2.4	2	1.5
	파리매과	2	2.4	2	1.5
	계	15	18.0	34	26.2
이마주머니 없는 아목	꽃등에과	13	15.7	16	12.2
	꿀벌이파리과	1	1.2	1	0.8
	계	14	16.9	17	13.0
이마주머니 있는 아목	눈파리과	1	1.2	1	0.8
	굴파리과	3	3.6	3	2.3
	줄기파리과	2	2.4	2	1.5
	물파리과	1	1.2	1	0.8
	꽃파리과	3	3.6	6	4.6
	집파리과	5	6.0	8	6.1
	침파리과	1	1.2	1	0.8
	류리파리과	5	6.0	8	6.1
	쉬파리과	4	4.8	4	3.1
	기생파리과	3	3.6	3	2.3
	양파리과	1	1.2	1	0.8
	소파리과	1	1.2	1	0.8
	계	30	36.1	39	30.0
	총계	83	100.0	130	100.0

인데 이것은 백두산일대의 자연지리적특성과 관련하여 종수가 다양하지 못하다는것을 의미한다.

아목별 과수, 속수의 순위와 그 비률은 이마주머니있는아목 12과 (42.9%) 30속(36.1%), 긴뿔아목 9과(32.1%) 24속(29.0%), 짧은뿔아목 5과(17.9%) 15속(18.0%), 이마주머니없는아목 2과(7.1%) 14속(16.9%) 이다.

그러나 종수의 순위와 그 비률은 긴뿔아목 40종(30.8%), 이마주머니있는아목 39종(30.0%), 짧은뿔아목 34종(26.2%), 이마주머니없는아목 17종 (13.0%)이다.

이와 같이 과, 속, 종수가 많고 그 비률이 높은것은 긴뿔아목과 이마주머니있는아목이고 마지막자리를 차지하는것은 이마주머니없는아목이라고 볼 수 있다.

28개의 과들가운데서 속, 종수가 많은 과들을 보면 등에과 6속(7.2%) 24종(18.6%), 꽃등에과 13속(15.7%) 16종(12.2%), 모기과 4속(4.8%) 9종 (7.0%), 집파리과와 류리파리과 등은 각각 5속(6.0%) 8종(6.1%)이다. 그러나 혹파리과, 꿀벌잎파리과, 눈파리과, 물파리과, 침파리과, 양파리과, 소파리과 등은 각각 1속 1종으로 되여있다.

2) 서식장소에 따르는 생태적분포

백두산일대는 80%이상이 산악수림지대로서 북부온대성 및 아한대성 바늘잎나무와 넓은잎나무숲으로 이루어지고 해발높이 2000m이상은 아한대성바늘잎나무숲과 아고산떨기나무숲 및 고산초본식물들이 수직대별로 분포되여있다. 그리고 해발높이 1000m이상 넓은 벌에서는 농작물이 재배되고 도처에 밀원식물과 주민지역 및 목장이 있는 이 지대의 다양한 자연경관은 파리류의

서식장소에 따르는 생태적분포   표 38

아 목 명	종수	주민지역	목장지역	논밭지역	반수림지역	수림지역
긴뿔아목	40	4	2	1	2	31
짧은 뿔아목	34	1	3	1	6	23
이마주머니 없는 아목	17	2		4	9	2
이마주머니 있는 아목	39	14	6	11	2	6
계	130	21	11	17	19	62
비률, %	100.0	16.2	8.5	13.0	14.6	47.7

생태적분포에서도 일련의 특성을 찾아볼수 있다.

서식장소에 따르는 파리류의 생태적분포를 집단별로 보면 표 38에서와 같다.

표 38에서 보는바와 같이 수림지역에 분포된 종수는 62종으로서 전체종수의 47.7%를 차지하였다.

이것은 백두산일대는 80%이상이 산악수림지대로 이루어져있으므로 누런 풀모기, 큰모기, 구라파좀모기, 은색등에모기, 애기좀모기, 누런발큰등에모기 등을 비롯하여 알락혹등에, 배검은혹등에 등과 같은 짐승의 피를 빨아먹는종들과 수림지역이 기본서식장소로 되고있는 등에모기류(깔다구류), 좀모기류, 등에류의 많은 종들이 분포되여 있는것과 관련된다.

다음으로 주민지역에 21종(16.2%), 주민지역과 떨어진 공지와 반수림지역에는 19종(14.6%)이다.

그리고 논밭에서도 비교적 많은 종이 채집되였다.

이것은 논밭들이 해발 1000m이상 높은 지역에 있으므로 농작물해충과 이 지역의 생태적환경에 적응된 꽃등에류를 비롯한 주민지성 곤충들이 분포된 사정과 관련된다.

3) 먹성에 따르는 종구성

이 일대의 서식환경의 특성과 관련하여 백두산일대에 퍼져있는 파리류의 엄지벌레와 새끼벌레의 먹성은 다른 지역에 비하여 일련의 차이를 나타낸다.

먹성을 몇가지 부류별로 나누어보면 표 39에서와 같다.

표 39에서 보는바와 같이 엄지벌레단계에서 피를 빨아먹는 종수는 49종으로서 총종수의 37.7%를 차지하고있다.

특히 짧은뿔아목의 총종수의 79.4%에 해당되는 27종과 긴뿔아목의 총종수의 52.5%에 해당되는 21종은 모두 피를 빨아먹는 곤충류들로서 다른 지역에 비하여 매우 높은 비률을 차지한다.

이것은 이 지역의 80%이상이 산악수림지대로서 수림지역에 적응된 좀모기과 등에모기과(깔다구과), 등에과, 모기과 등 종들이 우세를 차지하고 있는것과 관련된다.

다음으로 식물즙액과 각종 분비물을 먹는 종들이 47종으로서 전체종수의 36.2%를 차지하고 있다.

먹성에 따르는 종구성   표 39

아목별	종수	엄지벌레				새끼벌레		
		흡혈성	꽃꿀	식물의 즙분비물	동물질	식물질	동물질	유기물질
긴뿔아목	40	21	2	17		1		39
짧은뿔아목	34	27	4	1	2	1	16	17
이마주머니 없는 아목	17		16		1		6	11
이마주머니 있는 아목	39	1	7	29	2	12	3	24
계	130	49	29	47	5	14	25	91
총종수에 대한 비률, %	100.0	37.7	22.3	36.2	3.8	10.8	19.2	70.0

그리고 꽃꿀을 먹는 종수가 29종으로서 22.3%를 차지하고 있다.

엄지벌레의 먹성에서 보는바와 같이 이 일대의 다양한 생태적환경은 엄지벌레의 먹성에서 일련의 특성을 찾아볼수 있었다.

다음으로 새끼벌레단계에서의 먹성을 보면 유기물질을 먹는 종류가 91종으로서 전체종수의 70.0%를 차지한다.

이것은 새끼벌레들이 수림속의 각이한 장소에서 유기물질을 기본먹이로 하여 발육한다는것을 보여준다.

긴뿔아목의 좀모기과, 모기과, 그물모기과, 깔따구과의 많은 곤충들은 물속의 규조류와 감탕속의 유기물질을 먹고 발육된다.

다음으로 동물질을 먹고 발육되는 종수가 25종으로서 19.2%를 차지하는데 여기에는 물속에서 작은 동물을 잡아먹고사는 짧은뿔아목의 물등에과와 등에과의 종들이 들어있는것과 관련된다.

그밖에 꽃등에과의 새끼벌레들은 진디물을 잡아먹는것들이 대부분이다.

이상과 같이 새끼벌레단계에서 벌레를 잡아먹는 등에류와 꽃등에류의 종류가 많은것은 이 지역의 자연환경의 특성과 관련된다.

새끼벌레단계에서 식물질을 먹는 종수가 14종으로서 10.8%를 차지하는데 대부분 종들이 농작물해충들이다.

이와 같이 농작물해충이 상대적으로 다른 지역에 비하여 적은 비률을 차지하고 있는것은 농작물의 품종이 많지 못하고 또한 그 면적이 적으며 기온이 낮아 재배기간이 짧은것과 관련된다.

4) 지리적분포형과 동물지리적분포

다른 동물들과 마찬가지로 곤충류의 매개 종은 발생지와 발생시기가 서로 다르고 환경조건에 대한 적응성도 서로 다르기때문에 분포구의 위치와 규

모가 각이하다. 따라서 분포구의 위치와 규모에 따라 분포형을 분류하여 동물지리적분포를 고찰하는것은 우리 나라 곤충류상의 형성과 발전과정을 리해하는데서와 그의 구획화 및 지리적기원계통을 밝히는데 중요한 문제로 된다.

① 지리적분포형

백두산일대에 분포된 파리류의 발생지와 세계적인 분포구에 기초하여 북방형과 남방형으로 구분하고 그안에서 지리적위치에 따라 다음과 같은 7개의 분포형으로 나누어 종구성비률을 보면 표 40에서와 같다.

지리적분포형 표 40

구분 \ 분포형	북방형				남방형				세계광분포형	계
	조선북부, 원동 및 중국동북형	구북구형	전북구형	계	조선남부, 중국남부 및 일본형	동양구형	신열대구형	계		
종 수	29	31	33	93	26	3	1	30	7	130
비률, %	22.3	23.8	25.4	71.5	20.0	2.3	0.8	23.1	5.4	100.0

표 40에서 보는바와 같이 북방형이 93종으로서 71.5%이며 남방형이 30종으로서 23.1%이다.

이 지역의 자연지리적조건과 관련하여 파리류의 분포형의 특징은 우리 나라의 북부고지대에서 발생한 북방계통이 절대적우세를 차지하며 여기에 저지대에 분포된 남방계통이 23.1%의 비률로 혼합된것이다.

백두산일대는 대륙과 련결되여 있으며 중국동북지방과 연해주지방은 우리 나라 북부 고지대와 생태적환경이 비슷하므로 오랜 력사적과정을 거쳐 끊임없는 동물상의 교류가 진행되였기때문에 원동과 중국의 동북지방과의 공통종이 22.3%로서 면적에 비하여 높았으며 구북구형과 전북구형도 각각 31종과 33종으로서 23.8%와 25.4%를 차지한다.

이것은 이 지역에 분포된 파리류가 주로 산악수림지역과 련결되여 있으며 그밖에 다른 집단에 비하여 보다 활발한 교류와 이동이 진행될수 있는 위생곤충들이 들어있는것과 관련된다.

그리고 이 일대에는 우리 나라 저지대에 널리 분포된 남방형파리류가운데서 일본과 중국에 분포된 공통종이 26종으로서 20.0%를 차지하고 세계광분포형이 7종으로서 5.4%를 차지하고 그밖의 4종의 남방형들이 혼합되였다.

이 남방형들은 조선반도가 형성되기 이전시기(제4기 홍적세말기이전시기)에 남부지역과 호상교류가 진행된 결과 동양구형 곤충류들이 정착되여 오랜 력사적과정을 거쳐 비교적 낮은 기온에 적응된 종들이 분포된 결과이다.

② 동물지리적분포

백두산일대에서 채집된 종들과 동물지리구들과의 공통종을 대비하여 보면 다음과 같다(표 41).

동물지리적분포 표 41

구 분	동물지리구	전북구				동양구	에리오피아구	오스트랄리아구	신열대구	세계광분포종
		구북구			신북구					
		중국	일본	로씨야	구라파						
종수		106	110	89	43	24	12	4	3	5	7
비률, %		81.5	84.6	68.5	33.0	18.5	9.2	3.0	2.3	3.8	5.3

∗ 총 종수 130종

표 41에서 보는바와 같이 일본과의 공통종이 83.3%에 해당되는 110종으로서 가장 많으며 중국과의 공통종이 81.5%에 해당되는 106종으로서 다음자리를 차지한다.

일본과의 공통종이 많은것은 조선동해와 조선남해가 형성되기전에 동물상의 호상교류가 부단히 진행된 결과로 설명된다.

다음으로 중국과의 공통종이 많은것은 조선서해가 형성되기전에 남방형들이 부단히 교류되였으며 한편 중국동북지방을 걸쳐 북방형들도 부단히 교류되여 정착된 결과로 설명된다.

로씨야와의 공통종은 68.5%에 해당되는 89종으로서 비교적 종수가 많았는데 이것은 북방형들이 대륙을 통하여 부단히 교류된 결과이다.

그밖에 구라파에 분포된 공통종이 33.0%에 해당되는 43종이고 신북구에 분포된 공통종은 18.5%에 해당되는 24종이다. 이러한 종들은 비교적 분포구가 넓은 종들로서 대부분이 주민지성위생파리들이며 제4기 홍적세이전시기에 부단한 교류의 결과 정착된 종들이라고 말할수 있다.

그밖의 동물지리구들은 우리 나라와 멀리 떨어져있을뿐만아니라 생태적환경도 다르기때문에 우리 나라와의 공통종은 다만 3~5종뿐이며 이러한 종들도 모두 분포구가 넓은 종들이다.

5) 종구성

긴뿔아목 NEMATOCERA

왕모기과 Tipulidae

띠수염왕모기 *Dictenidia pictipennis fascata* Coq.
엄지벌레의 몸길이는 13~15mm정도이다. 새끼벌레단계로 겨울을 나고 백두산지구에서는 6월경에 나타난다. 새끼벌레는 부식질과 어린식물의 싹을 먹고 자란다. 혜산, 보천에서 채집되였다.

누런줄왕모기 *Nephrotoma virgata* Coq.
엄지벌레의 몸길이는 12~14mm정도이고 누런색이다. 새끼벌레는 부식질에서 살면서 보리의 어린 싹을 먹어 해한다. 혜산, 보천에서 채집되였다.

넙적왕모기(애기벼왕모기) *Tipula latemarginata* Alex.
엄지벌레의 몸길이는 14~15mm정도이다. 한해에 한번 생겨나며 땅속에서 새끼벌레단계로 겨울을 난다. 백두산지구에서 5월경에 번데기로 되였다가 엄지벌레로 까난다. 새끼벌레는 주로 부식질을 먹지만 식물의 어린 싹과 어린 뿌리를 먹으며 때때로 밀, 보리의 싹을 해한다. 운홍에서 채집되였다.

긴배왕모기 *Tanyptera jozana* Mats.
엄지벌레의 몸길이는 19mm이상이고 알낳이관이 특별히 길다. 새끼벌레로 땅속에서 겨울을 나고 7월중하순에 엄지벌레로 나타난다. 알에서 까난 새끼벌레는 식물의 어린 싹을 먹고 자란다. 보천, 운홍에서 채집되였다.

애기왕모기과 Limoniidae

먹애기왕모기 *Eriocera gifuensis* Alex.
엄지벌레의 몸길이는 4~6mm정도이다. 새끼벌레는 습지와 부식질이 많은 토양에서 발육된다. 운홍, 백암에서 채집되였다.

별애기왕모기 *Erioptera asiatica* Alex.
엄지벌레의 몸길이는 4~5mm정도이다. 엄지벌레는 군집비행을 한다. 운홍, 혜산에서 채집되였다.

무늬풀애기왕모기 *Limonia pulchra* D-M.
엄지벌레의 몸길이는 6~9mm정도이고 새끼벌레상태로 겨울을 나고 이듬해 번데기로 되였다가 엄지벌레로 된다. 운홍, 보천에서 채집되였다.

풀애기왕모기 *Limonia tanakai* Alex.

엄지벌레의 몸길이는 8~9mm정도이고 누런색이다. 엄지벌레는 산림에서 흔히 볼수 있다. 보천에서 채집되였다.

모기과 Culicidae

두점학질모기 *Anopheles hyrcanus sinensis* Wied.

엄지벌레암컷은 5.8mm정도이다. 백두산지역에서는 한해에 5번이상 생겨나며 엄지모기단계로 겨울을 난다. 암컷모기는 집짐승의 피를 좋아한다. 각지에 퍼져있다.

누런풀모기 *Aëdes vexans nipponii* Theob.

암컷의 몸길이는 5.4mm정도이다. 한해에 1~3번정도 생겨나며 알단계로 겨울을 난다. 엄지모기는 낮게 활동하면서 집짐승의 피를 빨아먹는다. 운흥지방과 삼지연일대의 해발 1500m정도의 높은 산지대에서 볼수 있다.

산기슭풀모기 *Aëdes koreicus* Edw.

암컷의 몸길이가 6.0mm이다. 한해에 1~2번정도 생겨나며 알단계로 겨울을 난다. 엄지벌레는 6월부터 나타나며 7~8월에 가장 많이 나타난다. 짐승들의 피를 빨아먹는다. 혜산, 보천지방을 포함한 전반적지역에 퍼져있다.

배검은풀모기 *Aëdes cinereus* Meig

암컷의 몸길이는 4.5~5.0mm정도이다. 한해에 여러번 생겨나며 알단계로 겨울을 난다. 엄지모기에는 이른 봄 일찌기 나타나는 봄형과 늦가을에 나타나는 가을형이 있다. 주로 낮에 활동하며 수림지대의 숲속에 숨어있다가 사람에게 달라붙는다. 혜산에서 채집되였다.

붉은가슴풀모기 *Aëdes excrucians* Walk.

암컷의 몸길이는 약 6.2mm정도이다. 한해에 여러번 생겨나며 알단계로 겨울을 난다. 엄지모기는 주로 5월~7월사이에 나타난다. 엄지벌레는 저녁이 되면 활동하면서 짐승의 피를 빨아먹는다. 보천에서 채집되였다.

동양집모기 *Culex orientalis* Edw.

암컷의 몸길이는 5.2mm정도이다. 한해에 1~2번정도 생겨나는데 혜산지방에서는 6월에 나타나며 마리수는 적다. 엄지모기는 밤에만 활동하며 짐승의 피를 빨아먹지만 사람에게 달라붙어 피를 빨아먹는 일은 거의 없다.

집모기 *Culex pipiens pallens* Coq.

암컷의 몸길이는 5.6mm이다. 백두산지대에서는 한해에 4~5번정도 생겨난다. 엄지모기암컷은 동굴, 집짐승우리, 창고와 같은곳에서 겨울을 나고 대체로 혜산, 보천, 대홍단, 운흥 지방에서는 5월중하순에 활동하기 시작하고 삼지연, 포태, 백암 지방에서는 5월하순~6월상순부터 활동하기 시작한다. 겨울난 암컷모기는 사람과 집짐승들의 피를 빨아먹고 알을 낳는다. 집마을에 많으며 들판과 산간지대는 적다.

줄다리집모기 *Culex vagans* Wied.

암컷의 몸길이는 5.0mm정도이다. 한해에 여러번 생겨나며 엄지모기단계에로 겨울을 난다. 겨울난 엄지벌레는 혜산지방에서는 5월중하순부터 나타나며 백암지방에서는 6월상중순에 나타난다. 엄지모기는 집모기와 같이 집 가까운 곳에서 살면서 집짐승우리안에 들어가 집짐승의 피를 빨아먹으며 집안에 들어와 사람의 피도 빨아먹는다.

큰모기 *Culiseta kanayamensis* Yam.

암컷의 몸길이는 7.2~7.5mm이다. 큰 짐승들의 피를 빨아먹으며 밤에 활동하면서 사람에게도 달라붙는다. 보천, 운흥지방의 산악수림지대에서 채집되었다.

그물모기과 Blepharoceridae

왜그물모기 *Amika infuscata* Mats.

엄지벌레의 몸길이는 14mm정도이다. 엄지벌레는 5~6월경에 나타난다. 새끼벌레는 물에서 살면서 작은 벌레와 유기질을 먹고 산다. 물고기의 먹이로 된다. 서두수상류에서 채집되었다.

애기그물모기 *Philorus vividis* Kitak.

엄지벌레의 몸길이는 4.5mm정도이다. 엄지벌레는 6~9월까지 나타난다. 새끼벌레는 물에서 살면서 작은 벌레와 유기질을 먹고 산다. 서두수상류에서 채집되었다.

알모기과 Chironomidae

등줄알모기 *Chironomus dorsalis* Meig.

엄지벌레의 몸길이는 6mm정도이다. 새끼벌레는 서두수상류의 물에서 흔히 볼수 있다.

알모기 *Chironomus plumosus* L.

엄지벌레의 몸길이는 11mm정도이다. 엄지벌레는 물면 또는 진흙우에 알을 낳는다. 알에서 까난 새끼벌레는 유기물질을 먹고 자란다. 물고기의 자연먹이로 된다. 보천에서 채집되었다.

흰다리알모기 *Paratendipes albimanus* Mats.

엄지벌레의 몸길이는 3.5mm정도이다. 엄지벌레는 6월경에 나타나며 벗가 또는 도랑이나 강물에서 살면서 풀잎에 알을 낳는다. 보천에서 채집되였다.

드릅알모기 *Pentaneura monilis* L.

엄지벌레의 몸길이는 3~4.5mm정도이다. 엄지벌레는 물면에 알을 낳는다. 서두수상류에서 채집되였다.

회색무늬알모기 *Polypedilum nubeculosus* Mats.

엄지벌레의 몸길이는 4.5~6mm정도이다. 엄지벌레는 이른봄에 나타나며 물면에 알을 낳는다. 서두수상류에서 채집되였다.

검은별알모기 *Smittia pratorum* Gil.

엄지벌레의 몸길이는 2mm정도이다. 엄지벌레는 6월경에 강주변에 나타나 알낳이 한다. 백암에서 채집되였다.

좀모기과 Ceratopogonidae

애기좀모기 *Culicoides chiopterus* Meig.

암컷의 몸길이는 0.8~1.0mm이다. 산악수림지대에 퍼져있으나 마리수는 적다. 사람의 피를 빨아먹는 위생해충이다. 대홍단에서 채집되였다.

둥근무늬좀모기 *Culicoides erairai* Kono et Tak.

암컷의 몸길이는 1.3~1.5mm이다. 한해에 한번 생겨나며 마리수는 적다. 엄지벌레는 7월에 나타나며 짐승의 피를 빨아먹는다. 보천, 대홍단에서 채집되였다.

좀모기 *Culicoides obsoletus* Meig.

암컷의 몸길이는 1.2~1.3mm이다. 사람과 짐승에 달라붙어 피를 빨아먹는다. 바늘잎수림지대에 많으며 혜산, 보천 지방에서는 5~6월부터 나타난다.

구라파좀모기 *Culicoides pulicaris* L.

암컷의 몸길이는 2.2~2.5mm정도이다. 엄지벌레는 밤낮활동하며 주로 짐승에 달라붙어 피를 빨아먹는다. 보천, 운흥 지방의 수림지대에 퍼져있다.

중국좀모기 *Culicoides sinanoensis* Tok.

암컷의 몸길이는 1.2~1.4mm정도이다. 한해에 여러번 생겨나며 엄지벌레는 주로 산악수림지대에 나타난다. 보천, 운흥 등 지역에서는 6~8월기간에 나타난다.

줄무늬좀모기 *Culicoides kibunensis* Tok.

암컷의 몸길이는 1.3~1.5mm정도이다. 엄지벌레는 7월에 나타난다. 수림지대의 가까운 주민지역에서도 볼수 있다. 혜산, 운홍 지방을 포함한 산지대와 수림지대에서 볼수 있다.

털파리과 Bibionidae

검은털파리 *Bibio tenebrosus* Coq.
엄지벌레의 몸길이는 11~14mm정도이다. 엄지벌레는 6월경에 나타나며 새끼벌레단계로 부식토에서 겨울을 난다.

털파리 *Bibio rufiventris* De Geer.
엄지벌레의 몸길이는 9.8~11mm정도이다. 엄지벌레는 백두산지구에서 4~6월경에 나타난다.

혹파리과 Cecidomyiidae

콩줄기혹파리 *Profeltiella soja* Monz.
엄지벌레의 몸길이는 1.5~2.0mm정도이다. 한해에 한번 생겨나며 흙고치속에서 새끼벌레로 겨울을 난다. 운홍에서 채집되였다.

등에모기과(깔따구과) Simuliidae

산등에모기(산깔따구) *Gunus japonicus* Shir.
한해에 한번 정도 생겨나며 알 또는 새끼벌레로 겨울을 난다. 새끼벌레는 높은산악수림지대의 비교적 빨리 흐르는 개울에서 산다. 수림속에서 활동하면서 짐승과 사람의 피를 빨아먹는다. 운홍에서 채집되였다.

누런발큰등에모기 *Prosimulium yezoense* Shir.
암컷의 몸길이는 3.4~3.6mm정도이다. 한해에 한번정도 생겨나는데 삼지연, 보천 등 산악수림지대에서 5~6월경에 나타난다.

큰등에모기 *Prosimulium hirtipes* Fries.
암컷의 몸길이는 3.5~4.5mm정도이다. 한해에 한번 생겨나며 보천, 삼지연의 숲지대에서 6~7월에 나타난다. 사람과 짐승의 피를 빨아먹는 위생해충이다.

은색등에모기 *Simulium argyreatum* Meig.
암컷의 몸길이는 3.5mm정도이다. 한해에 1~2번정도 생겨난다. 보천, 운홍 지역을 포함한 산악수림지대에서 살면서 사람과 짐승의 피를 빨아먹는 위생해충이다.

등에모기 *Simulium japonicum* Mats.
엄지벌레의 크기는 3~4mm이다. 한해에 한번정도 생겨난다. 엄지벌레는 수림지대에서 주로 사람에게 달라붙어 피를 빨아먹는다. 운흥에서 채집되였다.

기는등에모기 *Simulium reptans*. L.
암컷의 몸길이는 2.0~2.4mm정도이다. 한해에 한번정도 생겨나며 늦은 봄부터 초여름사이에 주로 나타난다. 엄지벌레는 산악수림지대에서 사람과 집승류의 피를 빨아먹는 위생해충이다. 보천, 백암, 운흥 등 산악수림지대에 펴져있다.

짧은뿔아목 BRACHYCERA
물등에과 Stratiomyiidae
작은물등에 *Eulalia garatas* Walk.
엄지벌레의 몸길이는 13mm정도이다. 엄지벌레는 7월에 꽃에 모여들며 꽃꿀을 먹는다. 새끼벌레는 벼과작물의 어린뿌리를 먹는다. 혜산에서 채집되였다.

류리물등에 *Geosargus niphonensis* Big.
엄지벌레의 몸길이는 11~15mm이다. 엄지벌레는 가을에 주로 많이 나타난다. 백암에서 채집되였다.

물등에 *Stratiomys apicalis* Walk.
엄지벌레의 몸길이는 15mm정도이다. 엄지벌레는 한해에 한번 생겨나며 새끼벌레단계로 겨울을 난다. 엄지벌레는 꽃에 모여든다. 백암에서 채집되였다.

등에과 Tabanidae
두줄노란등에 *Atylotus bivittatus* Mats.
암컷의 몸길이는 12~14mm정도이다. 엄지벌레는 7~8월사이에 많이 활동하며 암컷은 집승의 피를 빨아먹는다. 보천에서 채집되였다.

노란등에 *Atylotus horvathi* Szil
암컷의 몸길이는 14~17mm정도이다. 엄지벌레는 백두산일대에서 6~7월에 나타나며 큰 집승에 달라붙어 피를 빨아먹는다.

먹소경등에 *Chrysops japonicus* Wied.
암컷의 몸길이는 9~11mm정도이다. 운흥, 보천 지방에서 6~7월에 잡풀이 무성한 잡관목림지대에서 볼수 있다. 목장주변에서는 집집승에 달라붙어 피를 빨아먹으며 사람들에게 달라붙는 경우가 있다.

애기검은소경등에 *Chrysops nigripes* Zett.

암컷의 몸길이는 7~9mm정도이다. 그늘지고 습기가 많은 잡풀이 무성한곳이나 산골짜기의 흐르는 개울물에서 산다. 새끼벌레로 겨울을 나며 엄지벌레는 7~8월에 주로 나타난다. 짐승의 피를 빨아먹는다. 운흥에서 채집되였다.

소경등에 *Chrysops suavis* Loew.

암컷의 몸길이는 약 10mm정도이다. 여름에 주로 나타나며 짐승의 피를 먹고 알을 낳는다. 알은 물에 사는 풀잎이나 습지에 무데기로 낳는다. 운흥에서 채집되였다.

큰소경등에 *Chrysops validus* Loew.

암컷의 몸길이는 약 12mm정도이다. 엄지벌레는 백두산지구에서 7~8월에 나타난다. 삼지연의 해발높이 1600m에서 채집되였다. 암컷은 짐승의 피를 빨아먹으며 알은 풀잎에 수백개씩 덩어리로 낳는다.

좀깨다시등에 *Chrysozona nana* Ols.

암컷의 몸길이는 약 7mm정도이다. 엄지벌레는 벼과식물이 많은 습지대와 자작나무를 비롯한 넓은잎나무숲에서 7~8월사이에 나타난다. 운흥, 보천, 혜산 등 해발높이 1000m이상 지대에서와 수림속 가까운 주민지구에서도 볼수 있다. 짐승들의 피를 빨아먹으며 사람에게도 달라붙는다.

씨비리깨다시등에 *Chrysozona tamerlani* Szil.

암컷의 몸길이는 10~12mm정도이다. 엄지벌레는 주로 7~8월에 나타나며 수림이 무성한 산골짜기에 흐르는 개울, 습지대 등에서 흔히 볼수 있다. 엄지벌레는 하루종일 활동하면서 집짐승들에게 달라붙어 피를 빨아먹는다. 삼지연지대에서 채집되였다.

깨다시등에 *Chrysozona tristis* Big.

암컷의 몸길이는 8~13mm정도이다. 이른 아침부터 어두어질 때까지 활동하면서 집짐승들에게 달라붙어 피를 빨아먹는다. 엄지벌레는 6~7월에 운흥, 보천, 혜산 지방의 산악수림지대에 나타난다.

들소경등에 *Heterochrysops van-der-wulpi* Kröb.

암컷의 몸길이는 7~9mm정도이다. 넓은잎나무가 많은 수림지대의 진펄과 습기 많은곳에서 산다. 엄지벌레는 운흥에서 7~8월에 나타난다.

알락흑등에 *Hybomitra astur* Erich.

엄지벌레의 크기는 14~16mm정도이다. 혼성림에서 흔히 산다. 엄지벌레는 맑은 날에 활발히 활동하며 뿔가진 짐승들의 피를 빨아 먹는다. 보천에서 채집되였다.

수염검은혹등에 *Hybomitra brevis* Loew.

엄지벌레의 크기는 14~15mm정도이다. 넓은잎나무들이 무성한 산악수림지대와 혼성림 또는 목장 주변에 비교적 많다. 집짐승의 피를 빨아먹는다. 운홍, 혜산, 보천에서는 6~7월에 엄지벌레가 나타난다.

배검은혹등에 *Hybomitra borealis* Loew.

엄지벌레의 몸길이는 9~14mm정도이다. 엄지벌레는 주로 7월경에 활동하면서 짐승의 피를 빨아먹으며 사람에게도 달라붙는다. 보천, 혜산, 백두고원에서 채집되였다.

큰누런혹등에 *Hybomitra confinis* Zett.

암컷의 몸길이는 15~16mm정도이다. 짐승의 피를 빨아먹고 알을 낳는다. 운홍에서 채집되였다.

검은꼬리혹등에 *Hybomitra nigricauda* Ols.

암컷의 몸길이는 19~19.5mm정도이다. 엄지벌레는 6월하순부터 8월중순까지 사이에 나타나는데 마리수는 매우 적다. 산짐승에 달라붙어 피를 빨아먹는다. 보천지방의 산악수림지대에서 채집되였다.

조선검은혹등에 *Hybomitra stigmopterus* Ols.

암컷의 몸길이는 약 13~16mm정도이다. 혼성림에서 산다. 암컷은 집짐승의 피를 빨아먹는다. 백두산일대의 중간지대에서 6~7월에 볼수 있다.

들검은등에 *Hybomitra tarandina* L.

암컷의 몸길이는 19~22mm정도이다. 한해에 한번정도 생겨난다. 엄지벌레는 6~7월에 수림속이나 목장부근 또는 주민지역에서 볼수 있다. 암컷은 집짐승에 달라붙어 피를 빨아먹으며 때로는 사람에게도 달라붙는다. 백암일대에서 채집되였다.

이마넓은붉은소등에 *Tabanus buddha* Port.

암컷의 몸길이는 22~25mm정도이다. 엄지벌레는 6월부터 나타난다. 운홍, 백암 등에서 채집되였다.

붉은소등에 *Tabanus chrysurus* Loew.

암컷의 몸길이는 23~33mm정도이다. 엄지벌레는 7~8월사이에 나타나며 집짐승의 피를 빨아먹는다. 운홍, 보천 지방의 목장부근과 수림지대에서 볼수 있다.

애기검은등에 *Tabanus geminus* Szil.

암컷의 몸길이가 9~10mm정도이다. 산악수림지대의 습하고 그늘진 잡관목에서 흔히 활동한다. 엄지벌레는 주로 소를 비롯한 짐승들의 배와 다리에 달라붙어 피를 빨아먹는 성질이 있다. 운흥, 보천지방의 목장지대에서 엄지벌레를 7월경에 볼수 있다.

흰무늬등에 *Tabanus mandarinus* Shein.

암컷의 몸길이는 14~19mm정도이다. 엄지벌레는 7~8월에 나타나며 목장과 수림속에서 활동하면서 짐승의 피를 빨아먹는다. 운흥, 보천 등의 목장지대에서 채집되였다.

씨비리큰등에 *Tabanus pleskei* Kröb.

암컷의 몸길이는 22~24mm정도이다. 6월부터 나타나며 산기슭이나 산골짜기의 개울물이 가까운곳에서 자주 볼수 있다. 소를 비롯한 짐승에 달라붙어 피를 빨아먹는다. 삼지연, 운흥에서 채집되였다.

누런흰무늬등에 *Tabanus takasagoensis* Shir.

암컷의 몸길이는 16~18mm정도이다. 엄지벌레는 7월에 나타나며 잡관목이 무성한 진펄 또는 넓은잎나무숲에 나타난다. 암컷은 짐승의 피를 빨아먹은 다음 알을 낳는다. 운흥에서 채집되였다.

소등에 *Tabanus trigonus* Coq.

암컷의 몸길이는 22~26mm정도이다. 주로 목장지대에 많으며 짐승들이 있는 산림지대에도 있다. 엄지벌레 암컷은 짐승류의 피를 빨아먹는다. 수컷은 잡풀이나 숲속에서 식물즙 또는 꽃꿀을 먹고 산다. 보천, 운흥에서는 6~8월에 나타난다.

도요번티기과 Rhagionidae

도요등에번티기 *Atherix kodamai* Nag.

엄지벌레의 몸길이는 6mm정도이다. 새끼벌레를 서두수상류에서 채집하였다.

별도요등에번티기 *Atherix japonica* Nag.

엄지벌레의 몸길이는 7~10mm정도이다. 새끼벌레를 서두수상류에서 채집하였다.

찬도요등에 *Chrysopilus dives* Loew.

엄지벌레의 몸길이는 9~13mm정도이다. 수림속이나 관목림속의 습지 또는 흐르는 강주변에서 활동한다. 삼지연에서 채집되였다.

벌등에과 Bombyliidae

벌무늬등에 *Anastoechus nitidulus* Fall.

엄지벌레의 몸길이는 8~14mm정도이다. 엄지벌레는 백두산지대에서 6월에 꽃에 날아와 꽃꿀을 빨아먹는다.

큰벌등에 *Bombylus major* L.

엄지벌레의 몸길이는 8~12mm정도이다. 백두산지대에서는 여름에 남새작물의 꽃에 모여들어 꽃꿀을 빨아먹는것을 볼수 있다.

파리매과 Asilidae

가는톱파리매 *Choerades gilva* L.

엄지벌레의 몸길이는 17~23mm정도이다. 작은벌레를 잡아먹는 리로운 벌레이다. 백암에서 채집되였다.

가는뿔파리매 *Neoitamus angusticornis* Lot.

엄지벌레는 작은벌레를 잡아먹는다. 새끼벌레는 땅속에 살면서 벌레알과 벌레를 잡아먹는다.

이마주머니없는아목 ASCHIZA

꽃등에과 Syrphidae

꼬리별꽃등에 *Eristalis tenax* L.

엄지벌레의 크기는 14~15mm정도이다. 여러가지 식물의 꽃에 모여 꽃꿀을 빨아먹는다. 운흥, 혜산, 보천 등지에서 채집되였다. 세계광분포종이다.

오곡별꽃등에 *Eristalis cerealis* F.

엄지벌레의 크기는 12mm정도이다. 여러가지 식물의 꽃에 모여들어 꽃꿀을 빨아먹는다. 백두산지대에서 엄지벌레는 5~9월 기간에 나타난다. 운흥, 혜산, 보천 등에서 채집되였다.

가는꽃등에 *Didea alneti* Fall.

엄지벌레의 크기는 11~13mm정도이다. 백두산지대에서는 5~7월사이에 나타난다.

꽃수염꽃등에 *Chrysotexum festivum* L.

엄지벌레의 크기는 12~14mm정도이다. 백두산지대에서 엄지벌레는 5~9월에 나타난다.

오곡매꽃등에 *Leucozona lucorum* L.

엄지벌레의 크기는 12mm정도이다. 백두산지대에서 엄지벌레는 6~8월기간에 나타난다.

물결꽃등에 *Milesia undulata* Voll.

엄지벌레의 몸길이는 20~22mm이다. 백두산지대에서 엄지벌레는 5~6월사이에 나타난다.

넙적꽃등에 *Stenosyrphus lasiophtalmus* Zett.

엄지벌레의 몸길이는 10mm정도이다. 백두산지대에서 엄지벌레는 5~9월기간에 나타난다.

노랑꽃등에 *Syrphus balteatus* D-G.

엄지벌레는 농작물과 여러가지 식물의 꽃꿀을 빨아먹는 습성이 있다. 백암에서 채집되였다.

큰두점꽃등에 *Syrphus ribesii* L.

엄지벌레는 꽃에 많이 모여들어 꽃꿀을 먹는다. 혜산에서 채집되였다.

누런띠꽃등에 *Syrphus torbus osten* Sack.

엄지벌레의 몸길이는 11~12mm 정도이다. 엄지벌레는 5~9월사이에 나타나며 꽃에 모여들어 꽃꿀을 빨아먹는다. 운흥에서 채집되였다.

흰띠별감꽃등에 *Volucella tabanoides* Mots.

엄지벌레의 몸길이는 16~18mm정도이다. 엄지벌레는 6~10월사이에 나타나며 꽃꿀을 빨아먹는다. 보천에서 채집되였다.

별꽃등에 *Lasiopticus komabensis* Mats.

엄지벌레의 몸길이는 13~15mm이다. 엄지벌레는 5~6월에 나타난다.

네띠줄꽃등에 *Paragus quadrifasciatus* Meig.

엄지벌레의 몸길이는 6mm정도이다. 엄지벌레는 6월경에 나타나며 풀잎에 알을 낳는다. 알에서 까난 새끼벌레는 진디물과 작은벌레를 잡아먹고 자란다. 운흥, 혜산에서 채집되였다.

무늬꽃등에 *Cheilosia motodomariensis* Mats.

엄지벌레의 몸길이는 11~13mm정도이고 검은색이며 누런회색 또는 밤색의 긴털이 나있다. 엄지벌레는 꽃에 모여들어 꽃꿀을 빨아먹거나 나무즙액을 빨아먹는다. 6~8월에 나타난다. 새끼벌레는 썩은 나무 구멍같은데서 유기물질이나 작은 벌레를 먹고 자란다. 운흥, 혜산, 보천 등에서 채집되였다.

줄애기꽃등에 *Sphaerophoria menthastri* L.

엄지벌레의 몸길이는 8~9mm정도이다. 엄지벌레는 5~9월에 나타난다. 삼지연에서 채집되였다.

레무늬긴꽃등에 *Temnostoma vespiforme* L.
엄지벌레의 몸길이는 15～20mm정도이다. 엄지벌레는 5～9월에 나타난다. 운흥, 백암에서 채집되였다.

꿀벌이파리과 Braulidae

꿀벌이파리 *Braula caeca* Nag.
엄지벌레의 몸길이는 1.0～1.5mm이다. 엄지벌레는 꿀벌둥지에서 살며 꿀벌의 몸에 붙어 기생한다. 혜산에서 채집되였다. 세계광분포중이다.

이마주머니있는아목 SCHIZOPHORA

눈파리과 Conopidae

알락눈파리 *Myopa buccata* L.
엄지벌레의 몸길이는 7～11mm정도이다. 엄지벌레는 남새작물의 꽃에 모여들며 꽃꿀을 빨아먹는 습성이 있다. 새끼벌레는 벌류에 기생한다. 대홍단에서 채집되였다.

굴파리과 Agromyzidae

파잎굴파리 *Phytobia cepae* Hend.
엄지벌레의 몸길이는 2mm정도이다. 한해에 여러번 생겨나며 땅속에서 번데기로 겨울을 난다. 새끼벌레는 파의 잎속을 뚫고 들어가 잎살을 먹어 해한다. 혜산에서 채집되였다.

보리굴파리 *Cerodontha denticornis* Panz.
보리를 해한다. 혜산에서 채집되였다.

완두잎파리 *Phytomyza atricornis* Meig.
엄지벌레의 몸길이는 2mm정도이다. 한해에 1～2번 생겨나며 완두, 무우, 배추, 가두배추, 감자, 아마 등의 잎을 해한다. 번데기로 피해잎속에서 겨울을 난다. 혜산에서 채집되였다.

줄기파리과 Chloropidae

배누런줄기파리 *Chlorops oryzae* Mats.
엄지벌레의 몸길이는 2～2.5mm정도이다. 한해에 1～2번 생겨나며 새끼벌레상태로 잡초사이에서 겨울을 난다. 5～6월경에 엄지벌레가 나타난다.

콩뿌리파리 *Melanagromyza shibatsuchii* Kato.

엄지벌레의 몸길이는 2.0~2.2mm이다. 콩을 재배하는 혜산지방을 포함한 중간지대에서 한해에 한번 생겨난다.

물파리과 Ephydridae

벼잎파리 *Hydrellia griseola* Pall.

엄지벌레의 몸길이는 2.0~2.7mm정도이다. 혜산과 보천 지방의 벼재배지대에서 한해에 4~5번 생겨난다.

꽃파리과 Anthomyiidae

사탕무우애기꽃파리 *Pegomyia hyoscyami* Panz.

엄지벌레의 크기는 5~6mm정도이다. 백두산지대에서는 한해에 2번정도 생겨난다.

파파리 *Hylemyia antiqua* Meig.

엄지벌레의 크기는 5~7mm이다. 한해에 두번 생겨나며 주로 파, 마늘을 재배하는 지대에 발생한다. 땅속 10~20cm깊이에서 번데기로 겨울을 나고 혜산지방에서는 5월중하순경에 첫파리가 나타난다. 두번째 파리는 7월하순~8월상순에 나타난다.

무우파리 *Hylemyia floralis* Fall.

엄지벌레의 크기는 8mm정도이다. 한해에 한번 생겨나며 번데기로 겨울을 난다. 혜산, 포태, 보천 지방을 포함한 무우, 배추 재배지역에 퍼져있다.

애기노랑파리 *Hylemyia cinerella* Fall.

엄지벌레의 크기는 4mm정도이다. 한해에 2번정도 생겨나며 번데기로 겨울을 난다. 광분포종이다. 주로 주민지역에서 산다.

애기노랑파리 *Hylemyia vetura* Zett.

엄지벌레의 크기는 7mm정도이다. 짐승의 배설물을 비롯한 여러가지 식물의 즙을 먹고 산다. 혜산, 운흥, 보천 등 각지의 주민지역에 퍼져있다.

종자파리 *Delia platura* Meig.

엄지벌레의 크기는 4~6mm정도이다. 한해에 한두번 생겨나며 땅속에서 번데기로 겨울을 난다. 혜산지방에서는 첫파리가 4~5월에 나타나며 보천지방에서는 5월에 나타난다.

집파리과 Muscidae

집파리 *Musca domestica vicina* Mats.
엄지벌레의 몸길이는 6~8mm이다. 백두산지대에서는 한해에 5~6번 생겨난다. 광분포종이다.

작은집파리 *Musca tempestiva* Fall.
암컷의 몸길이는 4mm정도이다. 여름철 들판에서 자주 볼수 있으나 집안에는 날아들어 오지 않는다.

큰집파리 *Muscina stabulans* Fall.
엄지벌레의 몸길이는 7~9.5mm정도이다. 엄지벌레는 한해에 3~4번 생겨나며 번데기로 겨울을 난다. 광분포종이다.

애기집파리 *Fannia canicularis* L.
엄지벌레의 몸길이는 5~6mm정도이다. 한해에 2~3번정도 생겨나며 봄, 가을에 나타난다. 번데기로 겨울을 난다. 광분포종이다.

혹애기집파리 *Fannia scalaris* F.
엄지벌레의 몸길이는 5~7mm정도의 검은색 나는 작은 파리이다. 한해에 2~3번정도 생겨나며 주로 봄, 가을에 나타난다. 광분포종이다.

가시발파리 *Hydrotaea dentipes* F.
엄지벌레의 몸길이는 8~10mm정도이다. 주민지역과 목장지역에서 봄, 가을에 주로 나타난다. 광분포종이다.

검은파리 *Ophyra nigra* Wied.
엄지벌레의 몸길이는 5~6mm정도이다. 한해에 2~3번정도 생겨나며 새끼벌레로 겨울을 난다. 광분포종이다.

흰눈섭검은파리 *Ophyra leucostoma* Wied
엄지벌레의 몸길이는 6.5~7.0mm정도이다. 한해에 2~3번정도 나타나며 새끼벌레로 겨울을 난다. 광분포종이다.

침파리과 Stomoxyidae

침파리 *Stomoxys calcitrans* L.
엄지벌레의 크기는 5~7mm정도이다. 엄지벌레는 목장부근에서 생활하면서 소, 양, 돼지 등 집짐승 배설물에 알을 낳는다. 광분포종이다.

류리파리과 Calliphoridae

두쌍류리파리 *Triceratopyga calliphoroides* Rohd.

암컷의 크기는 7~11.5mm이다. 엄지벌레는 봄, 가을에 나타난다. 광분포종이다.

검은금파리 *Phormia regina* Meig.

엄지벌레의 몸길이는 8~9mm정도이다. 한해에 1~2번정도 나타나며 번데기로 겨울을 난다. 엄지벌레는 봄, 가을에 주로 나타나며 무더운 날씨에는 여름잠을 잔다. 광분포종이다.

세쌍풀색파리 *Lucilia sericata* Meig.

엄지벌레의 몸길이는 7~10mm정도이다. 한해에 3~4번정도 생겨나며 주민지역과 목장주변에서 활동하는 주민지성곤충이다. 새끼벌레로 겨울을 나며 엄지벌레는 6월경에 나타난다. 광분포종이다.

두쌍풀색파리 *Lucilia caesar* L.

엄지벌레의 몸길이는 7~10mm정도이다. 한해에 3~4번정도 생겨나며 주민지역과 목장주변에서 사는 주민지성곤충이다. 새끼벌레로 겨울을 난다. 광분포종이다.

세쌍류리파리 *Aldrichina grahami* Ald.

엄지벌레의 몸길이는 9~12mm정도이다. 한해에 2~3번생겨난다. 광분포종이다.

검은류리파리 *Calliphora vomitoria* L.

엄지벌레의 몸길이는 11~15mm정도이다. 한해에 2~3번정도 생겨나며 번데기로 겨울을 난다. 광분포종이다.

붉은머리류리파리 *Calliphora vicina* R.-D.

엄지벌레의 몸길이는 약 10mm정도이다. 한해에 2~3번정도 생겨난다. 광분포종이다.

넓은류리파리 *Calliphora lata* Coq.

엄지벌레의 몸길이는 11~15mm정도이다. 한해에 보통 3~4번 생겨나며 알 또는 번데기로 겨울을 난다. 광분포종이다.

쉬파리과 Sarcophagidae

자색꼬리쉬파리 *Boettcherisca peregrina* R.-D.

엄지벌레의 몸길이는 10~12mm정도이다. 한해에 3~4번정도 생겨나며 번데기로 겨울을 난다. 광분포종이다.

검은꼬리쉬파리 *Bellieria melanura* Meig.

엄지벌레의 몸길이는 7~13mm정도이다. 한해에 3~4번정도 생겨나며 번데기로 겨울을 난다. 광분포종이다.

붉은꼬리작은쉬파리 *Ravinia striata* F.

엄지벌레의 몸길이는 5~8mm정도이다. 한해에 3~4번정도 생겨나며 번데기로 겨울을 난다. 광분포종이다.

들쉬파리 *Parasarcophaga similis* Mead.

엄지벌레의 몸길이는 8~15mm정도이다. 엄지벌레, 새끼벌레 또는 번데기로 겨울을 난다. 광분포종이다.

기생파리과 Tachinidae

참기생파리 *Eutachina japonica* Towns.

엄지벌레의 몸길이는 9~14mm 정도이다. 엄지벌레는 주로 나비의 새끼벌레몸에 알을 낳는다. 혜산에서 채집되였다.

침기생파리 *Servillia jakovlewii* Ports.

엄지벌레의 몸길이는 10~18mm정도이다. 엄지벌레는 6~7월기간에 나타나며 벌레의 몸에 알을 낳는다. 운흥에서 채집되였다.

잎말이기생파리 *Actia crassicornis* Meig.

번데기단계로 겨울을 난다. 엄지벌레는 6~7월에 나타나며 풀잎에 알을 낳는다. 잎말이나비의 새끼벌레는 주로 잎과 함께 잎말이기생파리의 알을 먹는다. 알은 새끼벌레의 소화관내에 들어가 까난다. 운흥에서 채집되였다.

양파리과 Oestridae

양파리 *Oestrus ovis* L.

엄지벌레의 몸길이는 약 11mm정도이다. 엄지벌레는 6월에 나타나기 시작하여 7~8월에 주로 활동한다. 엄지벌레암컷은 보통 양의 코구멍점막 또는 눈, 귀구멍 등에 새끼구데기를 낳으며 거기에 붙어산다. 구데기는 8~10달동안 자라며 다음해 5~6월경에 코구멍에서 떨어져나와 적당한 땅속에서 번데기로 된다. 운흥에서 채집되였다. 광분포종이다.

소파리과 Hypodermatidae

소파리 *Hypoderma bovis* L.

엄지벌레의 몸길이는 15mm정도이다. 엄지벌레는 7~8월에 나타나며 소, 말, 드물게는 양의 긴털에 알을 낳는다. 알에서 까나온 구데기는 짐승의 피부를 뚫고 들어가 기생한다. 운흥에서 채집되였다.

5. 딱장벌레류 COLEOPTERA

딱장벌레류는 곤충강에서 제일 큰 목으로서 지금까지 세계적으로 알려진 종수는 약 30만종이다. 지구상의 이르는곳마다에 널리 분포되여있을뿐만아니라 땅걸면, 땅속, 물속 등에서 살거나 다른 곤충류의 둥지속, 무리속에서 사는 등 살이터가 각이하고 풀을 먹는것, 고기를 먹는것, 다른 동물을 공격하여 잡아먹는것, 죽은 동물의 사체를 먹는것 등 먹성 또한 매우 다양하다.

나비류와 함께 직접 또는 간접적으로 인간생활과의 관계가 매우 깊은 동물로서 리로운것도 있고 해로운것도 있다.

백두산일대에서 알려진 딱장벌레류가운데는 리로운 종들이 적지않다.

무엇보다도먼저 백두산일대의 산림과 농작물을 해하는 해로운 벌레들을 잡아먹는 천적딱장벌레류를 들수 있다.

례를 들면 걸음벌레과의 **흑줄구리빛걸음벌레**, 구리빛걸음벌레, 등줄붉은구리빛걸음벌레, 큰금빛걸음벌레, 먼지벌레과의 푸른먼지벌레, 큰노랑테붉은먼지벌레, 가는목먼지벌레과의 삼지연가는목먼지벌레, 점벌레과의 검은솜털점벌레, 이십사점점벌레, 일곱점점벌레, 가로무늬점벌레, 알락점벌레 등은 산림해충과 농작물해충을 잡아먹는 리로운 종들이다.

또한 운흥, 대택 등에서 채집된 가뢰과의 약가뢰와 같이 탈모증, 버짐, 부스럼 등의 치료에 약용으로 쓰이는 유익한 종류도 있다.

백두산일대에서 알려진 딱장벌레류가운데는 사체를 먹이로 함으로써 자연계에서 오물청소자의 역할을 하는 유익한 종들도 있다.

례하면 은시충과의 큰은시충, 묻음벌레과의 검정수염참묻음벌레, 먹참묻음벌레 등을 들수 있다.

그러나 백두산일대에서 알려진 딱장벌레류가운데서 많은 분류군들에 속하는 종들이 산림 및 농작물해충으로 알려져있다.

돌드레과에 속하는 종들은 산림을 해하는 해로운 벌레이다. 소나무돌드레, 쌍점배기꽃돌드레, 넉점배기꽃돌드레, 돼지점배기꽃돌드레, 풀꽃돌드레, 알락수염진꽃돌드레, 검은테진꽃돌드레, 락엽송돌드레 등은 바늘잎나무를 해하고 롭돌드레, 넙적어깨꽃돌드레, 우쑤리금꽃돌드레, 금꽃돌드레, 세줄애기꽃돌드레, 눈배기꽃돌드레, 두줄애기꽃돌드레, 람색진꽃돌드레 등은 넓은잎나무를 해하며 붉은진꽃돌드레, 광대꽃돌드레, 긴꼬리꽃돌드레, 깔따구작은푸른법돌드레, 흰네점긴수염돌드레, 앞다리수염돌드레 등은 바늘잎나무와 넓은잎나무를 다같이 해한다.

울창한 산림으로 덮힌 백두산일대에서 특히 나무좀과의 종들은 산림을 해하는 주요해충으로 알려져있다.

나무좀류는 주로 기주식물의 나무껍질이나 나무질속에서 살면서 해를 주는 벌레이다.

대표적인 종들로는 이깔여덟이발나무좀, 가문비여덟이발나무좀, 덧이발나무좀, 잣나무혹나무좀, 별나무좀, 자작나무좀, 피나무질나무좀, 청림동별나무좀 등을 들수 있다.

돼지벌레과의 종들은 산림 및 농작물의 주요해충이다.

돼지벌레류는 산림이나 밭 등에서 살면서 나무잎이나 뿌리를 해한다.

백두산일대에서 알려진 돼지벌레류가운데서 산림에서 잎을 해하는 대표적인 종들은 사시나무돼지벌레, 넙적돼지벌레, 장미통돼지벌레, 단풍돼지벌레 등이고 농작물의 잎을 해하는 대표적인 종은 콩두줄돼지벌레이고 노랑줄돼지벌레는 잎과 함께 뿌리도 해한다.

백두산일대에서 알려진 풍뎅이류가운데도 해로운 종들이 적지 않다.

대표적인 종들로는 참먹풍뎅이, 류리콩풍뎅이, 애기비로도풍뎅이, 애기풍뎅이 등을 들수 있다.

특히 참먹풍뎅이는 마리수가 많은 종으로서 엄지벌레는 나무의 잎, 어린싹 등을 해하고 새끼벌레는 밀, 보리, 강냉이, 콩, 식물의 묘목, 아마, 감자 등의 씨앗이나 뿌리를 해한다. 애기비로도풍뎅이 역시 마리수가 매우 많은 종으로서 주로 산지대에 살면서 여러가지 식물의 어린싹과 잎을 해하고 새끼벌레는 뿌리를 해한다.

백두산일대에서 알려진 점벌레류가운데서 대부분의 종들은 해로운 벌레들을 잡아먹는 리로운 벌레이지만 큰이십팔점점벌레와 같이 여러가지 재배식물과 야생식물을 해하는 해로운 종도 있다.

그밖의 딱장벌레류가운데도 산림과 농작물에 해를 주는 종들이 적지 않다.

백두산일대에서 알려진 딱장벌레류 가운데는 기름도치과, 불장땅이과의 종들처럼 물속에서 살면서 새끼고기를 잡아먹는 해로운것도 있다.

1) 분류군수

백두산일대에서 지금까지 알려진 딱장벌레류의 분류군수는 35과 214속 359종이다(표 42).

표 42. 분류군수

과 명	속	종
길당나귀과	1	5
걸음벌레과	5	9
먼지벌레과	5	9
가는목벌레과	1	1
기름도치과	3	5
물매미과	2	3
물장땅이과	1	2
연마충과	3	4
묻음벌레과	2	4
은시충과	4	5
집게벌레과	3	3
풍뎅이과	15	30
거자리과	2	4
잎반디과	2	2
반디과	3	2
뻐국벌레과	1	1
납작벌레과	2	2
쌀좀바구미과	2	2
표본벌레과	1	1
사번충과	1	1
방아벌레과	4	4
구슬벌레과	3	4
나무빨개과	1	1
점벌레과	15	20
붉은날개벌레과	1	2
돌드레번티기과	2	2
가퇴과	3	5
썩은나무벌레과	1	1
돌드레과	52	93
돼지벌레과	28	34
콩바구미과	2	4
몽틀바구미과	9	18
가는주둥이바구미과	1	4
바구미과	18	30
나무좀과	15	40
계	214	359

— 197 —

표 42에서 보여주는바와 같이 돌드레류 52속 93종, 나무좀류 15속 40종, 돼지벌레류 28속 34종, 바구미류 18속 30종, 풍덩이류 15속 30종, 점벌레류 15속 20종, 몽똑바구미류 9속 18종이고 그밖의 분류군들의 종수는 모두 10종미만이다.

2) 해발높이에 따르는 분포

백두산일대에서 해발높이에 따르는 딱장벌레류의 분포는 표 43과 같다.

표 43에서 보여주는바와 같이 해발높이 800～1300m에 304종(84.7%), 1300～1600m에 124종(34.5%), 1600～2000m에 55종(15.3%), 2000～2750m

해발높이에 따르는 분포 표 43.

과 명	종수	해발높이, m			
		800～1300	1300～1600	1600～2000	2000～2750
돌드레과	93	81	45	12	2
나무좀과	40	20	12	20	
돼지벌레과	34	32	4	4	
풍덩이과	30	28	2	1	2
바구미과	30	30	4	2	
몽똑바구미과	18	15	10	3	
포식성땅살이딱장벌레류	24	18	10	2	9
포식성물살이딱장벌레류	10	10			
점벌레과	20	20	12	2	
그밖의 딱장벌레류	60	50	25	9	11
계	359	304	124	55	24
전체 종수에 대한 비률, %	100.0	84.7	34.5	15.3	6.7

에 24종(6.7%)으로서 해발높이가 증가되는데 따라 종수가 점차 감소된다.

해발높이에 따르는 딱장벌레류의 이러한 분포모습은 해발높이에 따르는 생태적환경의 차이와 관계된다. 례하면 백두산일대에서 넓은잎나무류와 바늘잎나무류의 주요해충인 돌드레류와 나무좀류는 나무류의 분포를 따라 넓은잎나무류가 자라는 낮은 지대로부터 바늘잎나무류가 자라는 산림한계선까지에 걸쳐 많은 종류들이 분포되여있으며 산림한계선밖에서는 풀을 먹는 긴점꽃돌드레와 주로 가문비나무를 해하는 검은점꽃돌드레 등의 2종이 알려졌을뿐이다. 특히 나무좀류에서는 넓은잎나무류가 주로 자라는 낮은 지대와 바늘잎나무류가 주로 자라는 높은 지대에서 각각 20종씩 같은 종수가 알려졌는데 이것은 나무좀류의 분포가 먹이식물의 분포와 밀접히 관계된다는것을 보여준다.

돼지벌레류에서는 백두산일대에서 알려진 34종가운데서 94%에 해당되는 32종이 해발높이 800~1300m에서 알려졌는데 이러한 종들은 모두가 이 지대에서 주로 자라는 넓은잎나무류의 해충이거나 이 지대의 농작물을 해하는 종들이다.

풍뎅이류에서도 백두산일대에서 알려진 30종가운데서 93%에 해당되는 28종이 해발높이 800~1300m의 주민지구나 목장지구에 퍼져있으면서 집짐승류의 배설물을 먹거나 농작물을 해하는 종들이다.

점벌레류에서는 백두산일대에서 알려진 20종가운데서 해발높이 800~1300m에 100%에 해당되는 20종, 해발높이 1300~1600m에 60%에 해당되는 12종이 분포되여있는데 이것은 해발높이 800~1600m에 점벌레류의 먹이대상으로 되는 진디물이나 진드기 등이 많이 분포되여있는 사정과 관계된다.

포식성물살이딱정벌레류인 기름도치류, 물매미류, 물장땅이류 등은 주로 해발높이 800~1300m에서만 알려졌다.

1) 돌드레과 Cerambycidae

(1) 분류군수

백두산일대에서 지금까지 알려진 돌드레류의 분류군수는 5아과 26족 52속 93종이다.(표 44)

세계적으로 알려진 돌드레류는 2만여종이고 우리 나라에서 알려진 종수는 220여종이다. 따라서 백두산일대에서는 우리 나라에서 알려진 전체 종수의 거의 절반에 해당되는 종들이 알려진것으로 된다.

아과별 분류군수에서 꽃돌드레아과는 4족(15.4%) 16속(30.8%) 40종 (43.0%)으로서 족수에서는 셋째자리, 속수에서는 둘째자리, 종수에서는 첫째자리를 차지한다.

표 44. 분류군수

아과명	족		속		종	
	수	비률, %	수	비률, %	수	비률, %
톱돌드레아과	2	7.7	2	3.8	2	2.2
꽃돌드레아과	4	15.4	16	30.8	40	43.0
넙적돌드레아과	2	7.7	3	5.8	4	4.3
돌드레아과	5	19.2	12	23.1	16	17.2
뽕나무돌드레아과	13	50.0	19	36.5	31	33.3
계	26	100.0	52	100.0	93	100.0

뽕나무돌드레아과는 13족(50.0%) 19속(36.5%) 31종(33.3%)으로서 족수와 속수에서는 첫째자리, 종수에서는 둘째자리를 차지한다. 따라서 이 아과는 5아과중에서 종수에서는 비록 두번째자리를 차지하지만 족수와 속수에서는 첫째자리를 차지하므로 계통학적으로 매우 다양한 종들로 이루어진 분류군이라는것을 알수 있다.

돌드레아과는 5족(19.2%) 12속(23.1%) 16종(17.2%)으로서 족수에서는 두번째, 속수와 종수에서는 세번째자리를 차지하는 분류군이다.

나머지 2개아과는 2족(7.7%) 2~3속(3.8~5.8%) 2~4종(2.2~4.3%)으로서 분류군수와 그 비률이 매우 낮다.

(2) 해발높이에 따르는 분포

백두산일대에서 알려진 돌드레류의 해발높이에 따르는 분포는 해발높이 800~1300m에 83종, 1300~1600m에 45종, 1600~2000m에 12종, 산림한계선을 벗어나 2000~2750m에 2종으로서 높은 지대에로 올라갈수록 종수가 점차 감소되는 경향이 뚜렷하게 나타난다(표 45).

대표적인 종들로는 해발높이 800~1300m에서 넓은잎나무를 해하는 애기풀꽃돌드레, 800~1600m에서 바늘잎나무를 해하는 자색돌드레, 넓은잎나무와 바늘잎나무를 다같이 해하는 붉은진꽃돌드레와 흰네점긴수염돌드레, 1300~1600m에서 바늘잎나무를 해하는 넉점배기꽃돌드레, 풀꽃돌드레, 백두산자색돌드레, 넓은잎나무를 해하는 솜털돌드레, 800~2000m에서 바늘잎나무를 해하는 소나무돌드레, 1300~2000m에서 바늘잎나무를 해하는 락엽송돌드레 등을 들수 있으며 2000m이상에서는 긴점꽃돌드레와 검은점꽃돌드레 등 2종이 알려졌을뿐이다.

해발높이에 따르는 돌드레의 분포   표 45.

아과명 \ 해발높이, m	800~1300	1300~1600	1600~2000	2000~2750
롬돌드레아과	2	—	—	—
꽃돌드레아과	37	24	8	2
넙적돌드레아과	2	2	1	—
돌드레아과	13	6	1	—
뽕나무돌드레아과	29	13	2	—
계	83	45	12	2

(3) 먹이식물

표 44에서와 같이 백두산일대에서 알려진 93종의 돌드레류가운데서 식물을 많이 해하는 종류는 34종인데 그 가운데서 넓은잎나무와 바늘잎나무를 많

이 해하는 종이 각각 16종, 15종이고 풀을 해하는 종은 3종이며 떨기나무를 해하는 종은 없다.

또한 먹이식물을 보통정도로 해하는 종류는 30종인데 넓은잎나무, 바늘잎나무, 풀 등에 각각 17종, 11종, 2종이고 떨기나무를 해하는 종은 없다.

먹이식물을 적게 해하는 종류는 26종으로서 넓은잎나무, 바늘잎나무, 떨기나무 등에 각각 18종, 7종, 1종이고 풀을 해하는 종류는 없다.

먹이식물을 매우 적게 해하는 종류는 19종으로서 넓은잎나무, 바늘잎나무,

표 46. 먹이식물을 해하는 정도와 종수

먹이식물	많이 해하는것	보통 해하는것	적게 해하는것	매우 적게 해하는것
바늘잎나무	15	11	7	4
넓은잎나무	16	17	18	11
떨기나무			1	4
풀	3	2		
계	34	30	26	19

떨기나무 등에 각각 11종, 4종, 4종이며 풀을 해하는 종류는 없다.

따라서 백두산일대에서 알려진 돌드레류가운데서 넓은잎나무와 바늘잎나무를 해하는 종류가 많을뿐아니라 이 나무들을 해하는 정도도 심하다는것을 알수 있다.

(4) 종구성

잎사귀돌드레 *Megopis sinica* Wh.

황철나무, 들메나무, 버드나무, 소나무, 가문비나무, 전나무 등의 나무질부를 해한다. 백두산일대에서는 2년에 한번 생겨난다. 엄지벌레는 6~8월경에 나타나는데 가장 많이 나타나는 시기는 7월하순~8월상순이다. 백두산일대에 널리 퍼져있다.

톱돌드레 *Prionus insularis* Motsch.

가문비나무, 소나무, 느릅나무, 버드나무, 단풍나무 등의 나무그루 또는 뿌리를 해한다. 백두산일대에서는 2년에 한번 생겨난다. 엄지벌레는 6월상순~8월하순에 나타나며 낮에 큰 무리를 지어 날아다닌다. 백두산일대에 널리 퍼져있다.

소나무돌드레 *Rhagium inquisitor* (L.)

가문비나무, 분비나무, 소나무, 잣나무, 이깔나무 등의 나무질을 해한다. 한해에 한번 생겨나며 엄지벌레로 겨울을 난다. 겨울난 엄지벌레는 5월

하순~6월중순경에 나타난다. 무두봉, 소백산, 북계수, 백두산밀영 등에서 채집되였다.

넙적어깨꽃돌드레 *Stenocorus amurensis* (Kr.)

버드나무, 상수리나무, 단풍나무, 들메나무, 황철나무 등의 나무질을 해한다. 3년에 한세대 경과하며 엄지벌레는 7월상순~8월에 나타난다. 백두산일대에서 채집되였다.

쌍점배기꽃돌드레 *Pachyta bicuneata* Motsch.

이깔나무, 가문비나무를 비롯한 바늘잎나무의 나무질을 해한다. 3년에 한번 생겨난다. 엄지벌레는 6월하순~8월중순에 나타난다. 백두산일대에서 마리수는 많은편이다. 백두산, 삼지연, 보천, 리명수, 혜산 등에서 채집되였다.

넉점배기꽃돌드레 *Pachyta quadrimaculata* (L.)

잣나무를 비롯한 여러가지 바늘잎나무를 해한다.

3년에 한번 생겨난다. 엄지벌레는 6월상순~8월하순에 나타난다. 백두산일대에서 해발높이 1300~1600m에 퍼져있으며 마리수는 많은편이다.

돼지점배기꽃돌드레 *Pachyta lamed* (L.)

가문비나무를 비롯한 바늘잎나무의 나무질을 해한다. 엄지벌레는 6월하순~8월중순에 나타나 여러가지꽃우에서 영양을 취한다. 무두봉, 리명수, 보천, 혜산 등에서 채집되였다.

검은점꽃돌드레 *Brachyta interrogationis* (L.)

주로 가문비나무의 나무질부분을 해한다. 2년에 한세대를 경과한다. 엄지벌레는 5월중순~8월상순에 나타난다. 엄지벌레는 5월말 내지 6월중순에 여러가지 꽃에 모여든다. 삼지연, 포태, 대홍단, 정일봉, 소백산, 북계수, 백암, 대택 등에서 채집되였으며 마리수는 많다.

유단점꽃돌드레 *Brachyta bifaciata* (Oliv.)

여러가지 풀을 먹고 산다. 2년에 한세대 경과한다. 엄지벌레는 6월상순~8월하순에 나타나며 마리수는 많다. 리명수에서 채집되였다.

긴점꽃돌드레 *Brachyta variabilis* (Gebl.)

여러가지 풀을 먹는다. 2년에 한세대 경과한다. 엄지벌레는 5월하순~7월하순에 나타나며 마리수는 많다. 백두산일대에 퍼져있다.

북방점꽃돌드레 *Evodinus borealis* (Gyllh.)

백두산일대에서 엄지벌레는 7월상순~8월중순에 나타난다. 엄지벌레는 해발높이 2000m의 높이에서 여러가지 꽃들에 모여들어 꽃잎과 꽃가루를 먹는다. 무두봉과 백두산밀영 등에서 채집되였다.

자지금꽃돌드레 *Gaurotes virginea* (L.)

여러가지 바늘잎나무를 해한다. 2년에 한세대 경과한다. 엄지벌레는 6월상순~7월하순에 나타나며 마리수는 많지는 않다. 포태에서 채집되였다.

보천금꽃돌드레 *Gaurotes kozhevnikovi* Plav.

바늘잎나무림에서 산다. 2년에 한세대 경과한다. 엄지벌레는 6월하순~8월중순에 나타나며 마리수는 적다. 보천, 리명수에서 채집되였다.

우쑤리금꽃돌드레 *Gaurotes ussuriensis* Bless

넓은잎나무를 해한다.
2년에 한세대 경과한다. 엄지벌레는 6월중순~8월상순에 나타나며 마리수는 많다. 백두산일대에 퍼져있다.

금꽃돌드레 *Gaurotes suvorovi* Sem.

상수리나무, 난티나무, 채양버들 등과 기타 넓은잎나무를 해한다. 백두산일대의 넓은잎나무림에 7월~8월에 나타난다. 엄지벌레는 여러가지 나무의 꽃가루와 꽃잎들을 먹는다. 삼지연, 소백수, 백두산밀영 등에서 채집되였다.

풀꽃돌드레 *Acmaeops smaragdula* (F.)

가문비나무, 분비나무를 비롯한 바늘잎나무를 해한다. 2년에 한세대 경과한다. 엄지벌레는 6월중순~9월중순에 나타나며 마리수는 많다. 백두산, 삼지연, 허항령에서 채집되였다.

작은풀꽃돌드레 *Acmaeops anguisticollis* Gebl.

잣나무를 비롯한 여러가지 바늘잎나무를 해한다. 2년에 한세대 경과한다. 엄지벌레는 6월중순~8월하순에 나타나며 마리수가 많다. 백두산일대에 퍼져있다.

애기풀꽃돌드레 *Acmaeops minuta* (Gebl.)

넓은잎나무림에서 산다. 엄지벌레는 6월상순~7월에 나타나서 여러가지 꽃에서 꽃가루를 먹는다. 백두산일대에 퍼져있다.

흑꽃돌드레 *Pseudosiversia rufa* (Kr.)

물푸레나무를 비롯한 여러가지 넓은잎나무를 해한다. 2년에 한세대 경과한다. 엄지벌레는 6월상순~7월하순에 나타나며 마리수는 적다. 북계수에서 채집되였다.

세줄애기꽃돌드레 *Pidonia gibbicollis* (Bless.)

넓은잎나무림에서 살면서 버드나무, 물푸레나무의 나무질을 해한다. 2년에 한세대 경과한다. 6월상순~7월하순에 나타난다. 무두봉, 정일봉, 삼지연, 리명수, 대택 등에서 채집되였다.

점배기애기꽃돌드레 *Pidonia maculithorax* Pic.

넓은잎나무림에서 살면서 버드나무, 자작나무 등을 해한다. 2년에 한세대를 경과한다. 엄지벌레는 6월중순~8월중순에 나타난다. 삼지연, 소백수 등에서 채집되였다.

두줄애기꽃돌드레 *Pidonia puziloi* (Sols.)

넓은잎나무림에서 살면서 물푸레나무, 느릅나무 등을 해한다. 엄지벌레는 6월상순~7월중순에 나타나는데 최성기는 6월하순~7월상순이다. 소백수, 리명수 등에서 채집되였다.

눈배기애기꽃돌드레 *Pidonia signifera* Bat.

버드나무, 사시나무, 귀룽나무, 가래나무, 단풍나무 등의 나무질을 해한다. 2년에 한세대를 경과한다. 엄지벌레는 6월상순~7월하순에 나타나 여러가지 꽃에 모여든다. 보천, 온포, 대택 등에서 채집되였다.

깔다구꽃돌드레 *Nivellia sanguinosa* (Gyllh.)

소나무, 가문비나무, 분비나무 등의 나무질을 해한다. 한해에 한번 생겨난다. 엄지벌레는 7~8월경에 나타난다. 백두산일대에 퍼져있다.

람색진꽃돌드레 *Anoplodera cyanea* (Gebl.)

느릅나무, 단풍나무, 참나무 기타 여러가지 나무의 나무질을 해한다. 2년에 한세대를 경과한다. 엄지벌레는 6월상순~8월하순에 나타난다. 백두산, 포태, 리명수 등에서 채집되였다.

알락수염진꽃돌드레 *Anoplodera variicornis* (Dalm.)

가문비나무, 분비나무, 잣나무 등의 나무질을 해한다. 엄지벌레는 7월중순~8월중순경에 나타난다. 백두산밀영, 삼지연, 리명수, 혜산 등에 널리 퍼져있다.

붉은진꽃돌드레 *Anoplodera succedanea* (Lew.)

분비나무, 가문비나무, 오리나무, 상수리나무 등의 나무질을 해한다. 엄지벌레는 7월상순~8월하순에 나타난다. 무두봉, 포태, 삼지연, 보천, 신무성 등에 널리 퍼져있다.

백암진꽃돌드레 *Anoplodera sangninolenta* (L.)

분비나무를 해한다. 2년에 한세대를 경과한다. 엄지벌레는 6월상순~8월하순에 나타난다. 백암일대에서 채집되였다.

검은레진꽃돌드레 *Anoplodera sequensi* (Reitt.)

분비나무, 전나무, 이깔나무, 소나무 등을 해한다. 2년에 한세대를 경과한다. 엄지벌레는 5월하순~8월하순에 나타난다. 백두산, 삼지연, 소백산, 베개봉 등에 퍼져있다.

백두진꽃돌드레 *Anoplodera rubra* (L.)

바늘잎나무림에서 산다. 2년에 한세대 경과한다. 엄지벌레는 6월상순~9월상순에 나타나며 마리수는 많다. 백두산일대의 해발높이 800~1300m에 퍼져있다.

여섯점산꽃돌드레 *Judolia sexmaculata* (L.)

전나무, 분비나무, 소나무 등을 해한다. 2년에 한세대를 경과한다. 엄지벌레는 5월하순~8월하순에 나타난다. 백두산일대에 퍼져있다.

산꽃돌드레 *Judolia longipes* (Gebl.)

넓은잎나무림에서 살면서 쉬땅나무, 어수리, 조팝나무 등을 해한다. 2년에 한세대를 경과한다. 엄지벌레는 6월하순~8월하순에 나타난다. 백두산, 삼지연일대에 퍼져있다.

백두산꽃돌드레 *Judolia erratica* (Dalm.)

자작나무, 참나무를 비롯한 여러가지 넓은잎나무의 나무질을 해한다. 2년에 한세대 경과한다. 엄지벌레는 7월상순~8월상순에 나타나며 마리수는 많지 못하다. 백두산일대에서 해발높이 800~1300m에 퍼져있다.

땅꽃돌드레 *Judolidia bangi* (Pic.)

넓은잎나무림에서 살면서 아귀꽃나무를 해한다. 2년에 한세대를 경과한다. 엄지벌레는 6월상순~7월하순에 나타난다. 대택에서 채집되였다.

굵은다리꽃돌드레 *Oedecnema dubia* (L.)

버드나무, 떡갈나무, 피나무 등의 나무질을 해한다. 2년에 한세대를 경과한다. 엄지벌레는 5월하순~8월상순에 나타난다. 백두산밀영, 소백수, 혜산, 운흥, 대홍단, 백암 등에서 채집되였다.

가슴붉은광대꽃돌드레 *Leptura thoracica* Creutz.

버드나무, 참나무, 단풍나무, 느릅나무 등의 나무질을 해한다. 2년에 한세대 경과한다. 엄지벌레는 6월상순~8월하순에 나타나며 마리수는 적다. 삼지연, 허항령, 혜산 등에서 채집되였다.

광대꽃돌드레 *Leptura arcuata* Panz.

넓은잎나무림 또는 혼성림에서 산다. 버드나무, 자작나무, 가래나무, 떡갈나무, 단풍나무, 오리나무 등의 나무질을 해한다. 2년에 한세대 경과한다. 엄지벌레는 5월상순~8월중순에 나타난다. 무두봉, 삼지연, 소백수, 대홍단, 리명수, 포태, 혜산, 운흥, 대택 등에 널리 퍼져있다.

검은광대꽃돌드레 *Leptura aethiops* Poda

자작나무, 참나무, 단풍나무, 오리나무 등의 나무질을 해한다. 2년에 한세대 경과한다. 엄지벌레는 6월중순~8월중순에 나타난다. 신무성, 보천, 백암 등에서 채집되였다.

열두점광대꽃돌드레 *Leptura duodecimguttata* F.

자작나무, 버드나무, 가래나무, 떡갈나무, 귀룽나무, 피나무, 오리나무 등의 나무질을 해한다. 2년에 한세대를 경과한다. 엄지벌레는 5월하순~8월상순에 나타난다. 혜산, 운흥, 남중, 대택 등지에서 채집되였다.

네줄광대꽃돌드레 *Leptura ochraceofasciata*(Motsch.)

소나무를 비롯한 삼송류의 나무질을 해한다. 2년에 한세대 경과한다. 엄지벌레는 6월상순~8월상순에 나타난다. 백두산일대에 퍼져있다.

진검은광대꽃돌드레 *Leptura femoralis*(Motsch.)

단풍나무를 비롯한 넓은잎나무를 해한다. 2년에 한세대 경과한다. 엄지벌레는 6월중순~8월하순에 나타난다.

북계수일대에서 채집되였다.

긴꼬리꽃돌드레 *Strangalia attenuata*(L.)

전나무, 가문비나무, 소나무 등을 해한다. 2년에 한세대 경과한다. 엄지벌레는 6월하순~8월상순에 나타난다. 무두봉, 백두산밀영, 포태, 리명수, 운흥 등에서 채집되였다.

밤색넙적돌드레 *Arhopalus rusticus*(L.)

전나무를 비롯한 바늘잎나무를 해한다. 2년에 한세대 경과한다. 엄지벌레는 6월상순~8월하순에 나타난다. 백암에서 채집되였다.

넙적돌드레 *Asemum punctulatum* Bless.

가문비나무를 해한다. 백두산일대에서 2년에 한세대 경과한다. 엄지벌레는 6월상순~8월상순에 나타난다. 무두봉, 삼지연, 소백산, 대택 등에서 채집되였다.

단송돌드레 *Tetropium gracilicorne* Reitt.

가문비나무, 분비나무, 이깔나무 등의 나무질을 해한다. 2년에 한세대 경과한다. 엄지벌레는 6월상순~7월하순에 나타난다. 백두산, 신무성, 백암 등에서 채집되였다.

락엽송돌드레 *Tetropium castaneum* (L.)

소나무, 가문비나무, 분비나무, 이깔나무, 전나무 등의 나무질을 해한다. 한해에 한번 생겨나며 새끼벌레로 겨울을 난다. 무두봉, 삼지연, 정일봉, 베개봉, 청봉, 보천, 온수평, 리명수, 운흥 등에서 채집되였다.

솜털돌드레 *Trichoferus campestris* (Fald.)

여러가지 넓은잎나무의 나무질을 해한다. 2년에 한세대 경과한다. 엄지벌레는 7월상순~8월중순에 나타난다. 삼지연, 온수평, 보천 등에서 채집되였다.

자색돌드레 *Callidium violaceum* (L.)

가문비나무, 잣나무, 소나무 등의 나무질을 해한다. 백두산일대에서 엄지벌레는 6월상순~7월하순에 나타난다. 삼지연, 대택, 리명수 등에서 채집되였다.

백두산자색돌드레 *Callidium coriaceum* Payk.

여러가지 바늘잎나무의 나무질을 해한다. 2년에 한세대 경과한다. 엄지벌레는 6월상순~7월하순에 나타난다. 사자봉밀영, 백두산밀영, 백암 등에서 채집되였다.

백암자색돌드레 *Callidium chlorizans* Sols.

여러가지 바늘잎나무의 나무질을 해한다. 2년에 한세대 경과한다. 엄지벌레는 7월상순~8월중순에 나타난다. 백암에서 채집되였다.

네눈돌드레 *Stenygrinum quadrinotatum* Bat.

상수리나무의 나무질을 해한다. 1년에 한세대 경과한다. 새끼벌레로 겨울을 나며 엄지벌레는 6월상순~8월중순에 나타난다. 보천, 운흥 등지에서 채집되였다.

붉은목돌드레 *Aromia bungi* Fald.

여러가지 넓은잎나무의 나무질을 해한다. 3년에 한세대 경과한다. 엄지벌레는 7월상순~8월중순에 나타난다. 삼지연에서 채집되였다.

백양큰범돌드레 *Xylotrechus rusticus* (L.)

백양나무, 버드나무, 자작나무 등의 나무질을 해한다. 2년에 한세대 경과한다. 엄지벌레는 5월하순~9월상순에 나타난다. 삼지연, 허항령, 소백수 등에서 채집되였다.

쇠범돌드레 *Xylotrechus polyzonus* (Fairm.)

여러가지 넓은잎나무의 나무질을 해한다. 2년에 한세대 경과한다. 엄지벌레는 6월상순~8월중순에 나타나며 마리수는 매우 적다. 허항령에서 채집되였다.

흰털범돌드레 *Clytus melaenus* Bat.

버드나무, 참나무, 느릅나무, 오리나무, 단풍나무 등의 나무질을 해한다. 2년에 한세대 경과한다. 엄지벌레는 6월상순~8월중순에 나타난다. 백두산일대에 퍼져있다.

여섯점푸른돌드레 *Chlorophorus sexmaculatus* (Motsch.)
참오리나무, 단풍나무를 비롯한 여러가지 넓은잎나무를 해한다. 2년에 한세대 경과한다. 엄지벌레는 6월중순~8월중순에 나타나며 마리수는 많지 못하다. 리명수, 삼지연 등에서 채집되였다.

깔다구작은푸른범돌드레 *Chlorophorus gracilipes* (Fald.)
자작나무, 버드나무, 참오리나무, 개암나무, 오리나무, 참나무, 느릅나무, 단풍나무 등의 나무질을 해한다. 2년에 한세대 경과한다. 엄지벌레는 6월하순~8월상순에 나타나며 마리수는 많다. 삼지연, 대택 등에서 채집되였다.

백두푸른범돌드레 *Chlorophorus figulatus* (Scop.)
버드나무, 백양나무 등 여러가지 넓은잎나무의 나무질을 해한다. 2년에 한세대 경과한다. 엄지벌레는 6월중순~8월하순에 나타난다. 매우 드문종이다. 백두산에서 채집되였다.

관모범돌드레 *Rhaphuma acutivittis* (Kr.)
버드나무, 개암나무, 자작나무, 오리나무, 참나무, 단풍나무 등의 나무질을 해한다. 3년에 한세대를 경과한다. 엄지벌레는 6월상순~8월하순에 나타난다. 대홍단일대에서 채집되였다.

모자무늬붉은돌드레 *Purpuricenus lituratus* Ganglb.
넓은잎나무의 나무질을 해한다. 1년에 한번 생겨나며 새끼벌레로 겨울을 난다. 엄지벌레는 6월부터 7월에 나타난다. 백두산일대에 퍼져있다.

붉은무늬돌드레 *Asias halodendri* (Pall.)
버드나무, 참나무 등을 해한다. 2년에 한세대 경과한다. 엄지벌레는 6월하순~7월하순에 나타나며 마리수는 그리 많지 않다. 백암, 합수에서 채집되였다.

검은무늬쇠주홍돌드레 *Amarysius altajensis* (Laxm.)
버드나무, 참오리나무, 개암나무 등을 해한다. 2년에 한세대 경과한다. 엄지벌레는 5월하순~7월하순에 나타나며 마리수는 많다. 백두산일대에서 해발높이 800~1300m에 퍼져있다.

뚜거비돌드레 *Plectrura metallica* Bat.
오리나무, 물오리나무, 떡오리나무 등의 나무질을 해한다. 한해에 한번 생겨나며 엄지벌레로 겨울을 난다. 이듬해 6월하순부터 8월하순에 나타난다. 정일봉, 소백수 등에서 채집되였다.

무쇠돌드레 *Lamia textor* (L.)

버드나무, 물황철나무의 나무질을 해한다. 넓은잎나무림에서 살면서 3년에 한세대 경과한다. 엄지벌레는 6월상순～8월하순에 나타나는데 6～7월이 최성기이다. 백두산, 온수평, 리명수, 백암 등에서 채집되였다.

쌍띠무쇠돌드레 *Lamiomimus gottschei* Kolbe

버드나무의 나무질을 해한다. 3년에 한세대 경과한다. 엄지벌레는 7월상순～8월하순에 나타나며 마리수는 적다. 백두산, 허항령에서 채집되였다.

애기긴수염돌드레 *Monochamus sutor* (L.)

가문비나무, 분비나무, 이깔나무 등의 잎과 나무질을 해한다. 백두산일대에서는 2년에 한세대 경과하며 새끼벌레로 겨울을 난다. 5월중순경에 새끼벌레는 번데기로 되며 5월하순～6월상순에는 엄지벌레로 된다. 무두봉, 정일봉, 삼지연, 베개봉, 백두산밀영, 북계수, 백암 등에서 채집되였다.

흰네점긴수염돌드레 *Monochamus urussovi* (Fisch.)

가문비나무, 분비나무, 이깔나무, 잣나무, 물자작나무 등의 나무질을 해한다. 백두산일대에서는 2년에 한세대 경과하며 엄지벌레는 6월상순～9월상순에 나타나는데 제일 많이 나타나는 시기는 7～8월이다. 무두봉, 정일봉, 소백산, 베개봉, 백두산밀영, 보천, 리명수, 북계수, 백암 등에서 채집되였다.

진긴수염돌드레 *Monochamus saltuarius* Gebl.

가문비나무, 분비나무, 이깔나무, 잣나무 등의 나무질을 해한다. 한해에 한번 생겨나며 엄지벌레는 5월하순부터 6월하순까지 나타난다. 무두봉, 베개봉, 삼지연, 북계수, 백두산밀영, 청봉, 리명수 등에서 채집되였다.

북방긴수염돌드레 *Monochamus impluviatus* Motsch.

바늘잎나무의 나무질을 해한다. 2년에 한세대 경과한다. 엄지벌레는 6월상순～7월하순에 나타난다. 백암에서 채집되였다.

긴수염돌드레 *Monochamus guttatus* Blees.

자작나무, 버드나무, 참오리나무, 개암나무, 오리나무, 참나무, 느릅나무 등을 해한다. 2년에 한세대 경과한다. 엄지벌레는 6월상순～8월하순에 나타난다. 백암에서 채집되였다.

깨다시돌드레 *Mesosa myops* (Dalm.)

자작나무, 버드나무, 참오리나무, 개암나무, 오리나무, 참나무, 느릅나무, 단풍나무를 해한다. 2년에 한세대 경과한다. 엄지벌레는 6월상순～8월상순에 나타나며 마리수는 많다. 백두산일대에서 해발높이 800～1300m에 퍼져있다.

털뚜거비돌드레 *Moechotypa diphysis* (Pasc.)

떡갈나무의 나무질을 해한다. 2년에 한세대 경과한다. 엄지벌레는 6월 상순～7월하순에 나타난다. 백두산, 삼지연, 온수평, 리명수에서 채집되였다.

버들흰등돌드레 *Pterolophia rigida* Bat.

버드나무, 느릅나무, 뽕나무 등의 나무질을 해한다. 2년에 한세대 경과한다. 엄지벌레는 5월상순～8월중순에 나타난다. 삼지연, 리명수, 소백수 등에서 채집하였다.

센둥이돌드레 *Xylariopsis mimica* Bat.

넓은잎나무의 나무질을 해한다. 2년에 한세대 경과한다. 엄지벌레는 7월중순～8월중순에 나타나며 마리수는 매우 적다. 백두산일대에서 해발높이 800～1300m에 퍼져있다.

사시나무수염돌드레 *Acanthoderes clavipes* Schr.

사시나무, 버드나무, 자작나무, 가래나무, 피나무, 오리나무 등의 나무질을 해한다. 2년에 한세대 경과한다. 엄지벌레는 5월하순～8월하순에 나타난다. 운흥, 대택 등에서 채집되였다.

작은광대돌드레 *Leiopus stillatus* (Bat.)

밤나무를 해한다. 2년에 한세대 경과한다. 엄지벌레는 6월상순～8월하순에 나타난다. 운흥에서 채집되였다.

네눈수염돌드레 *Acanthocinus aedilis* (L.)

소나무, 잣나무, 가문비나무 등의 나무질을 해한다. 한해에 한번 생겨나며 엄지벌레로 겨울을 난다. 백암, 보천 등에서 채집되였다.

알다리수염돌드레 *Acanthocinus griseus* (F.)

버드나무, 전나무 등의 나무질을 해한다. 2년에 한세대 경과한다. 엄지벌레는 5월하순～9월상순에 나타난다. 보천, 대택, 백암 등에서 채집되였다.

보천람색털보돌드레 *Agapanthia villosoviridescens* (Deg)

2년에 한세대 경과한다. 엄지벌레는 6월중순～8월하순까지 나타나며 마리수는 많다. 보천, 허항령, 온수평, 백암, 북계수 등에서 채집되였다.

옆무늬별돌드레 *Saperda interrupta* Gebl.

분비나무, 가문비나무, 이깔나무, 잣나무 등의 나무질을 해한다. 엄지벌레는 6월중순~8월하순에 나타난다. 삼지연, 무두봉, 소백수 등에서 채집되였다.

열점배기별돌드레 *Saperda alberti* Plav.
버드나무, 사시나무, 물황철나무의 나무질을 해한다. 2년에 한세대 경과한다. 엄지벌레는 7월상순~8월하순에 나타난다. 삼지연, 소백수, 리명수 등에서 채집되였다.

백두산별돌드레 *Saperda carcharias* (L.)
버드나무, 사시나무, 물황철나무 등을 해한다. 2년에 한세대를 경과한다. 엄지벌레는 6월상순~9월상순에 나타난다. 백두산일대에 퍼져있다.

열여섯점록색돌드레 *Eutetrapha sedecimpunctata* (Motsch.)
버드나무, 피나무, 참오리나무 등의 나무질을 해한다. 2년에 한세대 경과한다. 엄지벌레는 6월상순~8월에 나타난다. 백두산일대에 널리 퍼져있다.

참록색돌드레 *Eutetrapha metallescens* (Motsch.)
버드나무, 박달나무, 자작나무, 가래나무, 오리나무, 난티나무, 단풍나무, 피나무 등의 나무질을 해한다. 2년에 한세대 경과한다. 엄지벌레는 6월중순~8월중순에 나타난다. 백암일대에서 채집되였다.

삼돌드레 *Thyestilla gebleri* (Fald.)
백두산일대에서 2년에 한세대 경과한다. 엄지벌레는 6월상순~7월하순에 나타난다. 보천, 온수평, 리명수, 운흥, 대택 등지에서 채집되였다.

당나귀돌드레 *Eumecocera impustulata* (Motsch.)
이 돌드레는 버드나무, 까치박달나무, 개암나무, 벗나무 등의 나무질을 해한다. 2년에 한세대 경과한다. 엄지벌레는 6월상순~8월중순에 나타난다. 백암일대에서 채집되였다.

사과검은돌드레 *Nupserha marginella* (Bat.)
1년에 한세대 경과한다. 엄지벌레는 5월중순~8월중순에 나타난다. 삼지연과 허항령 등에서 채집되였다.

두눈배기사과통돌드레 *Oberea depressa* (Gebl.)
백두산일대에서는 2년에 한세대 경과하며 댕댕이나무를 해한다. 엄지벌레는 6월중순부터 8월중순까지 나타난다. 삼지연, 허항령 등에서 채집되였다.

통돌드레 *Oberea japonica* (Thunb.)
느릅나무, 버드나무, 백양나무 등의 나무질을 해한다. 2년에 한번 생겨나며 나무질속에서 새끼벌레로 겨울을 난다. 엄지벌레는 6월상순~7월하순에 나타난다. 삼지연, 보천, 리명수, 운흥, 남중 등에서 채집되였다.

붉은등사과롱돌드레 *Oberea inclusa* Pasc.

자작나무와 물자작나무 및 기타 넓은잎나무를 해한다. 엄지벌레는 6월중순~8월중순에 나타난다. 삼지연, 소백수 일대에서 채집되였다.

눈배기사과롱돌드레 *Oberea oculata* L.

백두산일대에서 2년에 한세대 경과한다. 여러가지 버들류를 해한다. 엄지벌레는 6월중순~8월중순에 나타난다. 백두산, 삼지연, 허항령 일대에서 채집되였다.

국화돌드레 *Phytoecia rufiventtris* Gaut.

엄지벌레는 5월에 나타나서 국화류의 어린줄기를 해한다. 5월하순경에 교미하고 6월에 알을 낳는다. 백두산일대에 퍼져있다.

람색날개돌드레 *Bacchisa fortunei* (Thoms.)

백두산일대에서 3년에 한세대 경과한다. 엄지벌레는 버드나무, 배나무, 윤노리나무의 가지를 해한다. 백두산일대에 퍼져있다.

2) 나무좀과 Ipidae

(1) 분류군수

표 47.

분 류 군 수

아 과 명	족		속		종	
	수	비률, (%)	수	비률, (%)	수	비률, (%)
나무좀아과	—		1	7.1	2	5
인피나무좀아과	4	40.0	4	28.6	17	42.5
이발나무좀아과	5	50.0	8	57.2	20	50.0
독나무좀아과	1	10.0	1	7.1	1	2.5
계	10	100.0	14	100.0	40	100.0

표 47에서 보는바와 같이 백두산일대의 나무좀류는 나무좀아과 1속 2종 (5%), 인피나무좀아과 4족 4속 17종(42.5%), 이발나무좀아과 5족 8속 20종 (50%), 독나무좀아과 1족 1속 1종(2.5%)으로서 4아과 10족 14속 40종이다.

우리 나라에서 알려진 나무좀류는 135종이므로 백두산일대에는 우리 나라의 전반지역에 퍼져있는 전체 종수의 약 29.6%에 해당되는 종이 알려진것으로 된다.

(2) 해발높이에 따르는 분포와 동물지리학적조성

백두산일대 나무좀류의 아과별 해발높이에 따르는 분포는 표 48에서와 같다.

표 48에서와 같이 해발높이 800～1300m에 20종, 해

표 48. 해발높이에 따르는 나무좀류의 분포

아과명\해발높이, m	800～1300	1300～1600	1600～2000	2000～2750
나무좀아과	—	2	—	—
인피나무좀아과	8	2	8	—
이발나무좀아과	11	8	12	—
독나무좀아과	1	—	—	—
계	20	12	20	—

발높이 1300～1600m에 12종, 해발높이 1600～2000m에 20종이 분포되어 있다.

동물지리학적조성을 분석하면 전북구광포종 4종, 구북구북방형 13종, 북아세아형 2종, 북동아세아형 2종, 동북아세아연안형 19종이고 동북아세아형과 동남아세아형은 한종도 없다.

동부아세아연안형은 19종으로서 총종수의 47.5%를 차지하는데 이것은 북온대기원계통이고 그밖의 모든 요소들은 한대기원계통이거나 아한대기원계통이다.

(3) 종구성

자작나무좀 *Scolytus amurensis* Egg.

몸길이는 4.0～5.8mm이다. 자작나무, 사스레나무의 늙은나무, 넘어진 나무 등의 줄기에서 산다. 새끼벌레로 피해목의 나무껍질밑 엄지벌레구멍에서 겨울을 난다. 백두산일대에 널리 퍼져있다.

물자작나무좀 *Scolytus dahuricus* Chap.

몸길이는 3.7～5.4mm이다. 늙은나무, 수세가 약한나무 혹은 건강한 나무들의 줄기 및 큰가지의 나무껍질밑에 기생한다. 한해에 한세대 경과하는데 새끼벌레의 형태로 피해목의 구멍안에서 겨울을 난다.

검은뿌리나무좀 *Hylastes aterrimus* Egg.

몸길이는 3.8～5mm이다. 쇠약해지거나 바람에 넘어진 소나무와 잣나무의 나무껍질이 두꺼운 줄기밑둥과 뿌리의 껍질밑에 기생한다. 엄지벌레는

5월중순에 나타나며 6월하순에는 피해목의 굴안에서 많은 새끼벌레들을, 9월 상순에는 새로 생긴 엄지벌레들을 볼수 있다. 운홍, 백암군(남중) 등에서 채집되였다.

가문비잔털나무좀 *Hylurgops glabratus* Zett.

몸길이는 4.2~5.5mm이다. 가문비나무, 종비나무, 소나무, 잣나무 등의 쇠약한 나무, 말라가는 나무의 줄기 밑둥과 굵은 줄기의 껍질밑에서 기생한다. 이 나무좀은 번데기형태로 월동한다. 엄지벌레는 6월상중순에 나타난다. 무두봉, 정일봉, 베개봉, 청봉 등에서 채집되였다.

가문비애기잔털나무좀 *Hylurgops palliatus* Gyll.

몸길이는 2.4~3.2mm이다. 가문비나무, 종비나무, 잣나무, 소나무 등의 쇠약한 나무 혹은 바람에 넘어진 나무의 줄기 밑둥과 뿌리부분에 기생한다. 엄지벌레는 5월상순에 나타나 피해목의 줄기에 침입구멍을 뚫고 들어간다. 정일봉, 대택 등에서 채집되였다.

잣나무잔털나무좀 *Hylurgops interstitialis* Chap.

몸길이는 3.9~4.9mm이다. 잣나무, 소나무, 가문비나무 등의 쇠약해진 나무 혹은 바람에 넘어진 나무 등의 인피부와 변재부에 기생한다. 엄지벌레는 4월하순에 나타난다. 삼지연, 청봉 등에서 채집되였다.

잣나무작은잔털나무좀 *Hylurgops spessivtzevi* Egg.

몸길이는 3.4~4mm이다. 잣나무, 가문비나무 등의 쇠약한 나무 혹은 바람에 넘어졌거나 손상당한 나무들의 줄기 밑부분과 드러난 나무뿌리의 껍질밑에 기생한다. 엄지벌레는 5월상순에 나타난다. 무두봉, 베개봉, 정일봉 등에서 채집되였다.

남사잔털나무좀 *Hylurgops imitator* Reitt.

몸길이는 3.2~5mm이다. 소나무와 잣나무의 쇠약한 나무 또는 바람에 넘어진 나무줄기의 밑둥과 드러난 나무뿌리 등에 기생한다. 엄지벌레는 5월상중순에 나타나서 5월하순부터 6월상순까지 알을 낳는다. 리명수, 북계수 등 일대에서 채집되였다.

소나무애기절초나무좀 *Blastophagus minor* Hart.

몸길이는 3.3~4.5mm이다. 쇠약한 소나무에 기생하며 한해에 한세대 경과한다. 엄지벌레는 5월상중순에 나타나서 5월하순에 알을 낳는다. 운홍에서 채집되였다.

소나무절초나무좀 *Blastophagus piniperda* L.

몸길이는 3.4~4.7mm이다. 쇠약한 소나무 또는 잣나무에 기생하나 주로 소나무에 기생한다. 한해에 한세대 경과하는데 4월상순에 나타나서 소나무줄기에 들어간다. 운흥의 소나무상부한계선에서 채집되였다.

가문비절초나무좀 *Blastophagus puellus* Reitt.

몸길이는 2.9~3.5mm이다. 늙거나 쇠약한 가문비나무의 가는가지의 껍질밑에 기생한다. 엄지벌레는 6월상순에 나타난다. 무두봉, 보천, 무봉, 대홍단 등에서 채집되였다.

가문비비늘나무좀 *Xylechinus pilosus* Ratz.

몸길이는 2.3~2.6mm이다. 쇠약하거나 말라가는 가분비나무, 종비나무 줄기의 밑둥의 껍질밑에 기생한다. 백두산일대에서는 엄지벌레가 6월하순에 나타나서 7월상중순에 알을 낳는다. 무두봉, 정일봉, 소백산, 베개봉, 보천 등에서 채집되였다.

랑림네눈배기나무좀 *Polygraphus sachalinensis* Egg.

몸길이는 2~2.5mm이다. 가문비나무와 종비나무의 쇠약한 나무 또는 바람에 넘어진 나무, 말라가는 나무 등의 가지에 기생한다. 엄지벌레는 6월 상순에 나타나 종비나무나 가문비나무의 가지에 뚫고 들어간다. 무두봉, 백두산밀영, 무봉, 백암군(남중) 등에서 채집되였다.

분비회색네눈배기나무좀 *Polygraphus abietis* Kurenz.

몸길이는 2.3~3.0mm이다. 분비나무의 쇠약한 나무, 바람에 넘어진 나무 등의 가지와 줄기의 변재부에서 산다. 엄지벌레는 5월상순에 나타나 분비나무의 가지와 줄기에 뚫고 들어간다. 무두봉, 무봉, 백암군(남중) 등에서 채집되였다.

가문비작은네눈배기나무좀 *Polygraphus subopacus* Thoms.

몸길이는 1.5~2.2mm이다. 산간계곡의 잣나무, 가문비나무와 같은 쇠약한 나무 또는 말라가는 나무, 바람에 넘어진 나무 등에 기생한다. 엄지벌레는 5월하순에 나타나서 가문비나무의 줄기에 침입구멍을 파고 들어간다. 백두산밀영, 리명수 등에서 채집되였다.

분비밤색네눈배기나무좀 *Polygraphus proximus* Blandf.

몸길이는 2.3~3.1mm이다. 가문비나무, 분비나무림에서 산다. 이 종은 주로 분비나무나 가문비나무의 쇠약한 나무, 바람에 넘어진 나무, 바람에 부러진 나무 등의 줄기와 가지의 변재부에 기생한다. 무두봉, 정일봉, 백두산밀영, 베개봉, 삼지연, 청봉, 보천, 혜산, 남중 등에 퍼져있다.

가문비회색네눈배기나무좀 *Polygraphus jezoensis* Niis.

몸길이는 3~3.2mm이다. 쇠약한 가문비나무의 줄기 혹은 굵은 나무가지에 기생한다. 엄지벌레는 6월상순에 나타나서 6월중순에 알을 낳는다. 무두봉, 정일봉, 보천, 백암 등에서 채집되였다.

혜산네눈배기나무좀 *Polygraphus miser* Blandf.

이 나무좀은 북온대기원의 동부아세아연안종으로서 우리 나라 북부고원의 분비나무에서 산다. 분비나무를 해한다. 혜산에서 채집되였다.

전나무애기나무좀 *Crypturgus pusillus* Gyll.

몸길이는 1.2~1.4mm이다. 전나무, 가문비나무, 분비나무, 잣나무, 소나무 등의 생생한 나무, 말라가는 나무 등의 가는줄기와 가지의 나무껍질 밑에 기생한다. 무두봉, 소백산, 보천, 대택 등에서 채집되였다.

가문비초리나무좀 *Cryphalus abietis* Ratz.

몸길이는 1.0~1.8mm이다. 쇠약한 가문비나무, 분비나무, 소나무 등의 초리부와 가는나무가지의 껍질밑에 기생한다. 백두산일대에서는 5월중하순에 나타난다. 엄지벌레는 피해목에 침입구멍을 뚫고 가로 넙적구멍형의 엄지벌레구멍을 만든다. 엄지벌레는 5월하순에 엄지벌레구멍벽에 알을 14~20개정도 무데기로 낳는다. 무두봉, 베개봉, 정일봉, 청봉, 혜산에서 채집되였다.

관모초리나무좀 *Cryphalus kurenzovi* Stark.

몸길이는 1.3~1.7mm이다. 백두산일대에서 가문비나무~분비나무림에서 살며 분비나무의 쇠약한 나무 혹은 늙은나무의 가는 가지의 나무껍질밑에서 산다. 엄지벌레는 5월하순부터 6월상순에 나타난다. 백두산일대에서는 분비나무에서 많이 볼수 있다.

이깔초리나무좀 *Cryphalus latus* Egg.

몸길이는 1.6~2.1mm이다. 이깔나무, 전나무, 분비나무 등의 바늘잎나무를 해한다. 신무성, 베개봉, 백두산밀영, 보천, 리명수 등에서 채집되였다.

별나무좀 *Pityogenes chalcographus* L.

몸길이는 1.8~2.5mm이다. 잣나무, 가문비나무, 종비나무, 분비나무 등의 쇠약한나무, 바람에 넘어진 나무 등을 해한다. 백두산일대에서는 한해에 2세대 경과한다. 무두봉, 신무성, 간삼봉, 소백산, 정일봉, 청봉, 사자봉밀영, 곰산밀영, 베개봉, 삼지연, 보천, 리명수, 남중일대에 퍼져있다.

침림동별나무좀 *Pityogenes seirindensis* Muray.

몸길이는 2.1~2.5mm이다. 가문비나무, 종비나무, 잣나무 등의 쇠약한나무, 말라가는나무, 바람에 넘어진 나무 등의 직경 2.5cm되는 나무가지에 기생한다. 엄지벌레는 6월중순에 나타나서 나무가지에 들어간다. 무두봉, 신무성, 간삼봉, 소백산, 정일봉, 청봉, 베개봉, 삼지연, 보천, 리명수, 혜산, 남중 등에 널리 펴져있다.

가문비별나무좀 *Pityogenes foveolatus* Egg.

몸길이는 2.1~2.9mm이다. 가문비나무의 쇠약해진나무, 바람에 넘어진 나무, 말라가는 나무의 가지에 기생한다. 엄지벌레는 6월상순에 나타난다. 무두봉, 간삼봉, 소백산, 정일봉, 베개봉, 사자봉밀영, 삼지연, 북포태산 등에 널리 펴져있다.

가문비가는나무좀 *Pityophthorus jucundus* Blandf.

몸길이는 1.6~1.8mm이다. 수세가 약한 가문비나무나 종비나무에 기생한다. 삼지연, 베개봉, 보천 등에서 채집되였다.

소나무여섯이발나무좀 *Ips acuminatus* Gyll.

몸길이는 2.9~3.9mm이다. 소나무, 잣나무 등의 건강한 나무, 늙은나무, 쇠약한나무, 바람에 넘어진 나무 등에 기생한다. 백두산일대에서는 한해에 한세대 경과한다. 보천, 혜산, 북계수, 대택, 운흥 등에서 채집되였다.

덧이발나무좀 *Ips duplicatus* Sahlb.

몸길이는 3.4~4.1mm이다. 가문비나무, 종비나무, 잣나무 등 늙은나무, 쇠약해진 나무, 바람에 넘어진 나무 등의 줄기밑둥에 기생한다. 삼지연, 무두봉, 간백산, 소백산, 백두산밀영, 사자봉밀영, 베개봉일대에 펴져있다.

이깔여덟이발나무좀 *Ips subelongatus* Motsch.

몸길이는 4.6~5.7mm이다. 이깔나무에 기생한다. 무두봉, 신무성, 정일봉, 백두산밀영, 사자봉밀영, 소백산, 베개봉, 무봉, 청봉, 보천, 리명수, 혜산, 백암, 대택 등 이깔나무가 있는곳에 펴져있다.

가문비여덟이발나무좀 *Ips typographus* L.

몸길이는 4.3~5.7mm이다. 가문비나무, 종비나무, 잣나무 등에 기생한다. 한해에 한세대 경과한다. 백두산밀영, 소백산, 간백산, 베개봉, 청봉, 무두봉, 신무성, 보천, 북계수, 백암산, 리명수 등에 있다.

향목혹나무좀 *Orthotomicus golovjankoi* Pjat.

몸길이는 3~3.5mm이다. 잣나무, 소나무, 가문비나무에 기생한다. 운흥, 남중에서 채집되였다.

잣나무혹나무좀 *Orthotomicus laricis* Fabr.

몸길이는 2.6~3.4mm이다. 가문비나무, 종비나무, 이깔나무 등에 기생한다. 무두봉, 신무성, 간백산, 소백산, 백두산밀영, 사자봉밀영, 베개봉, 청봉, 보천, 리명수 등에 퍼져있다.

이깔털나무좀 *Dryocoetes baicalicus* Reitt.

몸길이는 2.5~3.2mm이다. 이깔나무 단순림 또는 이깔나무가 섞인 바늘잎나무림에서 산다. 백두산일대에서는 해발높이 1900m까지 퍼져있다.

가문비작은털나무좀 *Dryocoetes autographus* Ratz.

몸길이는 3~4mm이다. 가문비나무와 잣나무줄기에 기생한다. 보천에서 채집되였다.

동방털나무좀 *Dryocoetes orientalis* Kurenz.

몸길이는 2.2~2.5mm이다. 삼지연, 리명수에서 채집되였다.

가문비털나무좀 *Dryocoetes hectographus* Reitt.

몸길이는 3.2~4.1mm이다. 가문비나무, 종비나무, 잣나무 등에 기생한다. 이 나무좀의 수직분포는 무두봉일대에서는 1900m까지이며 다른 지역에서는 가문비나무의 상부한계선까지이다. 무두봉, 정일봉, 청봉 등지에서 채집되였다.

가문비큰털나무좀 *Dryocoetes rugicollis* Egg.

몸길이는 3.7~4.7mm이다. 가문비나무, 종비나무, 분비나무 등에 기생한다. 무두봉, 정일봉, 베개봉, 등에서 채집되였다.

검은줄속나무좀 *Xyloterus lineatus* Oliv.

몸길이는 2.5~3.6mm이다. 가문비나무, 종비나무, 분비나무, 잣나무, 소나무 등에 기생한다. 무두봉, 정일봉, 복안수, 남중, 북계수, 보천 등에서 채집되였다.

피나무질나무좀 *Xyleborus saxeseni* Ratz.

몸길이는 2.4~3.0mm이다. 넓은잎나무 또는 바늘잎나무림에서 산다. 백두산밀영, 혜산, 운흥, 남중 등에서 채집되였다.

고롱독나무좀 *Scolytoplatypus tycon* Blandf.

몸길이는 3.2~4.0mm이다. 넓은잎나무와 가문비나무, 전나무들이 섞인 산림에서 산다. 남중, 대택, 북계수 등에서 채집되였다.

3) 돼지벌레과 Chrysomelidae

(1) 분류군수와 해발높이에 따르는 분포

백두산일대에서 알려진 돼지벌레류의 분류군수는 28속 34종이다.

세계적으로 알려진 돼지벌레류는 2600여종이고 우리 나라에서는 100여종이 알려져있다.

따라서 백두산일대에서는 우리 나라의 전반지역에 퍼져있는 전체종수의 $\frac{1}{3}$에 해당되는 종이 알려진것으로 된다.

해발높이에 따르는 분포(표 49)에서는 백두산일대의 낮은지대인 해발높이 800~900m에 6종, 해발높이 800~1300m에 24종으로서 대부분의 종들이 해발높이 1300m까지의 비교적 낮은 지대에 퍼져있다.

그밖에 해발높이 800~2000m에 1종, 1000~2000m에 1종, 1300~2000m에 2종이 퍼져있다.

따라서 백두산일대에서 지금까지 알려진 대부분의 종들은 해발높이 1300m까지에 퍼져있다.

(2) 먹이식물

돼지벌레류는 식물을 먹이로하는 딱장벌레류로서 나무와 농작물의 잎이나 뿌리를 해하는데 먹성에 따라 새끼벌레시기와 엄지벌레시기에 다 같이 잎을 해하는 종들과 새끼벌레시기에는 뿌리를 해하고 엄지벌레시기에는 잎을 해하는 종들로 구분된다.

표 49에서 보는바와 같이 백두산일대에서 알려진 돼지벌레류가운데서 산림해충으로서 잎을 해하는 종은 16종인데 그 가운데에 기타식물의 잎도 해하는 긴수염둥근벼룩돼지벌레, 장미통돼지벌레, 싸리돼지벌레 등과 기타식물의 잎과 함께 산림에서 뿌리도 해하는 뽕돼지벌레 등 4종이 들어있다.

따라서 산림에서 잎만 해하는 종은 12종이다.

농작물해충으로서 잎을 해하는 종은 6종인데 그 가운데는 뿌리도 함께 해하는 노랑줄벼룩돼지벌레, 오이돼지벌레 등과 기타식물의 잎도 다 같이 해하는 삼벼룩돼지벌레, 가지뛰는돼지벌레 등 4종이 들어있다.

또한 농작물해충중에는 뿌리를 해하는 벼뿌리돼지벌레가 있다. 기타식물의 잎만을 해하는 돼지벌레는 11종이다.

이와 같이 돼지벌레는 그 먹성으로하여 산림과 농업에서 경계하여야 할 주요한 해충으로 된다.

(3) 동물지리학적조성

백두산일대에서 알려진 34종의 돼지벌레류 가운데서 94.2%에 해당되는 31종은 북반구 온대형이고 아열대형은 1종, 북반구아한대형은 2종이다.

이와같이 백두산일대에서 알려진 종들가운데서 절대다수의 종들이 북반구온대형에 속한다(표 49).

해발높이에 따르는 분포, 먹이식물, 동물지리학적조성 표 49

종 명	해발높이, m	먹이식물							동물지리학적조성			
		나무류			농작물			기타잎	아열대형	북반구온대형	북반구아한대형	북한반구대형
		잎	뿌리	기타	잎	뿌리	기타					
밤색날개돼지벌레	800~1300							+		+		
시어나무돼지벌레	〃	+								+		
사시나무돼지벌레	〃	++								+		
노랑줄벼룩돼지벌레	〃				+	+				+		
긴수염둥근벼룩돼지벌레	〃	+								+		
넙적돼지벌레	〃	++						+		+		
붉은긴목돼지벌레	〃							+	+	+		
오리나무돼지벌레	〃	++								++		
버들돼지벌레	800~2000	++								+		
버뿌리돼지벌레	800~900					+				+		
붉은날개둥근돼지벌레	800~1300							+		+		
거북돼지벌레	〃							++		+		
오이돼지벌레	800~900				+	+				+		
넉점배기통돼지벌레	800~1300	+								++		
장미통돼지벌레	1000~2000	++								+		
털보돼지벌레	800	+								+		
뽕돼지벌레	〃	+	+							+		
쑥통돼지벌레	800~1300	++								+		
쑥돼지벌레	〃							++		+		
박하쑥돼지벌레	800~1300							++	+			
상어쑥돼지벌레	1300~2000							++		+		
들포도붉은돼지벌레	800~1300	+								++		
싸리돼지벌레	〃	+								++		
가는목룩룩돼지벌레	〃	++								++		
단풍돼지벌레	1300~2000	++								++		
줄번개돼지벌레	800~1300	++								+		
느릅나무돼지벌레	〃	++								+		
개암돼지벌레	〃	++								+		
콩두줄돼지벌레	〃				+					+		
검은등줄돼지벌레	〃							+		+		
버돼지벌레	800				+					+		
삼버룩돼지벌레	800~1300				++					++		
긴날개벼룩돼지벌레	〃							++		+		
가지뛰는돼지벌레	800				+					++		

(3) 종구성

밤색날개돼지벌레 *Phygasia fulvipennis* Baly
  몸길이는 5.5mm안팎이다. 박주가리 잎을 먹는다. 보천군 가산리에서 채집되였다.

서어나무돼지벌레 *Gastrolinoides japonica* Har.
  몸길이는 5.5mm안팎이다. 나무의 잎을 먹는다. 엄지벌레는 5월중순~7월중순에 나타난다. 보천, 온수평, 삼지연, 대홍단 등에서 채집되였다.

사시나무돼지벌레 *Phratora multipunctata* Jac.
  몸길이는 4mm안팎이다. 나무의 잎을 먹는다. 엄지벌레는 5월상순~7월하순에 나타난다. 보천군 가산리, 백암, 북계수 등에서 채집되였다.

노랑줄벼룩돼지벌레 *Phyllotreta vittata* F.
  몸길이는 1.8~2.5mm이다. 무우, 배추, 가두배추 등을 해한다. 한해에 3~4번 생겨나며 여러가지 잡풀속이나 또는 땅에 떨어진 잎속에서 엄지벌레단계로 겨울을 난다. 혜산, 운흥, 남중, 북계수, 유곡 등에서 채집되였다.

긴수염둥근벼룩돼지벌레 *Hemipyxis plagioderoides* Motsch.
  몸길이는 4.5mm안팎이다. 식물의 잎을 먹는다. 엄지벌레는 5월중순~6월하순에 나타난다. 온수평에서 채집되였다.

넙적돼지벌레 *Clytra laeviuscula* Ratz.
  몸길이는 9mm안팎이다. 버드나무류의 잎을 먹는다. 엄지벌레는 5월중순~7월하순에 나타난다. 보천군 가산리에서 채집되였다.

붉은긴목돼지벌레 *Lilioceris subpolita* Motsch.
  몸길이는 10mm안팎이다. 식물의 잎을 먹는다. 엄지벌레는 6~7월에 나타난다. 대홍단에서 채집되였다.

오리나무돼지벌레 *Agelastica coerulea* Baly
  몸길이는 8~9mm이다. 엄지벌레는 5월하순~6월상순경에 땅과 닿아있는 앞뒤면에 여러개씩 무데기로 알을 낳는다. 한마리가 낳는 알수는 200~500정도이다. 9월중하순경에 땅에 떨어진 나무잎이나 잡풀속에서 겨울을 난다. 보천, 온수평, 대홍단, 운흥 등에서 채집되였다.

버들돼지벌레 *Chrysomela vigintipunctata* Scop.
  몸길이는 8mm정도이다. 한해에 2번 생겨나며 엄지벌레로 겨울을 난다. 정일봉, 북계수, 포태, 운흥, 남중, 백암 등에 널리 퍼져있다.

벼뿌리돼지벌레 *Donacia provosti* F.

몸길이는 5～6.5mm이다. 엄지벌레는 7월중순～8월하순에 나타난다. 새끼벌레는 땅속 10～30cm의 깊이에서 겨울을 난다. 운흥, 대택 등에서 채집되였다.

붉은날개둥근돼지벌레 *Sphaeroderma nigricolle* Jac.
몸길이는 3～3.5mm이다. 청미래덩굴의 잎을 먹는다. 삼지연, 북계수 등에서 채집되였다.

거북돼지벌레 *Cassida nebulosa* L.
몸길이는 5～7.5mm이다. 한해에 한번 생겨난다. 잡풀, 돌각담속, 락엽밑, 땅짬 등에서 엄지벌레단계로 겨울을 난다. 식물의 잎을 갉아먹는다. 운흥, 북계수, 유곡 등에서 채집되였다.

오이돼지벌레 *Aulacophora femoralis* Motsch.
몸길이는 7～12mm이다. 박과식물을 해한다. 한해에 한번 생겨난다. 운흥, 대택, 북계수, 유곡 등에서 채집되였다.

넉점배기통돼지벌레 *Cryptocephalus nobilis* Kraatz
몸길이는 6mm 안팎이다. 참나무류의 잎을 먹는다. 엄지벌레는 5월하순～7월하순에 나타난다. 온수평, 보천, 가산, 삼지연 등에서 채집되였다.

장미통돼지벌레 *Cryptocephalus approximatus* Baly
몸길이는 4～5mm이다. 참나무의 잎을 해한다. 엄지벌레는 6～7월에 나타난다. 백두산, 삼지연, 북계수 등에서 채집되였다.

털보돼지벌레 *Lypesthes lewisii* Baly
몸길이는 7.5mm 안팎이다. 대홍단에서 채집되였다.

뽕돼지벌레 *Fleutiauxia armata* Baly
몸길이는 5～7mm이다. 뽕나무, 버드나무, 오리나무, 상수리나무 등의 잎과 뿌리를 해한다. 한해에 한번생겨나며 새끼벌레로 겨울을 난다. 유곡, 운흥 지대에서 채집되였다.

쑥통돼지벌레 *Pachybrachys eruditus* Baly
몸길이는 4mm 안팎이다. 싸리나무, 버드나무 등의 잎을 먹는다. 엄지벌레는 6월～7월에 나타난다. 온수평, 대홍단, 백암 등에서 채집되였다.

쑥돼지벌레 *Oreina aurichalcea* (Mann.)
몸길이는 8mm안팎이다. 국화류의 잎을 먹는다. 엄지벌레는 6월～7월에 나타난다. 삼지연, 북계수 등에서 채집되였다.

상어쑥돼지벌레 *Oreina aeruginosa* Fald.
몸길이는 7.5mm안팎이다. 엄지벌레는 7～8월에 나타난다. 백두산에서 채집되였다.

박하쑥돼지벌레 *Oreina exanthematica* Wied

몸길이는 9mm안팎이다. 박하의 잎을 해한다. 백암에서 채집되였다.

들포도붉은돼지벌레 *Gallerucida melanocephala* Jac.

몸길이는 6mm안팎이다. 들쭉나무의 잎을 먹는다. 삼지연에서 채집되였다.

싸리돼지벌레 *Smaragdina aurita* L.

몸길이는 5~6mm이다. 버드나무류, 싸리나무류의 잎을 먹는다. 엄지벌레는 6월~7월에 나타난다. 북계수에서 채집되였다.

가는목록록돼지벌레 *Pseudoliprus hirtus* Baly.

몸길이는 3~9mm이다. 들쭉나무, 담장이덩굴의 잎을 먹는다. 포태에서 채집되였다.

단풍돼지벌레 *Pyrrhalta fuscipennis* Jac.

몸길이는 8mm안팎이다. 단풍나무, 버드나무류의 잎을 먹는다. 백두산에서 채집되였다.

줄번개돼지벌레 *Altica latericosta* Jac.

몸길이는 5mm안팎이다. 버드나무류의 잎을 먹는다. 온수평에서 채집되였다.

느릅나무돼지벌레 *Galerucella maculicollis* Motsch.

몸길이는 6mm정도이다. 한해에 한번 생겨나며 새끼벌레로 겨울을 난다. 백두산일대에 퍼져있다.

개암돼지벌레 *Galerucella lineola* F.

몸길이는 5.5mm안팎이다. 개암나무, 버드나무, 오리나무 등의 잎을 해한다. 한해에 한번 생겨나며 새끼벌레로 겨울을 난다. 백암, 운흥, 북계수, 대택 등에서 채집되였다.

콩두줄돼지벌레 *Monolepta nigrobilineata* Motsch.

몸길이는 3mm안팎이다. 콩과식물을 해한다. 한해에 한번 생겨난다. 엄지벌레는 5월중순~8월하순에 나타난다. 엄지벌레단계로 겨울을 난다. 백암, 대택, 유곡 등에서 채집되였다.

검은등줄돼지벌레 *Japonitata nigrita* Jac.

몸길이는 4.5mm안팎이다. 온수평에서 채집되였다.

벼돼지벌레 *Lema oryzae* Kuw.

몸길이는 4~4.5mm이다. 한해에 한번 생겨난다. 풀잎밑이나 벼그루짬 등에서 엄지벌레로 겨울을 난다. 유곡, 운흥, 위연 등에서 채집되였다.

삼벼룩돼지벌레 *Psylliodes attenuata* Koch

몸길이는 1.8~2.6mm이다. 삼, 호프 등을 해한다. 한해에 한번 생겨 나머 떨어진 나무잎속이나 땅짬, 잡풀밑에서 엄지벌레단계로 겨울을 난다. 백두산일대에 널리 퍼져있다.

긴날개벼룩돼지벌레 *Psylliodes difficilis* Baly

몸길이는 3mm안팎이다. 보천에서 채집되였다.

가지뛰는돼지벌레 *Psylliodes angusticollis* Baly

몸길이는 2~2.5mm이다. 가지, 감자 등의 잎을 해한다.

4) 풍덩이과 Scarabaeidae

(1) 분류군수

백두산일대에서 알려진 풍덩이류의 분류군수는 7아과 15속 30종이다(표 50). 우리 나라에서 알려진 총종수 210종의 14.3%에 해당되는 종들이 백두산일대에서 알려진것으로 된다.

아과별 종수는 소똥굴이아과와 서리풍덩이아과가 각각 8종, 멧풍덩이아과 7종, 금줄풍덩이아과 3종, 꽃풍덩이아과 2종, 금풍덩이아과와 털풍덩이아과가 각각 1종이다.

분류군수   표 50

아과명	속	종
멧풍덩이아과	2	7
소똥굴이아과	1	8
금풍덩이아과	1	1
서리풍덩이아과	5	8
금줄풍덩이아과	3	3
꽃풍덩이아과	2	2
털풍덩이아과	1	1
계	15	30

최근에 백두산일대에서 발견된 소똥굴이아과의 동하리소똥굴이는 아직까지 세계의 어느곳에서도 알려지지않았다.

백두산일대에서 알려진 풍덩이류가운데서 멧풍덩이아과, 소똥굴이아과, 금풍덩이아과에 속하는 16종은 엄지벌레나 새끼벌레시기에 다 동물의 배설물이나 동물의 사체속에서 살면서 그것을 먹이로 하며 그밖의 4아과에 속하는 14종은 새끼벌레시기에는 토양속에서 살면서 식물의 뿌리를 해한다. 한편 썩은 나무뿌리나 썩은 식물의 뿌리 또는 썩은 나무찌꺼기 등을 먹이로 하므로 유기물찌꺼기의 분해자로서의 역할을 한다. 그러나 엄지벌레들은 나무잎이나 꽃을 먹으므로 해롭다.

(2) 동물지리적분포

백두산일대에서 알려진 풍덩이류의 동물지리적분포는 표 51과 같다.

표 51에서 보여주는바와 같이 백두산일대와의 공통종수는 중국동북지

방, 원동지방에 27종(90.0%), 중국북부지방에 20종(66.7%), 일본에 14종(46.7%), 혹까이도와 싸할린에 12종, 몽골에 8종(26.7%)으로서 많다.

이와같이 구북구의 여러지방에 백두산일대와의 공통종수가 많은것은 이러한 지방들은 오랜 지질시대로부터 우리 나라와 직접 잇닿아있었고 동물상의 교류가 활발히 진행된 결과이다.

한편 백두산일대와의 공통종수는 동양구의 여러지방에서 1~7종(3.3~23.3%)으로서 구북구에서보다 훨씬 적다. 이와같이 동양구에 공통종들이 분포되여있는것은 우리 나라주변에 바다가 형성되기이전시기에 우리 나라는 멀리 남쪽지방과 륙지로 련결되여있었으므로 동물상의 교류가 진행되였다는 증거로 된다.

풍덩이류의 동물지리적분포   표 51.

동물지리구\아과명	구북구					신북구	동양구				신열대구
	일본	혹까이도,싸할린	중국동북,원동	몽골	중국북부		중국대만	중국남부	류꾸렬도	인도,인도네시아	
멧풍덩이아과	1	—	7	1	5	—	—	—	—	—	—
소똥굴이아과	5	5	6	3	5	2	1	1	2	—	—
금풍덩이아과	1	1	1	—	1	1	—	—	1	—	—
서리풍덩이아과	4	2	8	1	4	—	2	—	1	—	—
금줄풍덩이아과	1	2	2	1	2	—	1	—	1	—	—
꽃풍덩이아과	—	—	1	—	1	—	—	—	—	—	—
털풍덩이아과	2	2	2	2	2	1	—	—	2	1	1
계	14	12	27	8	20	4	4	1	7	1	1
공통종들의 비률, %	46.7	40.0	90.0	26.7	66.7	13.3	13.3	3.3	23.3	3.3	3.3

(3) 종구성

소똥연마풍덩이 *Caccobius christophi* Har.
소똥에 모여든다. 혜산시주변농촌에서 채집되였다.

씨비리연마풍덩이 *Caccobius sibiricus* Balth.
소똥에 모여든다. 혜산, 포태천기슭에서 채집되였다.

검은연마풍덩이 *Caccobius sordidus* Har.
소똥에 모여든다. 혜산에서 채집되였다.

작은연마풍덩이 *Caccobius brevis* Waterh.
짐승의 배설물에 잘 모여든다. 혜산에서 채집되였다.

북방연마풍덩이 *Onthophagus uniformis* Heyd.
짐승의 배설물에 모여들며 불빛에도 날아든다. 혜산시(제당령)에서 채집되였다.

혹연마풍뎅이 *Onthophagus gibbulus*(Pall.)
소와 양의 배설물에 잘 모여들며 밤이면 불빛에도 날아든다. 혜산에서 채집되였다.

두뿔연마풍뎅이 *Onthophagus bivertex*(Heyd.)
짐승의 배설물에 잘 모여든다. 혜산에서 채집되였다.

큰소똥굴이 *Aphodius apicalis* Har.
소똥에 잘 모여든다. 혜산에서 채집되였다.

붉은날개소똥굴이 *Aphodius haemorrhoidalis*(L.)
짐승의 배설물에 잘 모여든다. 혜산에서 채집되였다.

소똥굴이 *Aphodius rectus*(Motsch.)
짐승의 배설물에 잘 모여들며 이른봄과 늦가을이면 날아다니는것을 볼수 있다. 혜산에서 채집되였다.

구린소똥굴이 *Aphodius putridus*(Hbst.)
소똥에 잘 모여든다. 삼지연, 보서에서 채집되였다.

얼룩소똥굴이 *Aphodius sordius*(F.)
소, 양 등의 배설물에 잘 모여들며 밤이면 불빛에도 날아든다. 혜산에서 채집되였다.

노랑날개소똥굴이 *Aphodius languidulus* A. Schm.
봄부터 여름까지 소똥에 모여들며 밤이면 불빛에 날아든다. 혜산에서 채집되였다.

동하리소똥굴이 *Aphodius donghariensis* Steb.
혜산시 동하리에서 채집되여 1973년에 세계신종으로 발표되였다.

얼룩날개소똥굴이 *Aphodius binaevulus* Heyd.
동물의 배설물에 잘 모여든다. 삼지연, 남포태산에서 채집되였다.

똥풍뎅이 *Geotrupes laevistriatus* Motsch.
주로 산지대에서 볼수 있는데 동물의 배설물에 모여들며 낮에 날아다니기도 한다. 남포태산에서 채집되였다.

알락비로도풍뎅이 *Gastroserica herzi* (Heyd.)
백암에서 채집되였다.

백암비로도풍뎅이 *Serica septentrionalis* Muray.
백암에서 채집되였다.

털비로도풍뎅이 *Maladera holosericea* (Scop.)

한해에 한세대를 걸친다.

남새, 밭곡식의 해충으로서 엄지벌레는 어린싹, 잎, 수꽃술 등을 먹는다. 혜산에서 채집되였다.

메줄우단풍덩이 *Maladera renardi* Ball.

한해에 한세대를 걸치며 농작물을 해한다. 혜산에서 채집되였다.

누른배비로도풍덩이 *Maladera okamotoi* (Muray.)

밤이면 불빛에 잘 날아든다. 혜산에서 채집되였다.

애기비로도풍덩이 *Maladera orientalis* (Motsch.)

개체수가 많은 종이다. 주로 산지대에 살면서 엄지벌레는 여러가지 식물의 어린싹과 잎을 해하고 새끼벌레는 뿌리를 해한다. 한해에 한세대를 걸친다. 혜산, 운흥에서 채집되였다.

감자풍덩이 *Apogonia cupreoviridis* Kolbe

강가 또는 산지대의 골짜기 등의 돌밑, 땅, 풀우에서 흔히 볼수 있으며 밤이면 불빛에도 날아든다. 혜산에서 채집되였다.

참먹풍덩이 *Holotrichia diomphalia* (Bat.)

개체수가 많은 종이다. 엄지벌레는 나무의 잎, 어린싹 등을 해하고 새끼벌레는 밀, 보리, 강냉이, 콩, 식물의 묘목, 아마, 감자 등의 씨앗이나 뿌리를 해한다. 2년에 한세대를 걸친다. 운흥, 백암에서 채집되였다.

류리콩풍덩이 *Popillia indigonacea* Motsch.

콩, 장미 등을 해한다. 혜산(동하리)에서 채집되였다.

금줄풍덩이 *Rhombonyx holosericea* (F.)

여름이면 채벌한 지대에서 엄지벌레들이 나는것을 볼수 있다. 바늘잎나무의 잎을 주로 먹으며 그 밖에 꽃나무의 어린 싹들도 먹는다. 새끼벌레는 나무의 뿌리들을 해한다. 보천군일대에서 채집되였다.

애기풍덩이 *Anomala rufocuprea* Motsch.

콩을 비롯한 콩과작물을 해한다. 한해에 한세대를 걸친다. 혜산, 보천을 비롯한 여러지방에서 채집되였다.

자지참꽃풍덩이 *Cetonia magnifica* Ball.

수림지대, 큰수림지대의 간벌구역, 수림지대의 풀판 등에 많이 나타나며 여러가지 야생식물의 꽃에 잘 모여든다. 혜산시(동하리), 가림천부근에서 채집되였다.

작은풀색풍덩이 *Oxycetonia jucunda* (Fald.)

개체변이가 많이 나타나며 여러가지 변이형들이 있다. 산지대에까지 널리 퍼져있으며 주로 봄, 가을에 많이 활동한다. 여러가지 꽃에 모여들어 해를 준다. 혜산시를 비롯한 여러지역에서 채집되였다.

작은범꽃풍덩이 *Lasiotrichius succinctus* (Pall.)

여러가지 떨기나무와 초본식물의 꽃에 모여든다. 혜산시(동하리)에서 채집되였다.

5) 바구미과 Curculionidae

백두산일대에서 알려진 바구미류의 분류군수는 18속 30종이다. 그 가운데서 5종이 농작물을 해하고 25종이 여러가지 나무류를 해한다.

바구미류는 주둥이가 길어 알을 낳을때 일정한 식물의 지정된 부위에 상처를 내고 거기에 알을 낳는다. 알에서 까난 새끼벌레는 그 식물을 먹어 해한다.

수명이 짧은 풀이나 일정한 시기에 나오는 식물의 새싹, 꽃, 종자 등에 알을 낳는 바구미류는 출현시기가 짧은것들이다.

바구미류는 식물의 새싹, 줄기, 가지, 뿌리, 꽃, 꽃순, 꽃꼭지, 씨앗집, 잎, 열매꼬투리 등 여러부위를 해하는데 농작물해충도 있으나 산림해충이 더 많다.

해발높이에 따르는 분포에서는 해발높이 800~1300m에 27종, 800~1600m에 1종, 800~2000m에 2종이며 2000m이상에서는 아직 알려지지않았다.

동물지리학적조성에서는 북반구아한대형인 소나무구멍바구미 한종을 제외하고 29종은 북반구온대형으로서 전체종수의 96.7%에 해당된다.

백두산일대에서 알려진 바구미류의 종구성은 다음과 같다.

밤색꽃바구미 *Anthonomus yuasai* Kôno

몸길이는 3mm안팎이다. 엄지벌레는 6월상순~8월하순에 나타난다. 여러가지 꽃을 해한다. 보천에서 채집되였다.

배꽃바구미 *Anthonomus pomorum* L.

몸길이는 3~5mm이다. 한해에 한번 생겨나며 엄지벌레로 나무껍질사이나 떨어진 잎 또는 잡풀 등에서 겨울을 난다. 운흥, 연암, 유곡 등에서 채집되였다.

흰별애기바구미 *Baris dispilota* Solsky

몸길이는 6mm안팎이다. 한해에 한번 생겨난다. 엄지벌레는 6월상순~8월하순에 나타난다. 여러가지 꽃에 모여들어 연한 꽃잎을 갉아먹는다. 보천, 혜산, 가산 등에서 채집되였다.

알락애기바구미 *Baris orientalis* Roel.

몸길이는 3.5mm안팎이다. 엄지벌레는 6월상순~8월하순에 나타난다. 보천군 가림리, 운흥군 장항리 등에서 채집되였다.

흰점애기바구미 *Baris veinii* Roel.

몸길이는 6mm안팎이다. 운흥에서 채집되였다.

소나무노란점바구미 *Pissodes nitidus* Roel.

몸길이는 7mm정도이다. 한해에 한번 생겨나며 새끼벌레로 겨울을 난다. 운흥, 연암, 유곡 등지에서 채집되였다.

분비나무노란점바구미 *Pissodes cembrae* Motsch.

몸길이는 8mm정도이다. 분비나무와 잣나무 등을 해한다. 한해에 한번 생겨난다. 새끼벌레로 겨울을 난다. 운흥, 연암, 유곡 등에서 채집되였다.

어수리바구미 *Catapionus viridimetallicus* Motsch.

몸길이는 11mm안팎이다. 정일봉, 대택 등에서 채집되였다.

큰푸른바구미 *Chlorophanus grandis* Roel.

몸길이는 12~14mm이다. 버드나무의 잎을 먹는다. 보천군 가산리에서 채집되였다.

무우바구미 *Calosirus albosuturalis* Roel.

몸길이는 2mm안팎이다. 엄지벌레는 5월하순~8월중순에 나타난다. 운흥, 장항, 보천 등에서 채집되였다.

밤도요바구미 *Curculio dentipes* Roel.

몸길이는 7~9mm이다. 한해에 한번 생겨나며 새끼벌레로 겨울을 난다. 운흥, 연암, 유곡 등에서 채집되였다.

검은도요바구미 *Curculio distinguendus* (Roel.)

몸길이는 6mm안팎이다. 엄지벌레는 6월상순~8월하순에 나타난다. 보천군 가산에서 채집되였다.

도요바구미 *Curculio koreanus* Hell.

몸길이는 4.5mm안팎이다. 백두산천지주변에서 채집되였다.

도토리도요바구미 *Curculio arakawai* Mats. et Kono.

몸길이는 5.5~10mm이다. 도토리를 해한다. 한해에 한번 생겨나며 새끼벌레로 겨울을 난다. 운흥, 연암, 유곡 등에서 채집되였다.

검은돌바구미 *Ceuthorrhynchus costatus* Hust.

몸길이는 3mm안팎이다. 엄지벌레는 5월중순~7월하순에 나타난다. 삼지연, 보천, 신흥, 대택 등에서 채집되였다.

삼돌바구미 *Ceuthorrhynchus rubripes* Hust.

몸길이는 2.5mm안팎이다. 엄지벌레는 5월하순~7월하순에 나타난다. 삼을 해한다. 보천, 위연, 가산 등에서 채집되였다.

푸른긴수염바구미 *Eumyllocerus gratiosus* Sharp
몸길이는 6mm안팎이다. 대택에서 채집되였다.

소나무구멍바구미 *Hylobius abietis* L.
몸길이는 10~13mm이다. 소나무, 잣나무, 이깔나무, 가문비나무 등의 나무질을 해한다. 한해에 한번 생겨나며 엄지벌레로 겨울을 난다. 삼지연, 소백산, 백두산밀영, 정일봉, 사자봉밀영, 신무성, 북계수, 운홍 등에 퍼져 있다.

애기구멍바구미 *Hylobius pinastri* Gyll.
몸길이는 8mm안팎이다. 분비나무, 가문비나무, 잣나무 등의 나무질을 해한다. 한해에 한번 생겨나며 엄지벌레로 겨울을 난다. 엄지벌레는 5월하순~8월하순에 나타난다. 삼지연, 소백산, 보천, 백암 등에서 채집되였다.

큰우웡바구미 *Larinus meleagris* Petri
몸길이는 10mm안팎이다. 엄지벌레는 6월~7월에 나타난다. 삼지연, 북계수 등에서 채집되였다.

긴참바구미 *Lixus depressipennis* Roel.
몸길이는 13mm안팎이다. 엄지벌레는 6월상순~8월중순에 나타난다. 온수평, 보천, 가림, 혜산, 검산, 운홍, 장항, 백암 등에서 채집되였다.

애기줄바구미 *Lepyrus japonicus* Roel.
몸길이는 10mm안팎이다. 버드나무류를 해한다. 백두산에서 채집되였다.

얼럭가슴줄바구미 *Lepyrus nordenskiöldi* Faust
몸길이는 10.5mm안팎이다. 대홍단에서 채집되였다.

검정혹바구미 *Niphades variegatus* Roel.
몸길이는 9mm정도이다. 전나무, 분비나무, 가문비나무, 잣나무 등의 나무질을 해한다. 한해에 한번 생겨난다. 엄지벌레는 6월상순~8월상순에 나타난다. 백두산일대에 퍼져있다.

사초흰배바구미 *Limnobaris jucunda* Reitt.
몸길이는 4.5mm이다. 백암, 온수평 등에서 채집되였다.

밤색줄무늬바구미 *Miarus kamiyai* Mor.
몸길이는 3.5mm안팎이다. 운홍, 장항에서 채집되였다.

검은줄무늬바구미 *Miarus vestitus* Roel.

몸길이는 3.5mm이다. 엄지벌레는 5월상순~7월하순에 나타난다. 보천, 대택, 삼지연, 북계수, 허항령 등에서 채집되였다.

큰쌀바구미 *Sitophilus zeamais* Motsch.

몸길이는 2.3~3.5mm이다. 쌀의 해충이다. 혜산, 운흥, 장항에서 채집되였다.

적갈색쌀바구미 *Sitophilus granarius* L.

몸길이는 3~3.5mm이다. 쌀의 해충이다. 대택, 운흥에서 채집되였다.

작은머위바구미 *Sitona japonica* Roel.

몸길이는 4mm안팎이다. 엄지벌레는 6월상순~8월하순에 나타난다. 혜산, 대택, 보천 등에서 채집되였다.

6) 몽똑바구미과 Attelabidae

백두산일대에는 바구미류와 계통상 매우 가까운 몽똑바구미류의 종들이 많이 퍼져있다.

지금까지 이 일대에서 알려진 몽똑바구미류는 9속 18종이다. 속분류균별 종수는 몽똑바구미속(*Apoderus*) 7종, 잎마리몽똑바구미속(*Byctiscus*) 4종이고 그 밖의 7속들에서는 다만 1종씩 알려졌다.

백두산일대에 퍼져있는 몽똑바구미류는 넓은잎나무류와 떨기나무류의 잎을 해하는 해로운 벌레이다.

해발높이에 따르는 분포   표 52

종 명	해발높이, m			
	800~1300	1300~1600	1600~2000	2000~2750
개암몽똑바구미	+	+		
몽똑바구미	+	+	+	
참나무몽똑바구미	+	+		
억점몽똑바구미	+	+		
담색무늬몽똑바구미	+			
붉은등몽똑바구미	+			
여섯점몽똑바구미	+			
백암잎마리몽똑바구미	+			
붉은정잎마리몽똑바구미	+	+		
주름살잎마리몽똑바구미	+			
단풍잎마리몽똑바구미	+			
학몽똑바구미	+	+	+	
긴수염몽똑바구미		+		
근주둥이몽똑바구미		+		
붉은복긴몽똑바구미	+		+	
애기혹몽똑바구미		+		
작은알락혹몽똑바구미	+			
털보참몽똑바구미	+	+		
계	15	10	3	

백두산일대에서 몽똑바구미류는 해발높이 800~1300m에 15종, 1300~1600m에 10종, 1600~2000m에 3종이 분포되여있다(표 52).

해발높이가 중가됨에 따라 종수가 감소되는것은 먹이식물인 넓은잎나무류와 떨기나무류가 지대가 높아질수록 적어지는것과 관계된다.

산림한계선밖인 해발높이 2000m이상에서는 1종도 채집되지 않았다.

백두산일대에서 채집된 몽똑바구미류의 종구성은 다음과 같다.

개암몽똑바구미 *Apoderus coryli* L.

몸길이는 8~11mm이다. 개암나무, 오리나무, 자작나무, 피나무, 참나무 등의 잎을 해한다. 한해에 한번 생겨난다. 혜산, 운흥, 대택 등에서 채집되였다.

몽똑바구미 *Apoderus jekelii* Roel.

몸길이는 7~10mm정도이다. 오리나무, 느릅나무, 가래나무, 상수리나무 등의 잎을 먹는다. 엄지벌레는 5월에 나타난다. 백두산밀영, 삼지연, 보천, 가산, 백암, 대택, 위연 등에서 채집되였다.

참나무몽똑바구미 *Apoderus longiceps* (Motsch.)

몸길이는 8~10mm이다. 갈참나무, 신갈나무, 난티잎개암나무 등의 잎을 해한다. 한해에 2번 생겨난다. 운흥, 리명수, 남중, 대택 등에서 채집되였다.

녁점몽똑바구미 *Apoderus rubidus* Motsch.

몸길이는 5.5mm안팎이다. 엄지벌레는 5월중순~8월하순에 나타난다. 참나무를 비롯한 여러가지 넓은잎나무의 잎을 해한다. 삼지연, 보천, 백암, 대택 등에서 채집되였다.

담색무늬몽똑바구미 *Apoderus balteatus* Roel.

몸길이는 5.5mm안팎이다. 보천, 가산에서 채집되였다.

붉은등몽똑바구미 *Apoderus geminus* Sharp

몸길이는 4.5mm안팎이다. 보천, 혜산 등에서 채집되였다.

여섯점몽똑바구미 *Apoderus praecellens* Sharp

몸길이는 6mm안팎이다. 백암, 포태산에서 채집되였다.

백암잎마리몽똑바구미 *Byctiscus congener* Jek.

몸길이는 6mm안팎이다. 피나무와 황철나무의 잎을 말아감으며 해한다. 보천에서 채집되였다.

붉은점잎마리몽똑바구미 *Byctiscus princeps* Solsky

몸길이는 6mm안팎이다. 운흥, 온수평, 보천 등에서 채집되였다.

주름살잎마리몽똑바구미 *Byctiscus rugosus* Gebl.

몸길이는 5.5mm안팎이다. 보천에서 채집되였다.

단풍잎마리몽똑바구미 *Byctiscus venustus* (Pasc.)

몸길이는 7~10mm이다. 고로쇠나무의 잎을 말아 해한다. 보천, 운흥 등에서 채집되였다.

학몽똑바구미 *Cycnotrachelus nitens* Roel.

몸길이는 5~8mm이다. 여러가지 넓은잎나무의 잎을 말아감는다. 엄지벌레는 6월상순~8월하순에 나타난다. 보천, 온수평, 삼지연, 허항령, 백두산밀영, 운흥, 신흥, 백암, 대택 등에 널리 퍼져있다.

긴수염몽똑바구미 *Paratrachelophorus longicornis* (Roel.)

몸길이는 수컷이 12mm안팎이다. 삼지연에서 채집되였다.

큰주둥이몽똑바구미 *Lasiorrhynchites brevirostris* Roel.

몸길이는 4mm안팎이다. 삼지연에서 채집되였다.

붉은목긴몽똑바구미 *Paracentrocorynus nigricollis* Roel.

몸길이는 6~8mm이다. 엄지벌레는 6월상순~8월하순에 나타난다. 혜산, 보천, 백두산밀영 등에서 채집되였다.

애기흑몽똑바구미 *Phymatopoderus pavens* Voss.

몸길이는 6mm안팎이다. 대택에서 채집되였다.

작은알락흑몽똑바구미 *Paradeporaus parasiticus* Kôno

몸길이는 3~4mm이다. 고로쇠나무의 잎을 말아 해한다. 보천에서 채집되였다.

털보참몽똑바구미 *Involvulus pilosus* Roel.

몸길이는 4mm안팎이다. 엄지벌레는 5월중순~7월하순에 나타난다. 보천, 온수평, 혜산, 검산, 대택 등에서 채집되였다.

7) 포식성땅살이딱장벌레류

백두산일대에서 알려진 딱장벌레류가운데서 길걸음벌레류, 걸음벌레류, 먼지벌레류, 가는목벌레류, 기름도치류, 물매미류 등은 포식성딱장벌레류들이다.

이 가운데서 길걸음벌레류, 걸음벌레류, 먼지벌레류, 가는목벌레류 등은 땅살이를 하고 기름도치류와 물매미류 등은 물살이를 한다.

백두산일대에서 알려진 포식성땅살이딱장벌레류는 4과 12속 24종이다(표

53).

표 53에서 보는바와 같이 걸음벌레과와 먼지벌레과가 각각 5속 9종이고 길걸음벌레과는 1속 5종, 가는목벌레과는 다만 1속 1종뿐이다.

분류군수		표 53
과 명	속	종
길걸음벌레과	1	5
걸음벌레과	5	9
먼지벌레과	5	9
가는목벌레과	1	1
계	12	24

해발높이에 따르는 분포				표 54
과 명	해발높이, m			
	800~1300	1300~1600	1600~2000	2000~2750
길걸음벌레과	5	5		
걸음벌레과	7	1		6
먼지벌레과	6	3	1	3
가는목벌레과		1	1	
계	18	10	2	9

포식성땅살이딱장벌레류는 백두산일대의 낮은 지대로부터 높은 지대에 이르기까지 다 퍼져있다(표 54).

표 54에서 보여주는바와 같이 4개의 분류군에서 해발높이 800~1300m에 18종, 1300~1600m에 10종, 1600~2000m에 2종, 2000~2750m에 9종이 알려졌다.

길걸음벌레과의 종들은 해발높이 800~1600m에서만 채집되였으나 걸음벌레과와 먼지벌레과의 종들은 해발높이 2000m이상에서도 각각 6종, 3종씩 채집되였다.

포식성땅살이딱장벌레류는 땅겉면, 돌밑, 죽은 나무나 넘어진 나무의 밑, 가랑잎층 등에서 살거나 토양속 깊이 들어가 살기도 하면서 여러가지 해로운 벌레들을 잡아먹는다.

길걸음벌레는 땅속에 세로구멍을 파고 그속에 들어가 살면서 구멍우를 지나가는 곤충류를 큰턱으로 잡은다음 구멍속으로 끌어들여 잡아먹는다.

따라서 백두산일대에 퍼져있는 이 딱장벌레류는 산림과 농작물을 해충들의 피해로부터 보호하는 유익한 벌레들이다.

백두산일대에서 채집된 포식성땅살이딱장벌레류의 종구성은 다음과 같다.

길걸음벌레과(길당나귀과) Cicindelidae

멧길걸음벌레 *Cicindela sachalinensis* Mor.

몸길이는 15~20mm이다. 엄지벌레는 4월하순~9월상순에 나타나서 땅우에서 살며 새끼벌레는 땅속에서 산다. 삼지연, 허항령, 보천, 북계수, 리명수, 운홍 등에서 채집되였다.

작은마당길걸음벌레 *Cicindela transbaicalica* Motsch.

몸길이 12mm정도이다. 엄지벌레는 4월하순~9월상순에 나타나 땅우에서 산다. 엄지벌레와 새끼벌레는 날카로운 턱을 가지고 다른 곤충들을 잡아먹는다. 삼지연, 보천, 리명수, 운홍, 대택, 백암 등에서 채집되였다.

싸할린길걸음벌레 *Cicindela gemmata* Fald.

몸길이는 16~19mm이다. 엄지벌레는 5월상순~9월상순에 나타난다. 엄지벌레와 새끼벌레는 다른 곤충들을 잡아먹고 산다. 운홍, 남중, 대택 등에서 채집되였다.

길걸음벌레 *Cicindela chinensis* De Geer

몸길이는 18mm정도이다. 엄지벌레는 5월상순~9월상순에 나타난다. 엄지벌레는 땅우에서 살면서 다른 곤충들을 잡아먹는다. 새끼벌레는 땅속 30~60cm나 되는 깊은 구멍속에서 살면서 대가리를 구멍입구에 내밀고 있다가 다른 곤충들이 지나가면 큰 턱으로 물어 구멍속에 끌어들인다. 보천, 운홍, 대택 등에서 채집되였다.

제주길걸음벌레 *Cicindela lewisii* Bat.

몸길이는 15~17mm이다. 엄지벌레는 4월하순~9월상순에 나타난다. 엄지벌레와 새끼벌레는 큰턱으로 다른 곤충들을 잡아먹는다. 운홍, 산양, 대택 등에서 채집되였다.

걸음벌레과 Carabidae

흑줄구리빛걸음벌레 *Carabus conciliator* Fisch.

몸길이는 17~23mm이다. 엄지벌레는 4월하순~9월상순에 나타난다. 다른 곤충의 새끼벌레들을 잡아먹는다. 혜산, 위연, 백암 등에서 채집되였다.

구리빛걸음벌레 *Carabus granulatus* L.

몸길이는 20~30mm이다. 엄지벌레는 5월상순~8월하순에 나타난다. 여러가지 다른 곤충들의 새끼벌레들을 잡아먹는다. 백두산, 보천, 백암 등에서 채집되였다.

백두구리빛걸음벌레 *Carabus walfensi* Fisch.

백두산, 백암, 베개봉에서 채집되였다.

등줄붉은구리빛걸음벌레 *Carabus maeander* Fisch. von Waldh.

몸길이는 16~21mm이다. 엄지벌레는 5월중순~8월하순에 나타난다. 여러가지 곤충들의 작은 새끼벌레들을 잡아먹는다. 백두산, 백암 등에서 채집되였다.

백암걸음벌레 *Coptolabrus smaragdinus* Roeschke
백암에서 채집되였다.

백두걸음벌레 *Coptolabrus jankowskii* (Kraatz).
백두산에서 채집되였다.

파란걸음벌레 *Apotomopterus insuliocola* Ch.
백암에서 채집되였다.

큰금빛걸음벌레 *Damaster gehini* Fairm.
몸길이는 26~35mm이다. 엄지벌레는 5월상순~8월하순에 나타난다. 다른 곤충들과 달팽이를 공격해서 잡아먹는다. 백두산, 운홍 등에서 채집되였다.

노란줄둥근목걸음벌레 *Nebria livida* L.
몸길이는 16mm정도이다. 백두산에서 채집되였다.

먼지벌레과 Harpalidae

푸른먼지벌레 *Chlaenius pallipes* Gebl.
몸길이는 14mm정도이다. 엄지벌레는 5월하순~8월하순에 나타난다. 돌밑에서 흔히 보는 종이며 밤에 활동한다. 엄지벌레는 늦벌레와 돗벌레를 비롯한 나비류의 새끼벌레들을 잡아먹는다. 대택에서 채집되였다.

큰노랑테푸른먼지벌레 *Chlaenius nigricans* Wied.
몸길이는 21mm정도이다. 엄지벌레는 5월하순~8월하순에 나타난다. 엄지벌레는 나무우에 오르내리면서 나비류의 새끼벌레, 구데기, 작은달팽이류를 잡아먹는다. 산양, 대택에서 채집되였다.

큰검은긴먼지벌레 *Pterostichus prolongatus* Mor.
몸길이는 14~15mm이다. 엄지벌레는 6월상순~8월하순에 나타난다. 산림의 돌밑에서 발견되였다. 백두산에서 채집되였다.

먹작은먼지벌레 *Tachys nana* (Gyll.)
몸길이는 3mm정도이다. 엄지벌레는 5월하순~8월하순에 나타난다. 백두산, 보천, 혜산 등에서 채집되였다.

누런점작은먼지벌레 *Tachys gradatus* Bat.
몸길이는 2.8mm정도이다. 엄지벌레는 5월상순~9월상순에 나타난다.

혜산, 북계수 일대에서 채집되였다.

포태작은먼지벌레 *Tachys dzosonicus* Powl.
가림천, 포태산, 보천에서 채집되였다.

납작작은먼지벌레 *Tachys exaratus* Bat.
보천에서 채집되였다.

검정색납작먼지벌레 *Synuchus cycloderus* Bat.
몸길이는 11.5~14mm이다. 백두산, 리명수 등에서 채집되였다.

검정색겨자먼지벌레 *Trichotichnus congruus* Mor.
몸길이는 6.5~9mm이다. 보천에서 채집되였다.

가는목먼지벌레과 Branchinidae

삼지연가는목먼지벌레 *Pheropsophus jessoensis* Mor.
몸길이 16mm정도이다. 엄지벌레는 6월상순~8월하순에 나타난다. 엄지벌레는 나비류의 새끼벌레들과 다른 곤충들을 잡아먹는다. 삼지연, 무두봉 등에서 채집되였다.

8) 포식성물살이딱장벌레류

백두산일대의 수계에는 기름도치류, 물매미류, 물장땅이류 등과 같이 물속에서 살면서 새끼고기나 다른 물살이곤충들을 잡아먹는 포식성물살이딱장벌레류가 퍼져있다. 기름도치류와 물매미류의 종들은 다 물살이를 하지만 물장땅이류가운데는 물살이를 하는 종들도 있고 땅살이를 하는 종들도 있다.

백두산일대에서 알려진 포식성물살이딱장벌레류는 3과 6속 10종이다(표 55).

표 55에서 보여주는바와 같이 기름도치과 3속 5종, 물매미과 2속 3종, 물장땅이과 1속 2종이다.

백두산일대에서 포식성물살이딱장벌레류의 분포는 수계의 배치와 밀접히 련관되여 있으며 지금까지 알려진 모든 종들은 해발높이 800~1300m에서 채집되였다.

분류군수		표 55
과 명	속	종
기름도치과	3	5
물매미과	2	3
물장땅이과	1	2
계	6	10

포식성물살이딱장벌레들은 못, 저수지, 논판, 물웅덩이, 양어못 등 각이한 환경조건에서 살면서 물살이곤충류, 새끼고기 등을 잡아먹는다.

동물지리학적조성에서는 아열대형 1종, 북반구온대형 8종, 북반구아한대형 1종으로서 북반구온대형이 우세하다(표 56).

살이터, 먹이, 동물지리학적조성   표 56

과 명	종 명	살이터					먹이		동물지리학적조성			
		못	저수지	논판	물웅덩이	양어못	물살이곤충	새끼고기	아열대형	북반온구대형	북아반한구대형	북한대구형
기름도치과	검정기름도치	+	+	+	+		+	+	+			
	기름도치	+	+	+	+	+	+	+	+			
	작은기름도치	+	+	+	+	+	+	+	+			
	노랑무늬줄기름도치	+	+	+	+	+	+	+	+			
	애기기름도치		+	+	+	+	+	+			+	
물매미과	큰물매미	+	+				+		+			
	작은물매미	+	+				+			+		
	물매미	+	+				+			+		
물장땅이과	작은물장땅이	+	+	+	+		+	+	+			
	물장땅이	+	+	+	+		+	+	+			

백두산일대에서 채집된 물살이딱정벌레류의 종구성은 다음과 같다.

기름도치과 Dytiscidae

검정기름도치 *Cybister brevis* Sharp

몸길이는 22mm정도이다. 못, 저수지, 논판, 물웅덩이에서 산다. 모두 물속에서 다른 여러가지 벌레와 어린 물고기들을 잡아먹는다. 북계수, 리명수, 운홍, 대택 등에서 채집되였다.

기름도치 *Cybister japonicus* Sharp

몸길이는 35~40mm이다. 논판, 저수지, 못, 물웅덩이, 관개수로 등 물에서 산다. 엄지벌레와 새끼벌레들은 물속의 다른 벌레들과 어린물고기들을 잡아먹는다. 리명수, 북계수, 대택 등에서 채집되였다.

작은기름도치 *Cybister tripunctatus* Oliv.

몸길이는 24~28mm이다. 논판, 못, 저수지, 물웅덩이, 양어장 등 물에서 산다. 엄지벌레와 새끼벌레들은 다른 벌레들과 작은물고기들을 잡아먹는다. 운홍, 혜산, 대택 등에서 채집되였다.

노랑무늬줄기름도치 *Hydaticus bowringi* Clark

몸길이는 14mm정도이다. 논판, 저수지, 못, 양어장 등에서 산다. 엄지벌레와 새끼벌레는 다른 벌레와 물고기새끼를 잡아먹는다. 운홍, 대택,

북계수 등에서 채집되였다.

애기기름도치 *Rhanthus pulverosus* Steph.

몸길이는 12mm정도이다. 논판, 저수지, 양어장, 물웅덩이 등에서 살면서 다른 벌레와 작은 물고기새끼를 잡아먹는다. 운흥, 대택 등에서 채집되였다.

물매미과 Gyrinidae

큰물매미 *Dineutus orientalis* Mod.

몸길이는 8~10mm이다. 못이나 저수지, 천천히 흐르는 물걸면에서 산다. 작은 벌레를 잡아먹는다. 운흥, 혜산, 리명수, 대택 등에서 채집되였다.

작은물매미 *Gyrinus curtus* Motsch.

몸길이는 4.5~6mm이다. 흐르는 물, 못, 저수지 등에서 산다. 물에서 작은벌레들을 잡아먹는다. 운흥, 혜산, 대택 등에서 채집되였다.

물매미 *Gyrinus japonicus* Sharp

몸길이는 6~7.5mm이다. 못이나 호수 및 천천히 흐르는 물걸면에서 맴돌이 운동을 한다. 작은벌레를 잡아먹으며 엄지벌레상태로 겨울을 난다. 혜산, 운흥, 대택, 북계수 등에서 채집되였다.

물장땅이과 Hydrophilidae

물장땅이 *Hydrophilus acuminatus* Motsch.

몸길이는 32~35mm이다. 봄, 여름에 강, 저수지, 못, 양어장, 논판 등에서 산다. 대택, 운흥, 북계수 등에서 채집되였다.

작은물장땅이 *Hydrophilus affinis* Sharp

몸길이는 15~18mm이다. 못, 저수지, 강, 양어장, 논판 등에서 산다. 운흥, 대택 등에서 채집되였다.

9) 점벌레과 Coccinellidae

백두산일대에서 알려진 점벌레류는 15속 20종이다.

대부분이 1속1종인 분류군들이다.

해발높이에 따르는 분포를 보면 백두산일대의 낮은지대(800m)로부터 해발높이 1300m에 큰이십팔점점벌레, 검은솜털점벌레, 이십사점점벌레, 일곱점점벌레, 열두점점벌레, 불길무늬점벌레, 뱀눈점벌레, 22깨백이점벌레 등의 8종이 펴져있고 해발높이 1300~1600m에 흰열여섯점점벌레, 해발높이

1300~2000m에 거북점벌레가 펴져있으며 그밖의 10종은 백두산일대의 낮은 지대(800m)로부터 해발높이 1600m에 펴져있다.

점벌레류는 먹성에 따라 식물을 먹는것과 다른 벌레들을 잡아먹는것으로 나눌수 있다.

백두산일대에서 알려진 점벌레류가운데서 식물을 먹는것 1종, 진균을 먹는것 2종, 동물을 먹는것 17종이다.

식물을 먹는것은 감자, 가지, 담배 등과 같은 재배식물과 여러종류의 야생식물의 잎을 먹어 해한다. 특히 백두산일대에서 큰이십팔점점벌레는 이 일대의 주요 재배식물인 감자밭에 많이 생겨 해를 주는 주요한 농작물해충이다.

동물을 잡아먹는것은 17종인데 그 가운데서 진디물을 잡아먹는것은 14종, 진디물과 진드기 등을 잡아먹는것은 1종, 진디물, 깍지벌레, 가루이 등을 잡아먹는것은 1종이다.

그리고 거북점벌레의 새끼벌레는 가래돼지벌레의 새끼벌레를 잡아먹는다

따라서 백두산일대에서 알려진 대부분의 점벌레류는 해로운 벌레들을 잡아먹는 천적곤충으로 된다.

백두산일대에서 알려진 20종의 점벌레류가운데서 아열대형이 1종, 북반구 아한대형이 4종이고 나머지 15종(75%)은 북반구 온대형이다.

이와같이 백두산일대의 점벌레류의 대부분은 북방형점벌레들이다.

백두산일대에서 채집된 점벌레의 종구성은 다음과 같다.

큰이십팔점점벌레 *Henosepilachna vigintioctomaculata* (Motsch.)

몸길이는 4~7mm이다. 여러가지 재배식물과 야생식물을 해한다. 한해에 한번 생겨난다. 백암, 유곡, 온수평, 보천, 운흥, 삼지연, 리명수 등에 널리 펴져있다.

검은레작은점벌레 *Scymnus hoffmanni* Weise

몸길이는 1.6~2.4mm이다. 엄지벌레와 새끼벌레는 진디물을 잡아먹는다. 엄지벌레는 6월상순~8월하순에 나타난다. 백두산일대에 펴져있다.

검은솜털점벌레 *Scymnus tsushimaensis* Sas.

몸길이는 4.5~5.5mm이다. 진디물과 진드기 등을 잡아먹는다. 리명수와 청봉에서 채집되였다.

이십사점점벌레 *Subcoccinella vigintiquatuorpunctata* (L.)

몸길이는 3.8~4.0mm이다. 진디물을 잡아먹는다. 백암, 리명수 등에서 채집되였다.

일곱점점벌레 *Coccinella septempunctata* L.

몸길이는 5.5~8mm이다. 엄지벌레는 5월상순에 나타난다. 진디물을 잡아먹는다. 삼지연, 포태, 보천, 리명수, 혜산, 운홍, 대택, 유곡에서 채집되였다.

붉은열한점점벌레 *Coccinella ainu* Lewis

몸길이는 3.5~6.4mm이다. 진디물을 잡아먹는다. 엄지벌레는 5월상순~8월하순에 나타난다. 백두산, 삼지연, 보천, 혜산 등에서 채집되였다.

가로무늬점벌레 *Coccinella transversogattata* Fald.

몸길이는 5.7~7.3mm이다. 진디물을 잡아먹는다. 5월상순~7월하순에 나타난다. 백두산, 보천, 백암 등에서 채집되였다.

알락점벌레 *Adonia variegata* (Geoze)

몸길이는 4.0~4.7mm이다. 진디물을 잡아먹는다. 백두산에서 채집되였다.

열세점점벌레 *Hyppodamia tredecimpunctata* (L.)

몸길이는 4.5~7mm이다. 엄지벌레는 5월하순~8월하순에 나타난다. 진디물을 잡아먹는다. 백두산, 삼지연, 온수평 등에서 채집되였다.

두층무늬작은거북점벌레 *Propylaea quatuordecimpunctata* (L.)

몸길이는 3.5~4.5mm이다. 엄지벌레는 5월하순~8월중순에 나타난다. 진디물, 가루이, 깍지벌레를 잡아먹는다. 백두산, 삼지연, 백암, 온수평, 운홍 등에서 채집되였다.

열두점점벌레 *Anisocalvia duodecimculata yuasai* (Nak.)

몸길이는 4.2~4.6mm이다. 진디물을 먹는다. 유곡에서 채집되였다.

진홍열녀점점벌레 *Anisocalvia quatuordecimguttata* (L.)

몸길이는 4.5~4.8mm이다. 진디물을 먹는다. 백두산, 백암에서 채집되였다.

불길무늬점벌레 *Neomysia ramosa* (Fald.)

몸길이는 5.2~6.1mm이다. 소나무진디물을 잡아먹는다. 백암에서 채집되였다.

북방불길무늬점벌레 *Neomysia kasaii* Kur.

몸길이는 6~7.5mm이다. 진디물을 잡아먹는다. 엄지벌레는 6월에 나타난다. 백두산밀영일대에서 채집되였다.

뱀눈점벌레 *Anatis halonis* Lewis

몸길이는 8~9mm이다. 진디물을 잡아먹는다. 엄지벌레는 6월상순~8월 중순에 나타난다. 삼지연일대에서 채집되였다.

밤색점벌레 *Harmonia axyridis* (Pall.)

몸길이는 7~8mm이다. 진디물을 잡아먹는다. 엄지벌레는 4월하순~9월상순까지 나타난다. 백두산, 보천, 삼지연, 대홍단, 온수평 등에 널리 퍼져있다.

거북점벌레 *Aiolocaria hexapilota* (Hope)

몸길이는 7.4~10mm이다. 새끼벌레는 가래돼지벌레의 새끼벌레를 잡아먹는다. 엄지벌레는 6월상순~8월하순에 나타난다. 백두산밀영, 백두산 등에서 채집되였다.

22깨백이점벌레 *Thea vigintiduopunctata* (L.)

몸길이는 3.7~4.1mm이다. 백분균(*Phyllactinia corylea*)를 먹는다. 백암에서 채집되였다.

흰열여섯점점벌레 *Halyzia sedecimguttata* (L.)

몸길이는 5~7mm이다. 진디물을 잡아먹는다. 엄지벌레는 5월하순~8월하순에 나타난다. 백두산, 북계수, 백암 등에서 채집되였다.

흰점벌레 *Vibidia duodecimguttata* Poda

몸길이는 3~4mm이다. 엄지벌레는 6월상순~8월하순에 나타난다. 백삼병균류를 먹는다. 백두산일대에 펴져있다.

10) 그밖의 딱장벌레류

백두산일대에서 알려진 딱장벌레류의 과분류군들가운데는 돌드레류, 나무좀류, 돼지벌레류, 바구미류, 풍뎅이류 등과 같이 30종으로부터 거의 100종까지의 다양한 종들이 포함된 과분류군들이 있는가하면 점벌레류, 걸음벌레류, 몽똑바구미류, 먼지벌레류 등과 같이 9종으로부터 20종까지의 종들이 포함된 과분류군들도 있으며 5종아래의 적은 종들이 포함된 과분류군들도 적지않게 있다.

이러한 딱장벌레류의 분류군수는 21과 44속 60종이며 21과에 속하는 딱장벌레류의 먹성은 매우 각이하다(표 57).

먹성에서의 이러한 차이는 서식하는 생태적환경도 서로 차이난다는것을 의미한다.

먹성은 크게 동물질만을 먹는것, 식물질만을 먹는것, 동물질과 식물을 다 먹는것 등으로 구분할수 있다.

동물질을 먹는것은 연마충과, 묻음벌레과, 온시충과, 거저리과, 반디과, 뼈국벌레과, 표본벌레과, 사번충과, 가뢰과 등에 속하는 종들이고 동물질과 식물질을 다 먹는것은 잎반디과, 납작벌레과, 쌀좀바구미과 등에 속하는 종들이며 나머지과의 종들은 식물질을 먹는다.

동물질을 먹는 종들을 다시 갈라보면 산 동물을 공격하여 잡아먹는것, 죽은 동물의 사체를 먹는것 등으로 구분할수 있고 식물질을 먹는것도 살아있

분류군수와 먹성   표 57

과 명	속수	종수	먹 성
연마충과	3	4	동물의 사체에 모여드는 다른 작은동물을 잡아먹는다.
묻음벌레과	2	4	냄새를 특별히 잘 맡는다. 썩은 고기를 먹으며 그것을 땅속에 묻는 성질이 있다.
온시충과	4	5	돌밑, 죽은나무, 가랑잎층에서 산다. 썩은 고기를 먹거나 작은 동물을 잡아먹는다.
집게벌레과	3	3	엄지벌레는 나무즙액을 먹고 새끼벌레는 썩은나무, 죽은 나무속에서 살면서 나무질을 먹는다.
거저리과	2	4	박제표본, 모피, 말린 물고기 등을 먹으며 야외에서는 동물의 마른 사체를 먹는다.
잎반디과	2	2	많은 종들은 다른 동물을 잡아먹고 일부는 나무잎, 꽃, 등을 먹는다.
반 디 과	3	3	달팽이류, 곤충류, 지렁이 등을 잡아먹는다.
뼈국벌레과	1	2	새끼벌레와 엄지벌레는 다 해로운 벌레를 잡아먹는다.
납작벌레과	2	2	다른 동물을 잡아먹거나 썩은 나무질, 나무껍질을 먹는다.
쌀좀바구미과	2	2	저장한 식료품을 먹거나 곤충을 잡아먹는다.
표본벌레과	1	1	마른곤충표본, 마른동물질을 먹는다.
사번충과	1	1	〃
방아벌레과	4	4	식물의 잎, 줄기, 꽃 등을 해한다.
구슬벌레과	3	4	〃
나무빨개과	1	1	저장곡물이나 식료품을 해한다.
붉은날개벌레과	1	2	꽃이나 나무껍질밑에서 살면서 해를 준다.
돌드레번티기과	2	2	엄지벌레는 꽃이나 잎을 해하고 새끼벌레는 죽은 나무에서 산다.
가 뢰 과	3	5	꽃등에, 긴수염벌 등의 둥지에 기생하며 새끼벌레는 메뚜기알을 먹는다.
썩은나무벌레과	1	1	엄지벌레와 새끼벌레는 같은 장소에서 살면서 썩은 나무와 버섯을 먹는다.
콩바구미과	2	4	보라콩, 완두콩 등을 해한다.
가는주둥이바구미과	1	4	식물의 잎, 꽃 등을 해한다.
계	44	60	

는 식물을 먹는것, 썩는 과정에 있는 식물질을 먹는것 등으로 구분되므로 먹성은 매우 각이하다.

백두산일대에서 채집된 그밖의 딱정벌레류의 종구성은 다음과 같다.

연마충과 Histeridae

연마충 *Hister jekeli* Mars.

몸길이는 6~12mm이다. 엄지벌레는 5월중순부터 8월하순까지의 사이에 나타난다.

보천, 리명수, 혜산, 운흥 등에서 채집되였다.

작은연마충 *Hister cadaverinus* Hoffm.

몸길이는 3~5mm이다. 엄지벌레는 5월중순~8월하순에 나타난다. 썩은 동물질에 많이 모여든다. 운흥, 혜산 등에서 채집되였다.

애기연마충 *Margarinotus weymarni* Wenz.

몸길이는 6~9mm이다. 엄지벌레는 5월중순~8월하순에 나타난다. 삼지연, 보천 등에서 채집되였다.

큰납작연마충 *Hololepta amurensis* Reitt.

몸길이는 11mm정도이다. 엄지벌레는 5월하순~8월하순에 나타난다. 곤충들을 잡아먹는다. 보천, 혜산, 리명수, 운흥 등에서 채집되였다.

묻음벌레과 Silphidae

검정수염참묻음벌레 *Nicrophorus vespilloides* Herbst

몸길이는 10~20mm이다. 엄지벌레는 6월상순~8월하순에 나타난다. 엄지벌레는 사체를 먹는다. 정일봉, 베개봉 등에서 채집되였다.

먹참묻음벌레 *Nicrophorus concolor* Kraatz

몸길이는 25~45mm이다. 엄지벌레는 6월상순~8월하순에 나타난다. 뱀의 사체에 모여든다. 북계수에서 채집되였다.

납작묻음벌레 *Silpha perforata* Gebl.

몸길이는 17mm정도이다. 엄지벌레는 6월상순~8월하순에 나타난다. 무두봉, 백두산밀영, 삼지연, 남포태산, 북계수, 백암 등에서 채집되였다.

넉점납작묻음벌레 *Silpha sexearinata* Motsch.

백두산밀영, 백암 등에서 채집되였다.

은시충과 Staphylinidae

큰은시충 *Staphylinus maxillosus* L.

몸길이는 13~23mm이다. 엄지벌레는 4월하순~8월하순에 나타나며 부패한 동물질에 모여든다. 보천, 운홍, 백암 등에서 채집되였다.

검정은시충 *Staphylinus ramboruseri* Müll.
운홍에서 채집되였다.

검은날개은시충 *Platydracus inornatus* Sharp
몸길이는 20mm정도이다. 엄지벌레는 4월하순~8월하순에 나타난다. 보천, 운홍, 북계수 등에서 채집되였다.

넙적가슴은시충 *Algon grandicollis* Sharp
몸길이는 14mm정도이다. 엄지벌레는 6월상순~8월하순에 나타나며 떨어진 나무잎밑에서 살면서 작은벌레들을 잡아먹는다. 백두산밀영일대에서 채집되였다.

녹쓰른은시충 *Ontholestes gracilis* Sharp.
몸길이는 13mm정도이다. 엄지벌레는 6월~7월에 나타난다. 작은 벌레를 잡아먹는다. 백두산밀영일대에서 채집되였다.

집게벌레과 Lucanidae

멧집게벌레 *Lucanus maculifemoratus* Motsch.

몸길이는 수컷 43~72mm, 암컷 32~39mm이다. 3년에 한세대 경과한다. 엄지벌레는 7월상순~8월하순에 나타난다. 백두산일대에서 채집되였다.

애기큰집게벌레 *Nipponodorcus montivagus* Lewis.
몸길이는 수컷 31~47mm, 암컷 27~32mm이다. 엄지벌레는 6월하순~8월중순에 나타난다. 백두산, 운홍일대에서 채집되였다.

줄넙적집게벌레 *Macrodorcas binervis* Motsch.
몸길이는 수컷 18~30mm, 암컷 14~20mm이다. 엄지벌레는 6월~8월에 나타난다. 백두산일대에서 채집되였다.

거자리과 Dermestidae

애기거자리 *Attagenus japonicus* Reitt.
몸길이는 3.5~4.5mm이다. 혜산, 운홍, 북계수 등에서 채집되였다.

흰배거자리 *Dermestes maculatus* De Geer.
몸길이는 9~10mm이다. 모피, 누에고치 등을 해한다. 운홍, 혜산, 남중 등에서 채집되였다.

붉은띠거자리 *Dermestes vorax* Motsch.

몸길이는 7~8mm이다. 주로 누에고치의 해충으로서 알려져있다. 운홍일대에서 채집되였다.

동북거저리 *Dermestes nidum* Arrow
운홍에서 채집되였다.

잎반디과 Cantharidae

잎반디 *Athemus suturellus* Motsch.
몸길이는 15mm정도이다. 엄지벌레는 6월~8월에 나타나 물가의 풀잎에 많이 붙는다. 대택, 북계수, 운홍 등에서 채집되였다.

붉은가슴검은잎반디 *Cantharis adusticollis* Kies.
몸길이는 12mm정도이다. 엄지벌레는 6월상순~7월하순에 나타나 풀잎에 많이 붙는다. 정일봉, 삼지연, 운홍, 대택 등에서 채집되였다.

반디과 Lampyridae

멧붉은반디 *Dictyoptera aurora* Herbst
몸길이는 8~13mm이다. 엄지벌레는 6월~7월에 나타난다. 정일봉, 소백수, 베개봉 등에서 채집되였다.

큰붉은반디 *Lycostomus porphyrophorus* Solsky
대택에서 채집되였다.

풀반디 *Lucidina biplagiata* Motsch.
몸길이는 7~12mm이다. 엄지벌레는 6월~7월하순에 나타난다. 삼지연, 베개봉, 소백수 등에서 채집되였다.

뻐꾹벌레과 Cleridae

개미뻐꾹벌레 *Thanasimus lewisi* Jac.
몸길이는 7~10mm이다. 엄지벌레는 6월상순~8월하순에 나타난다. 보천, 리명수, 운홍 등에서 채집되였다.

붉은가슴개미뻐꾹벌레 *Thanasimus substriatus* Gebl.
몸길이는 8mm정도이다. 엄지벌레는 6월~8월에 나타난다. 리명수, 북계수, 남중 등에서 채집되였다.

납작벌레과 Cucujidae

녹쓸은붉은납작벌레 *Laemophloeus ferrugineus* Steph.
몸길이는 2mm정도이다. 집안에서 볼수 있으며 주로 풀칠한 종이를 갉아먹는다. 백두산일대에 널리 퍼져있다.

붉은납작벌레 *Cucujus coccinatus* Lewis
몸길이는 11~15mm이다. 엄지벌레는 6월상순~8월하순에 나타난다.

삼지연, 보천, 리명수, 혜산, 운흥 등에서 채집되였다.

쌀좀바구미과 Trogositidae

쌀좀바구미 (쌀편충) *Tenebroides mauritanicus* L.

몸길이는 7~11mm이다. 쌀, 밀, 강냉이, 보리 등과 마른과실, 약재, 여러가지 가루 및 그의 제품들을 먹어 해한다. 한해에 한번 생겨난다. 운흥, 혜산, 유곡 등에서 채집되였다.

왕쌀좀바구미 *Temnochila japonica* Reitt.

몸길이는 10.5~16.5mm이다. 나무껍질밑에서 살면서 다른 벌레들을 잡아먹는다. 보천에서 채집되였다.

표본벌레과 Ptinidae

표본벌레 *Ptinus japonicus* Reitt.

몸길이는 2~4.5mm이다. 곤충의 건조표본이나 마른 동물질을 먹는다. 혜산에서 채집되였다.

사번충과 Anobiidae

가문비사번충 *Ernobius abietis* F.

몸길이는 4~6mm이다. 혜산, 백암에서 채집되였다.

방아벌레과 Elateridae

밤색방아벌레 *Agriotes sericeus* Cand.

몸길이는 10mm정도이다. 농작물의 잎과 줄기, 뿌리를 갉아먹기도 한다. 운흥, 온수평, 포태, 혜산, 대택 등에서 채집되였다.

검은무늬붉은방아벌레 *Ampedus sanguinolentus* Schr.

몸길이는 11~12mm이다. 엄지벌레는 6월상순~8월중순에 나타난다. 여러가지 식물의 잎과 뿌리를 해한다. 북계수, 운흥 등에서 채집되였다.

참녹쓸은방아벌레 *Lacon binodulus* Motsch.

몸길이는 16mm정도이다. 연암에서 채집되였다.

가는녹쓸은방아벌레 *Adelocera fuliginosus* Cand.

몸길이는 16mm정도이다. 백두산에서 채집되였다.

구슬벌레과 Buprestidae

백두가문비구슬벌레 *Buprestis strigosa* Gebl.

몸길이는 12~15mm이다. 엄지벌레는 7월~8월에 나타난다. 삼지연, 무두봉, 베개봉, 북계수 등에서 채집되였다.

씨비리검은구슬벌레 *Buprestis sibirica* Fl.

몸길이는 12~15mm정도이다. 엄지벌레는 7월~8월에 나타난다. 삼지연에서 채집되였다.

참구슬벌레 *Chrysochroa fulgidissima* Shonb.
 몸길이는 30~41mm이다. 한해에 한번 생겨난다. 엄지벌레는 7월~8월에 나타난다. 백두산일대에 퍼져있다.

검은구슬벌레 *Ovalisia virgata* Motsch.
 몸길이는 9~12mm이다. 한해에 한번 생겨난다. 엄지벌레는 6월하순~8월에 나타난다. 운흥, 북계수, 리명수 일대에서 채집되였다.

나무빨개과 Cryptophagidae

뿔가슴나무빨개 *Cryptophagus acutangulus* Gyll.
 몸길이는 2~2.5mm이다. 저장곡물이나 식품 등을 해한다. 혜산, 운흥, 백암, 대택 등에서 채집되였다.

붉은날개벌레과 Pyrochroidae

붉은날개벌레 *Pseudopyrochroa vestiflua* Lewis
 몸길이는 12~17mm이다. 백두산에서 채집되였다.

작은붉은날개벌레 *Pseudopyrochroa brevitarsis* Lewis
 몸길이는 13~17mm이다. 연암에서 채집되였다.

돌드레번티기과 Oedemeridae

류리돌드레번티기 *Anoncodina sambucea* Lewis
 몸길이는 8~14mm이다. 무두봉, 포태 등에서 채집되였다.

파란돌드레번티기 *Xanthochroa waterhousei* Har.
 몸길이는 11~15mm이다. 포태에서 채집되였다.

가뢰과 Meloidae

검은콩가뢰(풀가뢰) *Epicauta chinensis* Motsch.
 몸길이는 17~20mm이다. 한해에 한번 생겨나며 새끼벌레단계로 땅속에 들어가 겨울을 난다. 한마리의 암컷은 보통 300~500개의 알을 낳는다. 알에서 깐 새끼벌레들은 땅속에서 살면서 주로 메뚜기류의 알을 먹는다. 운흥, 남중, 대택일대에 퍼져있다.

약가뢰 *Meloë corvinus* Mars.
 몸길이는 9~27mm이다. 엄지벌레는 5월중순~8월하순에 나타난다. 새끼벌레는 꽃등에류의 둥지에 기생하여 자라난다. 가뢰에는 칸타리딘이 들어있어 약용으로 쓰인다. 운흥, 대택 등에서 채집되였다.

큰가뢰 *Meloë proscalabaeus* L.
 몸길이는 12~30mm이다. 엄지벌레는 5월하순에 나타나서 여러가지 잡초를 먹으며 때로는 보리의 싹을 해한다. 새끼벌레는 긴수염벌과 기타 꽃등에류의 둥지에 기생한다. 운홍, 백암 일대에서 채집되였다.

애기가뢰 *Meloë auriculatus* Mars.
몸길이는 8~20mm이다. 엄지벌레는 6월상순~8월에 나타난다. 운홍일대에서 채집되였다.

노랑날개풀가뢰 *Lytta suturella* Motsch.
백암에서 채집되였다.

썩은나무벌레과 Melandryidae

짧은목썩은나무벌레 *Scotodes niponicus* Lewis
몸길이는 8~11mm이다. 엄지벌레는 5월상순~6월하순에 나타난다. 백암에서 채집되였다.

콩바구미과 Bruchidae

완두바구미 *Bruchus pisorum* L.
몸길이는 4.5~5mm이다. 한해에 한번 생겨난다. 틈사이에서 엄지벌레단계로 겨울을 난다. 보천, 리명수, 혜산, 운홍, 연암, 백암, 유곡 등에서 채집되였다.

강남콩바구미 *Bruchus rufimanus* Boh.
몸길이는 4~5mm이다. 보라콩의 해충이다. 보천군 가산리에서 채집되였다.

긴수염콩바구미 *Bruchus lautus* Sharp.
몸길이는 3mm안팎이다. 운홍군 장항리에서 채집되였다.

팥바구미 *Callosbruchus chinensis* L.
몸길이는 2.0~3.0mm이다. 1년에 3번 생겨난다. 낟알속에서 새끼벌레단계로 겨울을 난다. 운홍, 유곡 등에서 채집되였다.

가는주둥이바구미과 Apionidae

콩가는주둥이바구미 *Apion collare* Sch.
몸길이는 2.4mm안팎이다. 엄지벌레는 5월중순~7월하순에 나타난다. 보천, 운홍 등에서 채집되였다.

긴가는주둥이바구미 *Apion naga* Nak.
몸길이는 2.5mm안팎이다. 보천에서 채집되였다.

긴수염가는주둥이바구미 *Apion placidum* Faust
몸길이는 2.5mm안팎이다. 보천에서 채집되였다.

붉은다리가는주둥이바구미 *Apion viciae* Pay.
몸길이는 2mm안팎이다. 보천, 삼지연, 가림, 온수평, 혜산, 검산 등에서 채집되였다.

6. 잠자리류 ODONATA

잠자리류는 불완전모습갈이를 하는 곤충류로서 알단계, 새끼벌레단계를 걸쳐 엄지벌레인 잠자리로 된다. 엄지벌레는 주로 물속에 알을 낳으나 식물조직안에 낳는것도 있다.

잠자리류의 일생에서 물속에서 지내는 새끼벌레시기가 길고 지상에서 지내는 엄지벌레인 잠자리시기가 상대적으로 짧은것이 특징인데 새끼벌레는 보통 10번으로부터 15번까지 허물을 벗고 1～5년이 지나서야 잠자리로 되지만 엄지벌레인 잠자리는 보통 당해의 봄부터 가을까지의 기간에만 활동하고 일생을 마친다.

백두산일대에서 알려진 잠자리류가운데서 거의 모든 종들은 물속에서 새끼벌레상태로 겨울을 나지만 묵은 실잠자리, 큰묵은실잠자리 등과 같이 양지쪽의 마른 풀속이나 구새먹은 나무속에서 겨울을 나고 이른 봄부터 활동하는 종들도 있다.

잠자리류의 새끼벌레들은 하루살이류나 모기류의 새끼벌레, 새끼고기들을 잡아먹지만 한편 물고기류의 자연먹이로도 되며 엄지벌레인 잠자리는 탐식성곤충으로서 먼거리까지 날아다니면서 파리류나 모기류같은 해로운 벌레들을 잡아먹으므로 전반적으로 보면 잠자리류는 리로운 벌레로 된다.

1) 분류군수

백두산일대의 전반지역을 포괄하는 삼지연군안의 15개지점, 보천군안의 6개지점, 대홍단군안의 3개지점, 운흥군안의 4개지점, 백암군안의 5개지점, 혜산일대의 5개지점 등 38개지점들에서 잠자리류의 채집을 진행하였다.

이 일대에서 지금까지 알려진 잠자리류는 8과 24속 55종이다(표 58). 과별 속수의 순위는 잠자리과가 6속(25.0%), 줄실잠자리과는 4속(16.8%), 등줄잠자리과와 곤봉잠자리과는 각각 3속(12.5%), 실잠자리, 파란실잠자리과, 왕잠자리과, 메잠자리과 등은 각각 2속(8.3%)이다.

과별 종수의 순위는 속수의 순위에서처럼 잠자리과 26종(47.2%)으로서 첫째자리를 차지하고 그 다음은 곤봉잠자리과 7종(12.7%), 줄실잠자리과 6종(10.9%), 실잠자리과와 파란실잠자리과는 각각 4종(7.3%), 등줄잠자리과와 왕잠자리과는 각각 3종(5.5%), 메잠자리과 2종(3.6%)이다.

따라서 백두산일대의 잠자리류에서 잠자리과와 줄실잠자리과, 곤봉잠자리과 등이 속수와 종수가 많고 그 비율이 높다는것을 알수 있다.

분류군수   표 58

과 명	속		종	
	수	비률, %	수	비률, %
실잠자리과	2	8.3	4	7.3
파란실잠자리과	2	8.3	4	7.3
줄실잠자리과	4	16.8	6	10.9
등줄잠자리과	3	12.5	3	5.5
왕잠자리과	2	8.3	3	5.5
곤봉잠자리과	3	12.5	7	12.7
메잠자리과	2	8.3	2	3.6
잠자리과	6	25.0	26	47.2
계	24	100.0	55	100.0

2) 해발높이에 따르는 분포

잠자리류는 새끼벌레시기를 례외없이 물속에서 지내므로 그 분포는 무엇보다도 수계의 배치 및 수계의 생태적환경과 많이 관련되여있다. 따라서 수계의 지역적배치를 고려하면서 백두산일대를 해발높이에 따라 800~1000m, 1000~1500m, 1500~2000m, 2000~2750m 등 4개의 수직대로 나누고 매개 과들의 해발높이에 따르는 분포모습을 종합하였다(표 59).

표 59에서 보는바와 같이 매개 종들은 일정한 수직분포구역을 차지한다.

4개의 수직대에 다 분포된 종들은 왕잠자리과의 은왕잠자리, 얼룩왕잠자리, 곤봉잠자리과의 밀누런곤봉잠자리, 잠자리과의 네점잠자리, 고추잠자리, 밤색이마고추잠자리, 마당잠자리 등 7종인데 이러한 종들은 환경조건에 대한 요구가 높지않은 종들이다.

그밖에 해발높이 800~2000m에 파란실잠자리과의 북파란실잠자리를 비롯하여 여름고추잠자리, 북고추잠자리 등 3종, 800~1500m에 실잠자리과의 북알락실잠자리를 비롯하여 묵은실잠자리, 등줄실잠자리, 아세아실잠자리, 넓은꼬리등줄잠자리, 등근무늬등줄잠자리, 작은곤봉잠자리, 구리빛잠자리, 흰뺨잠자리, 북흰뺨잠자리, 눈섭고추잠자리, 애기고추잠자리 등 12종, 해발높이 800~1000m에 실잠자리과의 작은실잠자리를 비롯하여 북실잠자리, 파란실잠자리, 작은날개파란실잠자리, 검은줄실잠자리, 금빛실잠자리, 푸른무늬실잠자리, 참노란실잠자리, 작은검은등줄잠자리, 범잠자리, 작은메잠자리, 큰산잠자리, 넓은배잠자리, 흰잠자리, 큰흰잠자리, 소금쟁이흰잠자리, 검은줄흰잠자리, 메고추잠자리, 북메고추잠자리, 흰뺨고추잠자리, 작은밤색이마고추잠자리, 대륙가을고추잠자리, 대륙고추잠자리, 붉은배고추잠자리, 누런고추잠자리, 큰누런고추잠자리, 뺨누런고추잠자리 등 27종이 퍼져있다.

— 251 —

그밖에 실잠자리과의 알락실잠자리, 왕잠자리과의 별무늬왕잠자리, 곤봉잠자리과의 누런날개곤봉잠자리, 넓은날개곤봉잠자리, 북곤봉잠자리, 잠자리과의 붉은고추잠자리 등 6종은 해발높이 800~1000m 또는 800~1500m에서 분포가 중단되고 해발높이 1000m 또는 1500m이상에 출현하였는데 이러한 종들은 대체로 북방형의 잠자리류에 속한다.

해발높이에 따르는 잠자리의 분포   표 59

과명 \ 해발높이, m	800~1000	1000~1500	1500~2000	2000~2750
실잠자리과	3	2	1	—
파란실잠자리과	4	2	1	—
줄실잠자리과	6	2	—	—
등줄잠자리과	3	2	—	—
왕잠자리과	2	3	3	3
곤봉잠자리과	4	6	4	4
메잠자리과	2	—	—	—
잠자리과	25	10	9	5
계	49	27	16	12

3) 계절형들의 출현동태

잠자리류의 엄지벌레는 출현계절에 따라 봄-여름형, 여름형, 봄-가을형, 여름-가을형 등 4가지 계절형으로 구분되는데 백두산일대에서는 봄-여름형이 없고 다른 3가지 계절형들이 나타난다(표 60).

백두산일대에서 계절형들의 출현 지속기간은 해마다 일정하지 않으며 환경조건의 변화에 따라 약간의 차이는 있으나 최대지속기간의 진폭은 여름형에서 6월상순~8월말까지, 봄-가을형에서 4월하순~10월초순, 여름-가을형에서 5월하순~9월하순까지이다.

계절형들의 종수는 여름-가을형 28종(50.91%), 여름형 26종(47.27%), 봄-가을형 1종(1.82%)으로서 여름-가을형과 여름형이 많고 봄-가을형은 1종뿐이다. 주목되는것은 백두산일대를 제외한 우리 나라 전반지역에 퍼져있는 73종의 잠자리가운데서 12종(16.44%)의 봄-여름형이 있으나 백두산일대에는 이 계절형이 1종도 없는것이다. 이것은 백두산일대의 기후조건이 찬것과 관련하여 우리 나라 저지대에서보다 엄지벌레가 출현하는 첫시기가 한달 늦어지고 없어지는 시기가 한달 빨라지는 사정과 관련된다.

또한 우리 나라 저지대에는 봄-가을형이 14종(19.18%)이 있으나 백두산일대에는 1종(1.82%)의 묵은실잠자리밖에 없는것이다. 이 종은 백두산일대에서 출현하는 다른 종들과는 달리 엄지벌레상태로 월동하므로 벌써 이른 봄인 4월하순이면 나타나기 시작하여 늦가을 또는 초겨울까지 활동한다. 따라서 묵은실잠자리는 오랜 력사적시기를 경과하는 과정에 찬기후조건에 적응할수 있도록 진화한 종이라고 말할수 있다. 백두산일대에서 계절형들의 출현에서 특징적으로 나타나는 현상은 여름형, 여름-가을형이 우리 나라 저지대에서 각각 27.40%(20종), 36.98%(27종)이라면 백두산일대에서는 47.27%(26종), 50.91%(28종)로서 저지대에서 보다 여름형, 여름-가을형의 비률이 상대적으로 높은것이다.

　이와 같이 백두산일대에서 봄시기에 출현하기 시작하는 봄-여름형은 전혀 없고 봄-가을형이 1종뿐인 반면에 여름시기 나타나기 시작하는 여름형, 여름-가을형의 비률이 높은것은 백두산일대의 한랭한 기후조건에 의하여 나타나는 필연적인 현상이라고 말할수 있다.

지역별계절형의 출현종수　　　　　표 60

지역	계절형				총종수
	봄-여름형	여름형	봄-가을형	여름-가을형	
백두산일대를 제외한 우리 나라 북반부 전반지역	12종 (16.44%)	20종 (27.40%)	14종 (19.18%)	27종 (36.98%)	73
백두산일대	—	26종 (47.27%)	1종 (1.82%)	28종 (50.91%)	55

4) 동물지리적분포

백두산일대 잠자리류의 동물지리적분포상태는 다음과 같다(표 61).

동물지리적 분포　　　　　표 61

동물지리구	구북구						동양구				에피티아오구	신열대구
과명	구라파	씨비리	우쑤리, 아무르	싸할린	몽골	중국동북	일본	신북구	인도	중국대만	기타		
실잠자리과	1	3	3	4	3	2	—	—	—	—	—	—
파란실잠자리과	3	3	3	2	1	3	4	1	—	2	1	—	—
줄실잠자리과	1	1	1		1	6	6	1	—	—	—	—	—
둥줄잠자리과	—	1	2			3	3						
왕잠자리과	3	3		1	2	3	3	1	—	1	1	—	—
곤봉잠자리과	2	4	4	5		7	5						
메잠자리과			1			2				1			
잠자리과	5	11	21	7	3	22	23	3	2	3	2	1	1
계	15	26	37	19	11	49	47	6	3	7	4	1	1
전체종수에 대한 비률, %	27.3	47.3	67.3	34.5	20.0	89.1	85.5	10.9	5.4	12.7	7.2	1.8	1.8

표 61에서 보는바와 같이 백두산일대와의 공통종수 및 비률을 세계동물지리구별, 지역별로 대비해보면 중국동북지방에는 백두산일대잠자리류의 총 종수의 89.1%에 해당하는 49종이고 우쑤리와 아무르에서는 67.3%에 해당되는 37종이다.

이와 같이 공통종수가 많은것은 이 일대가 오랜 지질시대로부터 중국동북지방 및 원동지방과 잇닿아있었고 지형과 기후조건, 수계조건 등 환경조건이 류사한것으로하여 잠자리류의 호상교류가 끊임없이 진행된 결과이라고 볼수 있다.

일본과의 공통종수는 47종으로서 백두산일대 잠자리류의 전체종수의 85.5%에 해당되는 많은 종수가 분포되여있는데 이것은 조선동해가 형성되기 이전시기에 륙지를 통하여 잠자리류의 호상교류가 활발히 진행된 결과이다.

그밖에 백두산일대와의 공통종수는 구북구인 씨비리지방에 26종, 싸할린에 19종, 구라파에 15종, 몽골에 11종이고 신북구에 6종이다. 동양구에서 공통종수는 9종인데 이것은 조선남해와 조선서해가 형성되기이전시기에 우리 나라는 멀리 남쪽지방과도 륙지로 서로 잇닿아있었으므로 잠자리류의 호상교류가 진행되였다는것을 의미한다.

백두산일대와 지리적으로 멀리 떨어져있는 에티오피아구와 신열대에는 공통종이 각각 1종뿐인데 이것은 광분포종인 마당잠자리이다.

5) 몇종의 발육단계별 지속기간

백두산일대에서 알려진 몇종의 잠자리에서 알단계, 새끼벌레단계, 엄지벌레단계 등의 지속기간은 다음과 같다(표 62).

표 62에서 보는바와 같이 매종에 따라 발육단계별 지속기간은 매우 차이나는데 알단계에서 1달미만으로부터 9달, 새끼벌레단계에서 2달부터 38달, 엄지벌레단계인 잠자리단계에서 1.5달부터 6달까지이다. 종별로 보면 알단계가 1달미만인

발육단계별 지속기간 표 62

종 명	지속기간, 달		
	알	새끼벌레	엄지벌레
묵은실잠자리	1	2.5	6
파란실잠자리	9	2	2.5
북실잠자리	>1	11	1.5
별무늬왕잠자리	9	38	3
은왕잠자리	>1	22	3
구리빛잠자리	>1	29	2.5
밀누런곤봉잠자리	4	30	2.7
네점잠자리	>1	23	3.3
고추잠자리	5	6	3.5
흰빰잠자리	>1	23	3

북실잠자리, 은왕잠자리, 네점잠자리 등이 있는가하면 9달인 파란실잠자리, 별무늬왕잠자리 등도 있으며 새끼벌레단계가 2달인 파란실잠자리, 2.5달인 묵은실잠자리 등이 있는가하면 38달인 별무늬왕잠자리, 30달인 밀누런곤봉잠자리 등도 있으며 엄지벌레단계가 1.5달인 북실잠자리가 있는가하면 6달인 묵은실잠자리도 있다.

따라서 알단계에서부터 엄지벌레단계까지의 발육주기도 매종에 따라 상당한 차이가 있는데 4년 2개월인 50달이나 되는 별무늬왕잠자리같은 종이 있는가하면 1년이 못되는 9.5달인 묵은실잠자리, 1년이 좀 넘는 13.5달인 파란실잠자리, 북실잠자리 같은 종들도 있다.

잠자리류의 매개 종들에서 나타나는 발육주기에서의 이러한 차이는 분포구의 넓이에는 아무런 영향도 주지않으나 마리수의 출현에는 상당한 영향을 준다.

례하면 발육주기가 묵은실잠자리에서는 9.5달이라면 별무늬왕잠자리에서는 50달로서 별무늬왕잠자리의 발육주기는 묵은실잠자리의 발육주기보다 약 5.3배의 긴 지속기간을 요구하지만 2종의 잠자리는 다같이 백두산일대를 포함한 전북구에 널리 분포되여있다. 그러나 백두산일대에서는 발육주기의 지속기간이 묵은실잠자리에 비하여 5.3배나 더 긴 별무늬왕잠자리가 한번 생겨날때면 묵은실잠자리는 적어도 5번 생겨나므로 그 마리수도 매우 많아 눈에 자주 띄이지만 별무늬왕잠자리는 마리수가 매우 적어 눈에 잘 띄이지않는다.

이와같이 잠자리류를 포함한 곤충류의 매개 종들에서 고유한 발육주기의 지속기간은 개체무리의 크기에 영향을 주는 중요한 생물학적현상이라고 말할 수 있다.

6) 종구성

실잠자리과 Agrionidae

작은실잠자리 *Agrion lanceolatum* Selys

새끼벌레는 산간지대의 습하고 찬 수생식물이 많은 늪이나 못, 진펄에서 산다. 엄지벌레는 물가가까이 있는 식물조직안에 때로는 물속에 몸을 잠그고 알을 낳는다. 보천군일대에서 엄지벌레는 6월중순부터 7월에 주로 나타나는데 그 출현기일이 비교적 짧다. 보천군 가산리, 내곡, 온수평에서 채집되였다.

북실잠자리 *Agrion ecornutum* Selys

차고 습한 지대의 식물이 많은 곳에서 산다. 물가의 식물조직안에 알을 낳는데 온수평일대에서는 6월부터 7월에 엄지벌레가 나타나며 출현기일이 짧다. 보천, 온수평, 운흥에서 채집되였다.

알락실잠자리 *Enallagma cyathigerum* Charp.

새끼벌레는 주로 높은 산지대의 고인물이나 매우 느리게 흐르는 수역에서 산다. 엄지벌레는 6월~7월에만 볼수 있다. 삼지연에서 채집되였다.

북알락실잠자리 *Enallagma deserti* Selys

새끼벌레는 늪이나 못, 습지에서 주로 살며 엄지벌레의 암컷은 물가의 식물조직안에 알을 낳는다. 보천, 온수평에서 채집되였다.

파란실잠자리과 Lestidae

파란실잠자리 *Lestes sponsa* Hans

새끼벌레는 늪이나 못 그 주변의 식물이 많은곳에서 활동한다. 혜산, 보천일대에서 엄지벌레는 주로 6월상순부터 8월말까지 가장 많이 나타난다.

북파란실잠자리 *Lestes dryas* Kirby

찬곳을 좋아하는 파란실잠자리류로서 파란실잠자리집단과 뒤섞여 나타난다. 알은 수생식물이나 물가 식물의 조직안에 낳는다 온수평에서 채집되였다.

작은날개파란실잠자리 *Lestes japonica* Selys

새끼벌레는 식물이 많은 늪이나 호수에서 자라며 엄지벌레는 파란실잠자리속에 속하는 다른 잠자리들과 뒤섞여 나타난다. 백암, 보천 일대에서는 주로 6월상순부터 9월상순에 나타나며 7~8월에 제일 많이 나타난다. 그러나 그 마리수는 매우 적다. 알은 수생식물의 조직안에 낳는다.

묵은실잠자리 *Sympycna paedisca* Brauer

새끼벌레는 수생식물이 많은 늪이나 못에서 산다. 엄지벌레는 보천일대에서는 대체로 4월말부터 나타나기 시작하여 엄지벌레상태로 겨울을 나고 다음해봄 못가에 날아와 알을 낳는다. 보천군 가산리에서는 9월말 양지쪽 수풀속에서 겨울나이 직전의 엄지벌레를 관찰할수 있었다.

줄실잠자리과 Coenagrionidae

검은줄실잠자리 *Cercion calamorum* Ris.

배부분이 거의 검은색이다. 이런 몸색의 특징으로 하여 검은줄실잠자리라고 부른다. 혜산, 보천 일대에서 8월중에 제일 많이 나타나며 5월말부터 9월중순까지 보게 된다.

통줄실잠자리 *Cercion hieroglyphicum* Brauer

백암일대에서는 6월중순부터 9월초순까지 나타난다. 물가의 식물조직안에 알을 낳는다. 북계수에서 채집되였다.

금빛실잠자리 *Nehalennia speciosa* Charp.

새끼벌레는 높은지대 진펄이나 물이 고인 수역에서 산다. 대택에서 채집되였다. 이 지대에서 엄지벌레는 7~8월에 제일 많이 나타나나 그 마리수가 제한되여있다. 엄지벌레의 암놈은 물가의 식물조직안에 알을 낳는다.

아세아실잠자리 *Ischnura asiatica* Brauer

보천, 운흥 일대에서는 6월중순부터 9월말까지 보게 된다. 그러나 마리수에 따라, 그해의 날씨에 따라 10월중순까지 보게 될 때도 있다. 대체로 일찍 까난것들은 몸집이 큰데 늪이나 호수가까이의 식물조직안에 알을 낳는다.

푸른무늬실잠자리 *Ischnura senegalensis* Ramb.

새끼벌레는 물에 사는 식물이 많은 늪이나 못에서 살며 엄지벌레는 물가의 수풀사이에 흔히 나타난다. 혜산에서 채집되였다. 이 일대에서는 6월~8월사이에 흔히 보게 되며 물가의 식물조직안에 알을 낳는다.

참노란실잠자리 *Ceriagrion melanurum* Selys

엄지벌레는 5월말~9월에 보게 되는데 한창 여름철에 많이 나타난다. 보천군 가산리에서 9월말에 많이 채집되였다. 물면 가까이 식물조직안에 알을 낳는다.

등줄잠자리과 Gomphidae

작은검은등줄잠자리 *Davidius moiwanus* Oguma

새끼벌레는 산간지대의 작은개울이나 습지가 많은곳, 맑은물이 흐르는 곳에서 산다. 혜산, 운흥, 보천에서도 볼수 있는데 대체로 6월말부터 7월까지 나타나며 드물게 찾아볼수 있다.

넓은꼬리등줄잠자리 *Anisogomphus maaRii* Selys

새끼벌레는 강중류의 물흐름이 완만한 모래나 진흙밑에서 살지만 엄지벌레는 산지대의 산등성이에서 볼수 있다. 새끼벌레가 갓 엄지벌레로 된 시기에는 높은 산등성이로 이동하여 다 자랄때까지 그곳에서 살이터를 차지하며 다 자란후에는 자기가 까난 수역으로 되돌아오는 습성을 가지고 있다. 대홍단, 보천, 운흥 일대에서 채집되였다.

둥근무늬등줄잠자리 *Stylurus annulatus* Dyak.

새끼벌레는 천천히 흐르는 물가에서 살며 엄지벌레는 운흥일대에서는 7~8월에 흔히 보게 된다. 새끼벌레는 대체로 오전중에 엄지벌레로 되여나오며 한시간정도 지나면 물면부근의 수풀속으로 날아간다.

왕잠자리과 Aeschnidae

은왕잠자리 *Anax parthenope* Selys

우리 나라에 있는 왕잠자리중 가장 대표적인 종이며 흔히 보는 큰 부류의 잠자리이다. 엄지벌레는 매우 오랜 기간에 걸쳐 나타나며 우리 나라 중부에서는 5월초부터 9월말까지 보게 되고 백두산일대에서는 6월하순부터 8월까지 보게 되는데 백두산에 사는것들은 색체가 더 선명하다. 백두산천지에서도 7~8월에 볼수 있다.

얼룩왕잠자리 *Aeschna mixta* Latr.

새끼벌레는 수생식물이 많은 늪이나 못에서 살며 새끼벌레에서 까난 엄지벌레는 물가에서 그리 떨어지지 않은 수풀우를 날아다니며 먹이활동을 한다. 알상태로 겨울을 나며 봄에 알에서 까난 새끼벌레는 3개월후에 엄지벌레로 된다. 백두산, 삼지연, 온수평에서는 7~8월에 자주 볼수있다.

별무늬왕잠자리 *Aeschna juncea* L.

엄지벌레는 7~8월에 나타난다. 그러나 물온도가 높은 온수평에서는 6월 중순부터 8월말, 늦은것은 9월상순까지 늪이나 작은 물웅덩이우에서 분주히 날아다니는것을 볼수 있다. 백두산, 보천, 삼지연에도 나타난다.

곤봉잠자리과 Corduliidae

누런날개곤봉잠자리 *Somatochlora graeseri aureola* Oguma

새끼벌레는 유기물질이 있는 늪이나 못, 고인 물웅덩이에서 살며 엄지벌레는 6월초에 나타나기 시작하여 9월상순까지 보게 된다. 대택, 보천, 온수평에서는 6월초에 나타났으나 백두산밀영의 소백수부근과 삼지연일대에서는 7~8월에 볼수 있다. 온수평에서는 9월말까지 몇마리 드문드문 날아다니는것을 관찰할수 있다.

가는곤봉잠자리 *Somatochlora arctica* Zett.

엄지벌레는 습지의 풀우를 낮게 날아다니는 습성이 있다. 7~8월에 제일 많이 나타나나 그 마리수가 많지 못하다. 백두산, 삼지연, 백암, 온수평에서 채집되였다.

넓은날개곤봉잠자리 *Somatochlora clavata* Oguma

엄지벌레는 7~8월사이에 보게 되며 그 마리수는 매우 적다. 백두산천지 주변에서 채집되였다.

북곤봉잠자리 *Somatochlora viridiaenea* Uhl.

새끼벌레는 진펄의 물이고인곳, 늪의 부식질이나 물럭물럭한 니탄진흙속에 들어가 산다. 엄지벌레는 6월중순부터 9월중순경까지 나타나는데 7월말 8월중순에 흔히 보며 그 마리수는 드물다. 백두산, 삼지연, 대택, 북계수에서 채집되였다.

작은곤봉잠자리 *Somatochlora japonica* Mats.

새끼벌레는 산지대의 식물이 많은 늪이나 물이 고인 진펄 등에서 살며 엄지벌레는 이 지대에서 7~8월에 나타나는데 그 마리수가 많지 못하다. 북계수, 삼지연, 보천에서 채집되였다.

범잠자리 *Epitheca marginata* Selys

새끼벌레는 수생식물이 많은 못이나 늪에서 산다. 엄지벌레는 6~7월에 볼수 있다. 백두산일대에서는 그 마리수가 적다. 보천, 온수평에서 채집되였다.

구리빛잠자리 *Cordulia aenea* L.

새끼벌레는 산간지대의 식물이 많은 늪이나 크고 작은 물웅덩이에서 살며 엄지벌레는 6월중순부터 8월상순경에 보게 된다. 백두산밀영, 삼지연, 대홍단, 대택, 백암, 북계수에서 채집되였다.

메잠자리과 Macromiidae

작은메잠자리 *Macromia amphigena* Selys

새끼벌레는 평지의 호수변두리, 늪, 드물게는 산간지대를 흐르는 강하천의 모래, 조약돌이나 모래진흙밑에서 산다. 삼지연호수가에서는 7월한달 관찰할수 있다.

큰산잠자리 *Epophthalmia elegans* Brauer

새끼벌레는 낮은산지대의 호수와 늪에서 살며 엄지벌레는 보천, 온수평에서 6~8월에 나타난다.

잠자리과 Libellulidae

흰빰잠자리 *Leucorrhinia dubia orientalis* Selys

주로 해발높이 1000m이상인 삼지연, 무포, 북계수, 대택 등 높은지대에서 산다. 새끼벌레는 높은지대의 진펄과 늪에서 살며 엄지벌레는 6월하순부터 8월말까지 나타난다.

북흰빰잠자리 *Leucorrhinia intermedia ijimai* Asah.

새끼벌레는 고산지대의 식물성침적물이 많은 초원의 소택지 물속에서 살며 엄지벌레는 삼지연, 무두봉, 무포 일대에서 6~8월에 나타나며 6월말 7월중순사이에 제일 많이 나타난다.

네점잠자리 *Libellula quadrimaculata* L.

새끼벌레는 추운 고산지대 평지의 수생식물이 많은 늪이나 물이 고인 진펄에서 살며 엄지벌레는 보천, 온수평에서 6~9월초순에 나타난다.

넓은배잠자리 *Lyriotemis pachygastra* Selys

엄지벌레는 8월전기간에 걸쳐 제일 많이 나타나며 6월초순부터 9월상순까지도 나타난다. 백두산일대에서는 그 마리수가 매우 적다. 혜산, 보천, 온수평에서 채집되였다.

흰잠자리 *Orthetrum albistyrum speciosum* Uhl.

새끼벌레는 평지나, 구릉지대, 낮은저지대의 늪이나 습지의 고인물, 논, 도랑이나, 개울 등 물이 고여있는데서는 어느곳에서나 널리 퍼져있는 가장 보편적인 종이다.

엄지벌레의 출현기간은 매우 긴데 중부이남지방에서는 5월초부터 9월까지 나타나며 전국 각지에 퍼져있다. 혜산일대에서는 주로 7~8월에 나타나며 그 마리수는 매우 적다.

큰흰잠자리 *Orthetrum triangulare melania* Selys

새끼벌레는 구릉지대나 낮은산지대의 얕은 물웅덩이 혹은 천천히 흐르는 어지러운 개울 등에서 산다. 보천, 온수평일대에서는 6~8월에 주로 보게 된다.

소금쟁이흰잠자리 *Orthetrum japonicum* Uhl.

새끼벌레는 물웅덩이, 늪에서 산다. 내곡, 온수평일대에서는 6~7월에 볼수 있다.

검은줄흰잠자리 *Orthetrum japonicum internum* Macl.

내곡, 온수평에서 처음 채집되였다.

고추잠자리 *Sympetrum frequens* Selys

새끼벌레는 평지나 구릉지대의 식물이 많은 못이나 늪, 논, 어지러운 개울 같은 곳에서 살며 북부고산지대를 제외하고는 6월중순부터 10월말까지 보게 되며 추위가 늦은해에는 11월중순까지도 때때로 나타난다. 백두산일대에서는 7~8월에 제일 혼하다. 보천군일대에서는 첫서리내리는 날까지 관찰할 수 있었다.

매고추잠자리 *Sympetrum pedemontanum elatum* Selys
새끼벌레는 구릉지대, 낮은산지대의 진펄, 천천히 흐르는 개울에서 살며 엄지벌레는 혜산, 보천에서 8월에 많이 나타난다.

북매고추잠자리 *Sympetrum pedemontanum* All.
콩밭, 낮은구릉지대의 풀속, 개울가의 둑 등에서 8월에 제일 많이 나타난다. 보천, 내곡, 온수평에서 채집되였다.

흰빰고추잠자리 *Sympetrum kunckeli* Selys
혜산시 장안리에서 처음으로 채집되였다. 엄지벌레는 6월하순부터 9월까지 나타난다. 이 잠자리는 물가를 멀리 떨어져 활동하는것은 없고 나무그늘이 진 수풀사이에서 주로 살며 풀아래에 붙어있는것을 흔히 볼수 있다.

눈썹고추잠자리 *Sympetrum eroticum* Selys
소백수, 무두봉, 삼지연, 무포에서 채집되였다. 8월달에 흔히 보게 되는데 마리수는 적다.

밤색이마고추잠자리 *Sympetrum infuscatum* Selys
엄지벌레는 6월하순에 나타나기 시작하여 늦가을까지 보게 된다. 채자라지 않은 개체들은 수역을 며나 수풀사이에서 살며 성숙한 개체는 다시 물가로 되돌아오는 성질을 가지고있다. 백두산, 정일봉, 삼지연을 포함하여 전국 각지에 퍼져있다.

여름고추잠자리 *Sympetrum darwinianum* Selys
백두산밀영일대에서는 7~8월에 나타나는데 그 마리수는 적다.

작은밤색이마고추잠자리 *Sympetrum matutinum* Ris.
엄지벌레는 6월말~9월에 나타나는데 7~8월에 제일 많이 나타난다. 채자라지 않은 개체는 물가에서 떨어진 수풀사이에서 살며 밤색이마고추잠자리 무리들과 섞여서 활동한다. 혜산시 장안리에서 채집되였다.

대륙가을고추잠자리 *Sympetrum depressiusculum* Selys
다자라면 수컷은 빨간색으로 된다. 보천군 가산리에서 처음 채집되였다.

대륙고추잠자리 *Sympetrum striolatum imitoides* Bart.
엄지벌레는 6월하순부터 나타나는데 채자라지 않은 개체들은 물가를 며나 수풀사이로 이동하여 그곳에서 얼마간 살다가 다 자라면 8월하순경에 점차 물가로 되돌아오기 시작하며 가을철에는 고추잠자리와 뒤섞여서 활동한다. 백두산일대에서는 7~8월에 볼수 있다.

북고추잠자리 *Sympetrum danae* Sulz.

찬곳을 좋아하는 종으로서 정일봉, 삼지연, 리명수, 포태, 무포, 무두봉, 백암 일대에서 8월에 흔히 나타난다.

붉은배고추잠자리 *Sympetrum cordulegaster* Selys

온수평, 가산리, 혜산, 백암 일대에서 채집되였으며 이 지대에서는 8월에 흔히 볼수 있으나 그 마리수는 매우 적다.

애기고추잠자리 *Sympetrum parvulum* Bart.

보천, 혜산에서 엄지벌레는 7~9월에 나타나며 8월에 보통 볼수 있다.

누런고추잠자리 *Sympetrum croceolum* Selys

혜산일대에서는 8월에만 나타나는데 일반적으로 우리 나라 북부지방에는 드물게 나타난다.

큰누런고추잠자리 *Sympetrum uniforme* Selys

혜산일대에서는 7~8월에 볼수 있으나 그 마리수가 매우 적다.

빨누런고추잠자리 *Sympetrum risi risi* Bart.

새끼벌레는 구릉지대의 나무그늘이 있는 유기침전물이 많은 늪에서 살며 엄지벌레는 혜산일대에서 7~8월에 나타난다.

붉은고추잠자리 *Sympetrum flaveolum* L.

북방지역에 널리 퍼져있는 찬곳을 좋아하는 종류인데 백두산에서 채집하였다. 우리 나라 북부에서만 볼수 있는데 보통 해발높이 2000m이상에서만 나타나는 드문종이다. 이 일대에서는 7~8월에 엄지벌레로 나타난다.

마당잠자리 *Pantala flavescens* F.

새끼벌레는 늪이나, 호수, 논, 개울 등 비교적 다양한 수역에서 산다. 백두산일대에서는 백두산, 정일봉, 삼지연 등 전역에 퍼져있으며 7~8월에 제일 많이 나타난다.

백두산일대에서는 강한 바람에 의하여 먼거리까지 이동하며 백두산의 장군봉과 천지변두리에서도 볼수 있다.

7. 풀미기류 TRICHOPTERA

백두산일대에서 지금까지 알려진 풀미기류의 분류군수는 9과 21속 35종이다(표 63).

표 63에서 보여주는바와 같이 흐름물풀미기과 3속 11종으로서 종수가 가장 많고 털풀미기과 3속 6종, 못풀미기과 5속 5종으로서 다음자리를 차지하며 그밖의 과들은 1~3속, 1~3종으로서 종수가 적다.

풀미기류는 거의 례외없이 새끼벌레시기와 번데기시기를 물속에서 보내는 곤충류로서 대부분의 종들은 새끼벌레시기에 물속에서 자유롭게 이동할수 있는 집을 짓거나 이동할수 없는 고착된 집을 짓고 그속에 들어가 살지만 집을 짓지않고 로출된 상태에서 사는 종들도 있다. 엄지벌레는 물밖에서 살며 연약한 나비모양이다.

분류군수 표 63

과 명	속	종
흐름물풀미기과	3	11
물풀미기과	2	3
풀미기과	2	2
못풀미기과	5	5
털풀미기과	3	6
짧은풀미기과	2	3
관풀미기과	1	1
굵은수염풀미기과	2	3
강풀미기과	1	1
계	21	35

백두산일대에서 가장 많은 종수가 알려진 흐름물풀미기과에서 산흐름물풀미기를 제외한 모든 종들의 새끼벌레들은 집을 짓지않고 물살이 빠른 강하천에서 사는데 적응되였다. 그밖의 과들에 속하는 종들의 새끼벌레들은 자체의 분비물, 모래알갱이, 잔자갈, 가랑잎이나 나무껍질, 나무줄기 등과 같은 식물질쪼박으로 집을 짓는다.

집짓기에 모래알갱이나 잔자갈 등을 리용하는 종들은 모두가 물살이 빠른 강하천들에서 사는데 적응된 것들이고 식물질쪼박을 리용하는 종들은 물살이 느리거나 고인물에서 사는것들이다.

따라서 백두산일대는 산세가 험하고 강하천의 물살이 빠르므로 이 일대에서 알려진 풀미기류의 종들가운데서 대부분의 종들은 모래알갱이나 잔자갈로 집을 짓는데 적응된 종들이다. 그러한 종들로는 산흐름물풀미기, 쇠못풀미기, 줄무늬풀미기, 털풀미기속의 강털풀미기, 잔털풀미기, 작은털풀미기 등과 모래통풀미기, 두떠굵은수염풀미기, 두줄풀미기, 네눈풀미기 등이다. 그밖에 산지나 평지의 흐르는 물에서 사는 강풀미기도 모래알갱이로 돌사이에 집을 짓는 종이다.

따라서 백두산일대에서 알려진 풀미기류가운데서 대부분이 물살이 빠른 수역에서 살면서 집을 짓지않거나 모래알갱이나 잔자갈로 집을 짓는 종들이다. 그밖에 집짓기에 식물질쪼박만을 리용하는 **짧은풀미기**, **연한짧은풀미**

기, 식물질쪼박을 위주로 하면서 어떤 경우에는 모래알갱이도 리용하는 못풀미기, 모래알갱이 또는 식물질쪼박을 리용하는 무늬풀미기, 판무늬물풀미기, 가림천물풀미기, 자체의 분비물을 리용하는 꼬깔통풀미기, 자체의 분비물과 감탕알갱이를 리용하는 판풀미기 등과 같은 종들도 알려졌다.

백두산일대의 강하천들에 분포되여있는 풀미기류는 산천어를 비롯한 고산지대의 민물고기류의 중요한 먹이대상으로 되는 경제적의의가 큰 곤충류이다.

백두산일대의 강하천들에서 채집된 풀미기류의 종구성은 다음과 같다.

흐름물풀미기과 Rhyacophilidae

모흐름물풀미기 *Rhyacophila angulata* Mart.
보천일대의 강하천들에서 새끼벌레가 채집되였다.

두이발흐름물풀미기 *Rhyacophila articulata* Mart.
서두수상류에서 새끼벌레가 채집되였다.

넓은흐름물풀미기 *Rhyacophila lata* Mart.
백두산(해발높이 1900m지점)에서 엄지벌레가 채집되였다.

보천보흐름물풀미기 *Rhyacophila manuleuta* Mart.
가림천에서 6월에 새끼벌레가 채집되였다.

산흐름물풀미기 *Rhyacophila narvae* Mart.
보천일대의 강하천들에서 새끼벌레가 채집되였다.

숨은흐름물풀미기 *Rhyacophila retracta* Mart.
비교적 찬물이 흐르는 강하천, 개울 등에서 살며 돌밑면에 많다. 보천일대와 강하천들에서 새끼벌레가 채집되였다.

검은머리흐름물풀미기 *Rhyacophila nigrocephala* Iw.
서두수 상, 중류에서 새끼벌레가 채집되였다.

흐름물풀미기 *Rhyacophila niwae* Iw.
서두수상류에서 새끼벌레가 채집되였다.

흐름물풀미기속의 한종 *Rhyacophila* sp.
서두수상류에서 새끼벌레가 채집되였다.

큰흐름물풀미기 *Himalopsyche japonica* Mart.
산골짜기의 물살이 빠른 구역에서 살며 분포구역이 넓지않다. 서두수상류에서 새끼벌레가 채집되였다.

산흐름물풀미기 *Mystrophora inops* Ts.

분포구역이 넓은 종으로서 산골짜기의 물살이센 구역이나 평지의 흐르는 물에 널리 퍼져있다.
　　서두수에서 채집되였다.

물풀미기과 Hydropsychidae

무늬풀미기 *Arctopsyche palpata* Mart.
　　보천일대의 강하천에서 새끼벌레가 채집되였다.
판무늬물풀미기 *Hydropsyche valvata* Mart.
　　보천일대의 강하천들에서 새끼벌레가 채집되였다.
가림천물풀미기 *Hydropsyche ulmeri* Ts.
　　산지대와 평지대의 흐르는 물에서 살며 마리수가 매우 많다.
　　가림천, 서두수 등에서 새끼벌레가 채집되였다.

풀미기과 Phryganeidae

자지풀미기 *Eubasilissa regina* M. L.
　　삼지연의 호수가에서 새끼벌레가 채집되였다.
싸할린깨풀미기 *Holostomis phalaenoides* L.
　　운홍일대의 하천에서 새끼벌레가 채집되였다.

못풀미기과 Limnophilidae

조선줄풀미기 *Nemotaulius coreanus* Olah.
　　비교적 큰 종으로서 삼지연의 호수가에서 7월에 엄지벌레가 채집되였다.
못풀미기 *Limnophilus fuscovittatus* Mart.
　　새끼벌레는 못, 늪 등의 고인물에서 흔히 볼수 있으나 산골짜기의 흐르는 물에서도 산다. 그러나 물살이 빠른 곳에는 없다. 서두수에서 새끼벌레가 채집되였다.
줄무늬풀미기 *Astenophylax grammicus* M. L.
　　서두수에서 새끼벌레가 채집되였다.
쇠못풀미기속의 한종 *Apatania* sp.
　　산지대와 평지대의 흐르는 물에서 산다.
　　서두수에서 새끼벌레가 채집되였다.
누렁밤색다리풀미기 *Nothopsyche pallipes* Banks

운흥일대의 하천에서 새끼벌레가 채집되였다.

털풀미기과 Sericostomatidae

강털풀미기. *Goera interrogationis* Bost.
삼지연에서 유아등에 날아든 엄지벌레가 채집되였다.
잔털풀미기 *Goera japonica* Banks
서두수에서 새끼벌레가 채집되였다.
작은털미기 *Goera parvula* Mart.
가림천에서 새끼벌레가 채집되였다.
털풀미기속의 한종 *Goera* sp.
서두수에서 새끼벌레가 채집되였다.
모래통풀미기 *Gumaga okinawaensis* Ts.
서두수에서 새끼벌레가 채집되였다.
꼬깔통풀미기 *Uenoa tokunagai* Iw.
물살이 빠른 산골짜기의 맑은 물에서 산다. 서두수에서 새끼벌레가 채집되였다.

짧은풀미기과 Brachycentridae

짧은풀미기속의 한종 *Brachycentrus* sp.
서두수에서 새끼벌레가 채집되였다.
연한짧은풀미기 *Micrasema geliolum* Mart.
보천일대의 하천에서 새끼벌레가 채집되였다.
연한짧은풀미기속의 한종 *Micrasema* sp.
서두수 최상류, 상류에서 새끼벌레가 채집 되였다.

관풀모기과 Psychomyiidae

관풀미기 *Psychomyia uncatissima* Bost.
보천일대의 하천에서 새끼벌레가 채집 되였다.

굵은수염풀미기과 Odontoceridae

두띠굵은수염풀미기 *Psilotreta falcula* Bost.
가림천에서 새끼벌레가 채집 되였다.
두줄풀미기 *Psilotreta kisoensis* Iw.
서두수에서 새끼벌레가 채집되였다.
네눈풀미기 *Perissoneura paradoxa* M. L.

서두수에서 새끼벌레가 채집되였다.

강풀미기과 Stenopsychidae

강풀미기 *Stenopsyche griseipennis* M. L.
가림천, 서두수 등에서 새끼벌레가 채집되였다.

8. 돌미기류 PLECOPTERA

백두산일대에서 지금까지 알려진 돌미기류의 분류군수는 3과 7속 8종이다(표 64).

분류군수		표 64
과 명	속수	종수
애기돌미기과	1	1
그물돌미기과	3	3
돌미기과	3	4
계	7	8

돌미기류는 물가근처에서 살며 물속에 알을 쓴다. 한마리의 암컷은 보통 1500~2000알의 알을 낳는데 5000~6000알까지 낳는것도 알려져있다. 새끼벌레는 주로 물속에서 돌밑이나 돌틈사이에서 사는데 흐르는 물에서 많이 볼수 있다. 백두산일대의 수계에 퍼져있는 돌미기류의 새끼벌레는 이 일대의 수계에 퍼져있는 산천어, 열묵어를 비롯한 민물고기의 좋은 자연먹이대상으로 된다.

백두산일대에서 채집된 돌미기류의 종구성은 다음과 같다.

애기돌미기과 Nemouridae

애기돌미기속의 한종 *Nemoura* sp.
서두수에서 새끼벌레가 채집되였다.

그물돌미기과 Perlodidae

왜그물돌미기 *Dictyogenus japonicus*(Okam.)
물살이 빠른 산골짜기물의 돌사이나 돌밑에 숨어산다. 4~5월에 엄지벌레로 된다. 서두수 상류에서 채집되였다.

그물돌미기 *Megarcys ochracea* Klap.
물살이 빠른 산골짜기물의 돌사이, 돌밑에 숨어산다. 6월쯤에 엄지벌레로 된다. 서두수 상, 중류에서 채집되였다.

그물돌미기번티기 *Isogenus scriptus* Klap.

물살이 빠른 산골짜기물의 돌밑에 숨어산다. 서두수 상류에서 채집되였다.

돌미기과 Perlidae

털알락돌미기 *Acroneuria jouklii* Klap.

물호름이 약한 산골짜기물의 중, 하류에서 돌사이 또는 돌밑에 숨어산다. 7~8월에 엄지벌레로 된다. 서두수 중, 하류에서 채집되였다.

노랑알락돌미기 *Acroneuria jezoensis* Okam.

살이터와 습성은 털알락돌미끼와 비슷하다. 서두수 상류에서 채집되였다.

돌미기 *Kamimuria tibialis* (Pict.)

물살이 빠른 산골짜기물에서 살며 돌자갈사이에 붙어산다. 봄~여름에 엄지벌레로 된다. 서두수, 운흥, 삼지연 등에서 채집되였다.

큰돌미기 *Paragnetina tinctipennis* M. L.

물살이 빠른 산골짜기물의 돌밑에 숨어산다. 7월에 엄지벌레로 된다. 삼지연, 서두수 상, 중류에서 채집되였다.

9. 하루살이류 EPHEMEROPTERA

백두산일대에서 지금까지 알려진 하루살이류의 분류군수는 6과 12속 26종이다(표 65).

표 65에서 보는바와 같이 물하루살이과 5속 10종으로서 종수가 가장 많고 알락하루살이과 1속 5종, 두꼬리하루살이과 3속 4종, 하루살이과 1속 4종이고 재빛하루살이과는 다만 1속 1종뿐이다.

하루살이류는 불완전모습갈이를 하는 곤충류로서 새끼벌레는 물속에서 돌이나 퇴적물, 수생식물들의 밑에 숨어살며 일부 종들은 물속에서 헤염치며 생활한다. 주로 낮동안에 우화

분류군수 표 65

과 명	속	종
하루살이과	1	4
물하루살이과	5	10
두꼬리하루살이과	3	4
흰배하루살이과	1	2
재빛하루살이과	1	1
알락하루살이과	1	5
계	12	26

하는 엄지벌레는 쌍붙기날음을 하고 알낳이한다음 죽어버린다.

따라서 백두산일대에서 알려진 하루살이류의 새끼벌레들은 이 일대의 수계에 퍼져있는 물고기의 좋은 먹이대상으로 되며 한편 엄지벌레는 추광성이 강하므로 양어장에 끌어들여 물고기의 먹이로 리용할수 있다.

백두산일대에서 채집된 하루살이류의 종구성은 다음과 같다.

하루살이과 Ephemeridae

동방하루살이 *Ephemera orientalis* M. L.
주로 물살이 느린 강하천과 호수, 물웅덩이 등에서 볼수 있는 흔한 종이다. 삼지연에서 채집되였다.

긴꼬리하루살이 *Ephemera japonica* M. L.
하천의 상류와 중류의 모래감탕바닥에 파묻혀살며 이른봄에 엄지벌레로 된다. 서두수의 중류, 하류에서 채집되였다.

무늬하루살이 *Ephemera strigata* Eat.
주로 강하천의 중류와 하류에서 산다. 서두수중류에서 채집되였다.

여섯줄무늬하루살이 *Ephemera lineata* Eat.
물살이 느린 하천의 하류와 호수의 모래감탕바닥에서 산다. 5월과 8~9월에 엄지벌레로 된다. 서두수하류에서 채집되였다.

물하루살이과 Ecdyonuridae

엘무늬넙적하루살이 *Epeorus latifolium* Uéno
산골짜기의 물살이 빠른 여울에서 돌에 붙어산다. 서두수에서 채집되였다.

넙적하루살이 *Epeorus uenoi* Mats.
물살이 빠른 산골짜기물의 돌면에 붙어 산다. 서두수에서 채집되였다.

노란넙적하루살이 *Epeorus aesculus* Im.
물살이 빠른 산골짜기물의 돌면에 붙어살거나 돌밑에서 산다. 서두수중, 하류에서 채집되였다.

홀쭉하루살이 *Cinygma hirasana* Im.
물살이 좀 느린 산골짜기물의 돌밑에 붙어살며 이른 여름에 엄지벌레로 된다. 서두수에서 채집되였다.

검은눈물하루살이 *Cinygma* sp.
가립천에서 채집되였다.

애넓적하루살이 *Rhithrogena japonica* Uéno

물살이 빠른 산골짜기물의 돌면에 붙어산다. 배쪽에는 빨판처럼 생긴 흡착기관이 있어 돌면에 붙어 사는데 적응되였다. 5~6월에 엄지벌레로 된다. 서두수에서 채집되였다.

긴꼬리넓적하루살이 *Heptagenia kihada* Mats.

물살이 느린 산골짜기물에서 돌에 붙어서 산다. 5월에 엄지벌레로 된다. 서두수 상, 중류에서 채집되였다.

흰물하루살이 *Ecdyonurus yoshidae* Tak.

하천의 중, 하류에서 물살이 빠른 구역의 돌, 자갈 밑에서 살며 호소의 기슭의 돌, 자갈에도 붙어산다. 5~6월에 엄지벌레로 된다. 서두수 상류에서 채집되였다.

물하루살이 *Ecdyonurus kibunensis* Im.

물살이 빠른 산골짜기 물에서 돌면이나 돌밑에 붙어산다. 이른 여름에 엄지벌레로 된다. 서두수에서 채집되였다.

물하루살이속의 한종 *Ecdyonurus* sp.

서두수 최상류, 상류에서 채집되였다.

두꼬리하루살이과 Siphlonuridae

왜두꼬리하루살이 *Isonychia japonica* Ulm.

강하천의 돌밑이나 돌짬에 붙어산다. 가림천에서 채집되였다.

두꼬리하루살이 *Siphlonurus sanukensis* Tak.

비교적 물살이 느린 산골짜기 물의 여울에서 산다. 봄부터 이른 여름에 엄지벌레로 된다. 서두수 하류에서 채집되였다.

애기두꼬리하루살이 *Ameletus montanus* Im.

물살이 빠른 산골짜기 물에서 산다. 8월에 엄지벌레로 된다. 서두수에서 채집되였다.

서두수애기두꼬리하루살이 *Ameletus kyotoensis* Im.

애기두꼬리하루살이와 생김새나 습성이 비슷하다. 서두수 상류에서 채집되였다.

흰배하루살이과 Baëtidae

흰배하루살이 *Baëtis thermicus* Uéno

물살이 빠른 산골짜기물의 돌면이나 돌밑에 붙어산다. 3~11월사이에 여러번에 걸쳐 엄지벌레로 된다. 서두수에서 채집되였다.

두꼬리흰배하루살이 *Baëtis japonica* Im.

물살이 빠른 산골짜기 물의 돌면에 붙어산다. 5월쯤에 엄지벌레로 된다. 서두수 상류에서 채집되였다.

재빛하루살이과 Leptophlebiidae

재빛하루살이 *Paraleptophlebia chocorata* Im.

산골짜기 물에서 돌자갈에 붙어 산다. 물량이 많지 않는 산간의 개울에서 살며 봄철에 엄지벌레로 된다. 서두수 상, 중류에서 채집되였다.

알락하루살이과 Ephemerellidae

큰알락하루살이 *Ephemerella basalis* Im.

모래감탕이나 유기질이 많은 곳에 파묻혀 산다. 서두수에서 채집되였다.

알락하루살이 *Ephemerella trispina* Uéno

물살이 빠른 산골짜기 물의 돌, 가랑잎, 나무잎사이에서 엎드려 바닥을 기여다닌다. 여름에 엄지벌레로 된다. 서두수에서 채집되였다.

검은알락하루살이 *Ephemerella nigra* Uéno

산골짜기물의 돌밑, 돌사이, 나무잎사이에서 살며 무늬풀미끼의 벌레집 속에 들어가 있는 경우도 있다. 4～5월에 엄지벌레로 된다. 서두수에서 채집되였다.

붉은알락하루살이 *Ephemerella rufa* Im.

산골짜기물의 돌밑, 돌사이에서 산다. 4～9월사이에 엄지벌레로 된다. 서두수에서 채집되였다.

알락하루속의 여러종 *Ephemerella* spp.

서두수 상, 중류에서 채집되였다.

10. 노린재류 HETEROPTERA

노린재류는 찔러빠는입기관(자흡수형구기)을 가진 곤충류로서 리로운 종들도 있으나 대부분의 종들은 해로운것으로 알려져있다.

노린재류는 먹성에 따라 초식성, 육식성, 흡혈성으로 나누어지는데 대부분의 종들은 여러가지 식물에 달라붙어 즙액을 빨아먹는 초식성이며 그 가운데는 농작물해충, 산림해충, 과수해충 등과 같은 종들이 포함되여있다.

　백두산일대에서 알려진 노린재류가운데서도 초식성이 대부분이며 그 가운데는 농작물해충으로 알려진 종들이 많다.

　노린재과의 대부분의 종들과 소경노린재과, 허리노린재과, 금노린재과 등에 속하는 종들은 모두가 식물의 즙액을 빨아먹는 해로운 종들인데 백두산일대에서 알려진 이러한 과들에 속하는 대표적인 종들을 보면 사탕무우, 콩, 담배, 나무모발이나 조림지대에서 어린 나무의 가지나 싹을 해하는 알락수염노린재, 배추나 무우를 비롯한 십자화과 남새류의 해충인 배추노린재, 벼과나 콩과식물을 해하는 풀색뿔노린재, 벼과, 콩과, 배추과 등을 비롯한 여러가지 재배식물과 야생식물을 해하는 긴수염소경노린재, 벼과식물을 해하는 붉은수염소경노린재, 벼침허리노린재, 마우루스금노린재, 콩과식물을 해하는 콩허리노린재 등을 들수 있는데 이러한 종들은 농작물해충에 속한다.

　백두산일대에서는 또한 육식성인 노린재류도 알려졌는데 물면에서 살면서 물면에 떨어지거나 물면가까이로 오는 벌레들을 잡아먹는 애기소금쟁이, 두이발소금쟁이 등의 소금쟁이과의 종들, 여러가지 벌레들을 잡아먹는 흰무늬침노린재, 붉은도리침노린재 등의 침노린재과의 종들, 파란큰잎노린재, 유리노린재 등의 노린재과의 종들을 들수 있다. 이러한 종들은 주로 해로운 벌레들을 잡아먹는 리로운 천적곤충이다.

1) 분류군수

　백두산일대에서 지금까지 알려진 노린재류의 분류군수는 15과 68속 99종, 아종이다(표 66).

　표 66에서 보는바와 같이 소경노린재과 14속 21종, 아종, 긴노린재과 16속 20종, 노린재과 15속 19종으로 이 3과의 분류군수가 많고 다음으로 털노린재과 5속 8종, 아종, 뿔노린재과 3속 8종, 아종이며 그밖의 과들은 1~4속, 1~4종으로서 분류군수가 적다.

　백두산일대에서 지금까지 알려진 노린재류가운데는 우리 나라의 다른 지역에서 아직까지 알려지지않은 소경노린재과의 검은소경노린재, 검은머리소경노린재, 검은뿔소경노린재, 검은눈소경노린재, 뾰죽소경노린재, 붉은다리소경노린재, 짧은털소경노린재, 싸할린소경노린재, 밤색소경노린재, 산림소경노린재, 풀관타원소경노린재, 북타원소경노린재, 세이발소경노린재, 개미

표 66 분류군수

과 명	속	종	아종	과 명	속	종	아종
소금쟁이과	1	4		허리노린재과	4	4	1
소경노린재과	14	21	1	털노린재과	5	8	1
쐐기노린재과	2	3		알노린재과	1	3	
부채빈대벌레과	1	1		뿔노린재과	3	8	1
침노린재과	1	2		금노린재과	2	3	
실노린재과	1	1		노린재과	15	19	
긴노린재과	16	20		꽃노린재과	1	1	
별노린재과	1	1		계	68	99	

소경노린재, 부채빈대벌레과의 가시머리부채빈대벌레, 긴노린재과의 큰점긴노린재, 막긴노린재, 산림긴노린재, 가는털긴노린재, 굽은종아리긴노린재, 누런넙적다리긴노린재, 검은다리긴노린재, 뿔노린재과의 가시가위꼬리뿔노린재, 버들뿔노린재, 작은이뿔노린재, 봇나무뿔노린재, 금노린재과의 마우루스금노린재, 노린재과의 검은떠노린재, 해산짧은노린재, 굽힌머리노린재, 꽃노린재과의 검은꽃노린재 등과 최근에 발견된 세계신종들인 솔소경노린재, 삼지연노린재, 검은타원소경노린재, 조선타원소경노린재 등이 들어있다.

2) 해발높이에 따르는 분포

백두산일대에서 해발높이에 따르는 노린재류의 분포모습은 표 67에서와

표 67 해발높이에 따르는 분포

과 명	종수	해발높이, m				2257
		800~1300	1300~1600	1600~2000	2000~2750	(천지호반)
소금쟁이과	4	3				1
쐐기노린재과	3	2		1		
소경노린재과	21	11	10	3	2	
부채빈대벌레과	1	1				
침노린재과	2	2	1			
실노린재과	1	1	1			
긴노린재과	20	13	7		3	
별노린재과	1	1				
허리노린재과	4	2	3	1		
털노린재과	8	4	6			
알노린재과	3	3				
뿔노린재과	8	5	2	1	4	
금노린재과	3		1		2	1
노린재과	19	12	11	3	3	1
꽃노린재과	1		1			
계	99	60	43	9	14	3
전체 종수에 대한 비률, %	100.0	60.6	43.4	9.1	14.1	3.0

같다.

표 67에서 보여주는바와 같이 해발높이 800~1300m에 60종(60.6%), 1300~1600m에 43종(43.4%), 1600~2000m에 9종(9.1%), 2000~2750m에 14종(14.1%), 백두산천지호반에 3종(3.0%)으로서 높은 지대에로 올라갈수록 종수가 적어지는 경향이 잘 나타난다. 백두산정부근에서는 봇나무뿔노린재, 검은뿔소경노린재, 백두산천지호반의 물웅뎅이들에서는 애기소금쟁이, 호반의 풀판에서는 붉은점금노린재, 열점노린재 등을 흔히 볼수 있다.

3) 종구성

소금쟁이과 Gerridae

빈날개소금쟁이 *Gerris brachynotus* Horv.

웃날개는 흔적조차 없는것이 특징적이다. 대택지방의 물웅뎅이에서 채집되였다.

애기소금쟁이 *Gerris lacustris* L.

몸길이가 9mm정도되는 검은갈색의 소금쟁이이다. 백두산천지호반의 작은 물웅뎅이들에서 8월경에 흔히 볼수 있다.

두이발소금쟁이 *Gerris odontogaster* Zett.

수컷의 제7배판에 앞으로 경사지게 향한 2개의 이발이 있는것이 특징이다. 대택지방의 물웅뎅이들에서 채집되였다.

밤색날개소금쟁이 *Gerris rufoscutellatus* Latr.

웃날개는 밤색이다. 대택에서 채집되였다.

쌔기노린재과 Nabidae

밤색몸노린재 *Himacerus apterus* F.

삼지연으로부터 백두산으로 가는 길의 풀숲(해발높이 1900m지점)에서 채집되였다.

등줄목장침노린재 *Nabis ferus* L.

몸의 길이가 7~8mm되는 누런밤색의 곤충이다. 운흥군 강주변의 들판에서 흔히 볼수 있다.

짧은털목장침노린재 *Nabis intermedius* Kerzh.

몸길이는 5.5~6.6mm이다. 혜산지방에서 8월경에 흔히 보게 된다.

소경노린재과 Miridae

긴수염소경노린재 *Adelphocoris lineolatus* Goeze
몸길이가 7～9mm정도되는 연한 풀색의 노린재이다. 콩과, 벼과, 배추과 식물을 비롯하여 여러가지 재배식물과 야생식물을 해한다. 혜산에서 채집되였다.

검은소경노린재 *Atractotomus morio* J. Sahlb.
몸은 광택이 나는 검은색이며 길이는 3.8～4.5mm이다. 삼지연지방에서 채집되였다.

검정소경노린재 *Deraeocoris ater* Jak.
몸이 광택이 나는 검은색이며 길이는 9mm안팎이다. 주로 알단계로 겨울을 나며 드물게 엄지벌레로 겨울을 난다. 주로 산지에 많다. 대홍단, 산양, 양흥 등지에서 채집되였다.

검은머리소경노린재 *Deraeocoris elegantulus* Horv.
몸길이는 4～4.5mm이다. 백두산에서 채집되였다.

검은뿔소경노린재 *Dimia inexpectata* Kerzh.
주로 참나무류에 붙어 해하는 해로운 곤충으로서 백두산에 분포되여있으며 백두산정에서 채집되였다.

삐죽눈소경노린재 *Labops sahlbergi* Fall.
몸길이는 4.7～5.5mm이다. 백두산(해발높이 1900m지점)에서 채집되였다.

검은눈소경노린재 *Lygocoris pabulinus* L.
포태지방에서 채집되였다.

붉은다리소경노린재 *Lygocoris rubripes* Jak.
보천에서는 7월경에 볼수 있다.

짧은털소경노린재 *Macrotylus cruciatus* R. Sahlb.
신사에서 채집되였다.

싸할린소경노린재 *Orthops sachalinus* Carv.
백두산에서 채집되였다.

밤색소경노린재 *Phytocoris nowicnyi* Fieb.
몸은 붉은색을 띠는 밤색이며 길이는 6.5mm정도이다. 혜산지방에서 8월에 채집되였다.

검은타원소경노린재 *Psallus atratus* Jos.

삼지연에서 채집되였다.

조선타원소경노린재 *Psallus koreanus* Jos. (=*P. sanguinolentus* Jos.)

삼지연에서 채집되였다.

솔소경노린재 *Psallus lapponicus kini* Jos.

암컷의 몸길이는 4.0~4.2mm이고 수컷의 몸길이는 4.6mm정도이다. 삼지연에서 7월경에 버드나무류와 소나무류에서 채집되였다.

산림소경노린재 *Psallus luridus* Reut.

몸길이는 3.5~4.3mm정도이다. 보서에서 채집되였다.

삼지연노린재 *Psallus samdzionicus* Jos.

몸길이는 4.6~5.3mm이다. 삼지연에서 채집되였다.

풀판타원소경노린재 *Rhodocoris josifovi* Stf.

삼지연에서 7월경에 채집되였다.

북타원소경노린재 *Stenodema sibirica* Bergr.

삼지연에서 채집되였다.

세이발소경노린재 *Stenodema trispinosum* Reut.

대홍단에서 채집되였다.

개미소경노린재 *Systellonotus malaisei* Lindb.

삼지연의 풀판에서 채집되였다.

붉은수염소경노린재 *Trigonotylus ruficornis* Geoffr.

몸길이는 4.8~6.3mm정도이다. 벼, 밀, 강냉이 등 벼과작물과 사탕무우 등의 잎을 해한다. 백암에서 채집되였다.

부채빈대벌레과 Tingidae

가시머리부채빈대벌레 *Leptoypha capitata* (Jak).

몸길이는 3.1~3.5mm인 완전날개형이다. 포태에서 채집되였다.

침노린재과 Reduviidae

흰무늬침노린재 *Rhynocoris leucospillus* Stal

운흥, 삼지연, 양흥 등지에서 채집되였다.

붉은도리침노린재 *Rhynocoris ornatus* Uhl.

운흥에서 채집되였다.

실노린재과 Berytidae

실노린재 *Berytus clavipes*(F.)
몸이 실처럼 가늘게 생긴것이 특징적이다. 몸길이는 7.5~10mm정도이다. 신양, 삼지연, 신사 등지에서 채집되였다.

긴노린재과 Lygaeidae

큰점긴노린재 *Cymus glandicolor* Hahn.
몸길이가 4~5.1mm정도되는 비교적 큰 종이다. 신무성에서 채집되였다.
신무성긴노린재 *Cymus obliquus* Horv.
신무성, 삼지연, 신사 등지에서 채집되였다.
두이발긴노린재 *Eremocoris plebejus* (Fall.)
몸길이는 5.3~6.5mm정도이다. 삼지연에서 채집되였다.
넙적큰눈긴노린재 *Geocoris varius* (Uhl.)
몸길이는 5.5mm정도이다. 혜산지방에서 채집되였다.
붉은밤색긴노린재 *Kleidocerys resedae* (Panz.)
신사지방에서 채집되였다.
막긴노린재 *Lamproplax membranea* (Dist.)
몸길이는 5mm미만이다. 백두산에서 채집되였다.
초원긴노린재 *Lygaeus hanseni* Jak.
운홍에서 채집되였다.
검은점긴노린재 *Lygaeus sjostedti* Lindb.
운홍에서 6월에 채집되였다.
산림긴노린재 *Ligyrocoris sylvestris* L.
몸길이가 4.6~6.5mm정도되는 검은노린재이다. 백두산에서 채집되였다.
가는털긴노린재 *Megalonotus antenuata* (Schill.)
삼지연에서 채집되였다.
누런다리긴노린재 *Ninomimus flavipes* (Mats.)
혜산지방에서 채집되였다.
누런밤색긴노린재 *Nysius eximilis* Stål
몸길이는 5~6mm정도이다. 신사에서 채집되였다.
애기긴노린재 *Nysius plebejus* Dist.
혜산지방에서 채집되였다. 주로 벼과식물의 이삭이나 국화과식물의 꽃

또는 씨앗우에 무리지어사는 경우가 많다.

재빛긴노린재 *Ortholomus punctipennis* (H.-S.)
길쭉하게 생긴 대부분이 재빛나는 노린재이다. 혜산지방에서 채집되였다.

주홍무늬긴노린재 *Pachybrachius luridus* Hahn.
몸길이는 4.8~5.8mm정도이다. 포태지방에서 채집되였다.

삼지연긴노린재 *Panaorus adspersus* (Mls. et Rey)
삼지연, 신무성, 포태 등지에서 채집되였다.

주홍다리긴노린재 *Stigmatonotum rufipes* (Motsch.)
삼지연, 혜산 등지에서 채집되였다.

굽은종아리긴노린재 *Trapezonotus desertus* Seid.
삼지연지방에서 채집되였다. 산림지대에서 흔히 볼수 있다.

누런넙적다리긴노린재 *Trichodrymus pallipes* Jos. et Kerzh.
주로 산림지의 풀속에서 산다. 백두산에서 처음 채집되였다.

검은다리긴노린재 *Trichodrymus pameroides* Lindb.
신사지방에서 채집되였다.

별노린재과 Pyrrhocoridae

두점별노린재 *Pyrrhocoris tibialis* Stal
몸길이는 9mm정도이다. 보천지방에서 채집되였다.

허리노린재과 Coreidae

검은허리노린재 *Alydus calcaratus* L.
몸길이는 9.5~12mm이다. 신무성지방에서 채집되였다.

벼침허리노린재 *Cletus trigonus* Thunb.
몸길이는 9~11mm이다. 백두산일대의 여러 지역에서 채집되였다.

모밀허리노린재 *Coreus marginatus orientalis* (Kir.)
몸길이는 12~15mm이다. 신무성에서 채집되였다.

롱허리노린재(가는깃노린재) *Riptortus clavatus* Thunb.
몸길이는 16mm정도이다. 운홍에서 채집되였다.

털노린재과 Rhopalidae

붉은아롱무늬털노린재 *Corizus hyoscyami* L.

몸길이는 8~10mm이다. 삼지연, 신무성 등지에서 채집되였다.

검은무늬털노린재 *Corizus tetraspilus* Horv.
신무성에서 채집되였다.

작은털노린재 *Liorhyssus hyalinus* (F.)
몸길이는 6.0~8.2mm이다. 신무성에서 채집되였다.

짧은털노린재 *Myrmus miriformis gracilis* Lindb.
신무성에서 채집되였다.

붉은밤색털노린재 *Rhopalus latus* (Jak.)
몸길이는 수컷에서 8.2~9.6mm이고 암컷에서 9.5~10.7이다. 신사지방에서 채집되였다.

애기붉은털노린재 *Rhopalus maculatus* (Fieb.)
몸길이는 8mm정도이다. 삼지연지방에서 채집되였다.

풀판털노린재 *Rhopalus parumpunctatus* Schill.
몸길이는 5.5~7.5mm이다. 혜산지방에서 채집되였다.

굵은뿔털노린재 *Stictopleurus crassicornis* L.
삼지연, 신무성, 운홍 등지에서 채집되였다.

알노린재과 Plataspidae

눈배기알노린재(애기둥근노린재) *Coptosoma biguttula* Motsch.
몸길이는 3.5~4.5mm이다. 혜산지방에서 채집되였다.

큰알노린재 *Coptosoma capitatum* Jak.
몸길이는 4~5mm이다. 주로 콩과식물을 해한다. 신사지방에서 채집되였다.

가는털알노린재 *Coptosoma chinensis* Sign.
보천일대에서 채집되였다.

뿔노린재과 Acanthosomatidae

큰가위꼬리뿔노린재 *Acanthosoma crassicaudum* Jak.
백두산에서 채집되였다.

작은가위꼬리뿔노린재 *Acanthosoma forficula* Jak.
백두산일대를 비롯한 우리 나라의 전반적지역에 퍼져있다.

가시가위꼬리뿔노린재 *Acanthosoma spinicolle* Jak.
몸길이는 13.5~18.0mm이다. 혜산지방에서 채집되였다.

버들뿔노린재 *Elasmosthethus brevis* Lindb.
몸길이는 8.5~11.5mm이다. 백두산에서 채집되였다.
작은이뿔노린재 *Elasmosthethus interstinctus* L.
신사지방에서 채집되였다.
작은뿔노린재 *Elasmucha dorsalis* (Jak.)
몸길이는 6~7.5mm정도이다. 신사지방에서 채집되였다.
쇠빛뿔노린재 *Elasmucha ferrugata* F.
삼지연에서 채집되였다.
봇나무뿔노린재 *Elasmucha fieberi* (Jak.)
백두산의 높은 지대(해발높이 2470m지점)와 신사에서 채집되였다.

금노린재과 Scutelleridae

누런밤색금노린재 *Eurygaster testudinaria sinica* Walk.
몸길이는 8.0~11mm이다. 대덕산, 신무성 등지에서 채집되였다.
마우루스금노린재 *Eurygaster maurus* (L.)
대덕산에서 채집되였다.
붉은줄금노린재 *Poecilocoris lewisi* (Dist.)
몸길이는 18mm정도이다. 백두산천지호반에서 채집되였다.

노린재과 Pentatomidae

메추리노린재 *Aelia fieberi* Scott
몸길이는 9mm정도이다. 혜산에서 채집되였다.
검은띠노린재 *Antheminia aliema* (Reut.)
신무성지방에서 채집되였다.
홍보라노린재 *Carpocoris purpureipennis* De Geer.
몸길이는 15mm정도이다. 혜산, 신무성, 삼지연, 신사 등지에서 채집되였다.
파란큰입노린재 *Dinorhynchus dybowskyi* Jak.
몸길이는 22mm정도이다. 백두산일대를 비롯한 전국각지에 널리 퍼져 있다.
알락수염노린재 *Dolycoris baccarum* (L.)
몸은 재빛나는 밤색이나 약간 보라색을 띤다. 혜산, 보천, 운흥 등지에서 채집되였다.

작은눈노린재 *Dybowskyia reticulata* (Dall.)
대홍단, 운흥 등지에서 채집되였다.

북배추노린재 *Eurydema dominulus* Scop.
주로 배추과식물을 해한다. 신무성에서 채집되였다.

배추노린재(비단노린재) *Eurydema rugosa* Motsch.
배추, 무우, 가두배추를 비롯하여 남새를 해한다. 백두산일대의 여러 지역에서 채집되였다.

여섯무늬노린재 *Eurydema sexpunctatum* L.
삼지연지방에서 채집되였다.

붉은줄노린재 *Graphosoma rubrolineatum* (Westw.)
한해에 한번 생겨나며 엄지벌레로 겨울을 난다. 베개봉, 삼지연, 혜산에서 관찰되였다.

열점노린재 *Lelia decempunctata* Motsch.
한해에 한번 생겨나며 엄지벌레로 겨울을 난다. 백두산천지호반들에서 7월경에 볼수 있다.

혜산짧은노린재 *Neottiglossa leporina* H.-S.
혜산, 신무성 등지에서 채집되였다.

굽힌머리노린재 *Neottiglossa pusilla* Gmel.
몸길이는 4.8~6mm이다. 신사지방에서 채집되였다.

풀색뿔노린재 *Nezara antennuata* Scott
주로 남새류를 해한다. 베개봉, 삼지연 등지에서 채집되였다.

붉은발노린재 *Pentatoma rufipes* (L.)
백암, 삼지연, 신무성 등지에서 채집되였다.

큰노린재 *Pentatoma semiannulata* (Motsch.)
몸길이는 22mm정도이다. 백두산에서 채집되였다.

두이노린재 *Picromerus bidens* (L.)
혜산에서 채집되였다.

반점노린재 *Rhacognatus punctatus* L.
백암군 양흥(합수)에서 채집되였다.

유리노린재 *Zicrona caerulea* (L.)
신무성, 무두봉 등지에서 채집되였다.

꽃노린재과 Anthocoridae

검은꽃노린재 *Tetraphleps aterrima* R. Sahlb
삼지연에서 채집되였다.

11. 매미류 HOMOPTERA

백두산일대에서 지금까지 알려진 매미류의 분류군수는 8과 25속 32종이다(표 68).

표 68에서 보는바와 같이 진디물과 12속 16종, 매미과 5속 5종으로서 다른 과들에 비하여 속, 종수가 많고 그밖의 과들은 1~2속 1~3종 정도이다.

매미류는 노린재류처럼 찔러빠는 입기관(자흡수형구기)으로 식물의 즙액을 빨아먹는 곤충류로서 농작물을 비롯한 경제식물의 주요해충으로 된다.

분류군수		표 68
과 명	속	종
매미과	5	5
뿔매미과	1	1
큰멸구과	1	1
멸구과	2	3
넓은머리거품벌레과	2	3
털강충과	1	1
강충과	1	2
진디물과	12	16
계	25	32

백두산일대에서 알려진 매미류가운데는 특히 농작물해충으로 알려진 종들이 많은데 그 가운데서도 진디물류의 종들에 의한 피해가 크다.

대표적인 종들을 들면 밀, 보리, 호밀, 강냉이 등과 같은 화본과농작물의 해충 밀진디물, 강냉이진디물, 보라콩의 해충 보라콩진디물, 콩과작물의 해충 콩진디물, 호프의 해충 호프사마귀진디물, 무우, 배추 등 남새류의 해충 배추진디물, 오이를 비롯한 박과작물과 무우, 담배, 콩 등도 해하는 다식성해충인 목화진디물 등을 들수 있다.

그밖에도 벼, 밀, 보리 등을 해하는 록색큰멸구, 흰등강충이, 두점멸구, 끝검은멸구 등을 들수 있다.

백두산일대에서 채집된 매미류의 종구성은 다음과 같다.

매미과 Cicadidae

봄매미속의 한종 *Euteropnosia* sp.

백두산천지호반에서 7~8월에 채집되였다.
좀매미속의 한종 *Melampsalta* sp.
백암에서 채집되였다.
두눈좀매미 *Leptopsalta admirabilis* (Kato)
혜산(대덕산)에서 채집되였다.
검은참매미 *Oncotympana macalaticollis* Motsch.
보천에서 채집되였다.
작은깽깽매미 *Tibicen bihamatus* Motsch.
몸길이는 33~35mm이다. 백암지방에서 채집되였다.

뿔매미과 Membracidae

뿔매미 *Tricentrus flavipes* Uhl.
백두산천지호반에서 8월경에 볼수 있다.

큰멸구과 Cicadellidae

록색큰멸구 *Cicadella viridis* L.
한해에 3~4번 생겨나며 여러가지 나무들의 어린가지나 줄기의 껍질속에서 알단계로 겨울을 난다. 백두산일대에 널리 퍼져있다.

멸구과 Jassidae

두점멸구(두점강충) *Cicadula fascifrons* Stal.
몸길이는 3~4mm이다. 한해에 3~4번 생겨나고 엄지벌레로 겨울을 난다. 백두산일대의 벼, 밀, 보리를 심는 지대들에 나타난다.
넉점멸구(넉점강충) *Cicadula masatonis* Mats.
몸길이는 4.5mm 정도이다. 한해에 3~4번 생겨나며 엄지벌레로 겨울을 난다. 보천에서 채집되였다.
끌검은멸구 *Nephotettix cimcticeps* Uhl.
몸길이는 수컷에서 4.5mm, 암컷에서 5.5~6mm이다. 벼, 밀, 배추들과 잡풀들을 해한다. 백두산일대를 포함한 우리 나라 전반적지역에 퍼져있다.

넓은머리거품벌레과 Aphrophoridae

큰거품벌레 *Aphrophora major* Uhl.
몸길이는 13~14mm이다. 정일봉일대에서 8월에 채집되였다.
큰거품벌레속의 한종 *Aphrophora* sp.

9월에 운흥군 장항리에서 채집되였다.

둥근거품벌레 *Lepyronia coleopterata* L.
몸길이는 8~9mm 정도이다. 9월에 운흥군 장항리에서 채집되였다.

털강충과 Cixiidae

검은털강충이 *Oliarus angusticeps* Horv.
백암군 양흥, 산양에서 채집되였다.

강충과 Delphacidae

흰등강충 *Sogatella furcifera* Horv.
한해에 3세대를 경과한다. 운흥, 백암, 보천, 혜산 등 여러 지역들에서 흔히 보는 종이다.

밤색강충 *Sogatella oryzae* Mats.
잡풀속에서 알 또는 새끼벌레단계로 겨울을 난다. 백두산일대의 벼심는 곳에서 흔히 볼수 있는 종이다.

진디물과 Aphididae

배둥근꼬리진디물 *Anuraphis piricola* Ok. et Tak.
혜산지방에서 채집되였다.

보라콩진디물 *Aphis fabae* Scop.
몸길이는 2~3mm이다. 한해에 10번 정도 생겨난다. 흔히 보라콩에 달라붙어 해한다. 백두산일대에서는 흔히 중간지대로부터 높은지대에 이르기까지 보라콩을 심는 지방에 발생한다.

콩진디물 *Aphis glycines* Mats.
몸길이는 2.3mm 정도이다. 백두산일대에서 콩진디물에 의한 피해는 낮은 지대에 비하여 높은 지대에 더 심하다.

목화진디물(오이진디물) *Aphis gossypii* Gl.
기주식물은 무우, 담배, 콩, 도마도, 오이, 감자, 호프 등을 비롯한 식물이다. 혜산에서 채집되였다.

아카시아진디물 *Aphis laburni* Kal.
아카시아나무에서 겨울을 나며 여름에는 당콩, 팥 등에 기생한다. 포태에서 채집되였다.

배추진디물 *Brevicoryne brassicae* L.
한해에 10세대이상 경과한다. 알상태로 피해 하던 꽃대나 줄기들에 붙어서 겨울을 난다. 운흥, 혜산 등 남새를 심는 지대에서는 어디서나 볼수 있다.

역귀뭇진디물 *Capitophorus hippophae* (Koch).
백암에서 채집되였다.

딸기다섯마디진디물 *Cerosipha ichigocola* S.
알로 겨울을 난다. 혜산에서 채집되였다

긴털진디물 *Greenidea ruwana* (Perg.)
백암에서 채집되였다.

밀진디물 *Macrosiphum granarium* Kir.
한해에 10여세대 경과하며 알단계로 잡풀무지에서 겨울을 난다. 보천, 운흥, 대홍단 등 밀, 보리를 심는 모든 지역에 분포되여있다.

장미진디물 *Macrosiphum rosae* L.
혜산에서 채집되였다.

사과혹진디물 *Myzus malisuctus* Mats.
보천에서 채집되였다.

복숭아진디물 *Myzus persicae* (Sul.)
알로 겨울을 나고 이듬해 봄에 새끼벌레가 까난다. 혜산에서 채집되였다.

황철나무진디물 *Pemphigus populitransversus* R.
황철나무에서 알로 겨울을 난다. 혜산에서 채집되였다.

호프사마귀진디물 *Phorodon humuli* (Sch.)
호프의 잎과 줄기에 붙어산다. 혜산지방에서는 9월중순경에 수컷과 알낳이암컷이 나타난다.

강냉이진디물 *Rhopalosiphum maidis* Fitch.
백두산일대에서는 강냉이를 심는 모든 지역에서 볼수 있다. 강냉이 외에 보리를 비롯하여 야생벼과 잡풀에도 달라붙는다.

12. 메뚜기류 ORTHOPTERA

백두산일대에서 지금까지 알려진 메뚜기류의 분류군수는 4과 15속 22종이다. (표 69).

표 69에서 보는바와 같이 모메뚜기과 11속 18종으로서 전체 종수의 80% 이상을 차지하고 그밖의 과들은 1~2속 1~2종으로서 종구성이 매우 단순

하다.

메뚜기류는 거의 다 농작물을 비롯한 여러가지 식물의 잎을 갉아먹고 뿌리도 해하는 해로운 곤충류로서 백두산일대에서 알려진 대표적인 종들은 강냉이모, 벼모, 약초모, 나무모, 남새모, 담배모 등의 어린뿌리나 감자, 콩, 밀, 보리 등의 어린 뿌리를 갉아먹어 식물을 말라죽게 하고 논두렁에 구멍을 내여 물이 새게 하는 다식성해충인 도루래, 벼의 큰 해충으로서 벼잎과 벼이삭에 피해를 주는 벼메뚜기 등을 들수 있다.

	분류군수	표 69
과 명	속	종
여치과	2	2
귀뚜라미과	1	1
도루래과	1	1
모메뚜기과	11	18
계	15	22

백두산일대에서 채집된 메뚜기류의 종구성은 다음과 같다.

여치과 Tettigonidae

여치 *Gampsocleis sedakovii obscura* Walk.
백두산에서 채집되였다.

중뱃장이 *Tettigonia viridissima* L.
백두산일대를 포함하여 우리 나라의 전반적지역에 분포되여있다.

귀뚜라미과 Gryllidae

귀뚜라미 *Gryllodes berthellus* Sauss.
백두산일대를 포함하여 우리 나라에 널리 분포되여 있는 종으로서 소리를 잘 내면서 운다.

도루래과 Gryllotalpidae

도루래 *Gryllotalpa africana* Pal. de Beauv.
한해에 한번 생겨나며 새끼벌레단계로 겨울을 난다. 여러가지 농작물과 약초를 해한다. 백두산일대의 낮은 지역에서 볼수 있다.

모메뚜기과 Tetrigidae

넙적다리모메뚜기 *Tetrix japonica* Bol.
백두산지역에서 볼수 있다.

방아깨비 *Acrida lata* Motsch.
혜산에서 채집되였다.

높은산메뚜기 *Aeropus kudia* Caud.

백두산천지호반에서 채집되였다.

빨간종아리메뚜기 *Bryodema gebleri gebleri* F.-W.
대홍단에서 채집되였다.

붉은큰날개메뚜기 *Bryodema tuberculatum sibirica* Ikonn.
뒤다리의 종아리마디는 어두운 누런색이다. 백두산에서 채집되였다.

애기메뚜기 *Chorthippus brunneus* Thunb.
베개봉에서 채집되였다.

변색애기메뚜기 *Chorthippus biguttulus maritimas* Mistsh.
백두산일대에 널리 분포되여있다.

동방애기메뚜기 *Chortippus intermedius* B.-Bien.
백두산일대에 전반적으로 퍼져있다.

씨비리애기메뚜기 *Chortippus hammarstroemi* Mir.
백두산일대에 널리 펴져있다.

산애기메뚜기 *Chortippus montanus* Charp.
몸길이는 암컷에서 16.5~21.5mm이고 수컷에서 14~16mm이다. 우리 나라에서는 백두산일대에서 처음 채집된 미기록 종이다.

긴날개애기메뚜기 *Chortippus schmidti* Ikonn.
백두산에서 채집되였다.

빨간메뚜기 *Gomphoceros rufus* L.
삼지연에서 채집되였다.

실뿔메뚜기 *Megaulacobothrus aethalinus* Zub.
백두산에서 채집되였다.

팟중이 *Oedaleus infernalis* Sauss.
백두산에서 채집되였다.

붉은배풀메뚜기 *Omocestus haemorrhoidalis* Charp.
백두산에서 채집되였다.

푸른풀메뚜기 *Omocestus riridulus* L.
백두산에서 채집되였다.

벼메뚜기 *Oxya velox* F.
한해에 한번 생겨나며 땅속에서 알주머니속에 든 알상태로 겨울을 난다. 새끼벌레는 5월말~6월초에 나타나서 벼를 비롯한 여러가지 작물을 해하며 땅속에 알을 쓴다. 백두산일대의 낮은 지대에 펴져있다.

빈날개메뚜기 *Zubovskya koeppeni parvula* Ikonn.

백두산에서 채집되였다.

13. 톡톡벌레류 COLLEMBOLA

백두산일대에서 지금까지 알려진 톡톡벌레류의 분류군수는 5과 11속 15종이다(표 70).

표 70에서 보는바와 같이 돌기톡톡벌레과가 6속 8종으로서 전체 분류군수의 절반이상을 차지하고 그밖의 과들은 1~3종 정도이다.

톡톡벌레류는 딱장진드기류와 함께 먹이로 되는 유기물질이 포함된 토양이라면 그 어디에서나 분포되는 전형적인 토양동물로서 백두산일대의

분류군수		표 70
과 명	속	종
돌기톡톡벌레과	6	8
파랑톡톡벌레과	1	1
동굴톡톡벌레과	1	2
털톡톡벌레과	2	3
둥근톡톡벌레과	1	1
계	11	15

낮은 지대에서부터 높은 지대에까지 널리 분포되여있으나 지금까지는 주로 해발높이 1,600m까지의 낮은 지대에서만 조사되였다. 백두산일대에서 앞으로 그 종수가 현저히 늘어날것으로 예견된다.

백두산일대에서 알려진 톡톡벌레가운데는 돌기톡톡벌레과의 산돌기톡톡벌레, 백두산돌기톡톡벌레, 붕돌기톡톡벌레, 큰돌기톡톡벌레, 높은산톡톡벌레, 동굴톡톡벌레과의 포태톡톡벌레, 흑동굴톡톡벌레, 털톡톡벌레과의 헤산톡톡벌레, 푸른털톡톡벌레 등과 같은 최근에 알려진 세계신종들이 들어있는데 이러한 종들은 아직까지 세계의 어느곳에서도 알려지지 않았다.

톡톡벌레류는 엄혹한 기후조건에 잘 견딜수 있으며 평지대에는 물론이고 해발높이 2,000~3,000m까지의 높은 산지대에까지 분포되는 동물이므로 백두산일대의 토양계는 이 동물의 좋은 살이터로 된다고 말할수 있다.

백두산일대에서 톡톡벌레류는 풀판토양이나 바늘잎나무류의 토양에서보다 넓은잎나무류의 토양에, 밭토양에서보다 풀판토양에 더 많이 퍼져있으며 보통 땅겉면에서부터 3cm까지의 깊이에서 나타난다.

이 동물은 자체로 땅을 파고들지못하기때문에 토양속에서 깊이에 따르는 분포는 리용할수 있는 땅틈새의 깊이, 유기물질이 분포되여 있는 깊이 등과 많이 관계된다.

톡톡벌레류는 토양속에서 살면서 주로는 식물질찌꺼기, 균류의 균사, 포

자 등을 먹으며 그밖에 죽은 지렁이, 파리류의 번데기, 동물의 똥도 먹는다. 따라서 백두산일대의 토양속에 널리 퍼져있는 톡톡벌레류는 토양속의 유기물질을 분해하여 토양을 비옥화하며 청소자의 역할을 하는 리로운 동물이라고 말할수 있다.

한편 톡톡벌레류는 몸이 만문하므로 땅겉면 가까이에 사는 거미류나 딱장벌레류 등의 좋은 먹이로 된다. 특히 은시충류, 돌지네, 흙지네 등은 톡톡벌레류를 즐겨 먹는다.

백두산일대에서 채집된 톡톡벌레류의 종구성은 다음과 같다.

돌기톡톡벌레과 Neanuridae

삼지연돌기톡톡벌레 *Deutonura abietis* (Yosii)
우리 나라에 널리 분포되여였는 종으로서 보천, 혜산 등지에서 채집되였다.

쌍돌기톡톡벌레 *Deutonura binatuber* Lee.
보천, 혜산, 삼지연 등에서 채집되였다.

혹돌기톡톡벌레 *Granulida tuberculata* Yosii
더듬뿔은 원추형이고 그 길이는 머리와 거의 같다. 몸길이는 1.3mm 정도이다. 혜산, 삼지연, 보천 일대에서 채집되였다.

산돌기톡톡벌레 *Metahura cacsagnaui* Deh. et Wein.
썩은 나무나 썩은 가랑잎속 또는 돌밑에서 산다. 혜산지방에서 채집되였다.

백두산돌기톡톡벌레 *Morulina pawlowskii* Deh. et Wein.
머리의 매 측면에는 5mm의 거짓눈이 있으며 몸에 돋아있는 긴 센털은 뚜렷하게 톱날모양이다. 삼지연, 남포태산에서 채집되였다.

봉돌기톡톡벌레 *Propeanura leei* Deh. et Wein.
삼지연일대의 썩은 가랑잎층에서 채집되였다.

큰돌기톡톡벌레 *Propeanura megalops* Deh. et Wein
보천, 혜산, 삼지연에서 채집되였다.

높은산톡톡벌레 *Yuukjanura szeptyckii* Deh. et Wein.
삼지연과 백두산근방에서 채집되였다.

파랑톡톡벌레과 Pseudachorutidae

긴센털톡톡벌레 *Pseudachorutes longsetis* Yosii
몸의 색갈은 파란색이고 가랑잎층과 나무껍질, 썩은나무 그루터기 등에서 산다. 삼지연에서 채집되였다.

동굴록록벌레과 Oncopoduridae

포래록록벌레 *Oncopodura yosiiana* Sz.
삼지연, 포태천에서 채집되였다.

흑동굴록록벌레 *Oncopodura czmur* Sz.
거짓눈이 없고 더듬뿔뒤기관이 있다. 혜산에서 채집되였다.

털록록벌레과 Entomobryidae

혜산털록록벌레 *Homidia hjesanica* Sz.
몸은 작고 1.7~2.3mm 정도이다. 더듬뿔은 머리보다 3.6배 더 길다. 혜산, 보천, 삼지연, 남포태산 등지에서 채집되였다.

푸른털록록벌레 *Orchesellides viridis* Mari Mutt
몸둥이의 등면이 푸른색이며 몸길이는 2.2mm 정도에 달한다. 삼지연의 돌밑이나 이끼밑에서 채집되였다.

흰털록록벌레 *Orchesellides szeptyckii* Mari Mutt.
몸길이는 2.2mm 정도이다. 돌밑이나 작은 섞은나무쪼각밑에서 산다. 보천, 혜산, 삼지연에서 채집되였다.

둥근록록벌레과 *Sminthuridae*

남새록록벌레 *Bourletiella pruinosa* (Tull.)
몸길이는 1.5mm안팎이다. 주로 오이, 가지, 콩류, 배추, 무우, 사탕무우, 가두배추 등을 해한다.
백두산일대에서 남새를 심는곳들에 퍼져있다.

14. 듯무지류 THYSANOPTERA

백두산일대에서 지금까지 알려진 듯무지류의 분류군수는 3과 3속 4종이다(표 71).

듯무지류의 많은 종들은 식물의 조직에서 즙액을 빨아 먹으며 일부 종들은 진디풀이나 작은 거미의 체액

분류군수		표 71
과 명	속	종
무늬듯무지과	1	2
듯무지과	1	1
대듯무지과	1	1
계	3	4

을 빨아 먹는다.

백두산일대에서 채집된 둣무지류의 종구성은 다음과 같다.

무늬둣무지과 Aeolothripidae

띠무늬둣무지 *Aeolothrips fasciatus* L.
삼지연, 혜산, 보천 등지에서 채집되였다.

중간무늬둣무지 *Aeolothrips intermedius* Bagn.
여러가지 식물의 꽃에 모여든다.
삼지연에서 채집되였다.

둣무지과 Thrypidae

담배둣무지 *Thryps tabaci* Lind.
과류, 담배, 가지과의 남새류, 배추과의 남새류 등 여러가지 식물을 해한다.
삼지연에서 채집되였다.

대둣무지과 Phloeothripidae

벼홑둣무지 *Haplothrips aculeatus* F.
보리류, 벼 등을 해한다. 작은 동물의 체액도 빨아먹으며 때로는 사람의 피부도 쏜다.

15. 뿔잠자리류 NEUROPTERA

백두산일대에서 알려진 뿔잠자리류의 분류군수는 2과 2속 3종이다.
뿔잠자리류는 크지 않는 집단이며 해로운 벌레들을 잡아먹는 리로운 곤충류로서 해충구제에서 일정한 의의가 있다.
백두산일대에서 채집된 뿔잠자리류의 종구성은 다음과 같다.

풀잠자리과 Chrysopidae

작은넉점풀잠자리 *Chrysopa cognatella* Okam.
백두산천지호반에서 7월에 채집되였다.

넉점풀잠자리 *Chrysopa septempunctata cognata* M. L.
새끼벌레는 진디물, 개각충류의 새끼벌레, 진드기 등을 잡아먹으며 엄지벌레는 6~9월에 나타난다. 백두산천지호반에서 채집되였다.

뿔잠자리과 Ascalaphidae

씨비리뿔잠자리 *Ascalaphus sibiricus* Evers.
　우리 나라의 전반적지역에서 흔히 볼수 있으며 백두산천지호반에서 채집되였다.

16. 가위벌레류 DERMAPTERA

　백두산일대에서 알려진 가위벌레류의 분류군수는 1과 3속 3종이다.
　낮에는 돌밑이나 가랑잎같은 음침한곳에 숨어있으며 주로 밤에 활동한다. 불빛에도 잘 날아든다.
　여러가지 동물질과 식물질을 먹으며 작은 곤충을 잡아먹기도 한다.
　가위벌레는 꽁무니털이 집게모양으로 생긴것이 특징이며 이것으로 먹이를 잡는다.
　해로운 벌레들을 잡아먹으므로 보통 리로운 곤충으로 알려져 있다.
　백두산일대에서 채집된 가위벌레류의 종구성은 다음과 같다.

가위벌레과 Forficulidae

날개가위벌레 *Forficula vicaria* Sem.
　운홍군 장항리에서 채집되였다.
검정다리가위벌레 *Timomenus komarovi* Sem.
　보천군 운남에서 채집되였다.
혹가위벌레 *Anechura japonica* Borm.
　해산에서 채집되였다.

17. 사마귀류 MANTOPTERA

　백두산일대에서 알려진 사마귀류의 분류군수는 1과 2속 2종이다.
　사마귀류는 사나운 곤충류로서 잡는다리로 변한 앞다리로 잡아죽이고 먹는다. 주로 파리류, 메뚜기류, 나비류의 새끼벌레, 모기류 등과 같은 해로운 벌레들을 잡아 먹는 리로운 곤충류로 알려져 있다.

사마귀과 Mantidae

유리날개사마귀 *Mantis religiosa* L.
혜산지방에서 채집되였다.
사마귀 *Paratenodera sinensis* Sauss.
우리 나라에 널리 퍼져있으며 운흥지방에서 채집되였다.

18. 다맹이류 PROTURA

백두산일대에서는 낫다맹이과의 1종이 알려졌다. 세계적으로 약 60종이 알려진 작은 무리의 곤충류이다.
 가장 원시적인 곤충류로서 학술적의의가 있는 이외에 사람과의 관계는 알려진것이 없다.

다맹이과 Acerentomidae

높은산낫다맹이 *Berberentulus tosanus* (Imad. et Yosii)
남포태산에서 채집되였다.

제 2 절 그밖의 무척추동물

 백두산일대에서 알려진 무척추동물가운데서 곤충류를 제외한 그밖의 무척추동물의 분류군수는 8강 18목 62과 110속 197종이다(표 72).
 표 72에서 보는바와 같이 거미강은 1목 11과 33속 75종, 진드기강은 2목 25과 37속 66종으로서 2강의 분류군수가 가장 많다.
 다음으로 곰벌레강이 1목 3과 8속 20종으로서 종수가 많다.
 갑각강, 다족강, 지렁이강 등은 각각 5목 8과 10속 11종, 4목 7과 9속 10종, 2목 3과 7속 9종으로서 3분류군의 종수는 각각 10종 정도이다.
 골뱅이강은 2목 4과 5속 5종이고 선충강은 1목 1과 1속 1종으로서 종수가 적다.
 백두산일대에서 알려진 무척추동물의 종수 197종가운데서 거미류의 종수는 75종으로서 다른 분류군들의 종수에 비하여 훨씬 많다. 백두산일대에 퍼져있는 이러한 종류의 거미들은 마리수 역시 매우 많으며 수림과 밭에서 살면서 해로운 벌레들을 잡아먹는 리로운 동물에 속한다.

백두산일대의 수계에 분포되여있는 싸그쟁이류, 물벼룩류, 단각류 등은 이 일대의 수계에 분포되여있는 물고기류의 먹이생물로 중요한 의의를 가진다.

진드기류가운데서 많은 종수를 차지하는 딱장진드기류는 비록 현미경적인 작은 동물이기는 하지만 마리수가 많고 유기물질이 포함된 토양이라면 그 어디에나 다 펴져 있으며 유기물쩌끼기의 분해를 돕는 중요한 역할을 한다.

그밖에 지렁이류, 다족류의 조형류, 떠노래기, 등각류의 가는쥐며느리 등도 주로 식물질쩌끼기를 먹고 사는 동물로서 백두산일대의 수림에 축적되는 식물질쩌끼기의 분해를 돕고 산림토양을 비옥화하는데서 중요한 역할을 한다.

분류군수　　　　　　　　표 72

강명	목 명	과	속	종
선충강	식물성선충목	1	1	1
지렁이강	근 공 목	1	1	3
	후 공 목	2	6	6
	소 계	3	7	9
골뱅이강	바 닥 눈 목	1	2	2
	자 루 눈 목	3	3	3
	소 계	4	5	5
곰벌레강	참 곰 벌 레 목	3	8	20
갑각강	싸 그 쟁 이 목	3	5	6
	물 벼 룩 목	2	2	2
	단 각 목	1	1	1
	등 각 목	1	1	1
	십 각 목	1	1	1
	소 계	8	10	11
거미강	거 미 목	11	33	75
진드기강	기 생 진 드 기 목	4	4	8
	악치노히친진드기목(털진드기류)	5	6	13
	〃　(딱장진드기류)	16	27	45
	소 계	25	37	66
다족강	흙 지 네 목	1	2	3
	돌 지 네 목	1	1	1
	조 형 목	1	1	1
	떠 노 래 기 목	4	5	5
	소 계	7	9	10
총	계	62	110	197

1. 거미류

백두산일대에서 알려진 거미들은 수림이나 수림사이의 풀밭, 논, 밭들에서 사는 종들이다.

거미류는 마리수가 많은 동물로서 여러가지 종류의 곤충류를 잡아먹는 한편 새류, 개구리류, 뱀류 등의 먹이로도 되므로 백두산일대의 자연생태계에서 매우 중요한 자리를 차지하는 동물이라고 말할수 있다.

특히 거미류의 먹이대상으로 되는 벌레들가운데는 산림해충이나 농작물해충들이 많이 포함되여있으므로 백두산일대의 자연계에서 매우 리로운 역할을 하는 동물로 알려져있다.

생활형   표 73

구 분		정착성	방랑성
토양성	땅겉면		독거미과
	가랑잎층	애기거미과, 접시거미과, 잔접시거미과	독거미과, 게거미과, 자루거미과, 파리잡이거미과
비토양성	나무 또는 풀우		파리잡이거미과, 꽃거미속
	공중	말거미과	

백두산일대에서 알려진 거미류의 생활형은 매우 다양하다. 그가운데서 주요과들을 소개하면 다음과 같다(표 73).

백두산일대에서 알려진 거미류의 생활형은 토양을 생활공간으로 리용하면서 토양과의 직접적인 련관속에서 생활이 진행되는 토양성거미류와 토양과의 간접적인 련관은 있어도 직접적인 련관이 없는 비토양성거미류로 크게 나눌수 있으며 이 2가지 생활형의 거미류는 다시 일정한 자리에 거미줄을 치고 사는 정착성거미류와 거미줄을 치지 않고 떠돌이생활을 하는 방랑성거미류로 나눌수 있다.

토양성거미류가운데서 독거미과의 일부 종들은 거미줄을 치지 않고 땅겉면에서 떠돌아다니면서 방랑성생활을 하고 애기거미과, 접시거미과, 잔접시거미과의 종들은 가랑잎층사이에 거미줄을 치고 정착성생활을 하며 독거미과와 파리잡이거미과의 일부 종들과 게거미과, 자루거미과의 종들은 거미줄을 치지 않고 가랑잎층사이에서 떠돌이생활을 하는 방랑성거미류들이다.

비토양성거미류가운데서 말거미과의 종들은 공중에 그물을 치고 살며 파리잡이거미과의 일부 종들과 꽃거미속의 종들은 그물을 치지 않고 나무 또는 풀우에서 떠돌아다니면서 사는 방랑성거미류이다.

1) 분류군수

백두산일대에서 지금까지 알려진 거미류의 분류군수는 11과 33속 75종이다(표 74).

표 74에서 속수의 순위는 게거미과 10속, 말거미과 5속, 애기거미과 4속이고 그밖의 8과들은 1~3속이다.

종수의 순위는 말거미과 17종, 게거미과 16종, 애기거미과 10종, 접시거미과 8종, 독거미과 7종, 긴다리거미과 6종이고 그밖의 5과들은 1~3종이다.

분류군수 표 74

과 명	속	종
애기거미과	4	10
접시거미과	2	8
잔접시거미과	1	1
뿔눈거미과	1	1
말거미과	5	17
긴다리거미과	1	6
독거미과	3	7
풀거미과	2	3
게거미과	10	16
파리잡이거미과	3	3
자루거미과	1	3
계	33	75

2) 해발높이에 따르는 분포

백두산일대에서 알려진 75종의 거미류의 해발높이에 따르는 분포는 표 75와 같다.

표 75에서 보는바와 같이 해발높이 800~1300m에 70종(93.3%), 1300~1600m에 33종(44.0%), 1600~2000m에 16종(21.3%), 2000~2750m에 3종(4.0%)으로서 높은지대에 올라갈수록 종수가 적어지는 경향이 뚜렷하게 나타난다. 이것은 높은 지대에 올라갈수록 환경조건이 보다 단순해지고 포식성동물인 거미류의 먹이동물의 량도 적어지는 사정과 관련된다.

해발높이에 따르는 분포 표 75

과명 \ 해발높이, m	800~1300	1300~1600	1600~2000	2000~2750
애기거미과	10	3	1	1
접시거미과	8	5	3	—
잔접시거미과	1	—	—	—
뿔눈거미과	1	1	—	—
말거미과	16	7	6	1
긴다리거미과	6	1	1	—
독거미과	6	6	2	—
풀거미과	3	2	—	1
게거미과	14	6	2	—
파리잡이거미과	3	1	1	—
자루거미과	2	1	—	—
계	70	33	16	3
전체 종수에 대한 비률, %	93.3	44.0	21.3	4.0

3) 종구성

거미목 Araneida

애기거미과 Theridiidae

풀새애기거미속의 한종 *Argyroaster* sp.

산림 또는 초습지에서 볼수 있다. 보서에서 채집되였다.

논나무잎거미 *Enoplognatha japonica* Boes. et Str.

산림을 비롯하여 논, 밭, 과수원 등에서 흔히 볼수 있다. 썩은 나무그루 밑이나 돌각담, 돌무지 등에서 겨울을 난다. 잡충류, 멸구류 등을 비롯하여 해로운 벌레들을 잡아먹는다. 온수평에서 채집되였다.

잔나무잎거미 *Enoplognatha dorsinotata* Boes. et Str.

산림, 밭, 논밭 등에서 흔히 볼수 있다. 가림천기슭에서 채집되였다.

반달무늬거미 *Steatoda albilunata* (Saito)

산림속의 누기진곳에 많이 산다. 보천, 베개봉, 무두봉, 신사, 백두산 등지에서 채집되였다.

큰애기거미 *Theridion tepidariorum* C. Koch

불규칙적인 립체그물을 치며 주로 집안에서 살지만 야외에서도 산다. 리명수에서 채집되였다.

무포애기거미 *Theridion chikunii* Yag.

산림에서 살며 땅으로부터 1～2m되는 높이에 그물을 치고 거꾸로 매달려있다. 무포, 신무성 등에서 채집되였다.

긴종애기거미 *Theridion angulithorax* Boes. et Str.

산림에서 잡관목아지에 살자리를 만들고 붙어있는것을 볼수 있다. 운흥에서 채집되였다.

피줄애기거미 *Theridion pictum* (Walck.)

산림 등에서 볼수 있다. 삼지연못가, 무포, 대홍단에서 채집되였다.

잘록무늬애기거미 *Theridion pinastri* L. Koch

산림에서 산다. 백암에서 채집되였다.

건창애기거미 *Theridion formosum* (Clerck)

주로 산림에서 산다. 리명수에서 채집되였다.

접시거미과 Linyphiidae

접시거미 *Linyphia marginata* C. Koch

주로 산림에서 살며 논이나 밭에서도 산다. 보천, 가산, 베개봉, 삼지연 등에서 채집되였다.

대륙접시거미 *Linyphia emphama* Walck.

산림에서 흔히 볼수 있다. 보천, 보서, 청봉, 오호물동, 베개봉, 삼지연 못가, 신무성, 무두봉, 신사, 포태 등에서 채집되였다.

풀새접시거미 *Linyphia albolimbata* Karsch

풀대사이의 어두운곳에 접시그물을 치고 거꾸로 매달려있다. 운흥에서 채집되였다.

나무잎접시거미 *Linyphia peltata* Wid.

산림이나 밭에서 산다. 무두봉, 대흥단, 신무성, 백암 등지에서 채집되였다.

물결무늬접시거미 *Linyphia clathrata* Sund.

풀대사이에 접시모양그물을 치고 거꾸로 매달려있다. 보천, 가림, 보서, 리명수, 청봉, 베개봉, 신무성, 무두봉, 백암 등지에서 채집되였다.

산길접시거미 *Linyphio montana* (Clerck)

풀대사이 또는 키낮은 나무사이에 접시그물을 치고 산다. 백암에서 채집되였다.

접시거미속의 한종 *Linyphia* sp.

산림에서 많이 나타난다. 보서, 베개봉, 신무성, 무포 등에서 채집되였다.

꽃접시거미 *Floronia bucculenta* (Clerck)

산림이나 밭, 드물게는 논에서도 산다. 운흥, 포태, 대흥단 등지에서 채집되였다.

잔접시거미과 Micryphantidae

잔붉은가슴거미 *Gnathonarium exsiccatus* (Boes. et Str.)

산림이나 들판의 썩는 식물무지밑에서 볼수 있는데 논에도 나타난다. 보서에서 채집되였다.

뿔눈거미과 Pholcidae

쌍무늬뿔눈거미 *Pholcus opilionoides* (Schr.)

돌과 돌사이 또는 바위밑에 불규칙적인 그물을 치고 산다. 리명수, 삼지연 등지에서 채집되였다.

말거미과 Argiopidae

말거미 *Araneus ventricosus* (L. Koch)

집주변부터 산지대에 이르기까지의 각이한 장소에서 살며 7~9월에 가장 많이 활동한다. 보천, 화전, 혜산에서 채집되였다.

꽃말거미 *Araneus marmoreus* Clerck
산림에서 볼수 있다. 보천, 가림리, 온수평, 포태, 리명수, 베개봉, 청봉, 삼지연, 신무성, 무두봉, 무봉, 백암 등 백두산일대의 여러지역에서 채집되였다.

콩알말거미 *Araneus fuscocoloratus* Boes. et Str.
주로 산림에 많이 분포되여있다. 보천, 가림리, 보서, 청봉, 베개봉, 신무성, 무두봉, 무포, 삼지연못가 등에서 채집되였다.

멧말거미 *Araneus uyemurai* Yag.
주로 산지대에서 산다. 보천, 곤장덕, 가림리, 보서 등에서 채집되였다.

흰꿀떡말거미 *Araneus patagiatus* Clerck
키낮은 나무에 둥그런 그물을 치고 산다. 보서, 오호물동, 무두봉 등에서 채집되였다.

알말거미 *Araneus cornutus* Clerck
산림이나 밭에서 그물을 치고 산다. 온수평에서 채집되였다.

팔점무니말거미 *Araneus cucurbitinus* Clerck
산림의 소나무잎사이에 그물을 치고 산다. 오호물동에서 채집되였다.

륙점무니말거미 *Araneus displicatus* (Hentz)
나무잎이나 나무아지들 사이에 그물을 치고 산다. 보서, 청봉, 베개봉, 신무성, 무두봉, 대홍단 등지에서 채집되였다.

어깨뿔말거미 *Araneus saganus* Boes. et Str.
산림에서 많이 볼수 있다. 보천, 무두봉에서 채집되였다.

무두봉말거미 *Araneus omoedus* (Thor.)
산림이나 밭주변에서 산다. 보천, 보서, 백두산밀영, 리명수, 무두봉, 신사, 삼지연 등에서 채집되였다.

말거미속의 한종 *Araneus* sp.
북계수에서 채집되였다.

노란말거미 *Neoscona doenitzi* (Boes. et Str.)
산림, 논, 밭 등에서 산다. 가산리에서 채집되였다.

애기말거미 *Neoscona adianta* (Walck.)
산림, 밭 등에서 흔히 볼수 있다. 보서, 운홍, 리명수, 신사, 무봉 등에서 채집되였다.

오호얼룩말거미 *Zilla sachalinensis* (Saito)
산림에서 나무아지 또는 풀대사이에 수직 또는 경사지게 둥그런 그물을 치고 산다. 보서, 대홍단지구 등에서 채집되였다.

노란얼룩말거미 *Zilla flavomaculata* Yag.
산림에서 흔히 볼수 있다. 보천, 리명수, 베개봉 등지에서 채집되였다.

은빛뒤뿔말거미 *Cyclosa argenteo-alba* Boes. et Str.
습지대의 습하고 음침한곳에 있는 바위 또는 나무잎사이에 비탈지게 둥근그물을 치고 산다. 곤장덕, 가림리, 구시물동, 리명수 등지에서 채집되였다.

세모홈거미 *Meta yunohamensis* Boes. et Str.
산림에서 흔히 볼수 있다. 홍암에서 채집되였다.

긴다리거미과 Tetragnathidae

긴다리거미 *Tetragnatha praedonia* L. Koch
산림, 논, 밭 등에서 식물들사이에 수평으로 둥그런 그물을 치고 산다. 백암에서 채집되였다.

둥근이긴다리거미 *Tetragnatha japonica* Boes et Str.
산림 또는 초습지 등에서 볼수 있는데 습기가 매우 많은 곳을 좋아한다. 보천, 보서, 리명수 등에서 채집되였다.

점무늬긴다리거미 *Tetragnatha pinicola* L. Koch
산림에서 주로 나타나는데 습기가 많은곳에 수평으로 둥그런 그물을 치고 거꾸로 매달려있다. 운흥, 보천, 리명수, 무두봉, 무포 등에서 채집되였다.

잔긴다리거미 *Tetragnatha lauta* Yag.
산림이나 개울가 등의 풀대사이에 수직 또는 경사지게 그물눈이 매우 거친 둥근그물을 치고 거꾸로 매달려있다. 리명수, 베개봉, 신사 등지에서 채집되였다.

흰배긴다리거미 *Tetragnatha extensa* (L.)
산림, 논, 개울가에 수평으로 둥그런그물을 치고 거꾸로 매달려있거나 식물에 붙어있다. 신사에서 채집되였다.

습긴다리거미 *Tetragnatha shikokiana* Yag.
논, 초습지, 개울가 등에서 둥그런 수평그물을 치고 산다. 대홍단지구에서 채집되였다.

독거미과 Lycosidae

숲반독거미 *Lycosa striatipes* L. Koch

산림과 밭들에서 거미줄을 치지 않고 떠돌이생활을 한다. 보천, 삼지연, 백암에서 채집되였다.

정표독거미 *Lycosa T-insignita* Boes. et Str.
이른봄부터 가을까지 풀들이 있는곳에서 떠돌아다니면서 산다. 보천, 삼지연에서 채집되였다.

독거미속의 한종 *Lycosa* sp.
산림과 밭들에서 떠돌아다니면서 벌레들을 공격하여 잡아먹는다. 보천, 삼지연, 무두봉 등에서 채집되였다.

긴발등독거미 *Pardosa laura* Karsch
산림과 밭, 논밭에서 풀사이를 돌아다니면서 해로운 벌레들을 잡아먹는다. 삼지연에서 채집되였다.

팔외가시독거미 *Pardosa lugbris* (Walck.)
산림과 밭들에서 돌아다니면서 해로운 벌레들을 잡아먹는다. 신사에서 채집되였다.

세로줄무늬독거미 *Pardosa monticola* (Clerck)
누기가 많은 나무아래의 풀사이를 돌아다니면서 해로운 벌레들을 잡아먹는다. 보천, 보서, 포태, 삼지연, 베개봉, 무두봉에서 채집되였다.

불독거미속의 한종 *Arctosa* sp.
산림과 밭에서 돌아다니면서 벌레들을 공격하여 잡아먹는다. 보천, 삼지연, 혜산 등에서 채집되였다.

풀거미과 Agelenidae

풀거미 *Agelena limbata* Thor.
밭이나 숲에서 나무, 돌각담 등에 깔대기모양의 그물을 쳐놓고 산다. 보천, 삼지연 등에서 채집되였다.

사굽풀거미 *Agelena labyrinthica* (Clerck)
산림, 들판, 밭 등에서 풀이나 나무, 돌각담 등을 리용하여 비교적 낮은 곳에 그물을 치고 산다. 가림리에서 채집되였다.

그늘층층거미 *Tegenaria corasides* Boes. et Str.
산림이나 밭에서 살며 주로 돌각담이나 썩은나무뿌리, 울타리 등의 누기가 많은곳에 층층그물을 친다. 백두산밀영, 삼지연, 보천 등에서 채집되였다.

게거미과 Thomisidae

꽃거미 *Misumena tricuspidata* (Fabr.)
　주로 산지대의 풀숲이나 밭, 논밭 등에서 풀이나 농작물의 잎우에 그물을 친다. 백암, 대택, 온수평, 운흥에서 채집되였다.

노랑꽃거미 *Misumena lutea* Saito
　가림리에서 채집되였다.

세모배거미 *Thomisus labefactus* Karsch
　꽃에 숨어있다가 먹이를 공격하여 잡아먹는다. 백암에서 채집되였다.

점무늬게거미 *Xysticus lateralis* Boes. et Str.
　산림이나 논, 밭 등에서 돌아다니면서 나비류의 새끼벌레, 딱장벌레, 잎말이벌레 등을 잡아먹는다. 백두산천지기슭, 베개봉, 북계수 등에서 채집되였다.

밤색게거미 *Xysticus croceus* Fox
　산림이나 밭에서 풀사이나 나무밑을 떠돌아다니면서 벌레들을 잡아먹는다. 보천, 삼지연, 포태, 혜산 등에서 채집되였다.

무포좀게거미 *Xysticus triguttatus* Keys.
　산림이나 밭에서 풀이나 나무밑 등에서 떠돌이생활을 하면서 벌레들을 잡아먹는다. 삼지연, 보천, 보서 등지에서 채집되였다.

범털무늬거미 *Tmarus piger* (Walck.)
　풀대사이에서 떠돌면서 벌레들을 잡아먹는다. 보천, 가림리, 운흥 등에서 채집되였다.

모란거미 *Synaema globosa* Fabr.
　산림, 밭, 공원 등에서 산다. 가림리, 혜산, 운흥 등지에서 채집되였다.

납작게거미 *Oxyptila* sp.
　떠돌이생활을 하면서 벌레들을 잡아먹는다. 삼지연에서 채집되였다.

게꼴뱅이거미 *Thanatus formicinus* (Clerck)
　주로 산림이나 밭들에서 풀사이를 떠돌아다니면서 해로운 벌레를 잡아먹는다. 보천에서 채집되였다.

꽃게거미 *Pistius truncatus* (Pall.)
　떨기나무가 자라고있는 지대, 잡초가 무성한 수림지대의 건조한 장소들에서 산다. 혜산에서 채집되였다.

두점무늬게거미 *Tibellus oblongus* (Walck.)

나무나 풀대사이를 돌아다니면서 벌레들을 공격하여 잡아먹는다. 보천, 백암, 운흥, 리명수, 무두봉, 포태 등지에서 채집되였다.

네점무늬게거미 *Tibellus tenellus* (L. Koch)
떨기나무가 자라는 지대 또는 초원지대에서 며돌이생활을 하면서 해로운 벌레들을 잡아먹는다. 보천, 운흥, 포태 등지에서 채집되였다.

흰배벽거미 *Philodromus reussii* Boesenb.
나무 또는 잎우에서 며돌아다니면서 해로운 벌레들을 잡아먹는다. 보천, 운흥 등지에서 채집되였다.

얼룩배벽거미 *Philodromus flavidus* Saito
산림에서 며돌아다니면서 해로운 벌레들을 잡아먹는다. 보서, 운흥, 리명수, 베개봉, 무두봉 등지에서 채집되였다.

삼지연벽거미 *Philodromus rufus* Walck.
나무잎이나 풀잎사이를 며돌아다니면서 해로운 벌레들을 잡아먹는다. 보천, 삼지연, 포태 등에서 채집되였다.

파리잡이거미과 Salticidae

띠눈거미 *Jotus difficilis* Boes. et Str.
7~8월에 짝붙는다. 암컷은 나무잎을 오무라들게 하고 그안에 들어가 알주머니안에 알을 낳으며 알에서 새끼가 까나올 때까지 보호한다. 온수평에서 채집되였다.

게발파리잡이거미 *Harmochirus brachiatus* (Thor.)
산림이나 밭들에서 누기가 많은곳에서 볼수 있는데 풀사이를 며돌아다니면서 해로운 벌레들을 잡아먹는다. 백암에서 채집되였다.

얼룩파리잡이거미 *Marpissa muscosa* (Clerck)
산림에서 나무잎을 따라 돌아다니면서 파리류, 나비류의 새끼벌레들을 잡아먹는다. 보서, 무봉, 무두봉 등지에서 채집되였다.

자루거미과 Clubionidae

삿갓자루거미 *Clubiona jucunda* (Kansch)
산림, 밭, 논두렁, 소나무껍질밑, 나무그루밑 등을 며돌아다니면서 해로운 벌레들을 잡아먹는다. 리명수, 신사에서 채집되였다.

잎말이자루거미 *Clubiona japonicola* Boes. et Str.
산림, 논, 밭 등의 각이한 장소에서 이른봄부터 늦가을까지 활동하는

1년생거미이다. 북계수에서 채집되였다.

자루거미속의 한종 *Clubiona* sp.

산림과 밭들에서 떠돌이생활을 하면서 해로운 벌레들을 잡아먹는다. 포태에서 채집되였다.

2. 진드기류

백두산일대에는 매우 각이한 생태적환경에 적응된 각이한 생활형의 진드기들이 분포되여있다(표 76).

그 가운데서 많은 종수가 알려진 딱장진드기류는 유기물질이 포함된 토양이라면 어디에서나 대량적으로 나타나는 진드기로서 해발높이 800m인 낮은 지대로부터 해발높이 2750m인 백두산 장군봉에 이르기까지의 넓은 지대에 퍼져있다.

딱장진드기류의 주되는 먹이는 토양겉면의 가랑잎, 썩은나무, 나무껍질

표 76

분류군	종수	생활형
참진드기과, 가시털진드기과, 가위집게좀진드기과	4	동물에 기생하는 형
붉은능에과	3	식물에 기생하는 형
잎숲친드기과	1	식물겉면에서 살면서 작은동물을 잡아먹는 형
둥근잔진드기과	4	토양겉면에서 살면서 작은동물을 잡아먹는 형
딱장진드기류	45	토양겉면에서 살면서 식물찌꺼기를 먹는형
보배진드기과, 털진드기과, 참털진드기과	9	새끼진드기에서 동물에 기생하고 어린 진드기, 엄지진드기에서 작은 동물을 잡아먹는 형

등이며 한편 동물의 사체나 배설물도 먹이로 되므로 백두산일대의 수림토양은 딱장진드기류의 매우 알맞는 살이터로 된다.

따라서 딱장진드기류는 백두산일대의 토양을 비옥화하는데서 매우 중요한 역할을 하는 동물집단이라고 말할수 있다.

또한 딱장진드기류는 지이류나 이끼속에서도 살므로 백두산일대에서 산림한계선밖인 장군봉이나 천지주변에도 퍼져있다.

동물에 기생하는 형들가운데서 참진드기과의 종들은 집짐승이나 야생동물들에 기생하여 피를 빨아 먹을뿐아니라 여러가지 전염병균을 보유하거나 그것을 매개하므로 매우 해로운 진드기이다. 또한 가위집게좀진드기과의 다

섯뿔가위집게좀진드기처럼 사람에게 붙어 피를 빨아먹으며 피부염을 일으키기도 한다.

식물에 기생하는 형인 붉은능예과의 종들은 경제적의의가 있는 여러가지 식물에 기생하여 해를 주는 진드기이다.

한편 식물겉면이나 토양겉면에서 살면서 다른 작은 무척추동물을 잡아먹는 잎숲진드기과, 둥근잔진드기과, 어린진드기와 엄지진드기단계에서 작은 무척추동물들을 잡아먹는 보배진드기과, 털진드기과, 참털진드기과 등에 속하는 종들은 천적동물로서 일정한 의의가 있는 진드기들이다.

1) 분류군수

표 77

목 명	과	속	종
기생진드기목	4	4	8
악치노히친진드기목(털진드기류)	5	6	13
〃 (딱장진드기류)	16	27	45
계	25	37	66

백두산일대에서 지금까지 알려진 진드기류의 분류군수는 25과 37속 66종이다(표 77).

표 77에서 보여주는바와 같이 분류군수의 순위는 딱장진드기류 16과 27속 45종, 털진드기류 5과 6속 13종, 기생진드기류 4과 4속 8종으로서 딱장진드기류의 분류군수가 가장 많다.

2) 종구성

기생진드기목 PARASTIFORMES

둥근잔진드기과 Zerconidae

백두산둥근잔진드기 *Zercon caenolestes* Blasz.
백두산(동남경사면 해발높이 1800m지점)에서 채집되였다.
둥근잔진드기 *Zercon pawlowskii* Blasz.
백두산(동남경사면 해발높이 1800m지점)에서 채집되였다.
높은산둥근잔진드기 *Zercon ectopicus* Blasz.
남포태산(남경사면 해발높이 2100m지점)에서 채집되였다.
남포태산둥근잔진드기 *Zercon asophus* Blasz.

남포태산(남경사면 해발높이 2100m지점)에서 채집되였다.

참진드기과 Ixodidae

산림진드기 *Ixodes persulcatus* Sch.

새끼진드기와 어린진드기는 새류, 쥐류 등 작은 동물에 붙고 엄지진드기는 개, 소, 말, 양, 사슴, 노루 등에 붙어 피를 빨아 먹는다. 삼지연, 보천군 운남에서 채집되였다.

긴다리참진드기 *Ixodes pomerantzevi* G. Sar.

피를 빨아먹은 암컷의 몸길이는 3.42~5.76mm이다. 새끼진드기, 어린진드기, 엄지진드기는 작은 짐승류인 다람쥐, 들쥐, 고슴도치, 첨서 등에 붙어 피를 빨아먹는다. 혜산에서 채집되였다.

가시털좀진드기과 Laelaptidae

들쥐좀진드기 *Eulaelaps stabularis* (C. L. Koch)

작은 짐승류의 굴과 둥지에서 번식하며 발육한다. 작은 절족동물들을 잡아먹기도 하고 숙주동물(쥐, 등줄쥐)에 기생하면서 피를 빨아먹기도 한다. 혜산에서 채집되였다.

가위집게좀진드기과 Liponyssidae

다섯뿔가위집게좀진드기 *Hirstionyssus musculi* (Johnst.)

쥐류에 기생하면서 피를 빨아먹는다. 사람에게도 붙어 피를 빨아먹으며 피부염을 일으킨다. 백암군 유평에서 채집되였다.

악치노히친진드기목 ACARIFORMES

붉은능에과 Tetranychidae

붉은능에 *Tetranychus urticae* Koch

엄지벌레의 몸길이는 암수에서 0.3~0.4mm정도이다. 콩류, 약류, 호프 등의 잎에 붙어 즙액을 빨아먹는다. 한해에 9~11세대 경과한다. 보천군 가산에서 채집되였다.

콩붉은능에 *Tetrangchus telarius* (L.)

몸길이는 암컷에서 3.8~4.8mm, 수컷에서 0.3mm정도이다. 여러 종류의 식물에 기생하여 피해를 준다. 혜산에서 채집되였다.

토끼풀붉은능애속의 한종 *Bryobia protensis* Garm.
엄지벌레와 어린벌레들이 과일나무들의 잎뒤면에 무리로 달라붙어 잎즙액을 빨아먹는다. 한해에 4세대이상 경과하며 알로 겨울을 난다. 혜산에서 채집되였다.

잎숲진드기과 Anystidae

잎숲진드기 *Anystis astripes* Kars.
몸길이는 2mm정도, 몸은 붉은밤색이고 닭알모양이다. 농업 및 산림 해충의 천적으로 된다. 삼지연, 보천 등지에서 채집되였다.

보배진드기과 Erythraeidae

보배진드기 *Leptus repens* Shiba
새끼진드기는 곤충류에 기생하고 어린진드기, 엄지진드기는 작은 곤충이나 진드기류를 잡아먹는다. 백두산밀영에서 채집되였다.

참털진드기과 Trombidiidae

작은털진드기 *Microtrombidium karriensis* Wom.
새끼진드기는 곤충류에 기생하고 어린진드기, 엄지진드기는 땅걸면에서 살면서 곤충의 알이나 작은 곤충들을 잡아먹는다. 운흥, 보천, 대택 등지에서 채집되였다.

털진드기과 Trombiculidae

사륙털진드기 *Trombicula japonica* Tan., Kaiwa, Ter. et Kag.
여러 종류의 쥐에 기생한다. 혜산에서 채집되였다.

동양털진드기 *Trombicula orientalis* Schul.
따쥐와 쥐류 등 다양한 숙주에 기생하며 마리수가 많은 종류의 하나이다. 혜산에서 채집되였다.

수염털진드기 *Trombicula palpalis* Nag., Mit. et Tam.
쥐류와 따쥐류에 많이 기생한다. 한해에 2번 생겨나는데 특히 가을에 많이 생겨난다. 혜산에서 채집되였다.

어리실대잎털진드기 *Trombicula subintermedia* Jam. et Tosh.
주로 쥐류에 기생한다. 혜산에서 채집되였다.

실대잎털진드기 *Trombicula intermedia* Nag.
쥐류에 기생한다. 한해에 2번 나타난다. 혜산에서 채집되였다.

대잎털진드기 *Trombicula pallida* Nag., Mit. et Tam.

모든 쥐류와 식충류에 기생한다. 한해에 2번 나타난다. 혜산에서 채집되였다.

둥근혀털진드기 *Trombicula tamiyai* Phil. et Full.

봄과 가을에 많이 활동하며 여름에는 적게 나타난다. 쥐류에 기생하며 새끼진드기단계로 겨울을 난다. 백암군 유평에서 채집되였다.

딱장진드기류

그물눈진드기과 Nothridae

그물눈진드기 *Nothrus borussicus* Selln.

몸길이는 0.95mm, 너비는 0.52mm정도이다. 백두산밀영과 천지호반에서 채집되였다.

고은그물진드기 *Nothrus pulchellus* (Berl.)

몸길이는 0.66mm, 너비는 0.355mm정도이다. 삼지연에서 채집되였다.

네모진드기과 Camisiidae

네모진드기 *Camisia horrida* (Herm.)

몸길이는 0.87~0.90mm, 너비는 0.45mm정도이다. 백두산밀영에서 채집되였다.

긴다리치레진드기 *Heminothrus longisetosus* Willm.

몸길이는 0.67mm, 너비는 0.36mm정도이다. 백두산밀영에서 채집되였다.

작은치레진드기 *Heminothrus minor* Aoki.

몸길이는 0.53~0.55mm, 너비는 0.26mm정도이다. 백두산밀영에서 채집되였다.

그물진드기과 Trhypochthoniidae

그물진드기속의 한종 *Trhypochthonius* sp.

몸길이는 0.60mm정도이다. 장군봉에서 채집되였다.

점진드기과 Hermanniellidae

굴넙적점진드기 *Hermanniella grandis* Sitn.

몸길이는 0.79~0.99mm, 너비는 0.26~0.61mm정도이다. 장군봉에서 채집되였다.

념주진드기과 Damaeidae

북방념주진드기 *Epidamaeus arcticola* (Hamm.)
몸길이는 0.58mm정도이다. 백두산에서 채집되였다.

만두진드기과 Cepheidae

작은만두진드기 *Cepheus cepheiformis* (Nicol.)
몸길이는 0.68mm, 너비는 0.48mm정도이다. 삼지연(수림토양)에서 채집되였다.

만두진드기 *Cepheus grandis* Sitn.
몸길이는 0.85mm, 너비는 0.68mm정도이다. 장군봉에서 채집되였다.

모서리진드기 *Conoppia microptera* (Berl.)
몸길이는 1.0mm, 너비는 0.87mm정도이다. 장군봉에서 채집되였다.

왜만두진드기속의 한종 *Sadocepheus* sp.
몸길이는 0.59mm정도이다. 백두산밀영에서 채집되였다.

매끈진드기과 Liacaridae

북방매끈진드기 *Adoristes poppei* (Oud.)
몸길이는 0.4~0.5mm정도이다. 백두산밀영에서 채집되였다.

수림토양진드기 *Xenillus tegeocranus* (Herm.)
몸길이는 0.75~1.10mm정도이다. 백두산밀영에서 채집되였다.

창매끈진드기 *Dorycranosus acutidens* (Aoki)
몸길이는 0.85~1.06mm정도이다. 백두산밀영에서 채집되였다.

굴진드기과 Carabodidae

굴진드기 *Carabodes femoralis* (Nic.)
몸길이는 0.71mm정도이다. 백두산밀영에서 채집되였다.

매끈털굴진드기 *Carabodes marginatus* (Mich.)
몸길이는 0.55mm정도이다. 백두산밀영에서 채집되였다.

오목굴진드기 *Carabodes forsslundi* Selln.
몸길이는 0.61mm정도이다. 백두산에서 채집되였다.

굽은판작은굴진드기 *Carabodes minusculus* Berl.
몸길이는 0.35mm정도이다. 백두산밀영에서 채집되였다.

팽이진드기과 Tectocepheidae

팽이진드기 *Tectocepheus velatus* Mich.
몸길이는 0.30mm정도이다. 삼지연에서 채집되였다.

창문진드기과 Suctobelbidae

창문진드기속의 한종 *Suctobelbila* sp.
몸길이는 0.26~0.27mm정도이다. 백두산근처에서 채집되였다.

알진드기과 Oppiidae

잎사귀알진드기 *Oppia mastigophora* Gol.
몸길이는 0.38mm정도이다. 백두산근처에서 채집되였다.

긴진드기과 Scheloribatidae

긴진드기 *Scheloribates confundatus* Selln.
몸길이는 0.46~0.56mm, 너비는 0.33mm정도이다. 백두산밀영에서 채집되였다.

뿔진드기과 Ceratozetidae

검은부들털진드기 *Melanozetes mollicomus* (C. L. Koch)
몸길이는 0.45mm, 너비는 0.28mm정도이다. 백두산에서 채집되였다.

동방검은진드기 *Melanozetes orientalis* Shald.
몸길이는 0.54~0.56mm, 너비는 0.34~0.39mm정도이다. 백두산에서 채집되였다.

밤색둥근뿔진드기 *Fuscozetes fuscipes* (C. L. Koch)
몸길이는 0.63~0.75mm, 너비는 0.40~0.5mm정도이다. 백두산에서 채집되였다.

밤색뿔진드기 *Fuscozetes novus* Shald.
몸길이는 0.69~0.71mm, 너비는 0.47~0.49mm정도이다. 백두산밀영에서 채집되였다.

각무날개진드기 *Diapterobates dubinini* Shald.
몸길이는 0.36~0.38mm, 너비는 0.26~0.27mm정도이다. 백두산밀영에서 채집되였다.

두무날개진드기 *Diapterobates rotundocuspidatus* Shald.
몸길이는 0.53~0.56mm, 너비는 0.34~0.38mm정도이다. 백두산밀영에서 채집되였다.

색무늬진드기 *Diapterobates notatus* (Thor.)
몸길이는 0.60~0.72mm, 너비는 0.41~0.47mm이다. 정일봉에서 채집되였다.

거친검은털진드기 *Trichoribates tjanshanicus* Shald.
몸길이는 0.50~0.54mm정도이다. 백두산밀영에서 채집되였다.

새거친검은털진드기 *Trichoribates novus* (Selln.)
몸길이는 0.69~0.73mm, 너비는 0.52~0.55mm정도이다. 백두산에서 채집되였다.

각질진드기 *Ceratozetes piritus* Grand.
백두산에서 채집되였다.

왜각질진드기 *Ceratozetes japonicus* Aoki
몸길이는 0.34~0.35mm정도이다. 삼지연에서 채집되였다.

북방작은각질진드기 *Ceratozetes mediocris* Berl.
몸길이는 0.44~0.49mm, 너비는 0.27~0.34mm정도이다. 삼지연에서 채집되였다.

작은각질진드기 *Ceratozetes longocuspidatus* Kul.
몸길이는 0.48~0.49mm, 너비는 0.32~0.34mm정도이다. 백두산밀영에서 채집되였다.

각질진드기속의 한종 *Ceratozetes* sp.
몸길이는 0.37~0.39mm정도이다. 백두산밀영에서 채집되였다.

가시털뿔진드기 *Ceratozetoides cisalpinus* (Berl.)
몸길이는 0.64~0.86mm, 너비는 0.45~0.69mm정도이다. 운흥에서 채집되였다.

굽은연한뿔진드기 *Ceratozetella incurva* (Aoki)
몸길이는 0.71mm정도이다. 백두산밀영에서 채집되였다.

넙적판뿔진드기 *Ceratozetella bregetovae* Shald.
몸길이는 0.43~0.45mm, 너비는 0.28~0.30mm정도이다. 삼지연에서 채집되였다.

통날개진드기과 Mycobatidae

통날개진드기 *Mycobates monodactylus* Shald.
몸길이는 0.41~0.43mm, 너비는 0.26~0.28mm정도이다. 삼지연에서 채집되었다.

딱잠진드기과 Oribatellidae

아세아딱잠진드기 *Oribatella asiatica* D. Kriv.

몸길이는 0.42mm정도이다. 백두산밀영에서 채집되었다.

톱날개진드기과 Achipteriidae

짧은톱날개진드기 *Achipteria curta* Aoki

몸길이는 0.55~0.60mm, 너비는 0.35~0.40mm정도이다. 삼지연에서 채집되었다.

혹톱날개진드기 *Achipteria verrucosa* Rjab.

몸길이는 0.62~0.51mm정도이다. 백두산밀영에서 채집되었다.

톱날개진드기속의 한종 *Achipteria* sp.

몸길이는 0.62mm정도이다. 백두산밀영에서 채집되었다.

3. 갑각류

백두산일대에서 지금까지 알려진 갑각류의 분류군수는 5목 8과 10속 11종이다(표 78).

이와 같이 백두산일대에서 갑각류의 종수가 적은것은 이 분류군에 속하는 대부분의 종들이 주로 바다에서 살며 토양을 살이터로 하거나 호소, 저수지, 하천 등 민물에서 사는 종들이 매우 적기때문이다.

5목 8과 10속 11종가운데서 등각목에 속하는 1과 1속 1종만이 땅에서 사는 토양동물이고 나머지 4목에 속하는 7과 9속 10종은 민물에서 사는 며살이동물이거나 바닥살이동물이다.

며살이동물로 출현하는 싸그쟁이목과 물벼룩목을 합치면 5과 7속 8종이고 바닥살이동물로 출현하는 단각목과 십각목을 합치면 2과 2속 2종이다.

며살이동물가운데서 삼지연못에서 채집된 산물벼룩은 높은 산지대의 호소들에서 사는 종으로서 삼지연못의 며살이동물의 생물량에서 가장 우세를 차지한다.

바닥살이동물가운데서 가림천에서 채집된 북가재는 고산지대의 하천이나 호소에서 사는 종으로서 백두산일대를 포함한 량강도, 함경남북도, 자강도 등의 고산지대하천들에 널리 펴져있다.

표 78.

목 명	분류군수			생활형
	과	속	종	
싸그쟁이목	3	5	6	뭍살이동물
물벼룩목	2	2	2	〃
단각목	1	1	1	바다살이동물
등각목	1	1	1	토양동물
십각목	1	1	1	바다살이동물
계	8	10	11	

보천군 운남에서 채집된 가는쥐며느리는 바늘잎나무숲에는 없고 넓은잎나무숲의 가랑잎층에서 사는 토양동물이다. 이 쥐며느리는 누기있는 넓은나무잎, 썩은나무 등을 먹이로 하는데 먹는량과 배설량이 많을뿐아니라 소화속도가 빠르므로 산림토양의 비옥화를 촉진하는 리로운 동물이다.

백두산일대에서 채집된 갑각류의 종구성은 다음과 같다.

싸그쟁이목 PHYLLOPODA

싸그쟁이과 Daphnidae

싸그쟁이 *Daphnia pulex* Leyd.

호수, 늪, 작은 못, 물웅덩이 등 각이한 수역에서 산다. 보천읍가까이에 있는 작은 늪에서 채집되였다.

긴가시싸그쟁이 *Daphnia longispina* (O. F. Müll.)

호수, 저수지 등과 같은 큰 수역에서 많이 나타난다. 삼지연못에서 채집되였다.

거북싸그쟁이 *Simocepharus vetrus* (O. F. Müll.)

물풀이 우거진 작은 못이나 늪에서 살며 호수나 저수지에서는 기슭에서 나타난다. 보천읍 가까이에 있는 작은 늪에서 채집되였다.

코끼리싸그쟁이과 Bosminidae

코끼리싸그쟁이 *Bosmina longirostris* (O. F. Müll.)

얕은 못과 큰 호수에 이르기까지 각이한 수역에서 살며 특히 부영양호에 많다. 호수에서는 밤낮수직이동을 활발히 진행하는 습성이 있다. 삼지연못에서 채집되였다.

둥근싸그쟁이과 Chydoridae

사각통싸그쟁이 *Alona affinis* (Leyd.)

북부지방이나 고산지대의 못이나 늪에서 많이 나타난다. 삼지연못에서 채집되였다.

왜등근싸그쟁이 *Chydorus spaericus*(O. F. Müll.)
물풀이 많은 못과 늪, 호수의 기슭 등에서 흔히 볼수 있다. 삼지연에서 채집되였다.

물벼룩목 COPEPODA

민물긴수염물벼룩과 Diaptomidae

산물벼룩 *Acanthodiaptomus pacificus* (Burckh.)
찬물에서 살며 떠살이생활을 한다. 림시 물이 고이는 작은 물웅덩이로부터 큰 호수에 이르기까지의 각이한 수역에 살고있다. 특히 산우에 있는 호수들에 많이 나타난다. 삼지연못에서 채집되였다.

짧은수염물벼룩과 Cyclopidae

물벼룩 *Eucyclops serrulatus*(Fish.)
주로 물풀이 많이 자라는 늪, 호수, 저수지, 강, 개울 등의 기슭, 우물, 샘물, 동굴속의 고인물 등에서 산다. 물온도변화에 대한 견딜성이 강한 광온성종이다. 삼지연에서 채집되였다.

단각목 AMPHIPODA

가재밥과 Gammaridae

가재밥 *Gammarus nipponensis* Ueno
주로 가재가 살고있는 강과 골짜기, 물도랑 등에서 살면서 남새잎, 연한 풀잎을 갉아먹는다. 가림천, 삼지연읍의 앞개울, 운흥 등지에서 채집되였다.

등각목 ISOPODA

쥐며느리과 Oniscidae

가는쥐며느리 *Metoponorthrus pruinosus*(Br.)
어둠침침한 곳을 좋아하며 몸겉면을 통하여 몸안의 물기가 나는것을 막기 위하여 축축한 가랑잎밑, 돌밑, 넘어진 나무밑둥에서 산다. 보천군 운남에서 채집되였다.

십각목 DECAPODA

아메리카가재과 Astacidae

북가재 *Cambaroides dauricus*(Pall.)
가림천에서 채집되였다.

4. 곰벌레류

곰벌레류는 몸생김새가 곰모양이고 움직임도 곰모양으로 느리므로 곰벌레라는 이름이 붙은 하나의 동물무리이다.

계통상 분류학적위치는 환형동물문과 절족동물문의 사이에 놓인다.

그러나 이 동물무리의 등급을 문으로 높이여 독립적인 문으로 취급하거나 강으로 낮추어 절족동물문 또는 갈구리발톱동물문의 한 강으로 취급하는 등 등급문제에서는 아직 견해상 차이가 있다.

여기서는 곰벌레류를 하나의 독립적인 문으로 취급하였다.

곰벌레류는 크기가 0.2~0.3mm정도인 매우 작은 동물로서 가랑잎층, 이끼속, 토양속 등에서 살면서 식물질찌꺼기, 이끼 등을 먹고사는 토양동물이다. 이 동물은 생활력이 매우 강한 흥미있는 동물로서 생활환경이 나빠지면 가짜죽음상태에서 수년동안 생명을 보존할수 있다고 한다. 또한 100°C의 온도조건에서 6시간, -250°C아래의 액체수소에 26시간동안 처리하여도 다시 살아날수 있다. 그밖에 자외선, 방사선, 높은 압력 등에 대한 저항력도 매우 강하다.

표 79. 분류군수

과 명	속	종
곰벌레과	5	14
피물곰벌레과	1	1
딱장곰벌레과	2	5
계	8	20

따라서 곰벌레류는 백두산일대의 엄혹한 자연조건도 잘 견디여낼수 있는 동물로서 이 일대는 곰벌레류의 좋은 살이터로 된다.

백두산일대에서 지금까지 알려진 곰벌레류의 분류군수는 1목 3과 8속 20종이다(표 79).

지금까지 세계적으로 알려진 모든 곰벌레류는 1강 3목 8과의 분류군에 통합되는데 백두산일대에서 알려진 곰벌레류의 종들은 모두 하나의 목인 참곰벌레목에 소속되는 종들이다.

백두산일대에서 채집된 곰벌레류의 종구성은 다음과 같다.

참곰벌레목 EUTARDIGRADA

곰벌레과 Macrobiotidae

곰벌레 *Macrobiotus intermedius* Plat.
삼지연(해발높이 1800m지점)에서 채집되였다.

롱악산곰벌레 *Macrobiotus occidentalis* Murr.
보천(가림천기슭 해발높이 900m지점)에서 채집되였다.

백두산곰벌레 *Macrobiotus islandicus* Richt.
백두산(해발높이 2400m지점)에서 채집되였다.

삼지연곰벌레 *Macrobiotus richtersi* Murr.
삼지연(해발높이 2000m지점)에서 채집되였다.

참곰벌레 *Macrobiotus harmsworthi* Murr.
홍암에서 채집되였다.

높은산곰벌레 *Macrobiotus echinogenitus* Richt.
백두산(해발높이 2400m지점), 삼지연(해발높이 2100~2200m지점)에서 채집되였다.

산곰벌레 *Hypsibius dujardini* (Doy.)
백두산부석층(해발높이 2100m지점)에서 채집되였다.

삼지연산곰벌레 *Hypsibius convergens*
삼지연(해발높이 2000m지점), 백두산에서 채집되였다.

가림산곰벌레 *Hypsibius oberbaeuseri* Doy.
보천(가림천기슭), 백두산(산림한계선)에서 채집되였다.

고운산곰벌레 *Calohypsibius ornatus* (Richt.)
백두산(해발높이 2400m지점), 삼지연(해발높이 2000m지점)에서 채집되였다.

흑산곰벌레 *Isohypsibius tuberculatus* (Plat.)
포태천가(해발높이 1300m지점), 남포태산(남경사면 해발높이 2100m지점)에서 채집되였다.

포태산곰벌레 *Isohypsibius schandinni* (Richt.)

포태천가(아한대성산림지대 해발높이 1300m지점)에서 채집되였다.
스코트랜드산곰벌레 *Diphascon scoticus*(Murr.)
백두산부석층(해발높이 2000m지점)에서 채집되였다.
높은산산곰벌레 *Diphascon iltis* Sch. et Grig.
백두산부석층(해발높이 2100m지점)에서 채집되였다.

괴물곰벌레과 Milnesiidae

괴물곰벌레 *Milnesium tardigradum* Doy.
보천(해발높이 900m지점), 백두산(동남경사면 해발높이 2100~2200m지점)에서 채집되였다.

딱장곰벌레과 Echinischidae

그물딱장곰벌레 *Echiniscus reticulatus* Murr.
백두산(해발높이 2400m지점)에서 채집되였다.
가시딱장곰벌레 *Echiniscus spinnulosus* Doy.
삼지연(설령 남경사언덕 해발높이 1300m지점)에서 채집되였다.
카나다딱장곰벌레 *Echiniscus canadensis* Murr.
삼지연(설령 남경사언덕 해발높이 1300m지점)에서 채집되였다.
네가시딱장곰벌레 *Echiniscus quadrispinosus* Richt.
삼지연(설령 동남경사, 산림한계선, 해발높이 2000m지점)에서 채집되였다.
거짓가시곰벌레 *Pseudoechiniscus suillus* Ehr.
포태천가(해발높이 1300m지점), 포태산(해발높이 2100m지점)에서 채집되였다.

5. 다족류

표 80. 분류군수

목 명	과수	속수	종수
흙지네목	1	2	3
돌지네목	1	1	1
조형목	1	1	1
며노래기목	4	5	5
계	7	9	10

백두산일대에서 지금까지 알려진 다족류의 분류군수는 4목 7과 9속 10종이다(표 80).

표 80에서 보는바와 같이 백두산일대에서 알려진 다족류가운데서 며노래기목에 속하는 종들이 5종으로서 가장 많고 흙지네목은 3종, 돌지네목

파 조형목은 각각 1종뿐이다.

백두산일대에서 알려진 다족류는 목분류군에 따라 서로 류사하면서도 차이나는 4가지 생활형으로 구분된다(표 81).

표 81에서 보는바와 같이 **흙지네목**과 **돌지네목**의 종들은 다른 동물을 잡아먹는 포식성다족류이다. 그러나 조형목과 떠노래기목의 종들은 식물질찌꺼기를 먹이로 하므로 유기물질의 분해를 촉진하는 토양동물의 한 집단으로 된다.

생 활 형 　　　　　　　　　　표 81.

목 명	동 작	살 이 터	먹 이
흙지네목	빠르다	토양속	톡톡벌레, 거미, 진드기, 쥐며느리, 지렁이 등
돌지네목	매우 빠르다	토양겉면의 가랑잎층, 돌밑, 넘어진 나무밑	〃
조형목	느리다	토양겉면에 생긴 틈새, 다른동물이 만든굴	썩는 식물질찌꺼기, 균류, 세균 등
떠노래기목	느리다	토양겉면의 가랑잎층, 돌밑, 넘어진 나무밑	썩기전의 식물질찌꺼기

백두산일대에서 채집된 다족류의 종구성은 다음과 같다.

흙지네목 GEOPHILOMORPHA

수염지네과 Mecistocephalidae

긴수염흙지네 *Mecistocephalus momotoriensis*

몸길이는 50mm정도이다. 작은 곤충류, 거미, 진드기 등을 잡아먹는다 보천에서 채집되였다.

얼룩수염흙지네 *Mecistocephalus marmoratus* Verh

몸길이는 50mm정도이다. 작은 무척추동물을 잡아먹는다. 보천군 가산에서 채집되였다.

발톱흙지네 *Prolamnonyx holstii* (Poc.)

몸길이는 50mm정도이다. 수직분포범위가 매우 넓어 해발높이 2000m되는 고지대까지 분포되여있으며 마리수도 많다. 작은 지렁이를 포함한 작은 동물들을 잡아먹는다. 백두산밀영에서 채집되였다.

돌지네목 LITHOBIOMORPHA

돌지네과 Lithobiidae

참돌지네 *Bothropolvs asperatus* (L. Koch)

몸길이는 20~30mm정도이다. 주로 돌밑에서 살면서 작은 곤충들을 잡아먹는다. 혜산에서 채집되였다.

조형목 SYMPHYLA

작은지네과 Scutigerellidae

흰지네번티기 *Hanseniella cardaria* Hans

몸길이는 5mm정도이다. 산지대에서 축축하고 그늘진 곳에서 살면서 토양속의 식물질찌기, 썩어가는 가랑잎, 이끼 등을 먹는다. 백암에서 채집되였다.

띠노래기목 POLYDESOMOIDEA

노을노래기과 Strongylosomidae

노을노래기 *Oxidus gracilis* (C. L. Koch)

몸길이는 20mm정도이다. 밭, 살림집가까이에 있는 오물장, 수림 등에서 산다. 대택에서 채집되였다.

할미노래기과 Leptodesmidae

살빛할미노래기 *Japonaria acutidens* (Att.)

몸길이는 40~47mm이다. 백두산밀영에서 채집되였다.

목노래기과 Cryptodesmidae

틈노래기 *Niponia nodulosa* Verh.

몸길이는 17~20mm정도이다. 썩은 식물을 먹는다. 운흥군 장항리에서 채집되였다.

애기노래기과 Julidae

검정애기노래기 *Karteroiulus niger* Att.

몸길이는 50mm정도이다. 수림지대에서 흔히 볼수 있는 종이다. 운흥군 장항리에서 채집되였다.

빗노래기 *Anaulaciulus pinetorum* (Att.)

운흥군 장항리에서 채집되였다.

6. 지렁이류

백두산일대에서 지금까지 알려진 지렁이류의 분류군수는 2목 3과 7속 9종이다(표 82).

표 82에서 보는바와 같이 근공목 1과 1속 3종, 후공목 2과 6속 6종이다.

표 82. 분류균수			
목 명	과수	속수	종수
근 공 목	1	1	3
후 공 목	2	6	6
계	3	7	9

일반적으로 근공목의 종들은 크기가 작으므로 애기지렁이류라고 부르고 후공목의 종들은 크기가 크므로 큰지렁이류라고도 부른다. 애기지렁이류는 몸색이 흰젖색이며 선충류와 헛갈리기 쉽다.

애기지렁이류는 땅을 파고드는 힘이 약하므로 진흙질로 된 토양에서는 살지 않으며 풀뿌리나 나무뿌리가 잘 뻗는 만문한 토양에서 산다. 일반적으로 땅걸면의 5cm까지의 깊이에 집중되여있다.

다른 지렁이류들에 비하여 분포한계가 북쪽으로 치우친 지렁이류로서 낮은 온도에 대한 저항성이 매우 강하며 고산지대의 토양에 많이 펴져있다.

따라서 백두산일대는 애기지렁이류의 좋은 살이터로 된다.

먹이는 식물질찌꺼기, 균사, 박테리아 등이다.

특히 식물질찌꺼기를 먹고 그것을 분해하므로 토양의 비옥화를 돕는 역할을 한다.

백두산일대에서 알려진 큰지렁이류의 종들은 가랑잎층, 두엄더미, 밭토양 등에서 살면서 유기물찌꺼기를 먹이로 하므로 자연계에서 유기물질을 분해하는 중요한 역할을 한다.

알락지렁이는 두엄더미나 오물더미와 같은 어지러운곳에서 살므로 다른 말로 《두엄지렁이》라고 부른다.

그러나 산림이나 풀판에서 썩은나무그루, 썩은나무잎사귀가 있는곳에서도 무리지어 사는것을 볼수 있다.

이 지령이는 토양을 비옥화하는데서 주요한 의의를 가지는 종이다.
백두산일대에서 채집된 지령이류의 종구성은 다음과 같다.

근공목 PLESIOPORA

애기지렁이과 Enchytraeidae

흰애기지렁이 *Enchytraeus albidus* Henle
가랑잎들이 많이 섞인 산림토양, 산림의 습한 풀판토양, 이끼속 등에서 산다. 백두산밀영, 무두봉 등지에서 채집되였다.

애기지렁이 *Enchytraeus buchholzi* V.
산림토양, 풀판부식층, 과수원, 정원, 부식토, 이끼속 등에서 산다. 백두산천지호반, 무두봉 등지에서 채집되였다.

애기지렁이속의 한종 *Enchgtraeus* sp.
산기슭의 개울옆부식층에서 몇마리씩 무리지어 산다. 삼지연과 무두봉 등지에서 채집되였다.

후공목 OPISTHOPORA

참지렁이과 Lumbricidae

알락지렁이 *Eicenia foetida* (Sav.)
주로 집가까이의 두엄더미, 오물더미, 썩는짚더미, 온실 등에서 무리지어 살며 산림, 들판지대에서도 산다. 삼지연, 보천 등지에서 채집되였다.

배점무늬참지렁이 *Dendrodrilus rubidus* Sav.
두엄더미나 그 주변의 밭토양에서 산다. 삼지연, 신무성, 무두봉, 보천, 운흥, 백암 등지에서 채집되였다.

애기참지렁이 *Allolobophora parva* Eis.
산비탈의 감자밭, 두엄속에서 산다. 삼지연, 신무성, 무두봉 등지에서 채집되였다.

장미참지렁이 *Nicodrilus roseus* Sav.
산림토양이나 산비탈의 밭토양에서 산다. 백두산밀영, 삼지연 등지에서 채집되였다.

구슬지렁이과 Moniligastridae

북구슬지렁이 *Drawida ghilalovi*

산림의 부식토에서 산다. 리명수에서 채집되였다.

페레티마속의 한종 *Pheretima sp.*

밭토양이나 산비탈의 비옥한 땅에서 살며 마리수가 적다. 보천에서 채집되였다.

7. 골뱅이류

골뱅이강은 앞아가미아강, 뒤아가미아강, 허파골뱅이아강의 3아강으로 나누어지는데 뒤아가미아강의 종들은 례외없이 바다에서 살고 앞아가미아강의 일부종들과 허파골뱅이아강의 대부분의 종들이 땅살이에 적응된 땅살이골뱅이류이다.

백두산일대에서는 허파골뱅이아강에 속하는 종들이 알려졌다.

허파골뱅이류는 눈이 더듬뿔의 밑둥에 있는가, 끝에 있는가에 따라 바닥눈목과 자루눈목으로 나누어진다.

백두산일대에서 알려진 땅살이골뱅이류의 분류군수는 2목 4과 5속 5종이다(표 83).

표 83에서 보는바와 같이 바닥눈목은 1과 2속 2종이고 자루눈목은 3과 3속 3종으로 2목에서 다 종구성이 매우 단순하다.

백두산일대에 알려진 바닥눈목에 속하는 따발골뱅이과의 종들은 물기

분류군수			표 83.
목 명	과수	속수	종수
바닥눈목	1	2	2
자루눈목	3	3	3
계	4	5	5

많은 곳을 좋아하며 가랑잎층, 죽은나무밑, 이끼밑 등에서 살면서 가랑잎이나 식물질찌꺼기를 먹는다.

자루눈목의 여러과에 속하는 종들은 토양의 상층부, 틈새 등과 가랑잎밑, 넘어진 나무의 밑 등에서 산다. 넓은잎나무, **초본식물의 잎**, 뿌리 등을 갉아먹으며 가랑잎, 죽은나무 등도 먹는다.

백두산일대에서 채집된 골뱅이류의 종구성은 다음과 같다.

바닥눈목 BASOMMATOPHORA

따발골뱅이과 Planorbidae

배꼽따발골뱅이 *Zonitoides nitidella* (Müll.)

물기가 많은 가랑잎층, 산골짜기의 물도랑기슭에서 산다. 대홍단, 보천

등지에서 채집되였다.

따발꿀팽이 *Gyraulus chinensis*(Dunk.)

조가비는 높이 1~2mm, 너비 5~7mm이다. 논밭, 초습지, 도랑기슭의 풀에서 살며 물가의 토양속에서 겨울을 난다. 보천에서 채집되였다.

자루눈목 STYLOMMATOPHORA

실북달팽이과 Cionellidae

실북달팽이 *Cionella lubrica*(Müll)

초본식물의 잎, 뿌리 등을 갉아먹으며 가랑잎층에서 겨울을 난다. 삼지연, 보천 등지에서 채집되였다.

민달팽이과 Limacidae

민달팽이 *Incillaria frunstorferi*(Coll.)

공원, 밭 등에서 살며 초본식물의 잎에 붙어 잎살을 갉아먹는다. 보천에서 채집되였다.

한줄달팽이과 Fruticicolidae

한줄달팽이 *Eulota lubuana*(Sow.)

5~6월에 땅속에 알을 낳고 여름에 까난다. 넓은잎나무의 잎을 갉아먹으며 가랑잎층에서 겨울을 난다. 백두산밀영에서 채집되였다.

8. 선충류

백두산일대에서는 농작물해충인 1종의 선충류가 알려졌다.

식물성선충목 TYLENCHIDA

바늘선충과 Anguillulinidae

밀선충 *Anguillulina tritici* (Steinb.)

한해에 한세대를 걸치며 씨앗속에서 새끼벌레로 겨울을 난다. 겨울을 난 새끼벌레는 밀, 보리의 어린 줄기와 잎을 따라 올라가 해를 준다. 이삭이 나오면 밀알속에 들어가 엄지로 되며 500~600개의 알을 낳는다.

백두산일대에서 밀, 보리를 심는 지대에 퍼져있다.

제 3 장
백두산일대 생태환경별 동물의 분포

우리 나라 북변에 높이 솟은 백두산과 그 일대는 특수한 자연지리적경관을 이루고있는 높은 산악지대이다.

높은 산악지대인 이 일대에서 동물들이 서식하는 환경조건은 매우 다양하다.

백두산일대는 해발높이 800~2750m인 높고 광활한 지대로서 낮은 지대와 높은 지대와의 수직높이의 차이는 1950m에 이르며 이 넓은 구간에는 자연지리적조건의 차이에 따라 동물들의 생존을 위한 각이한 생태적환경이 조성되고있다.

이러한 생태적환경은 동물들의 살이터, 먹이터, 번식터로 되는 식물숲의 분포특성을 기본으로 하여 넓은잎나무숲환경, 섞인나무숲환경, 바늘잎나무숲환경, 고산초원무림지대환경 등으로 크게 구분된다.

백두산일대에서 서식하고있는 다양한 동물무리들은 이상과 같은 각이한 생태적환경에 적응되면서 고유한 백두산일대 동물상을 이루고있다.

제 1 절 넓은잎나무숲지대의 동물

1. 자연생태환경

백두산일대의 넓은잎나무숲지대는 보천, 오시천, 위연, 혜산, 운흥과 대홍단, 삼봉, 삼장, 백암 등의 지역을 포괄한다.

이 지역의 지형은 가림천, 오시천, 운총강 등이 흐르는 류역으로서 깊은 골짜기안에 이루어진 평지대이다. 또한 대홍단, 삼봉, 삼장지역은 경사가 대단히 완만하며 거의 평탄한 벌이다.

그러므로 보천, 오시천, 운총강지역은 골짜기경사면을 올라서면 해발높이가 1000m이상 된다.

넓은잎나무숲지대의 년평균기온은 2°C안팎이고 7월의 월평균기온은

20°C안팎이다.

겨울은 비교적 추우며 1월평균기온은 -19°C정도인데 혜산에서는 -19.3°C정도이다.

년강수량은 600mm정도로서 적은데다가 증발량이 많으므로 매마른 편이다.

혜산지방에서 10월상순부터 4월말까지의 사이에 내리는 눈의 두께는 평균 30cm정도이다.

넓은잎나무숲지대의 기본수종은 사시나무, 자작나무, 사스레나무, 탈피나무, 느릅나무 등 추운 곳에서도 잘 자라는 나무들이며 섞인나무숲지대의 아래로 련이어 분포되여있다. 이러한 현상은 가림천합수지점으로부터 시작하여 아래방향으로 강기슭의 골짜기에서 볼수 있다.

넓은잎나무숲의 아래부분에는 싸리나무, 땅두릅, 진달래, 병꽃나무, 산조팝나무 등과 같은 떨기나무들이 자라고 다시 그 아래부분에는 승마류, 골풀, 노루발풀, 고사리, 담배취, 수리취 등과 같은 풀들이 자란다.

2 동물상구성

넓은잎나무숲지대에서 지금까지 알려진 동물은 총 1325종이다(표 84).

이 지대에서 알려진 동물의 종수는 섞인나무숲지대, 바늘잎나무숲지대, 고산초원무림지대에서 지금까지 알려진 807종, 473종, 314종에 비하면 각각 1.6배, 2.8배, 4.2배로서 4개의 지대중에서 가장 많은것으로 된다.

이 지대에서 알려진 동물들가운데서 척추동물은 198종(15%), 무척추동물은 1127(85%)이다.

무척추동물가운데서 곤충류는 1016종이고 그밖의 무척추동물은 111종으로서 곤충류가 압도적으로 우세하며 곤충류가운데서도 딱장벌레류와 나비류의 종수가 매우 많다.

이 지대의 동물상은 넓은잎나무숲환경을 살이터, 먹이터, 번식터, 겨울나이터로 년중 리용하는 종들과 일시적으로 리용하는 종들로 이루어졌는데 년중 리용하는 종들이 우세한것이 특징이다.

따라서 동물상의 종구성은 년중 크게 변하지 않는다.

백두산일대의 넓은잎나무숲지대에서 서식하는 짐승류가운데서 대표적인 종들은 고슴도치, 첨서, 두더지, 따쥐, 멧토끼, 다람쥐, 등줄쥐, 갈밭쥐, 여

표 84. 분류군조성

분류군명	종수	분류군명	종수
집승류	40여종	뒷무지류	4
새류	150여종	뿔잠자리류	1
파충류	4	가위벌레류	3
량서류	4	사마귀류	2
낮나비류	189	거미류	70
밤나비류	154	진드기류	16
벌류	67	갑각류	1
파리류	126	골뱅이류	4
딱장벌레류	304	다족류	8
잠자리류	49	지렁이류	4
노린재류	60	곰벌레류	7
매미류	28	선충류	1
메뚜기류	20		
록록벌레류	9	계	1325

우, 너구리, 족제비, 오소리, 삵, 멧돼지, 노루 등인데 이러한 집승류들의 활동은 린접한 섞인나무숲지대와도 많이 련관되여있다.

새류에서 비둘기류, 부엉이류, 딱따구리류, 박새류, 등고비류, 까마귀류 등과 량서류, 파충류의 모든 종들은 이 지대에서 사철 산다.

참새목에 속하는 새들가운데서 박새와 까마귀류를 제외한 거의 모든 새들은 주로 봄철이나 여름철에 나타나는 계절새들로서 넓은잎나무숲을 먹이터, 번식터로 리용한다.

넓은잎나무숲지대에서 서식하는 동물들가운데서 마리수분포에서 우세도가 높은 대상은 집승류에서 두더지류, 갯첨서를 비롯한 첨서류의 일부종들, 땃쥐, 다람쥐, 등줄쥐, 여우, 너구리, 족제비, 오소리, 멧돼지, 노루 등이고 새류에서는 사철새인 박새류, 딱따구리류, 여름새인 꾀꼬리, 밀화부리, 찌르러기 등인데 이 지대 동물군집의 주요한 구성요소로 된다.

그밖에 계절적으로 또는 우연히 찾아드는 종들은 이 지대 동물군집의 부차적인 요소로 된다.

3. 동물의 서식활동

－척추동물

넓은잎나무숲지대에 펴져사는 동물들의 활동조건은 계절에 따라 달라지는데 여름철에는 나무잎이 피고 풀들이 자라기때문에 유리하고 겨울철에는 나무잎이 지고 풀들이 사그러져 없어지기때문에 불리하다.

　여름철에는 풀먹이동물들과 여러가지 나무류의 잎이나 줄기, 즙액을 먹는 곤충류를 먹이대상으로 하는 동물들이 많이 서식하면서 주로 낮에 활동한다. 토양속에서 사는 곤충류를 잡아먹는 두더지, 첨서류는 주로 밤에 활동하며 식물질을 먹는 쥐류가운데서 등줄쥐도 위험을 피하여 주로 밤에 활동한다. 쥐를 많이 잡아먹는 여우, 오소리, 부엉이류인 접동새, 큰접동새, 올빼미 등은 쥐가 많이 나타나는 밤시간에 주로 활동한다.

　이상과 같은 현상은 섞인나무숲지대와 바늘잎나무숲지대에서도 동일하게 나타난다.

　백두산일대의 넓은잎나무숲지대에 퍼져사는 동물의 마리수, 종수분포에서도 일정한 특징이 나타난다. 다른 나무숲지대에 비하여 밀화부리, 꾀꼬리, 개구마리의 개체수가 많은것이다. 이것은 이지대에 그것들의 먹이로 되는 벌레류가 다른 나무숲지대에 비하여 많은것과 관련된다. 백두산일대의 넓은잎나무숲지대는 나무숲과 풀숲이 울창하고 무성하게 자라기때문에 다양한 동물의 먹이터, 휴식터, 피신처로 좋을뿐만아니라 안전한 번식터로 된다.

　백두산일대의 넓은잎나무숲지대에 사는 짐승류의 수량분포에서 우세종은 여우, 너구리, 흰족제비, 오소리 등이다.

　여우는 산골짜기의 바위짬 혹은 둔덕에서 굴을 리용하여 살면서 낮에는 굴안에서 쉬고 새벽과 저녁에 활동한다. 산림지대와 산기슭으로 혹은 경작지대로 다니며 쥐, 멧토끼, 새알, 새새끼, 곤충들을 잡아먹으며 산다. 쌍불기는 1월과 2월경에 진행되고 새끼배는기간은 두달정도이며 한배에 5～6마리의 새끼를 낳는다.

　너구리는 산골짜기의 자연굴 혹은 다른 동물이 파놓은 굴을 리용하며 키나무숲에서 산다. 겨울에는 굴안에서 겨울잠을 자다가 쥐를 잡아먹으며 새, 새알, 개구리, 도마뱀, 물고기 때로는 식물의 열매도 먹는다. 쌍불기는 1월부터 2월에 하며 새끼배는 기간은 두달정도이고 한배에 5～7마리의 새끼를 낳는다. 젖먹이기간은 두달정도이고 9～10월이 되면 새끼들은 어미와 헤여져 독립적으로 산다.

　흰족제비는 산림지대 골짜기의 떨기나무숲이나 돌구멍, 쥐구멍, 나무뿌리밑둥의 구멍에서 산다. 밤낮 활동하면서 쥐, 도마뱀, 개구리, 곤충류 등을 잡아먹는다. 쌍불기는 3월부터 시작된다. 새끼배는 기간은 50일이상이고 한배에 3～9마리의 새끼를 낳는다. 엄지는 가을까지 새끼를 돌본다.

오소리는 산림지대의 골짜기에 굴을 파고 산다. 낮에는 굴안에서 자고 밤에만 **활동한다.** 곤충류, 개구리류, 쥐류, 날알, 감자 등 닥치는대로 먹는다. 겨울동안에는 전혀 먹지 않고 굴안에서 겨울을 난다. 쌍붙기는 10월경에 진행되며 다음해 5월경에 한배에 3마리정도의 새끼를 낳는다. 새끼를 낳으면 먹이를 먹기 위해서만 굴에서 나온다. 조금만 위험이 다가와도 나오지 않는다.

　　넓은잎나무숲지대에서 접동새, 큰접동새, 수리부엉이, 딱따구리류와 박새류의 모든 종들, 그리고 울타리새, **황금새**, 동고비, 작은동고비 등은 나무에 구멍을 **뚫고** 번식한다. 또한 노랑눈섭솔새, 큰류리새는 산림속의 나무그루밑이나 땅우에서 번식하고 솔딱새류는 산림속의 나무가지에 둥지를 틀고 번식한다.

　　넓은잎나무숲지대의 기슭에서 흔히 번식하는 새류를 보면 개구마리는 주로 산기슭에 있는 키나무의 높은 가지우에 마른가지로 잔모양의 둥지를 틀고 5월부터 6월사이에 새끼를 치며 붉은꼬리개구마리도 높은가지우에 둥지를 틀고 새끼를 친다.

　　쩌르러기는 주로 키낮은넓은잎나무숲에서 사는데 **나무구멍안에** 둥지를 틀고 새끼를 친다. 무두봉지역에서 번식하는 일도 있으나 주로 혜산, 보천지방에 그 마리수가 많다.

　　밀화부리는 키높은넓은잎나무가지우에 둥지를 틀며 보천, 혜산지방에서는 6~7월에 새끼를 친다. 한배에 보통 4개의 알을 낳는다.

　　꾀꼬리는 산기슭의 키높은나무의 가지우에 둥지를 튼다. 둥지는 나무가지에 잘 매달려있으므로 바람이 불어도 둥지와 그안의 알과 새가 안전하다. 혜산, 보천지방에서 6월~7월기간에 새끼를 친다. 보통 한배에 4개알을 낳는다. 꾀꼬리는 주로 털벌레를 많이 잡아먹는다.

　　넓은잎나무숲지대에서 사는 동물들은 먹이 및 번식활동이 주민지대나 농경지와 많이 련결되여있으므로 농경지와 주민지대에 많이 나타난다.

　　-무척추동물

　　넓은잎나무숲지대에는 넓은잎나무류의 나무질이나 잎을 먹이로 하는 곤충류가 많으며 그가운데서도 딱장벌레류에 속하는 돌드레류가 매우 우세하다.

　　이 지대에서 알려진 나무질을 해하는 81종의 돌드레류가운데서 넙적어깨돌드레, 우쑤리금꽃돌드레, 금꽃돌드레, 람색진꽃돌드레 등 42종(51.9%)은 넓은잎나무류를 해하고 22종(27.2%)은 바늘잎나무류를 해하며 그밖의 17종(20.9%)은 넓은잎나무류와 바늘잎나무류, 넓은잎나무류와 떨기나무류 등을 함께 해하거나 풀을 먹는 종들이다. 이와 같이 이 지대의 생태적환경에 맞게 넓은잎나무류를 해하는 종들의 비률이 우세하다.

또한 30여종의 돼지벌레류 가운데서 넉점배기통돼지벌레, 뽕돼지벌레, 버들돼지벌레 등 절반에 해당되는 종들이 넓은잎나무류의 잎을 해하는 종들이다. 그밖에 참먹풍뎅이, 류리풍뎅이, 개암나무몽똑바구미, 몽똑바구미, 참나무몽똑바구미 등 풍뎅이류와 몽똑바구미류에 속하는 많은 종들이 넓은잎나무류의 잎을 해한다.

150여종의 밤나비류가운데서 검정무늬박나비, 파란박나비, 밤나무누에나비, 큰칼밤나비 등을 비롯한 많은 종들은 넓은잎나무류의 잎을 먹는다.

이 지대에는 넓은잎나무류를 기본으로 하면서 바늘잎나무류도 자라므로 소나무돌드레, 쌍점배기돌드레, 보천금꽃돌드레, 소나무노랑점바구미, 검정혹바구미 등 바늘잎나무류의 나무질을 해하는 종들과 소나무잎을 먹는 소나무누런잎벌, 금줄폭덩이 등도 퍼져있다.

그밖에도 넓은잎나무류와 바늘잎나무류의 나무질을 다같이 해하는 피나무질나무좀, 잎사귀꽃돌드레, 눈배기애기꽃돌드레 등과 넓은잎나무류와 떨기나무류를 다같이 해하는 두눈배기사과통돌드레, 검은무늬쇠주홍돌드레 등도 있다.

넓은잎나무숲아래에 펼쳐진 풀판에 핀 갖가지 꽃들은 낮나비류, 벌류, 꽃등에류 등의 좋은 먹이터로 된다.

풀판, 떨기나무숲, 키나무숲 등에는 이 지대에서만 볼수 있는 꼬리범나비, 참귤빛숫돌나비, 금강산귤빛숫돌나비, 금강산푸른숫돌나비, 넓은떠푸른숫돌나비, 큰은줄표문나비, 붉은점한줄나비, 작은물결뱀눈나비, 물결뱀눈나비, 큰뱀눈나비, 검은그늘나비, 큰검은희롱나비, 멧희롱나비, 흰점희롱나비, 알락점희롱나비, 한줄꽃희롱나비 등과 이 지대에서뿐만아니라 백두산일대의 다른지대들에서도 볼수 있는 종들까지 합하면 180여종이나 되는 많은 종류의 낮나비류와 구리작은꽃벌, 서양꿀벌, 구리작은꽃벌, 벽벌, 수염꽃벌, 털보꿀벌 등 23종의 꿀벌류가 퍼져있다.

낮나비류는 백두산일대의 풍치를 돋구어줄뿐아니라 벌류와 함께 여러가지 식물들의 꽃가루받이를 돕는 유익한 역할도 한다.

풀판들에는 또한 풀을 먹는 붉은날개둥근돼지벌레, 거북돼지벌레, **줄포도붉은돼지벌레**, 유단점꽃돌드레, 긴점꽃돌드레, **보천람꽃털보돌드레**, 삽돌드레, 국화돌드레, 붉은아롱무늬돌드레, 작은노린재, 메추리노린재, 끝검은멸구, 흰등강충 등도 퍼져있다.

이상과 같은 종들은 산식물을 먹이로 한다면 죽은식물을 먹이로 하는 총들도 많다.

곤충류가운데서 집게벌레과의 애기큰집게벌레, 줄넙적집게벌레 등의 새끼벌레들은 썩어가는 나무의 나무질을 파먹고 그밖의 무척추동물들가운데서 룩룩벌레류, 곰벌레류, 지렁이류, 쥐며느리류, 따발골뱅이류, 딱장진드기류 등은 주로 식물찌꺼기를 먹는다. 이러한 분류군에 속하는 종들은 먹이활동을 통하여 식물질찌꺼기를 무기물질로까지 완전히 분해하지는 못하지만 보다 더 잔 알갱이로 부스러드림으로써 미생물에 의한 유기물찌꺼기의 완전분해를 돕는 매우 유익한 역할을 한다.

따라서 백두산일대의 넓은잎나무림지대에 매해 축적되는 많은량의 나무잎, 나무가지, 죽어서 넘어진 나무류 등과 같은 식물성유기물찌꺼기돌은 이것을 먹는 무척추동물들의 먹이활동에 의하여 보다 빠른 속도로 미생물에 의하여 무기물질로 분해됨으로써 생태계의 물질순환이 촉진되고 산림토양의 비옥화과정을 촉진시키게 된다.

이 지대에는 알락지렁이, 북구슬지렁이 등을 포함한 4종의 지렁이류가 알려졌다. 이러한 지렁이류들은 토양속에서의 먹이활동과 수직 또는 수평방향으로의 이동으로 산림토양을 뒤져주는 역할을 함으로써 유기물질과 무기물질을 골고루 혼합하고 토양의 물리화학적구조를 변화시키여 토양의 비옥화를 촉진하는데서 또한 주요한 역할을 한다.

넓은잎나무숲지대에는 해로운 벌레들을 잡아먹는 많은 종류의 리로운 동물이 또한 널리 퍼져있다.

이 가운데서 종수에서나 마리수에서 우세를 차지하며 넓은잎나무숲지대에 나타나는 해로운 벌레들의 마리수 조절에서 주요한 역할을 하는것은 거미류, 포식성딱장벌레류, 잠자리류, 점벌레류 등이다.

이 지대에서는 말거미, 꽃말거미, 정표독거미, 꽃게거미, 모란거미 등 70종이나 되는 거미류가 알려졌다.

이 거미들은 산림 떨기나무숲, 풀판, 밭 등에서 살면서 딱장벌레류, 파리류, 나비류 등의 엄지벌레와 새끼벌레, 노린재류, 진드기류 등과 같은 해로운 벌레들을 닥치는대로 잡아먹는다.

길당나귀, 멧길당나귀, 백암걸음벌레, 푸른면지벌레 등을 비롯한 20여종이나 되는 포식성딱장벌레들은 땅걸면, 돌밑, 죽은 나무나 넘어진 나무의 밑, 가랑잎층 등에서 살거나 땅속에서 살면서 여러가지 해로운 벌레들을 잡아먹는다.

이 지대에서만 고유한 묵은실잠자리, 금빛실잠자리, 범잠자리, 메고추잠자리, 애기고추잠자리 등을 비롯하여 백두산일대의 높은지대에까지 퍼져있는 은왕잠자리, 얼룩왕잠자리, 북고추잠자리 등 50종에 가까운 잠자리가 널리 퍼져있다.

엄지벌레는 넓은잎나무림지대의 여기저기에서 날면서 모기류나 파리류를 잡아먹고 새끼벌레는 물속에서 살면서 하루살이류나 모기류의 새끼벌레를 잡아먹으므로 이 지대에 퍼져있는 해로운 벌레들의 구제에서 매우 주요한 역할을 한다.

20종의 점벌레류가운데서 진균이나 식물을 먹는 3종을 내놓은 이십사점점벌레, 일곱점점벌레, 두층무늬작은거북점벌레, 거북점벌레 등 17종은 특히 진디물을 비롯한 해로운 벌레들을 잡아먹는 리로운 종들이다.

연마충, 작은연마충 등도 동물의 사체나 퇴비더미, 썩어가는 식물질더미에서 파리류의 새끼벌레를 비롯하여 여기에 모여드는 풍덩이류와 바구미류등을 잡아먹는다.

노린재류중에는 산림과 밭작물에 해를 주는 종들도 있으나 파란큰입노린재, 등줄목장침노린재, 짧은털목장침노린재, 빈날개소금쟁이 등 해로운 벌레들을 잡아먹는 리로운 종들이 10종정도 알려졌다.

특히 파란큰입노린재는 백두산일대의 낮은 지대로부터 높은 지대에까지 널리 퍼져있으며 천지호반에서도 채집되였다.

그밖에도 이 지대에는 진디물류, 메뚜기류, 나비류 등을 잡아먹는 사마귀, 유리날개사마귀 등을 비롯하여 검정다리가위벌레, 혹가위벌레, 잎숲진드기, 백두산둥근잔진드기, 개미뻐꾹벌레, 붉은가슴개미뻐꾹벌레, 큰납작연마충 등 해로운 벌레들을 잡아먹는 많은 종들이 널리 퍼져있다.

지금까지 이 지대에서는 기생생활을 하는 적지않은 종류의 무척추동물들이 알려졌다. 그 가운데서 주요한 분류군은 진드기류인데 개체발육단계에 따라 먹성이 매우 각이하게 변한다.

산림진드기, 긴다리참진드기 등은 새끼진드기, 어린진드기, 엄지진드기 등의 발육단계에서 여러가지 동물에 붙어 피를 빨아먹는다. 특히 산림진드기는 엄지단계에서 사람에게도 붙어 피를 빨아먹는 해로운 진드기이다.

이 지대에는 주민지구와 목장들이 널려 있으므로 주민지구와 목장의 생태적환경에 적응된 곤충류가 퍼져있다. 모기류, 좀모기류, 등에모기류, 등에류, 침파리류 등은 모두 사람과 짐승의 피를 빨아먹으며 이 가운데는 전염병을 퍼뜨리는 종들도 있다.

집파리류는 사람과 동물의 배설을 여러가지 오물, 음식물에 모여들고 쉬파리류는 짐승의 사체, 짐승고기, 동식물의 썩은 유기물질 등에 모여드는 파리류로서 대부분의 종들이 사람들의 생활과 건강에 해를 주는 위생곤충들이다.

보배진드기, 작은털진드기 등은 새끼진드기에서는 곤충류에 기생하고 어린진드기와 엄지진드기에서는 곤충류를 비롯한 작은 동물을 잡아먹으므로 해충구제에서 일정한 의의가 있는 종류들이다.

동양털진드기, 수염털진드기 등의 새끼진드기는 여러가지 종류의 쥐류에 기생하고 어린진드기와 엄지진드기에서는 곤충류를 비롯한 작은 동물을 잡아먹으므로 유익한 측면도 있다.

벌류가운데서도 매미류에 기생하는 털뿔쏘는벌, 여러가지 해로운 벌레류에 기생하는 붉은가시고치벌, 정원고치벌, 작은고치벌 등이 알려졌다.

파리류가운데서 가는돌파리매, 가는뱀파리매 등은 엄지벌레와 새끼벌레시기에 크기가 작은 해로운 벌레들을 잡아먹으며 노란꽃등에, 큰두점꽃등에, 누런꽃등에 등은 새끼벌레시기에 해로운 벌레인 진디물을 잡아먹는다.

납작묻음벌레, 넉점납작묻음벌레, 큰은시충과 같은 딱장벌레류는 뱀류나 그밖의 동물들의 사체에 모여들어 썩은고기를 먹는다.

묻음벌레류는 특별히 냄새를 잘 맡으므로 냄새에 의하여 먼곳에 있는 사체를 잘 찾아내며 썩은 고기를 땅에 묻는 습성이 있다.

이상의 딱장벌레류는 썩어가는 젖은 고기를 먹는다면 애기거자리, 흰배거자리, 붉은떠거자리 등은 마른 동물의 사체를 먹는 딱장벌레류이다.

그밖에 소똥굴이, 소똥연마풍덩이, 큰소똥굴이 등과 같은 딱장벌레류는 집짐승이나 야생동물의 배설물에 모여들어 그것을 먹는다.

넓은잎나무숲지대에서 동물의 사체나 배설물을 먹는 이상과 같은 동물들은 마치도 《청소부》와 같은 역할을 하는 리로운 동물이라고 말할수 있다.

제 2 절 섞인나무숲지대의 동물

1. 자연생태환경

백두산일대의 섞인나무숲지대는 리명수, 포태, 대진평, 동포, 생장 등 지역과 무봉, 대로운산 등의 지역을 포괄한다.

지형은 골짜기우에 이루어진 비교적 평평한 구릉성산지대이다. 골짜기들이 깊고 바닥의 해발높이가 낮다. 그러나 깊이 패인 골짜기우에 펼쳐진 산지대는 완만한 경사를 이루고있다.

섞인나무숲지대의 년평균기온은 1°C정도이다. 추운 겨울의 1월평균기온은 -20°C정도이고 더운 여름의 7월의 평균기온은 18°C정도이다.

년강수량은 700mm정도로서 낮은 편이다.

그러나 산림으로 덮히고 골짜기마다 항상 물이 흐르고 있으며 흐린 날씨가 많으므로 산림속은 눅눅하다.

눈은 포태지방에서 보통 10월초순~5월상순까지의 사이에 오며 이 지대는 4개월이상 눈으로 덮혀 있다. 눈의 두께는 평균 0.5m정도이다.

전반적인 지대에서 화산모래가운데층에 표백화갈색토양이 깔려있다.

이 지대의 기본수종은 분비나무, 가문비나무, 이깔나무, 잣나무 등의 바늘잎나무류와 사스레나무, 자작나무, 사시나무, 황철나무, 피나무, 박달나무 등 아한대 넓은잎나무류가 섞인 섞인숲을 이루고 있다. 떨기나무로서는 싸리나무, 산진달래나무, 개암나무, 조팝나무 등이 있으며 풀식물로서는 고사리를 비롯한 양치류, 삿갈풀, 그늘사초를 비롯한 사초과식물, 김의털을 비롯한 벼과식물, 달구지풀을 비롯한 콩과식물들이 자란다.

2. 동물상구성

백두산일대의 섞인나무숲지대에서 지금까지 알려진 동물의 종수는 807종이다(표 85).

이 지대에서 알려진 동물의 종수는 넓은잎나무숲지대에서 알려진 동물의 종수에 비하여 518종이 적다. 그러나 바늘잎나무숲지대와 고산초원무림지대에서 지금까지 알려진 473종, 314종에 비하면 각각 1.7배, 2.6배나 더 많은 종들이 알려진것으로 된다.

섞인나무숲지대에서 사는 동물들가운데서 척추동물은 177종(22%)이고 무척추동물은 630종(78%)이다.

무척추동물가운데서 곤충류가 578종(92%)이고 그밖의 무척추동물은 52종(8%)으로서 넓은잎나무숲지대에서보다 곤충류의 비률이 더 우세하다. 곤충류가운데서 나비류와 딱정벌레류의 종수가 가장 많다.

백두산일대에서 알려진 짐승류의 거의 모든 종들과 새류의 대부분의 종

표 85

분류군조성

분류군명	종수	분류군명	종수
집 승 류	40여종	메뚜기류	6
새 류	130여종	록록벌레류	12
파 충 류	4	둣무지류	3
량 서 류	3	거 미 류	33
낮나비류	169	진드기류	9
밤나비류	126	골뱅이류	1
벌 류	67	지렁이류	5
딱장벌레류	124	곰벌레류	3
잠자리류	27	선 충 류	1
노린재류	43		
매 미 류	1	계	807

들이 이 지대에서 서식한다. 특히 사향노루와 들쩡이 서식하고 있는것이 특징이다.

이 지대의 동물상구성 역시 사철서식하는 종들과 먹이를 찾아 나들거나 계절적으로 찾아왔다가 돌아가는 종들로 이루어졌으므로 종구성이 계절에 따라 시간적으로 변한다.

사철머물러사는 종들로서는 집승류에서 두더지, 다람쥐, 등줄쥐, 흰배숲쥐, 들쥐, 숲들쥐, 여우, 너구리, 곰, 큰곰, 흰족제비, 족제비, 검은돈, 산달, 오소리, 삵, 멧돼지, 노루 등이고 그밖의 많은 종들은 바늘잎숲지대로 나든다.

새류가운데서 들쩡, 비둘기류, 부엉이류, 딱따구리류, 박새류, 동고비류, 까마귀류와 량서류, 파충류의 모든종들은 사철 머물러 산다.

철따라 나타나는 전형적인 새류는 울타리새류, 작은류리새, 류리딱새, 딱새, 흰허리딱새, 부비새, 땃새, 휘파람새, 쥐발새, 솔새류, 솔딱새류 등이다.

따라서 이 지대에서 사는 동물의 마리수 분포액서 우세종은 두더지, 들쥐류, 곰, 족제비, 메돼지, 노루, 부엉이, 딱따구리류 등이다. 그리고 계절적으로 또는 우연한 기회에 나타나는 종들은 이 지대 동물군집의 부차적이고 림시적인 요소로 된다.

3. 동물의 서식활동

-척추동물

섞인나무숲지대의 기본종들인 두더지, 들쥥, 숲쥐, 오소리, 너구리, 족제비, 삵 등과 곰, 산달, 검은돈, 메돼지, 노루 등은 주로 아침과 저녁에 활동한다.

새류가운데서 부엉이류는 밤에 활동하고 그밖의 대부분의 새류는 낮에 활동한다.

섞인나무숲지대의 밑층인 풀판에서는 주로 두더지, 들쥐, 멧돼지, 노루, 여우 등이 서식하고 나무줄기를 비롯한 가운데층에서는 다람쥐, 날다람이, 산달, 부엉이류, 딱따구리류, 박새류 등이 서식하며 웃층부분인 나무쪽대기에서는 청서, 두견류 등이 서식한다.

섞인나무숲지대의 다양한 식물은 각이한 동물의 먹이터로 리용되여 울창한 나무숲은 다양한 동물의 좋은 번식터, 은신터, 휴식터로 된다.

따라서 섞인나무숲지대 동물군집의 종수와 마리수는 풍부하다. 특히 대형짐승류의 종수, 마리수가 풍부하다.

먹성에 의한 구분 표 86

식물을 먹는 동물	곤충을 먹는 동물	쥐를 비롯한 작은 짐승과 새를 먹는 동물	중형, 대형동물을 먹는 동물	잡식성
멧토끼, 날다람이, 다람쥐, 청서, 쥐류, 노루	고슴도치, 두더지, 청서	여우, 산달, 족제비, 검은돈	산달, 승냥이	멧돼지, 곰류
꿩, 들꿩, 멧비둘기	뻐구기, 두견, 딱따구리류, 박새류, 동고비류, 울타리새, 작은유리새, 류리딱새, 딱새, 흰허리딱새, 휘파람새, 솔새류, 솔딱새류	저광이, 조롱이, 접동새, 수리부엉이		까마귀, 굵은부리까마귀

섞인나무숲지대의 동물을 먹성에 따라 갈라보면 다음과 같다(표 86).

섞인나무숲지대는 산림이 울창하고 밀림으로 뒤덮여 있으며 높은 산발과 련결되였었으므로 다양한 동물의 좋은 살이터로 된다. 특히 대형, 중형, 짐승류의 안전한 번식터, 휴식터, 피난처로 되며 좋은 먹이터로 된다.

들쥐는 전형적인 산림성짐승류로서 산림속의 땅밑을 뒤지면서 들쭉열매, 나무순 기타 열매를 먹고 숲들쥐도 전적으로 산림에서 살면서 잎과 열매, 종자 등을 먹는다. 날다라미는 나무구새통에 살면서 봇나무와 다른 키나무류의 나무순을 먹는다. 청서는 이깔나무, 잣나무, 가문비나무 등의 종자와 나무껍질, 풀, 버섯을 먹으며 새알과 작은새도 잡아먹는다. 노루는 풀을 뜯어먹거나 떨기나무류의 순을 먹는다. 그러나 고슴도치, 첨서들은 전적으로 곤충을 잡아먹고 오소리, 너구리, 여우는 곤충과 함께 쥐류, 도마뱀 등을 잡아먹는데 오소리와 너구리는 식물질도 약간 먹는다. 산달은 전적으로 쥐, 청서, 메토끼, 노루새끼 등을 잡아먹는다. 시라소니는 쥐, 멧토끼, 꿩, 노루 등을 잡아먹는다. 그러므로 섞인나무숲지대에서 먹이사슬양식은 복잡한 편이다.

날다라미는 나무구새통에서 살면서 낮에는 쉬고 밤에 활동한다. 구새통안에 둥지를 틀고 매년 한번 새끼치는데 한배에 보통 4마리의 새끼를 낳는다.

큰곰은 전형적인 섞인나무숲짐승이다. 산림에서 살면서 식물, 곤충류, 새류 등 닥치는대로 잡아먹는다. 쌍붙기는 6~7월경에 하며 새끼배는 기간은 7개월정도 된다. 12월부터 2월중순기간에 굴속에서 한배에 1~2마리의 새끼를 낳는다. 암컷은 굴속에서 새끼를 기르면서 약 5개월간 젖을 먹이며 새끼와 함께 1년이상 굴속에서 산다.

곰도 역시 전형적인 섞인나무숲에서 사는 짐승이다. 쌍붙기는 6월경에 하며 다음해 2월경에 한배에 1~2마리의 새끼를 낳는다. 엄지는 6개월정도 새끼에게 젖을 먹인다. 1년정도 새끼와 함께 살다가 엄지가 새로운 새끼를 낳을때가 되면 새끼와 헤여진다.

사향노루는 주로 해발높이 1000m이상되는 섞인나무숲지대에서 사는 짐승이다. 주로 낮에는 쉬고 저녁과 아침에 활동하면서 이끼, 연한풀, 각종 산열매 등을 먹는다. 쌍붙기는 11월부터 12월기간에 하며 새끼배는기간은 5~6개월이고 한배에 1~2마리의 새끼를 낳는다. 사향선은 쌍붙기시기에 잘 발달한다. 암컷은 보통 새끼들과 무리지어 다니며 산다.

들꿩은 전형적인 섞인나무숲에서 사는 새이다. 나무밑둥을 오목하게 파고 이끼를 깔고 우에 나무잎과 썩은 나무가지, 털을 깔아 둥지를 튼다. 암컷은 5월중순~말경에 알낳이를 하며 한배에 8알정도 낳는다. 6월말경에는 새끼가 까난다. 알을 품을때 암컷은 사람이 가까이 접근하여도 날지 않는다. 암컷은 새끼를 데리고 다니다가 날린다. 들꿩은 나무가지에 올라가 자기도 하고 쉬기도 하며 흔히 산림속의 나무가지우에 앉아있다.

새류가운데서 큰접동새, 접동새, 수리부엉이는 주로 섞인나무숲지대에서 살며 나무구멍에 둥지를 튼다.

접동새는 6월경에 3~4개의 알을 낳는다. 이른봄부터 울기시작하는데 주로 밤에 운다. 그러나 백두산지대에서는 낮에도 자주 운다.

섞인나무숲지대에는 9종의 딱따구리가 사철 살면서 구새먹은 나무에 구멍을 뚫고 새끼를 친다.

박새류는 딱따구리류의 낡은 구멍이나 구새통에 둥지를 틀고 번식한다. 울타리새, 황금새, 동고비, 작은동고비도 나무구새통이나 나무구멍에 둥지를 튼다. 쇠류리새, 노란눈섭솔새, 큰류리새는 섞인나무숲속에서 나무밑의 풀포기나 땅우에 둥지를 틀고 알을 낳는다. 담색솔딱새, 솔딱새, 노랑솔딱새, 흰꼬리솔딱새 등은 여러가지 나무의 가운데층 혹은 웃층의 가지에다 둥지를 틀고 알을 낳는다.

-무척추동물

섞인나무숲지대의 생태적환경과 이 일대 무척추동물상의 종구성사이에는 밀접한 련관성이 있다.

돌드레류에서 보면 넓은잎나무숲지대에서는 넓은잎나무류를 해하는 종들이 51.9%, 바늘잎나무류를 해하는 종들이 27.2%로서 넓은잎나무류를 해하는 종들이 우세하였다면 이 지대에서 알려진 45종의 돌드레류가운데서 19종(42.2%)은 넓은잎나무류를 해하고 17종(37.8%)은 바늘잎나무류를 해한다.

따라서 넓은잎나무림지대에서보다 넓은잎나무류를 해하는 종들의 비률은 낮아지고 바늘잎나무류를 해하는 종들의 비률은 높아진다. 이것은 넓은잎나무숲지대에서 섞인나무숲지대에로 넘어오면서 넓은잎나무류가 적어지고 바늘잎나무류가 많아지는 섞인나무숲지대의 생태적환경에 맞게 돌드레류의 종구성도 변화된다는것을 보여준다. 넓은잎나무류의 나무질을 해하는 종들에는 버드나무, 떡갈나무, 피나무 등을 해하는 굵은다리꽃돌드레, 상수리나무, 난티나무, 버드나무 등을 해하는 금꽃돌드레, 버드나무, 물푸레나무 등을 해하는 세줄애기꽃돌드레 등이 있고 바늘잎나무류를 해하는 종들에는 가문비나무, 분비나무, 소나무, 잣나무, 이깔나무 등을 해하는 소나무돌드레, 전나무, 분비나무, 소나무 등을 해하는 여섯점산꽃돌드레, 가문비나무를 해하는 검은점꽃돌드레 등이 있다. 그밖에 흰점긴수염돌드레, 잎사귀돌드레 등은 넓은잎나무류와 바늘잎나무류를 다같이 해한다.

이 지대에서는 10여종의 나무좀류가 알려졌는데 자작나무, 사스레나무 등을 해하는 자작나무좀, 물자작나무좀 등을 제외한 나머지 종들은 다바늘잎나무류를 해한다.

넓은잎나무류의 잎을 해하는 종들로는 참나무류의 잎을 먹는 장미통돼지벌레, 버드나무의 잎을 먹는 단풍돼지벌레와 버들돼지벌레, 오리나무, 느릅나무, 상수리나무 등의 잎을 먹는 몽똑바구미, 참나무를 비롯하여 여러가지 넓은잎나무류의 잎을 먹는 넉점몽똑바구미와 학몽똑바구미 등이 있다. 섞인나무숲지대에 사는 밤나비류가운데서 밤나무누에나비, 사과칼밤나비, 오리나무칼밤나비 등은 넓은잎나무류의 잎을 먹고 검정박나비, 북방칼밤나비, 송충나비, 이깔나무송충나비 등은 바늘잎나무류의 잎을 먹는다.

넓은잎나무와 바늘잎나무의 나무질을 다같이 해하는 흰점긴수염돌드레, 광대꽃돌드레, 붉은진꽃돌드레, 어린 나무싹이나 어린 나무뿌리를 해하는 검은무늬붉은방아벌레, 넓은잎나무와 떨기나무를 다같이 해하는 눈배기사과롱돌드레, 두눈배기사과롱돌드레 등도 알려졌다.

풀판, 떨기나무숲에는 사향범나비, 깊은산숫돌나비, 암붉은점푸른숫돌나비, 참푸른숫돌나비, 큰사과먹숫돌나비, 쇠빛숫돌나비, 검정테붉은숫돌나비, 팔자나비, 뿔나비, 노랑애기그늘나비, 검은줄희롱나비, 은점꽃희롱나비, 멧꽃희롱나비 등과 이 지대에서뿐만아니라 다른지대들에서도 볼수 있는 종들까지 합치면 160여종에 달하는 많은 종류의 낮나비류와 작은구멍꽃벌, 애기칼벌, 누란호박벌, 호박벌, 콘호박벌 등 10여종의 벌류가 퍼져있다.

나비류는 이 일대의 풍치를 돋구어줄뿐아니라 여러가지 식물들의 꽃가루받이를 돕는다.

풀판들에는 또한 풀을 먹는 상어쑥돼지벌레, 장미통돼지벌레, 유단점꽃돌드레, 보천람색털보돌드레 등이 퍼져있다.

이 일대에는 죽은 식물을 먹는 종들도 많이 퍼져있다. 멧집게벌레, 줄넙적집게벌레 등의 새끼벌레들은 썩어가는 나무의 나무질을 파먹으며 톡톡벌레류, 지렁이류, 곰벌레류가운데는 식물찌꺼기를 먹는 종들이 많다. 이러한 분류군에 속하는 종들은 먹이활동을 통하여 식물찌꺼기를 보다 잔알갱이로 분쇄함으로써 미생물에 의한 유기물질의 분해과정을 촉진하는 중요한 역할을 한다.

섞인나무숲지대에는 해로운 벌레들을 잡아먹는 거미류, 포식성딱장벌레류, 잠자리류, 점벌레류 등에 속하는 70여종의 리로운 벌레들이 널리 퍼져있다. 대표적인 종들은 거미류에서 꽃말거미, 노랑얼룩거미, 잔긴다리거미, 점무늬게거미, 납작게거미, 멧길당나귀, 작은마당길당나귀, 잠자리류에서 은왕잠자리, 얼룩왕잠자리, 고추잠자리, 밀누런곤봉잠자리, 점벌레류에서 검은테작은점벌레, 알락점벌레 등이다. 그밖에도 엄지벌레와 새끼벌레시기에 나무좀류와 바구미류의 작은 벌레들을 잡아먹는 붉은가슴뻐꾹벌레, 나비류의 새끼벌레를 잡아먹는 파란큰입노린재, 유리노린재 등도 있다. 검정수염참묻음벌레, 먹참묻음벌레, 납작묻음벌레 등은 죽은 동물의 사체를 먹으며 구린소똥굴이, 얼룩날개소똥굴이 등은 짐승류의 배설물을 먹으므로 섞인나무숲지대의 자연환경을 맑게 하는데서 주요한 역할을 한다.

또한 해로운 벌레에 기생하는 긴발톱고치벌, 넓은허리고치벌, 가슴고치벌, 강대고치벌, 검은애기벌, 송충먹가슴애기벌, 곤봉금벌, 꽃등에금벌, 털뿔쏘는벌, 백두산쏘는벌 등과 같은 리로운 곤충류도 많이 퍼져있다.

제 3 절 바늘잎나무숲지대의 동물

1. 자연생태환경

백두산일대의 바늘잎나무숲지대는 무두봉, 신무성, 소백산, 간백산, 삼지연, 베개봉지역으로부터 백두산줄기의 등마루를 이루는 포태산, 누른봉, 관두봉, 백산 등을 포괄하는 지대이다.

간백산, 소백산, 북포태산, 남포태산, 누른봉지역은 비교적 경사가 급하고 지형이 험하지만 일반적으로 완만한 경사를 이루고 있는 산지대이다.

바늘잎나무숲지대는 우리 나라에서 기온이 가장 낮은 지대에 속한다. 한해평균기온은 -2°C안팎이며 7월의 평균기온은 16°C안팎이다. 겨울은 -21°C안팎으로서 매우 춥다.

년강수량은 800~1000mm정도이다. 그러나 비오는 날이 많고 수림으로 덮혀있어 산림속은 눅눅하다.

눈은 9월말경부터 5월중순경까지 내리며 눈두께는 평균 1m를 넘는다.

토양은 부석층토양인데 깊은 부석층우에 토양이 발달하였다. 부석층토양우의 겉면에 분해되지 않았거나 분해된 지피물층이 형성되여있다. 지피물층은 깊지 못하다.

바늘잎나무숲지대의 기본수종은 이깔나무, 좀이깔나무, 종비나무, 분비나무, 가문비나무 등이다. 바늘잎나무숲아래층에는 산겨릅나무, 털눈마가목, 부게꽃나무, 구름나무, 자작나무, 청시닥나무, 산회나무 등이 자라고 그 아래층에는 애기괭이밥풀, 두루미꽃, 두메털이슬, 귀박쥐나물, 대사초, 린네풀, 새남풀, 공작고사리, 토끼고사리, 산골취, 두메옥잠화, 자주꽃방망이, 설앵초, 좁쌀풀, 월귤나무, 백산차, 매저지나무, 이끼류, 석송류 등의 풀숲이 자라며 산림한계선쪽에는 물싸리, 백산차, 만병초 등의 떨기나무가 자란다.

2. 동물상구성

바늘잎나무숲지대에서 지금까지 알려진 동물은 473종이다(표 87).

해발높이가 높은 이 지대에서 알려진 동물의 종수는 해발높이가 낮은 넓은잎나무숲지대와 섞인나무숲지대에서 알려진 동물의 종수에 비하여 각각 852종, 334종이 더 적고 가장 높은 지대인 고사초원무림지대에서 알려진 동물의 종수보다는 159종이 더 많다.

바늘잎나무숲지대에서 알려진 동물가운데서 척추동물은 124종(26%)이고 무척추동물은 349종(74%)이다.

짐승류에서는 박쥐류와 쥐류의 몇종을 제외한 거의 모든 종들과 새류의 많은종들도 이 지대에서 서식하고 있으므로 척추동물상은 비교적 풍부한 편이다.

그러나 량서류와 파충류는 각각 2종이다.

분류군조성   표 87

분류군명	종수	분류군명	종수
짐 승 류	30여종	매 미 류	1
새 류	90여종	메 뚜 기 류	2
파 충 류	2	톡톡벌레류	3
량 서 류	2	뒷무지류	1
낮나비류	150	거 미 류	16
밤나비류	41	진 드 기 류	2
벌 류	42	골뱅이류	1
딱장벌레류	55	지 렁 이 류	5
잠 자 리 류	16	곰 벌 레 류	5
노린재류	9	계	473

이지대의 특징적인 동물은 검은돈, 누렁이와 멧닭이다. 이 지대에서 동

물의 종구성은 일정하지 않다. 왜냐하면 이 지대는 울창한 수림과 잇닿아있으므로 사철 사는 종들과 함께 림시적으로 혹은 계절적으로 서식하는 종들로 이 지대의 동물상을 이루고 있기때문이다.

바늘잎나무숲에서 사철사는 종들로서는 짐승류에서 두더지, 큰두더지, 긴발톱청서, 허항령청서, 땃쥐, 우는토끼, 멧토끼, 날다라미, 청서, 다람쥐,들쥐, 숲들쥐, 흰족제비, 산달, 멧돼지, 노루 등인데 이러한 종들가운데서 이동력이 강한 종들은 먹이를 찾아 섞인나무숲지대나 넓은잎나무숲지대에까지 나드는 경우가 있다.

새류에서 사철사는 종들은 부엉이류, 딱따구리류, 박새류이다.

전형적인 계절형은 울타리새류, 딱새류, 솔딱새류, 황금새류 등이고 두견류, 새매류 등이 날아들기도 한다.

바늘잎나무숲지대의 동물군집에서 우세종은 두더지류, 첨서류, 청서류, 들쥐류, 사슴류, 딱따구리류, 부엉이류, 까마귀류 등이다.

3. 동물의 서식활동

― 척추동물

바늘잎나무숲지대에서 사철사는 두더지류, 첨서류, 들쥐류, 부엉이류 등은 주로 밤에 활동하고 우는토끼, 노루 등은 주로 저녁과 아침에 활동한다.

낮에는 청서, 다람쥐, 산달, 멧돼지 등과 조롱이류, 딱따구리류, 딱새류, 박새류 등과 같은 새류가 활동한다.

먹성에 의한 구분   표 88

구분	동물명
식물을 먹는 동물	우는토끼, 멧토끼, 날다라미, 청서, 다람쥐, 들쥐류, 사슴류, 잣까마귀
곤충류를 먹는 동물	두더지류, 첨서류, 흰족제비, 딱따구리류, 울타리새류, 딱새류, 솔딱새류, 박새류, 동고비류
쥐, 작은 짐승과새를 먹는 동물	여우, 조롱이류, 부엉이류
중형, 대형동물을 먹는 동물	승냥이, 산달, 범류
잡식성	곰, 까마귀류

서식환경의 공간적리용에서 보면 바늘잎나무숲지대의 밑층은 주로 쥐류와 두더지류, 멧돼지, 노루 등이 차지하고 나무줄기를 비롯한 가운데층환경은 날다람미류, 다람쥐류, 부엉이류, 딱따구리류가 차지하며 웃층인 나무쪽대기환경은 청서, 잣까마귀 등이 차지하고 활동한다.

이 지대는 다른 지대에 비하여 식물피복이 단순하므로 먹이조건도 단순하다고 말할수 있다.

그러나 울창한 바늘잎나무숲은 동물들의 좋은 은신처, 휴식터, 번식터로 된다. 그러므로 이 지대에서 척추동물의 종구성은 비교적 단순하지만 마리수가 많으며 특히 대형동물들이 많이 서식한다.

이 지대에서 바늘잎나무의 종자만을 먹는 동물은 잣까마귀뿐이고 그밖의 동물은 다 바늘잎나무숲속에서 서식하는 동물을 잡아먹기 위하여 모여드는 동물이다.

들쥐는 전형적인 산림쥐로서 마리수가 매우 많다. 나무뿌리밑의 구멍들과 다른쥐의 구멍 그리고 썩은 나무뿌리에 구멍을 파고 살면서 들쭉열매, 나무순, 풀줄기, 풀씨들을 먹는다.

땃쥐와 첨서는 여러가지 벌레를 잡아먹는다.

접동새, 부엉이는 전적으로 쥐를 잡아먹는다.

또한 여우도 산림속에 들쥐를 비롯한 쥐를 잡아먹으며 승냥이, 산달, 범류는 노루를 비롯한 여러가지 동물을 잡아먹는다.

이 지대는 산림이 울창하므로 큰 짐승류의 안전한 살이터, 번식터, 휴식터로 되며 그 마리수도 비교적 많다.

우는토끼는 나무밑뿌리사이의 구멍, 넘어진 나무그루의 구멍 등에 굴을 파고 새끼를 치면서 사철 살아가는 전형적인 고산성산림동물이다. 간백산, 소백산, 곰산의 골짜기들에서 가장 흔히 볼수 있다.

청서는 나무쪽대기에 둥지를 틀고 새끼를 낳는다. 쌍붙기는 1월경에 하며 여러마리의 수컷이 한마리의 암컷을 따라다닌다.

쌍붙기가 끝나면 암컷은 수컷과 함께 둥지속에서 약 20일정도 지내다가 수컷을 내쫓고 혼자서 산다. 새끼배는 기간은 한달정도이고 한배에 5마리 이상의 새끼를 낳는다.

번식회수는 엄지의 영양정도에 관계되는데 먹을것이 많을 때에는 1년에 2번이상이다.

들쥐는 바늘잎나무숲에서 가장 많은 전형적인 산림쥐이다. 산림의 땅속이나 나무그루밑의 구멍, 나무뿌리가 썩은곳에 굴을 파고 산다. 베개봉에서는 주로 5월과 6월에 굴속에서 3~4번 새끼낳이를 한다. 한배에 5~8마리의 새끼를 낳는다.

누렁이는 신무성, 간백산을 비롯한 바늘잎나무림에서 주로 서식한다. 암컷과 수컷의 결혼무리는 9월부터 10월말경까지 이루어지며 이때 쌍붙기가 진행된다. 쌍붙기가 끝나면 암컷은 수컷과 헤여지며 11월초경에 새끼를 찾아 다시 가족무리를 이룬다. 다음해 5~6월경에는 새끼를 낳기 위하여 가족무리에서 떨어져 나온다.

암컷은 대체로 한배에 한마리의 새끼를 낳으며 며칠간 새끼를 기르다가 다시 지난해 새끼들을 찾아 가족무리를 형성한다.

검은돈은 주로 바늘잎나무숲에서 볼수 있는 짐승으로서 돌담, 나무통, 넘어진 나무그루밑구멍들에서 주로 산다. 들쥐, 다람쥐, 첨서, 우는토끼, 들꿩, 새들을 주로 잡아먹으며 나무열매를 먹는다.

쌍붙기는 1월에 진행한다. 새끼배는 기간은 9개월정도이며 한배에 1~4마리의 새끼를 낳는다. 엄지는 약 두달정도 새끼에게 젖을 먹인다.

새류가운데서 딱따구리류와 부엉이류는 이 지대의 전형적인 산림성동물이다.

이 새들은 주로 분비나무, 가문비나무 등에 구멍을 뚫고 그속에서 살면서 새끼를 친다.

그밖에 울타리새, 작은류리새, 류리딱새, 딱새, 노랑눈섭솔새, 노랑허리솔새, 금상모박새, 흰꼬리솔딱새, 노랑솔딱새, 황금새, 큰류리새, 굵은부리박새, 작은박새, 박새, 깨새, 동고비, 작은동고비, 나무발발이는 주로 산림속의 나무구멍, 나무틈, 딱따구리의 구멍등에 알을 낳고 새끼를 기른다.

멧닭은 신무성, 간삼봉 등 바늘잎나무숲지대의 풀밭에서 살며 번식한다.

암컷과 수컷이 따로 무리를 지어 살므로 암컷무리와 수컷무리로 구별되며 쌍붙을때에 일시적으로 합쳐진다.

암컷은 6월경에 알을 한배에 6~7개정도 낳는다.

암컷은 새끼가 자립적으로 활동할때까지 보살펴주다가 가족무리에서 떨어져나와 다시 암컷무리를 형성하고 새끼들은 새끼무리를 형성한다.

- 무척추동물

바늘잎나무숲지대에는 바늘잎나무의 나무질을 해하는 많은 무척추동물이 펴져있다.

그 가운데서 대표적인것은 돌드레류와 나무좀류이다.

돌드레류가운데서 가문비나무, 분비나무, 소나무, 잣나무, 이깔나무 등을 해하는 소나무돌드레, 분비나무, 이깔나무, 잣나무 등을 해하는 진긴수염돌드레, 분비나무, 가문비나무, 이깔나무 등을 해하는 애기긴수염돌드레, 각이한 바늘잎나무를 해하는 백두산자색돌드레 등을 비롯한 8종은 바늘잎나무를 해하고 3종만이 넓은잎나무를 해한다.

매 지대에서 알려진 돌드레류의 총 종수가운데서 바늘잎나무를 해하는 종수는 넓은잎나무숲지대에 22종(27.2%), 섞인나무숲지대에서 17종(37.8%), 바늘잎나무숲지대에서 8종(66.7%)으로서 낮은 지대에서 높은 지대에로 올라오면서 바늘잎나무를 해하는 종들의 비률이 높아졌다.

이것은 낮은 지대로부터 높은 지대에로 올라오면서 바늘잎나무류가 점차 증가되는 생태적환경의 반영이라고 말할수 있다.

특히 소나무돌드레, 여섯점꽃돌드레, 검은점꽃돌드레 등은 넓은잎나무숲지대에서부터 바늘잎나무숲지대까지에 널리 분포되였다.

잣나무, 가문비나무, 종비나무, 분비나무 등을 해하는 별나무좀, 가문비나무, 종비나무, 잣나무 등을 해하는 덧이발나무좀, 이깔나무의 주요해충인 이깔여덟이발나무좀 등을 비롯한 이 지대에서 알려진 20종의 나무좀류는 전적으로 바늘잎나무를 해하는 종들이다.

넓은잎나무숲지대와 섞인나무숲지대에 퍼져있는 자작나무좀, 물자작나무좀, 피나무질나무좀은 이 지대에서 채집되지 않았다.

바늘잎나무숲의 해충으로는 백두가문비구슬벌레, 참구슬벌레, 량강잎벌 등이 있는데 이러한 종들은 낮은 지대로부터 높은 지대에까지 다 퍼져있다.

넓은잎나무류의 해충으로는 세줄애기꽃돌드레, 굵은다리꽃돌드레, 장미통돼지벌레, 단풍돼지벌레, 버들돼지벌레, 몽똑바구미, 학몽똑바구미, 붉은목긴몽똑바구미, 사과칼밤나비, 자지밤색자밤나비 등 10여종이 알려졌다.

이와 같이 이 지대에서 알려진 대부분의 곤충류는 바늘잎나무를 먹이로 하는 종들이다.

키나무숲과 떨기나무숲, 풀판 등에서는 150종이나 되는 낮나비류를 볼수 있는데 이 가운데서 범나바, 호랑범나비, 산검은범나비, 연주노랑나비 등을 비롯하여 많은 종들이 이 일대의 아름다운 풍치를 더욱 더 돋구어준다.

이 지대에서는 애기황산참꽃, 담쟈리꽃, 시로미, 바위구절초, 구름범의풀 등의 꽃을 따라 날아드는 꿀벌류인 누런호박벌, 범호박벌, 검은호박벌, 호박벌, 큰호박벌, 센호박벌, 들판떡벌 등도 볼수 있는데 이러한 종들은 넓은잎나무숲지대에서부터 고원초원 무림지대에까지 퍼져있으며 이 가운데서 호박벌,

큰호박벌, 들판떡벌 등은 백두산정을 넘어 백두산천지호반에까지 퍼져있다. 이 지대에 퍼져있는 낮나비류와 꿀벌류의 종들은 이 지대에 피는 갖가지꽃들의 꽃가루받이를 돕는 유익한 일을 한다.

식물질쩌꺼기나 동물의 사체를 먹이로 하면서 이 지대에서 미생물에 의한 유기물쩌꺼기의 분해를 돕는 리로운 무척추동물도 많이 알려졌다.

식물질쩌꺼기의 분해를 촉진하는 종들로서는 썩은 나무의 나무질을 파먹는 멧집게벌레, 줄넙적집게벌레 등의 새끼벌레, 토양속의 식물쩌꺼기를 먹는 백두산돌기록록벌레, 높은산록록벌레, 혜산록록벌레, 곰벌레, 삼지연곰벌레, 높은산곰벌레, 산곰벌레, 고은산곰벌레 등과 같은 록록벌레류와 곰벌레류의 종들, 애기지렁이, 흰애기지렁이, 장미참지렁이 등과 같은 지렁이류를 들수 있다. 특히 전형적인 북방기원계통인 애기지렁이는 찬 기후조건에 적응되고 아한대성바늘잎나무숲에서 흔히 볼수 있는 종으로서 바늘잎나무류의 토양을 비옥화하는데서 중요한 역할을 한다.

동물의 사체분해를 촉진하는 종들로서는 뱀류를 비롯한 척추동물의 사체를 먹는 납작묻음벌레, 검정수염참묻음벌레 등을 들수 있으며 그밖에 야생동물의 배설물을 먹는 얼룩날개소똥굴이도 알려졌다.

이상과 같은 종들은 백두산일대의 생태계에서 일정한 먹이자리를 차지하면서 이 일대의 물질순환을 돕는 중요한 동물무리이다.

이 지대에서는 해로운 벌레들을 잡아먹거나 해로운 벌레에 기생하는 40여종의 리로운 무척추동물도 알려졌다. 해로운 벌레들을 잡아먹는 대표적인 분류군은 거미류와 잠자리류이고 해로운 벌레에 기생하는 분류군은 고치벌류이다.

따라서 이러한 분류군에 속하는 종들은 바늘잎나무숲해충을 구제하는데서 중요한 역할을 담당한다고 말할수 있다.

제 4 절 고산초원무림지대의 동물

1. 자연생태환경

백두산일대의 고산초원무림지대는 해발높이 2000m로부터 2750m까지의 키나무가 없이 고산성의 풀밭으로만 이루어진 지대이다.

백두산꼭대기부분은 뾰족하지 않고 언덕모양으로 되였으며 비교적 가파로운 구릉성의 산지대를 이루고있다.

이 지대는 기온이 매우 낮아 우리 나라에서 가장 추운 지대로 알려져 있다.

한해 평균기온은 -2°C아래이다. 가장 더운때인 7월과 8월의 평균기온은 겨우 10°C정도이고 15°C정도 되는 날은 불과 며칠밖에 되지 않는다. 겨울은 매우 엄혹하여 1월평균기온은 -22°C아래로서 -40~-50°C정도까지 내려가는 경우가 많다.

서남풍이 자주 불며 장군봉에서 최대바람속도는 60m/초이다.

비나 눈이 내리는 날은 200여일이나 되며 년강수량은 거의 2000mm로서 대단히 많은 편이다. 눈은 9월부터 내리며 6월상순경에야 녹는다. 눈두께는 평균 2m정도이며 골짜기에서는 50m에 달하며 산의 릉선이나 꼭대기에서는 바람이 불어 눈두께가 얕다.

산꼭대기들에는 부석층토양으로 덮여있으며 부석층두께가 매우 깊다. 부석층토양겉면에는 분해되지 않았거나 분해된 지피물층이 있을뿐이다.

이 지대에서 키나무류는 물론이고 떨기나무들도 잘 자라지 못하며 키낮은형의 떨기나무들과 키낮은풀들만이 땅면에 붙어 낮게 자라고있다. 산꼭대기들에는 떨기나무숲이 아직 이루어지지 않았으나 북포태산의 북쪽경사면, 남포태산, 소백산, 두류산, 관두봉에는 좁게나마 분포되여있다.

여기에는 사슴지의, 구름지의, 꽃지의, 장군풀, 돌꽃, 둥근바위풀, 두메파랭이꽃, 등대시호, 백두금매화, 바위구절초, 구름국화풀과 키낮은 떨기나무들인 홍월귤, 높은산버들, 콩버들, 월귤나무, 들쭉나무, 물싸리 등이 자라고있다.

경사면이 완만하고 평탄한곳에서는 만병초, 좀참꽃, 담자리꽃, 두메자운, 구름송이풀 등이 자라고 물도랑모양으로 홈이 진곳에는 하늘매발톱꽃, 곰취, 구름오이풀, 꽃금매화가 자라며 산마루누기진곳에는 백두사초, 황새풀을 비롯하여 두메꿩의밥풀, 수염풀, 씨범꼬리풀, 산바구지, 물매화, 두메아편꽃 등이 자란다.

이 지대에 이루어진 풀밭은 담자리꽃나무군락이 기본을 이루는 키낮은 떨기나무군락인데 백두산꼭대기부분에서는 만병초-곱향나무군락이 끝난 다음에 퍼져있고 북포태산에서는 누운잣나무숲이 끝난 다음에 퍼져있다.

2. 동물상구성

고산초원무림지대에서 지금까지 알려진 동물은 314종이다(표 89). 이 지대에서 알려진 동물의 종수는 넓은잎나무숲지대, 섞인나무숲지대, 바늘잎나무숲지대 등에서 알려진 종수에 비하여 각각 1011종, 493종, 159종씩이나 적으므로 이 지대는 4개의 지대들가운데서 동물상이 가장 빈약한 지대로 된다. 종수가 적어졌을뿐만아니라 척추동물에서는 파충류에 속하는 종들이 전혀 알려지지 않고있다. 이것은 이 지대의 특수한 지형, 기상 기후 및 식물피복 등과 관계된다.

분류군조성　　　　　표 89

분류군명	종수	분류군명	종수
집승류	10여종	노린재류	14
새류	20여종	거미류	4
량서류	1	진드기류	38
낮나비류	138	다종류	2
밤나비류	8	지렁이류	2
벌류	31	꿀벌레류	10
딱정벌레류	24		
잠자리류	12	계	314

고산초원무림지대에 퍼져사는 동물들가운데서 척추동물은 30여종, 무척추동물은 283종이다. 무척추동물들가운데서 낮나비류는 138종으로서 전체무척추동물종수의 거의 절반을 차지하는데 이것은 이 지대에 낮나비들이 찾는 갖가지 꽃들이 많이 피기때문이다.

이 지대의 동물도 사철 머물러 사는 종들과 일시적으로 또는 우연적으로 나타나는 종들로 이루어졌다. 사철 머물러 사는 종들로서는 땃쥐, 우는토끼, 들쥐, 숲쥐 등이다. 일시적으로 나타나는 종들은 여름철에 날아와 알을 낳고 새끼를 기른 다음 돌아가는 바위종다리와 칼새, 먹이를 구하기 위하여 이따금씩 나타나는 여우, 승냥이, 이리, 큰곰, 조롱이, 작은새매, 북올빼미, 외쏙도기, 후투디, 까마귀 등이다.

그밖에 사나운 집승류나 새류의 추격을 피하거나 우연한 기회에 나타나는 청서, 노루, 사슴들과 박새, 동고비, 휘파람새, 갈새 등이 있다.

3. 동물의 서식활동

- 척추동물

이 지대에서 낮에는 주로 새류들이 많이 활동하고 밤에는 쥐류가 활동한다. 낮에는 바위종다리, 노랑할미새 등이 먹이를 찾아 풀숲을 뒤지고 바위종다리는 풀사이나 땅우에서 조용히 다니면서 먹이를 구한다. 노랑할미새는 바위우에서 다니다가 풀숲에 내려와 도랑주변 혹은 물이 흘렀던 자리 등에서 먹이를 구하며 조롱이와 칼새는 날면서 먹이를 구한다.

산양은 아침과 저녁에 주로 먹이활동을 하고 저녁과 밤에는 들쥐, 숲쥐, 우는토끼 등이 굴밖으로 나와 먹이활동을 한다.

이 지대의 동물을 먹성에 따라 갈라보면 다음과 같다(표 90).

먹성에 의한 구분   표 90

구 분	동 물 명
식물을 먹는 동물	산양, 사슴, 노루, 들쥐, 숲쥐, 우는토끼
곤충을 먹는 동물	땃쥐, 칼새, 바위종다리, 노랑할미새
쥐, 작은 동물을 먹는 동물	여우, 조롱이, 작은새매
중형, 대형동물을 먹는 동물	승냥이, 이리
잡 식 성	큰곰, 굵은부리까마귀

이 지대에는 지형조건에 적응된 칼새, 바위종다리를 내놓고는 먹이를 찾아 날아다니다가 머물거나 일시적으로 나타나는 종들이 많다.

전형적인 산림쥐인 들쥐, 숲쥐, 땃쥐는 먹이를 찾아 헤매다가 머물렀을것이다. 여우, 조롱이, 작은새매, 까마귀 등은 쥐를 잡아먹기 위해 찾아오며 승냥이, 이리는 노루, 사슴을 쫓다가 나타나는것들이다. 이 지대의 특수한 자연지리적조건으로 하여 주로 땅우나 돌박산들에 번식터를 정하는 동물들이 많다.

이 지대에 사는 짐승류가운데서는 땃쥐, 들쥐, 숲쥐, 우는토끼만이 이 지대에서 번식한다. 그가운데서 땃쥐와 숲쥐는 마리수가 매우 적다. 우는토끼는 돌박산기슭의 돌짬이나 구멍들에서 산다. 구멍안에 자리를 만들고 7월중순경에 한배에 4~5마리의 새끼를 낳는다.

산양은 전형적인 산악동물이다. 바위가 많은곳에서도 잘 다니며 가파로운 벼랑에도 잘 뛰여오른다. 백두산꼭대기의 장군봉주변에서는 살지 않으나 포태산의 돌박산과 고산초본지대에서 섞인숲지대까지를 오르내리면서 살고 있다. 쌍붙는 시기는 9~10월이며 다음해 5~6월에 1~2마리의 새끼를 낳는다. 갓낳은 새끼의 질량은 3kg정도인데 약 1개월정도 젖을 먹는다. 그후 어미를 따라다니다가 헤여져 혼자 살거나 몇마리씩 무리지어 산다.

새류가운데서 칼새는 절벽의 바위짬에 무리지어 둥지를 튼다. 둥지는 마른풀을 붙여 엉성하게 틀며 한배에 2~3개의 알을 낳는다. 바위종다리는 백두산마루의 바위짬이나 천지호반의 바위짬에 둥지를 튼다. 둥지는 이끼, 풀뿌리, 마른잎을 모아 접시모양으로 만들고 알자리에는 새깃을 깐다. 6월 중순경에 알낳이를 하고 하순경부터는 품기 시작하여 7월상순에 까난다. 한배에 3개 정도의 알을 낳는다. 암컷과 수컷은 함께 까난 새끼를 기른다. 백두산마루의 바위들이나 천지호반의 돌박산기슭에서 7월하순경에 엄지들이 먹이를 물고 이바위 저바위로 날아다니는것을 흔히 볼수 있다. 백두산천지호반에서 7월에 노랑할미새가 관찰되였는데 번식여부는 알수 없다.

이 지대의 특수한 기상기후조건으로 하여 동물군집의 구성과 마리수는 해마다 계절에 따라 다를수 있다. 여름철에 돌발적으로 내리는 눈 또는 추위는 먹이로 되는 식물이나 곤충류의 죽음을 가져오고 그에 따라 동물이 죽거나 다른 지대에로 옮겨갈수 있다. 또한 겨울철의 추위는 이 지대에서 겨울을 나는 동물들의 생활에 매우 불리한 조건으로 된다.

－무척추동물

이 지대의 무척추동물상은 거의가 다 넓은잎나무림지대로부터 련속분포된 종들로 이루어졌으며 이 지대에서만 고유한 종들은 아직 알려지지 않았다. 이 지대에는 130여종의 낮나비들이 퍼져있으며 붉은점모시범나비를 비롯하여 많은 나비들이 장군봉까지 오르내리기도 한다. 산검은범나비, 검은범나비, 노랑범나비 등과 같은 크고 우화한 낮나비들이 날 때에는 백두산의 장엄한 풍치와 잘 어울린다. 범나비, 산검은범나비, 노랑나비, 높은산노랑나비, 작은표문나비, 은줄표문나비, 공작나비, 은오색나비 등을 비롯한 여러 종류의 낮나비들은 백두산정을 넘어 천지호반에까지 퍼져있으며 천지의 아름다운 풍치를 돋군다.

밤나비류가운데서 그물서리밤나비, 무궁화잎밤나비, 산잎붉은밤나비, 북방검정보리밤나비 등을 비롯하여 거의 10종의 밤나비들이 천지호반에서 채집되였는데 이러한 종들은 아한대 및 한대성종들로서 산림한계선까지의 바늘잎나무숲지대에 분포되여있다. 이러한 종류의 밤나비들이 천지호반에 퍼져살수 있는것은 호수주변에 초본식물과 떨기나무들이 자라고있어 먹이활동과 숨어살기에 알맞는 환경조건이 마련되여있기때문이라고 말할수 있다.

고산초원무림지대에서는 낮은 지대의 각이한 나무숲지대에서 나타났던

호박벌, 누런호박벌을 비롯한 7종의 꿀벌들이 만병초, 콩버들, 두메자운, 두메무릇, 두메아편꽃, 바위구절초 등과 같은 먹이식물을 찾아날며 이 지대의 자연풍치를 돋군다. 특히 호박벌의 마리수가 많은데 백두산정을 넘어 천지호반에까지 내려간다.

바늘잎나무숲지대에까지 많이 퍼져있던 돌드레류는 이 지대에서 종수가 급속히 감소되여 여러가지 풀을 먹는 유단점꽃돌드레와 주로 가문비나무의 나무질을 해하는 검은점꽃돌드레 등 2종만이 알려졌는데 이 종들도 넓은잎나무숲지대로부터 이 지대까지 련속분포를 이루고있다.

이 지대에는 해로운 벌레들을 잡아먹는 리로운 종들이 많이 알려졌다. 잠자리류에서 마당잠자리, 붉은고추잠자리, 북곤봉잠자리, 누런날개곤봉잠자리, 걸음벌레류에서 구리빛걸음벌레, 백두구리빛걸음벌레, 백두걸음벌레, 먼지벌레류에서 큰검은긴먼지벌레, 먹작은먼지벌레, 해로운 벌레에 기생하는 고치벌류에서 잘룩고치벌, 강대고치벌, 고원고치벌, 거미류에서 반달무늬거미, 무두봉말거미, 그늘층층거미 등을 들수 있다.

식물 및 동물성기원의 유기물찌꺼기를 먹는 많은 종들이 알려졌다.

록록벌레류, 집게벌레류, 지렁이류, 곰벌레류, 딱장진디기류 등에 속하는 50여종의 무척추동물은 토양속의 식물질찌꺼기를 기본먹이로 하는 종들로서 미생물에 의한 식물질찌꺼기의 완전분해를 돕는 리로운 역할을 한다. 특히 장군봉에서는 굴넙적점진드기, 만두진드기, 모서리진드기 등과 같은 딱장진드기들이 채집되었다.

동물의 사체를 먹는 납작묻음벌레, 동물의 배설물을 먹는 얼룩날개소똥굴이, 똥풍뎅이 등도 알려졌다.

제 5 절 수 계

백두산일대에는 압록강과 두만강의 최상류수역과 백두산천지, 삼지연, 간장늪, 눈늪 등의 자연호수 및 원봉저수지가 있다.

따라서 수역둘레에서 살면서 수역을 필수적인 생활공간으로 리용하는 동물들과 물고기를 비롯한 물살이동물들이 많이 퍼져있다.

1. 수역환경을 리용하여 사는 동물

백두산일대에는 수역들과 그 가까이에서 살면서 수역을 막이터, 번식터, 휴식터 등으로 리용하는 동물들이 많이 퍼져있다(표 91).

수역환경을 리용하는 동물   표 91

분류군	주 요 종	종수
짐승류	갯첨서, 수달	2종
새류	농병아리류, 왜가리류, 오리류, 듬부기류, 두루미류, 도요류, 갈매기류, 물촉새, 할미새류, 물쥐새 등	45종
량서류	참개구리, 북개구리, 비단개구리, 합수도롱뇽	4종

－수역환경을 번식터, 먹이터로 리용하는 동물

갯첨서는 전적으로 호수가 혹은 개울옆에서 산다. 강가에서 살던 쥐들이 버리고간 굴속이나 직접 판 새로운 굴속에 둥지를 튼다. 7월에 새끼를 낳으며 한배의 새끼는 보통 6～8마리이다.

물속에서 빨리 헤염치면서 물살이곤충이나 작은 물고기 등을 잡아 먹는다.

수달은 물을 떠나서는 살수 없는 수역환경에 잘 적응된 전형적인 동물이다.

개울가에 있는 언덕이나 바위아래 또는 나무뿌리밑 등에 구멍을 파며 나드는 구멍은 물 가까이에 낸다. 늘 구멍안에서 산다. 2월경에 쌍붙기가 진행된다. 새끼배는 기간은 두달정도 걸리는데 한배에 2～4마리의 새끼를 낳는다. 새끼는 2달정도 젖을 먹고 자라며 그후에 엄지와 함께 강에서 고기를 잡아 먹으며 6개월정도 살다가 헤여진다.

수달은 전적으로 물고기를 잡아먹는 동물이다. 겨울에는 얼음밑으로 다니면서 고기를 잡아먹는데 얼음이 땅에 붙어 다닐수 없는 경우에는 얼음밖으로 나온 다음 다른 얼음속으로 들어가 먹이를 구한다. 주로 밤에 활동한다. 소백수, 리명수, 가림천, 박천수 상류에 흔하다.

농병아리는 6월경에 삼지연에 나타나 여름을 나고 간다. 둥지는 삼지연 가운데 있는 작은 섬의 물속에다 틀고 3개 정도의 알을 낳는다. 보통 한두마리가 호수 가운데서 떠다니며 기슭으로는 거의 나오지 않는다. 물속으로 들어가 몇분씩 있다가 먼곳에서 물밖으로 나오군한다.

물까마귀는 골짜기의 강가에서 멀지 않은 큰 나무에 둥지를 틀고 6월경에 알을 낳는다. 한배에 보통 3～5개의 알을 낳는다. 아침과 저녁에 강변 가까이에서 조용히 다니면서 물고기나 여러가지 물살이곤충을 잡아 먹는다.

붉은물까마귀는 저수지나 호수가에 무성하게 자란 풀대에 의지하여 둥지

튼다. 6월경에 한배에 4~5개의 알을 낳고 새끼를 친다. 물고기, 여러가지 물살이곤충을 잡아먹는다.

검독오리는 호수가나 호수가운데 무성하게 자란 풀숲에 둥지를 튼다. 새끼치기는 7월경에 하며 보통 한배에 4개의 알을 낳는다. 풀속의 여러가지 곤충류나 풀씨 등을 주로 먹는다.

원앙은 쌍을 지어 날아오는데 깊은 산간골짜기의 물가까이에 있는 바위틈이나 나무구새통에 둥지를 튼다. 6월경에 알을 낳는데 한배에 보통 6개정도 낳는다. 암컷은 한달정도 알을 품으며 까난 새끼를 골짜기 하천에서 기른다. 여름철에 먹이를 찾아 깊은 골짜기에서 호수로 날아드는것을 흔히 볼수 있다.

민물도요는 강기슭의 언덕에 둥지를 틀고 6월경에 한배에 4~6개의 알을 낳는다. 강가에서 다니면서 물살이곤충을 잡아먹는다.

알도요는 7월에 강변의 모래나 자갈가운데 알을 낳는데 한배에 4~5개의 알을 낳는다. 강가나 호수가에서 여러가지 물살이곤충을 잡아먹는다.

물촉새는 강변의 언덕 흙벼랑에 구멍을 뚫고 반메터 정도 들어가 둥지를 튼다. 6~7월에 보통 한배에 5~7개정도의 알을 낳는다. 물촉새는 강변이나 호수가의 바위우, 나무우 등에 가만히 앉아있다가 물가에 나오는 물고기를 잡아먹는다. 주로 물고기를 잡아먹지만 물살이곤충도 먹는다.

물쥐새는 산골짜기의 강바닥 바위밑에 이끼로 둥지를 틀고 새끼를 친다. 7월에 4개 정도의 알을 낳아 암컷과 수컷이 함께 품는다.

물쥐새는 여름에는 산간지대의 강을 따라 오르내리면서 먹이를 구한다. 돌우에 앉기도 하고 물에서 헤염도 치며 물속으로 잠수도 한다. 겨울에는 얼음구멍으로 나들기도 한다. 물고기와 물살이곤충을 잡아먹는다.

이른봄인 3월말경이면 소백수의 강변, 물웅덩이에서 북개구리의 올챙이를 볼수 있다. 알뭉치의 알수는 보통 1800개이다.

비단개구리는 비교적 물온도가 높아지는 물웅덩이나 고인물 등의 풀포기 사이에 알을 낳는다. 보천과 간삼봉지대에서는 7월에 알을 낳는다.

함수도룡뇽은 삼지연, 소백산에서는 7월에 천천히 흐르는 물속이나 고여있는 물속에 알을 낳는다. 알뭉치의 알수는 보통 50여개이다. 물도랑이나 숲속의 물웅덩이에서 새끼를 흔히 볼수 있다.

―수역환경을 먹이터, 휴식터로 리용하는 동물

지나가는 많은 새류는 봄과 가을에 수역환경을 휴식터와 먹이터로 리용하고있다. 지나가는 새류가운데서 검은목농병아리, 뿔농병아리, 되강오리,

붉은쭉두오리, 알락오리, 알숭오리, 가창오리, 발구지, 넙적부리오리, 검은댕기흰죽지, 흰뺨오리, 갯비오리, 큰물닭 등은 삼지연이나 원봉저수지에 들려 며칠씩 묵으면서 먹이를 구하고 쉬기도 한다. 또한 가까운 강들에도 날아가 먹이를 구하기도 한다.

큰알도요, 왕눈도요, 멧도요, 댕기도요, 삑삑도요, 뗏도요, 산골갯도요 등은 강변이나 호수가에서 먹이를 구하면서 휴식하다가 날아간다.

흰두루미와 재두루미는 간혹 원봉저수지나 백암의 대택등판의 물웅덩이에 내려 며칠씩 묵으면서 먹이도 구하고 쉬기도 하다가 날아간다.

알락할미새와 노랑할미새는 주로 강변으로 다니면서 먹이를 구한다.

그밖에 백두산천지에 재갈매기, 삼지연에서 여름에 흰죽지작은갈매기가 나타났는데 이것은 떠돌아다니다가 우연히 들린것이라고 추측된다.

2. 압록강의 물고기상

백두산일대의 압록강수역은 그의 지류들인 소백수, 리명수, 포태천, 가림천, 오시천, 운충강들로 이루어져있는 최상류지역이다.

강들은 깊은 골짜기를 흘러내리브로 물살이 빠르다. 여름철에는 강물이 늘 흐르고 마르지 않는다. 겨울에는 얼어 붙는다. 보천에서 가림천은 12월초순이면 완전히 얼어 붙으며 다음해 4월중순이면 풀린다. 물온도는 매우 낮은편인데 4월에 1.6°C, 5월에 7.8°C, 6월에 10.8°C, 7월에 14.7°C, 8월에 14.8°C, 9월에 11.2°C, 10월에 5.2°C, 11월에 0.6°C정도이다.

물밑과 류역에는 조면암, 화강암, 현무암 등의 바위들과 바위에서 기원된 돌들이 많다. 상류에는 큰바위와 큰돌들이 깔리고 하류로 내려오면서 비교적 큰돌과 자갈들이 깔려있다.

물밑과 돌들에는 여러가지 수조류와 물살이곤충들이 서식하고있다.

압록강수역에서는 보천칠성장어, 열묵어, 정장어, 고원산천어, 칠색송어, 사루기, 붕어, 자그사니, 돌고기, 야레, 버들치, 금강모치, 모치, 참붕어, 종개, 산종개, 하늘종개, 산메기, 뚝중개 등 19종이 알려졌다.

이가운데서 한곳에 머물러사는 물고기는 보천칠성장어, 고원산천어, 붕어, 자그사니, 돌고기, 버들치, 금강모치, 모치, 참붕어, 종개, 산종개, 하늘종개, 산메기, 뚝중개 등이다.

그밖의 물고기들은 모두 계절적으로 살이터를 바꾸면서 강의 우와 아래를 오르내리면서 산다.

물고기의 이동은 먹이 및 번식과 관련되여 력사적으로 형성된 종의 공고화된 하나의 특성이다.

번식을 위하여 강을 올라가는 종의 습성을 보면 다음과 같다.

열묵어는 강아래목의 깊은 소에서 겨울을 나고 이른봄에 얼음이 풀리고 눈석이물이 흘러내리기시작하면 알쓸이를 위하여 산골개울로 무리를 지어 올라간다. 강상류로 올라와 알쓸이터를 차지하고 4월초순경부터 5월초순경까지에 걸쳐 모래-자갈판을 우묵하게 파고 알을 낳아 붙는다. 보통 2000개정도의 알을 낳는다. 알은 물온도가 10°C정도에서 한달이면 까난다. 가을이면 새끼는 8cm정도까지 자라며 강아래목의 깊은곳으로 내려간다. 리명수 합수지점인 삼포일대까지, 운총강에서는 령하까지 올라간다.

정장어도 역시 강의 깊은곳에서 겨울을 나고 얼음이 풀리여 물온도가 높아지기 시작하면 강상류로 오르기 시작한다. 강상류에서 5~6월경에 알쓸이를 하며 모래자갈판을 우묵하게 파고 알을 낳아 붙는다. 알은 보통 한마리가 3500~5000개정도 낳으며 물온도 7~13°C조건에서 한달 정도면 까난다. 까난 새끼는 보름정도 지나면 먹기 시작한다. 엄지와 새끼들은 다시 강 아래목으로 내려가 산다. 보통 가림천의 합수지점인 가산까지 올라오지만 운총강의 합수지점인 신장, 삼포까지 올라오는것도 있다.

사루기도 역시 강의 깊은곳에서 겨울을 나고 4월초순경이면 강상류로 올라온다. 4월중순경부터 5월초기간에 강바닥의 모래자갈판에 알을 낳아 붙는다. 알은 보통 한마리가 500~600개 낳으며 물온도가 11~12°C조건에서 8일이면 까난다. 알쓸이가 끝나면 엄지들은 물가로 나와 부지런히 먹는다. 가을이 되면 다시 강아래목 깊은곳으로 내려간다. 압록강상류의 차가수, 독산일대까지 올라간다.

야레는 겨울에 깊은곳에 모여서 살다가 알쓸이시기가 되면 물이 얕고 물살이 빠른 여울이나 기슭에 나와 모래자갈판에 알을 쓸어 붙인다. 한마리가 보통 16000~75000여개의 알을 낳으며 물온도 10.5°C에서 20일정도면 까난다. 알쓸이가 끝나면 다시 깊은곳에 내려와 산다. 압록강상류의 가림천합수지점까지 올라온다.

압록강수역은 물살이 빠르므로 일반적으로 알은 물체에 붙어 쓰는것이 보통이다. 그러나 산천어는 다른 물고기와는 달리 9월말부터 10월말기간에 모래자갈판을 파고 알을 낳아 붙는다. 한마리가 보통 200~300개의 알을 낳으며 8.5°C정도에서 40여일 지나면 까난다.

먹성에 의한 구분   표 92

물고기류, 물살이곤충	물살이곤충	물살이곤충, 식물질
보천칠성장어, 열묵어, 정장어, 고원산천어, 칠색송어, 산메기.	사루기, 뚝종개.	붕어, 지그사니, 돌고기, 야레, 버들치, 금강모치, 모치, 참붕어, 종개, 산중개, 하늘종개

붕어는 물속의 풀이나 검불에, 지그사니, 뚝중개, 돌고기, 참붕어 등은 돌에, 모치, 종개, 산종개, 하늘종개, 산메기, 버들치는 자갈모래바닥판에 알을 쓴다.

압록강수역에 살고있는 물고기들의 먹성은 종에 따라 다르다(표 92).

이와 같이 압록강수역의 물고기류에는 풀만을 먹는것이 한종도 없고 모두가 고기먹는 형들이다. 특히 물살이곤충은 물고기류의 주요한 먹이대상으로 된다.

3. 두만강의 물고기상

백두산일대의 두만강수역은 그의 지류인 소홍단수와 서두수의 전수역이 포괄되는 최상류지역이다. 기본수역은 서두수인데 소골강, 덕립동수, 소박천수, 대박천수 등의 지류들로 넓은 수역을 이루고있다.

소홍단수는 높은 벌을 따라 흘러내리고 서두수는 깊은 골짜기를 따라 흘러내리므로 물살이 빠르다. 여름철에는 물이 마르지 않으며 겨울철에는 강물이 얼어붙는데 연암에서 서두수물은 12월 상순이면 완전히 얼어붙으며 얼음이 풀리는것은 다음해 4월하순이다. 물온도는 대단히 낮은편인데 4월에 0.5°C, 5월에 5.5°C, 6월에 8.8°C, 7월에 11.5°C, 8월에 12.2°C, 9월에 9.2°C, 10월에 4.0°C, 11월에 0.4°C이다.

소홍단수의 물밑과 류역에는 현무암, 화강암 등의 바위들과 이러한 바위들에서 생긴 큰돌들이 많은데 강 전역에 바위, 큰돌과 자갈들이 깔려있다. 물밑과 돌에는 여러가지 수조류와 물살이곤충들이 서식하고있다.

두만강수역에서는 모래칠성장어, 송어, 고들메기, 마양송어, 열묵어, 산천어, 원봉산천어, 애기빙어, 붕어, 실망성어, 동북자그사니, 두만강자그사니, 두만강야레, 황어, 동북버들치, 모치, 참붕어, 종개, 산종개, 하늘종개, 뚝종개 등 21종의 물고기가 알려졌다.

이가운데서 한곳에 머물러사는 물고기는 모래칠성장어, 고들메기, 붕어, 실망성어, 동북버들치, 모치, 참붕어, 종개, 산종개, 하늘종개, 뚝중개 등이다.

　그밖의 물고기들은 모두 계절적으로 생활장소를 바꾸면서 강의 우와 아래를 오르내리면서 산다. 번식을 위하여 강으로 올라가거나 생활장소를 바꾸는 종들의 습성을 보면 다음과 같다.

　송어는 동해바다에서 자라서 알쓸이를 위하여 두만강을 따라 소홍단수와 서두수로 올라온다. 주로 낮에 이동하고 밤에는 깊은곳에 머물러 휴식한다. 알쓸이는 6월~7월에 하는데 소홍단수에서는 삼수평에까지 올라와 알을 쓴다. 한마리가 보통 3700여개의 알을 낳아 모래자갈밭을 우묵하게 파고 묻는다. 알은 물온도 12°C안팎에서 한달이면 까난다. 알낳이후 엄지는 죽는다. 까난새끼고기는 강에서 자라며 2년째 여름이 되면 바다로 내려간다.

　마양송어는 마양저수지에서 륙봉화된 송어를 원봉저수지에 옮겨 넣은것이다. 저수지에서 자란 엄지들은 7월경에 저수지에 흘러드는 서두수상류와 지류들에 오르기 시작한다. 8월하순부터 9월말까지의 기간에 알쓸이를 하여 여울목부근의 자갈모래바닥을 우묵하게 파고 알을 묻는다. 알은 10°C정도에서 약 70일정도면 까난다. 새끼들은 강에서 자라다가 다음해 봄이면 저수지로 내려간다. 한마리가 낳은 알수는 1000여개이다.

　애기빙어는 원봉저수지에서 겨울을 나고 이른봄에 얼음이 풀리기 시작하면 강, 하천의 어구와 그 아래목에 모여들어 모래자갈판에 알을 쓴다. 한마리가 2000~3000개의 알을 낳는다. 주로 밤에 낳는데 물온도는 2~3°C로부터 13~14°C이다. 알은 10~12°C에서는 20~24일, 9°C안팎에서는 20~30일에 까난다. 새끼는 만 1년정도 자라면 엄지로 된다.

　동북자그사니와 두만강자그사니는 전형적인 바다살이 물고기들인데 깊은물밑에서 몇마리씩 무리지어 산다. 겨울에는 깊은 곳에서 살며 봄에 얼음이 풀리면 강상류의 얕은곳으로 흩어진다. 알쓸이는 5~6월에 하며 1마리가 보통 1~2만개의 알을 낳는다. 여러번 알을 낳아 모래자갈판에 붙인다. 새끼는 2~3년 자라야 엄지로 된다.

　황어는 바다에서 자라고 알쓸이를 위하여 두만강을 따라 삼장일대까지 올라온다. 강의 여울목의 자갈과 돌들이 있는 강바닥을 우묵하게 파고 알을 낳아 묻는다. 알은 5~6월에 한마리가 1만~2만개 낳는다. 알을 낳은 엄지는 다시 바다로 내려간다. 알은 물온도 18°C에서 4일이면 까난다. 새끼고기는 만 3년이면 엄지로 된다.

　두만강야레는 압록강에 사는 야레와 같이 깊은 물에서 살다가 4월~5월에는 물이 얕고 물살이 빠른 강상류나 여울목으로 올라가 모래자갈판에 알을 쓸어 붙인다. 알쓸이가 끝나면 엄지는 다시 깊은곳으로 내려가 생활한다.

두만강류역에 살고있는 물고기들의 먹성형은 종에 따라 다르다(표 93).

먹성에 의한 구분   표 93

물고기, 물살이곤충	물살이곤충	물살이곤충, 식물질
모래칠성장어, 송어, 고들메기, 마양송어, 열묵어, 산천어, 원봉산천어	애기빙어, 뚝중개	붕어, 동북자그사니, 두만강자그사니, 두만강야레, 황어, 동북비늘치, 모치, 종개, 산종개, 참붕어, 하늘종개.

표 93에서 보는바와 같이 두만강수역의 물고기류에는 풀만을 먹는것이 한종도 없고 모두가 고기먹는 종들이다.

특히 물살이곤충이 물고기류의 주요한 먹이대상으로 된다.

두만강최상류의 신무성에서 약 4~5km 지나서부터는 10~15m의 두꺼운 화산부석층밑으로 물이 스며들면서 물길이 끊어진 맹곡천이다. 그러므로 지금까지 오래동안 물고기가 없는 〈빈수역〉이였다.

우리 과학자들과 현지에 파견된 3대혁명소조원들의 적극적인 노력에 의하여 물고기이식사업을 조직진행하였다. 1989년 8월과 1990년 9월에 2차에 걸쳐 1220마리의 두만강의 산천어를 이식함으로서 처음으로 두만강최상류인 신무성개울에 물고기가 살게 되였다. 1991년 7월에 또다시 버들치와 종개를 이식하였다.

4. 백두산천지, 삼지연의 물고기상

— 백두산천지

천지는 화산분출에 의한 방수성분화구호이다.

천지의 물온도는 우리나라 호수들가운데서 제일 낮은데 7월의 겉층물온도는 9.8°C이다. 천지가 얼지않는 기간은 불과 3~4개월밖에 안된다. 얼음두께는 1.5m정도이고 그우에 3m정도의 두께로 눈이 덮힌다.

천지는 밖으로부터의 류입물이 없기때문에 물이 맑고 수역의 비옥도가 매우 낮다. 따라서 수생물상도 극히 빈약하며 린접한 다른 수계와의 련계가 없는 고립된 수역으로서 물고기는 서식하지 않았다.

이러한 조건하에서 1960년에 삼지연의 붕어와 두만강의 산천어, 1984년에 삼지연군의 산천어, 1989년에 삼지연의 참붕어, 1991년에 가림천의 버들치와 종개 등과 같은 5종의 물고기들이 천지에 이식방류되였다.

-삼지연

삼지연은 화산분출이전에는 준평원상의 어느 강하천수계에 속해있었다. 백두산과 포태산이 화산으로 분출하면서 뿜어내린 용암이 낮은 지대에서 마주쳐 돌려막힌 무방수 언색호이다. 무방수호이면서 소금기가 없는것은 호수의 형성력사가 오래지않으며 두꺼운 화산부석층으로 덮여있기때문에 밑으로 물이 스며들고 스며나간다는것을 말하여준다.

삼지연은 기본 3개의 호수로 되여있다.

삼지연에는 여러종류의 식물성 및 동물성 떠살이생물들과 바닥살이동물들이 살며 8과 14속 16종의 수생식물들이 자라고있다.

삼지연에서 1960년에 처음으로 붕어를 발견한후 1989년에는 참붕어와 버들치를 또다시 새로 찾았다.

붕어는 겨울에 먹지않고 깊은곳에 모여 겨울잠을 잔다. 삼지연에서는 6월~7월에 알쓸이를 하는데 얕은물기슭에 나와 물풀이나 검부레기에다 알을 쓸어붙인다. 한마리가 5만~10만개의 알을 낳는다. 알을 물온도 15°C 안팎에서 8~10일 걸리면 깐다. 삼지연에서 암수의 비는 5대1~10대1로 수컷이 대단히 적다.

버들치는 삼지연못기슭의 얕은곳으로 나와 모래바닥에 알을 쓸어 붙힌다. 알쓸이는 6월~7월기간에 진행한다.

참붕어는 6월중순경에 알쓸이가 제일 왕성하다. 물깊이 20~30cm 되는 호수기슭의 돌들에 알을 쓸어 붙인다. 수컷은 알을 지키며 적수가 접근하면 쫓아버린다. 한마리가 1000~3000개정도의 알을 낳으며 물온도 20°C안팎에서 한주일이면 깐다.

최근에 삼지연못에다 잉어와 초어를 처음 새로 이식하였으며 그후(1992) 종개와 하늘종개를 이식하였다. 그리하여 자연분포종인 붕어, 참붕어, 버들치와 인공이식한 잉어, 초어, 종개, 하늘종개 등 잉어과의 7속7종이 삼지연 물고기상을 이루고있다.

-원봉저수지

백두산일대의 유일한 저수지이다. 해발높이는 800m이고 면적은 12km^{2}이다. 물깊이는 최대 96m, 평균 41m이다.

원봉저수지에는 소골강, 덕립동물과 소박천수, 대박천수, 동계수가 서두수 본류와 합수하여 들어온다.

원봉저수지에는 서두수에 분포된 20여종의 물고기가 살고있다.

마양송어와 붕어가 이식되였다. 생산적가치가 있는 물고기는 열목어, 산천어, 원봉산천어, 마양송어, 붕어, 빙어, 야레인데 이가운데서 빙어의 생산량이 제일 높다.

이밖에도 이번 백두산탐험에서 백두산줄기의 백사봉밑의 작은 호수에서 산천어와 버들치, 종개 등이 살고있으며 오른쪽기슭에 더운물구역이 있다는 것을 찾았다. 간장늪과 눈늪에는 물고기가 없다.

5. 물살이무척추동물상

백두산일대에서 알려진 무척추동물가운데서 8개의 분류군에 속하는 179종이 물살이를 한다(표 94).

분류군수

표 94

분류군	종		분류군	종	
	수	비률, %		수	비률, %
모기류	31	17.3	하루살이류	26	14.5
딱장벌레류	10	5.6	돌미기류	8	4.5
잠자리류	55	30.7	갑각류	10	5.6
소금쟁이류	4	2.2			
풀미기류	35	19.6	계	179	100.0

179종가운데서 갑각류 10종(5.6%)을 제외한 169종(94.4%)은 곤충류이다.

곤충류가운데서 기름도치, 작은기름도치, 큰물매미, 물매미, 물장땅이 등 10종(5.6%)의 딱장벌레류와 싸그쟁이, 코끼리싸그쟁이, 산물벼룩, 물벼룩, 가재밥, 북가재밥 등 10종(5.6%)의 갑각류는 일생동안 물에서 살지만 그밖의 곤충류 159종(88.8%)은 새끼벌레시기에만 물살이생활을 하고 엄지시기에는 물밖에서 산다.

물살이곤충류가운데서 잠자리류가 55종(30.7%)으로서 종수가 제일 많고 모기류, 풀미끼류, 하루살이류도 종수가 많은편이다.

백두산일대에서 알려진 이상의 물살이무척추동물은 1차 또는 2차소비자로서 백두산일대에 퍼져있는 물고기류의 자연먹이로 매우 중요한 의의가 있다.

그러나 기름도치류, 물매미류, 물장땅이류 등은 새끼고기를 잡아먹으므로 해롭다.

제 4 장
백두산일대 동물상의 형성과 발전

우리 나라의 북변에 높이 솟은 백두산과 그 일대는 오랜 지사학적과정을 거치면서 오늘과 같은 장엄한 모습을 갖추게되였으며 그에 따라 백두산일대의 고유한 현생동물상도 형성되였다.

제 1 절 백두산일대 현생동물상의 형성과 발전

백두산일대의 현생동물상의 개별적인 분류군 또는 대표종들의 변화발전과정은 다음과 같다.

1. 짐승류상의 형성과 발전

지금까지 백두산일대에서 10여종의 식충류가 조사되였다.

많은 화석자료들과 기타 고고학적자료들에 의하면 고슴도치, 첨서, 허항형첨서, 갯첨서들은 구북구의 북부지방에서 기원하여 3기 점신세이후시기부터 사방으로 분포구를 넓혀가다가 4기 하부홍적세때의 빙하시기에 많이 사멸되고 일부가 남쪽으로 내려밀려오다가 백두산일대를 비롯한 원동지방에 정착하였다. 그후 고슴도치는 번성하여 넓은지역에 퍼졌으나 첨서류는 번성하지 못하고 이지역의 범위에서 고착되였다. 그리하여 이 종들은 백두산일대를 비롯한 우리 나라 북부지대를 분포의 남쪽한계선으로 하여 퍼져있다.

또한 식충류가운데서 큰두더지는 우리 나라 북부와 그 린접지역에만, 긴발톱첨서는 우리 나라 동북산지대와 중국동북, 오호쯔크해연안, 싸할린, 깜챠

뜨까, 일본혹가이도에만, 땃쥐는 우리 나라 전지역과 중국동북지방, 연해주 남부에만 분포된 동아세아고유종들로서 백두산을 중심으로한 아세아동부지역에서 기원하여 널리 번성하지 못하고 이지역의 특산종으로 발전되였다.

그것은 이 동물들의 화석이 비교적 늦은 시기에 발견되며 이 지역들에서만 나타나기때문이다.

현재 백두산일대에서 알려진 박쥐류가운데서 다수는 구북계통의 종들이다. 그러나 백두산과 그 린접지역에서는 4기의 화석으로 발견되지 않는다. 그러기때문에 비교적 늦은 시기 최근 지질시대에 백두산일대에 들어왔을것이라고 볼수 있다. 박쥐류는 이동능력이 발전하였으므로 백두산일대의 종구성은 앞으로 다양해질것이라고 보여진다.

토끼류의 우는토끼는 제3기시기에 동북아세아북부지대에서 기원하여 번성하다가 4기 빙하기에 남쪽으로 내려왔다가 간빙하기에 다시 북쪽으로 갔으나 일부는 높은 산지대로 수직이동을 하여 주로 높은산지대에 정착되여 우리 나라 북쪽산간지대를 분포의 남쪽 한계로하여 분포되여있다.

멧토끼류는 4기에 구북구북부에서 기원하여 한때 널리 번성하여 많이 분화되였는데 4기 늦은 시기에 발생한 종이 현재 백두산을 분포중심으로하여 우리 나라 전지역과 중국동북지방에 분포되여있다.

그것은 우리 나라 중부지대의 4기중부홍적기지층에서 멧토끼의 화석종(*Lepus wongi*)이 발견되기때문이다.

설치류는 제3기에 발생하기 시작하여 4기 중엽부터 유라시아대륙(구북구)에 가장 많이 번성하여 수많은 과, 속, 종으로 분화되였다.

백두산일대에 분포된 날다라미, 첨서, 다람쥐는 늦은 지질시대에 침투된것이며 긴꼬리꼬마쥐는 구북구 북쪽에서 기원하여 제4기 중엽까지 구북구일대에 널리 퍼졌다. 빙하시기에 사멸되고 동아세아지역으로 이주한것만이 일부 살아남아 백두산과 그 린접지역에서만 현재 살고있는 빙하의 유류종이다.

숲쥐류(*Apodemus*)는 구북구의 북부에서 기원하여 여러곳에 퍼져 번성하다가 빙하기에 사멸되고 일부지역들에만 남아있게 되였는데 등줄쥐는 생활력이 강하여 넓은 지역에 퍼지고 숲쥐는 동부아세아에만 살아남게 되였다.

비단털쥐류(*Cricetidae*)는 구북구 북쪽지대에서 기원하여 널리 퍼져 번성하다가 빙하기에 구축되였다. 간빙하기에 다시 제자리로 돌아와 구북구 북쪽지대에 널리 퍼졌고 일부는 구축된지역에 남아 정착하게 되였다. 즉 동아세아지대로 구축되여온 비단털쥐들은 백두산을 분포중심으로하는 우리 나라 동북이북, 중국동북지방, 연해주남부의 고유종으로 분화되였다.

우제류는 백두산일대에서 6종이 조사되였다. 멧돼지는 구북구에 광범히 분포된 종으로서 우리 나라에서 4기중부흥적세에, 원동지방에서는 상부홍적세 지층에서 화석이 발견되였다.

사향노루는 비교적 늦은 지질시대에 백두산일대에 정착되였다. 그것은 고대사향노루의 화석이 히말라야산맥의 인도지역 중부홍적세지층에서 발견되였고 우리 나라와 씨비리, 원동지방에서는 상부홍적세지층에서 발견되였기때문이다.

노루와 누렁이는 구북구에서 발생하여 널리 퍼져 살았는데 4기중부홍적세시기부터 생잔하고있다.

사슴은 동양구에서 발생하여 4기의 상부홍적세전에 백두산일대로 와서 정착하였다.

그것은 윁남에서 4기초 홍적세지층에서, 우리 나라 중부에서는 중부홍적세지층에서, 로씨아연해주남부에서는 상부홍적세지층에서 그의 화석이 발견되였기때문이다.

지금 백두산일대와 우리 나라 북부산지대에만 사슴이 분포된것은 일제사기에 산림란벌과 람획의 후과로 비교적 산림이 많은 북부지방에만 살아 남아 있기때문이다.

산양은 비교적 늦은 지질시대에 정착한 동아세아 고유종이다. 그것은 연해주남부의 상부홍적세이후시기의 지층에서 화석이 나타나고 있기때문이다.

백두산의 짐승류가운데서 식육류가 가장 많은 비률을 차지한다.

대부분이 넓은 분포구를 차지하는 광분포종인데 많은 종이 동양구기원의 남방계통의 짐승들이다. 그것은 무더운 아열대, 열대성의 습윤한 초원성 짐승류가 기원하고 그것을 먹이대상으로 하는 짐승류가 뒤따라 기원하여 진화된것과 관련되는듯하다.

승냥이는 동양구에서 기원하여 구북구의 넓은 지역에 퍼져 지역적아종으로 분화되였다가 빙하기에 사멸되고 현재 백두산과 연해주로부터 중국의 서북지대에만 생잔하고있다. 그것은 아세아남부와 구라파남부, 연해주, 중국북부, 바이깔호 그리고 우리 나라 중부의 순차적인 지층들에서 그의 화석이 발견되고 있기때문이다.

너구리는 백두산린접지역의 3기 상신세지층에서 화석이 발견되였고 백두산과 가까운 무산, 회령, 선봉 등지의 원시유적들에서 그의 뼈쪼각이 발견되는것과 현재 분포상태로 보아 백두산과 그 린접지역에서 기원한 토착종이다.

곰은 4기 홍적세말기에 기원하여 구북구와 동양구에 널리 펴져 살다가 빙하시기에 북쪽에서는 사멸하고 그밖의 지역에서는 생잔하게 되였다. 그것은 우리 나라 중부, 중국의 북부, 구라파의 홍적세지층에서 화석이 발견되였기때문이다.

표범은 극히 최근시기에 나타났다. 그것은 우리 나라와 연해주지역의 화석가운데 표범화석이 발견되지 않지만 하부홍적세의 북방계통의 동물군(구북구화석동물군)의 화석자료에서는 발견되고 있기때문이다.

범은 3기말, 4기중엽까지 아세아의 넓은 지역에 퍼졌는데 아세아지역의 중부, 남부에 번성하였다. 우리 나라에서는 4기 중기홍적세초부터 정착하였다. 그것은 우리 나라 중부지대의 중부홍적세지층에서 그의 화석이 발견되고 있으며 상기홍적세의 늦은 시기부터 충적세에 이르는 기간의 지층에서 화석들이 발견되고 있기때문이다.

2. 새류상의 형성과 발전

백두산일대에서 190여종의 새류가 알려졌다. 이가운데서 많은 종들은 계절에 따라 생활터를 옮기는 이행조이다. 그러므로 백두산일대 새류는 사철새, 여름새, 봄-가을새, 겨울새로 구분된다. 이것은 장구한 력사적기간에 형성되고 공고화된것이다.

황새-왜가리류는 3기중엽에 기원하여 구북구의 전지역에 널리 펴져서 번성하다가 4기에 들어와 여러차례의 빙하시기에 사멸되고 그 일부가 남쪽으로 내려가 살아남아서 보존되고있다.

그러한 증거로 3기 중신세지층에서 왜가리류($Ardea$), 3기 상신세지층에서 물까마귀류($Butorides$)의 화석이 발견되고있다.

왜가리와 자지왜가리는 백두산을 비롯한 그 린접지역까지 와서 여름을 나며 붉은물까마귀는 백두산일대를 중심으로하여 중국동북지방, 아무르강, 중, 하류지에서만 여름을 난다.

오리류는 3기초엽에 기원하여 전북구의 전지역에 퍼져 살았다. 이때 이미 지금의 속 및 종들로 분화되여 많이 번성하였다가 4기에 들어와서 여러차례의 빙하시기에 다수가 사멸되고 일부만이 남쪽으로 내려와서 살게 되였다.

그리하여 오늘의 청뒹오리와 검독오리는 구북구의 남쪽 전지역에 정착되였고 원앙새는 백두산일대를 중심으로하여 중국동북지방과 연해주지방에 정착하여 이 지역 고유종으로 분화되여 발전하였다. 결과 청뒹오리와 검독오리, 원앙새는 이 지역에서만 번식하고 여름을 난다.

그러한 증거로 3기 시신세지층에서 현존속인 $Anas$가 중신세지층에서 $Anser$, $Cygnus$화석이 발견되고 있다.

또한 널리 알려진 댕기진경이와 비오리도 3기에 기원하여 비교적 빙하의 영향이 덜미친 우리 나라 북부와 원동지방에 정착하여 살아왔으나 오랜 지사학적과정을 거치면서 몰락되여가는 종이다.

꿩류는 3기초엽에 기원하여 전북구의 전지역에서 여러종으로 분화되였는데 점신세에는 현존종의 선조가 발생하여 번성하다가 4기에 들어와서 여러차례의 빙하시기에 다수가 전멸되고 일부만이 남쪽으로 내려와서 살아남게 되였다. 그리하여 오늘의 꿩은 우리 나라와 우쑤리, 중국, 중앙아세아에 정착되였고 들꿩은 산림조류로 구북구의 남부 전지역에 정착하였고 멧닭은 간빙기에 구북구의 북쪽으로 올라가 산악산림에로 되돌아갔다. 백두산일대에서는 백두산산림대로 수직이동을 하여 백두산중턱의 산림대에 정착되였다.

그런증거로 3기 시신세지층에서 꿩류의 선조화석이 발견되였으며 점신세지층에서 현존속인 $Phasianus$, $Gallus$의 화석이 발견되였고 현생종들이 씨비리의 산림대와 고산산림대에만 분포되고있다.

도요류는 전북구북부에서 3기초엽에 기원하여 번성하였다. 4기에 들어와서 여러차례의 빙하시기에 남쪽으로 이동하였고 간빙하기에 다시 북쪽으로 올라가 살아가는 과정이 여러번 반복되면서 많이 분화되고 다수종들이 이행조로 발전하였다.

그리하여 도요류의 대다수는 백두산일대를 봄과 가을에 지나가는 철새의 구성에 포함되게 되였다.

그런증거로 구라파와 북아메리카의 3기 점신세의 지층에서 선조형화석이 발견되였으며 현존속($Charadrius$, $Calidris$, $Vanellus$)들은 3기 중신세지층부터 알려지고있으며 4기 홍적세까지 기간의 지층에서 40여종의 현존속의 화석들이 발견되고있다.

참새류의 한종인 함북멧새는 3기에 발생하여 비교적 빙하의 영향이 덜미친 우리 나라 북동지방과 그 린접지역에서 번성하였다가 오랜 력사적기간을 내려오면서 몰락되여 현재 두만강하류지역에만 분포되여 있는 우리 나라 토착고유종이다.

3. 파충류상의 형성과 발전

백두산일대에서 파충류는 몇종밖에 조사되지 못하였는데 가장 흔히 볼수 있는것은 북살모사와 긴꼬리도마뱀이다.

북살모사는 제3기 중엽에 구북구의 북부지대에서 기원하여 널리 퍼졌는데 4기에 들어와 빙하시기에 남쪽으로 내려와 백두산지역에 머물렀다.

그러한 증거로 구라파의 중신세지층에서 그의 선조화석이 발견되고 있으며 아세아동부에서는 백두산을 중심으로한 우리 나라 북부고산지대까지를 분포의 남쪽한계로 하여 퍼져있다.

긴꼬리도마뱀도 역시 구북구기원의 종으로서 빙하기에 사멸 또는 구축되고 빙하의 영향이 덜미친 아세아동부지역에서만이 살아남게 되었다.

그리하여 백두산을 분포중심으로하여 우리 나라와 중국동북지방, 연해주지역 즉 동부아세아의 고유종으로 발전하였다.

4. 량서류상의 형성과 발전

백두산일대에서 량서류는 몇종밖에 조사되지 못하였다. 가장 흔히 볼수 있는 종들은 북개구리, 비단개구리, 합수도롱룡 등이다.

합수도롱룡은 제3기 중엽에 구북구지역에서 기원하여 널리 퍼졌는데 4기에 들어와 빙하시기에 다수가 사멸하고 아세아동부지역에서만 살아 남아 그후 번성하여 퍼졌을것이다.

그러한 증거로 구라파의 3기 중신세지층에서 그의 선조형화석이 발견되였으며 현재 백두산일대와 우리 나라 북부지대를 남쪽한계선으로 하여 중국동북지방, 몽골, 연해주, 깜챠뜨까, 꾸릴렬도, 일본의 혹가이도 등의 아세아동부의 한대와 온대에 널리 분포되여있다.

북개구리도 역시 구북구에서 기원하여 널리 퍼졌는데 현재 백두산과 우리 나라 북부지대를 남쪽한계선으로하여 중국동북지방, 싸할린, 일본혹가이도 등에 분포되여 있으며 여러개의 지역적인 아종으로 분화되였다.

비단개구리는 제3기 중엽에 구북구지역에서 기원하여 널리 퍼졌는데 현재 백두산지역을 분포중심으로하여 중국동북지방, 우쑤리지방, 아무르지방 그리고 제주도, 일본쯔시마섬까지 분포되여있다.

5. 물고기상의 형성과 발전

백두산지구의 불고기상은 우리 나라 민물고기상의 특수한 한 부분으로서 압록강과 두만강상류물고기상의 결합체이다. 즉 백두산지구의 물고기상은 기원과 형성이 서로 다른 압록강과 두만강물고기상에서 유도되여 형성된것이다.

우리 나라 민물고기상의 기원은 테지스해(고지중해)의 동반부기슭에서 중생대의 유라기말~백아기초에 쥐문저리류($Gonorhynchiformes$)에서 기원된 골표류($Qstariophyda$)가 제3기 중신세에 테지스해가 완전히 막히면서 잉어류($Cypriniformes$)와 메기류($Siluriformes$)로 분화되여 지구상의 여러곳으로 전파되면서 번성하고 분화되였을것이다. 다른한편 중생대의 유리기말~백아기초에 전멸된 잉어류의 선조형이라고 보는 청어류의 원시형인 리코푸테라($Lycoptera$)화석이 우리 나라 북부의 압록강과 두만강지역을 비롯하여 중국의 동북과 화북, 연해주, 몽골, 자바이깔지역에서 공통적으로 발굴된것은 우리 나라 민물고기상의 기원을 시사해준다.

우리 나라 민물고기상의 형성은 지사학적으로 우리 나라의 지형지세와 함께 강하천망의 형성과정과 밀접히 련관되여있다.

우리 나라 강하천들의 기본방향은 중생대의 지각구조운동시에 이루어졌다. 이시기에는 아직 우리 나라의 민물고기상이 형성되지 않았다. 그후 오랜 기간 준평원화과정이 진행되여오다가 제3기말-제4기초의 신기지각운동시기에 우리 나라 륙지부분의 륭기와 주변바다들의 침강으로 북남으로 길게 조선반도가 형성되고 등마루산줄기들이 더욱 높이 솟아오르면서 오늘과 같이 동서남해사면수계가 뚜렷한 강하천망이 완성되였다.

우리 나라의 민물고기상은 이 동서남해사면수계가 갈라진후에 형성되였으므로 그 기원이 다르다. 즉 우리 나라의 주변바다들이 생기기전에는 지금의 조선서해중심지대로 북남방향으로 큰 〈고압록강〉이 흘렀다. 그리하여 현재의 조선서해 및 남해사면강하천들과 중국동해사면강하천들은 그 지류들이였으며 물고기상도 공통되여있었다. 신기지각운동시기에 조선서해가 생기면서 〈고압록강〉체계가 붕괴되고 그 지류들은 서로 갈라져 독립적인 강하천들로 되였다.

조선동해사면강하천들도 현재의 조선동해중심구역에 존재하였던 큰 담수 혹은 기수성호수로 흘러든 전일적인 〈고두만강〉수계였다. 조선동해가 깊이 내려앉으면서 〈고두만강〉체계는 붕괴되고 지금과 같은 개별적인 강하천들로 분리되였다.

이리하여 우리 나라의 민물고기상형성에서는 지사학적으로 고지리적과정이 계통상 서로 다른 요소들이 혼합될수도있었고 대륙과 떨어져 남북으로 길게놓인 반도의 특수한 생태적환경에 적응분화된 고유성을 띠게 되였다. 특히 백두산지구의 민물고기상은 빙하의 영향과도 크게 관련되여있으며 이 지대의 지각운동과 화산활동에 의한 급격한 생태적환경의 변화로 갱신되고 그에 적응분화되였다.

－암록강수계의 물고기상형성과 발전

백두산지구의 물고기상은 서해사면수계인 압록강최상류의 물고기상을 포괄하며 그를 한 구성요소로 하고있다. 압록강 전수역에는 총 107종(아종)의 물고기가 분포서식하는데 상류(중강～백두산)에는 40종(아종)이 있고 백두산지구의 최상류(혜산～백두산)에는 19종(아종)있다. 압록강물고기상은 하류와 중류지대에 남방계의 열대 및 아열대성 요소들과 상류와 최상류지대에 북방계의 한대 및 아한대성 요소들이 혼합된 과도적특징을 띤다. 즉 압록강의 하류와 중류지대에는 남방계의 메기류, 자개류, 뱀장어, 가물치, 두렁허리, 송사리, 꽃붕어, 쥐달재, 말뚝망둥어, 수수망둥어, 황보가지, 설판이 등이 전파되었다. 상류와 최상류에는 북방계의 보천칠성장어, 열목어, 정장어, 사루기, 야레, 모치, 강명태, 뚝중개 등이 전파되였다. 압록강하류와 중류지대의 남방계통 물고기들은 〈고압록강〉수계를 통하여 전파되였으며 상류지대의 북방계통 물고기들은 〈고송화－아무르강〉수계를 통하여 빙하기에 밀려내려와 그냥 머물러있는 빙하의 유류종들이다. 백두산지구의 압록강최상류는 백두화산분출이후 현무용암대지를 새로 개석하여 흐르는 유년기수역으로서 같은 개마고원상의 장진강, 허천강의 물고기상보다 형성력사가 짧으며 종구성이 빈약하다.

－두만강수계의 물고기상형성과 발전

백두산지구의 물고기상은 압록강최상류의 물고기상과 함께 동해사면수계인 두만강물고기상의 최상류부분을 포괄하며 그를 다른한 구성요소로 하고있다. 두만강의 전수역에는 총 73종(아종)의 물고기가 분포서식하는데 백두산지구의 최상류(삼장구~백두산)에는 21종(아종)이 있다. 두만강하류와 중류지대에는 북태평양계통의 한대 및 아한대성 요소들과 상류에는 씨비리계통의 랭수성 물고기들이 혼입되였다. 즉 두만강하류와 중류지대에는 제4기마지막 우루무빙하기를 전후하여 북태평양계통의 소하성 칠성장어류와 연송어류, 기수성빙어류, 가시고기류, 횟대어류, 자재미류들과 그의 륙봉종들이 생겨났다. 상류에는 연해주의 우쑤리지방을 통하여 씨비리계통의 열묵어, 버들치류, 종개류, 야레, 실망성어, 뚝중개 동이 빙하에 쫓겨내려와 분포되였다. 그리하여 백두산지구 두만강상류의 잉어과, 미꾸리과의 물고기들은 제3기에 북반구의 전수역에 널리 분포되여있던종들로서 지금은 북부산지성 및 북부평원성 복합체종들로 되여있다. 두만강상류까지 소하는 황어와 하류수역의 철갑상어는 조선동해가 민물호수로 있을때 생겨난 증견자이다. 백두산지구의 모래칠성장어, 고들매기, 마양송어, 산천어, 원봉산천어, 애기뱅어 등은 북태평양계의 소하성물고기들이 륙봉화된 종들이다. 백두산지구의 두만강최상류수역도 백두화산분출이후 현무용암대지를 새로 개석하여 흐르는 유년기수역이며 같은 백무고원상의 서두수는 그보다 로년기수역으로서 물고기상이 더욱 풍부하고 다양하다.

이상과 같이 백두산지구 압록강과 두만강최상류의 물고기상은 그 형성과 기원이 서로 다르며 본질적차이가 있다.

제 2 절 백두산동물상의 형성특징

장구한 지사학적과정을 거처 형성되고 공고화된 백두산일대 동물상은 종합하여 보면 다음과 같이 특징지을수 있다.

백두산동물상은 매우 오랜 력사적기원을 가지고 있으며 복잡하고도 준엄한 지사학적과정을 거처 형성되고 발전하여 왔다.

백두산일대인 두만강과 압록강 류역의 지층에서 원시형의 청어류가 발견된것으로 미루어 보면 중생대에 이미 이 지대의 수역들에서 물고기의 선조형들이 기원되여 살았다는것을 보여주고 있다.

신생대에 들어와서 무더운 기후가 지속되고 광활한 평원에 초원이 형성되였고 새류와 짐승류의 번영기가 닥쳐왔을 때 백두산일대도 역시 그리 높지 않는 구릉형의 초원이였는데 동물들이 번성하고 자유로이 활동하는 광대한 구북구평원의 한 구성부분이였다.

제3기말에 와서 백두산일대의 조산운동과 주변의 함락 그리고 백두산의 화산폭발로 인하여 이 지역 동물들이 사멸하였다.

제4기에 들어와서 복귀되였으나 이번에는 북극의 빙하의 **영향**으로 기후가 변화되기 시작하였고 그후 여러차례 반복되는 빙하기와 간빙기의 **영향을** 받았다. 동시에 백두산의 몇차례의 화산폭발과 주변에서의 조산운동, 함락작용으로 해침과 해퇴가 반복되여 강줄기들이 변화되는 등 복잡한 지각운동이 있었다. 이와 관련하여 백두산일대 동물은 사멸되기도 하고, 천신만고하여 살아남기도 하고, 쫓겨나기도 하고, 다른곳의 동물들이 밀려오기도 하고 또 다시 되돌아가기도 하는 과정에 매우 복잡하고 **첨예한** 생존경쟁과 자연도태과정이 진행되였다. 최근시기에까지만도 백두산은 화산운동이 일어나 동물상의 변화를 가져왔다.

이처럼 백두산동물상은 형성과 파괴, 갱신과 분산, 발생과 멸망, 침투와 구축, 토착과 이주가 반복되는 력사적과정을 거치면서 부단히 변화발전하며 공고화되여 온 자연의 력사적산물이다.

백두산일대동물상은 오랜 력사적기원을 가지고 있을뿐만아니라 매우 다양하고 풍부한것으로 특징지어진다.

백두산동물상은 이미 지난 세기에 산 화석동물들과 그 시기에 살며 번성하였던 일부 종들의 유류종 그리고 엄혹한 추위를 이겨내며 살아온 빙하기 유류종, 변천되는 자연과의 생존경쟁을 거치며 발생하여온 번성하는 현생종, 새로운 조건에 변화발전하는 현대 분화종 및 아종으로 하여 고대성과 유구성을 띠면서도 번성하는 동물상으로, 고유성과 독특성이 풍부한 동물상으로 변화되고 있다.

또한 백두산동물상은 동아세아 즉 백두산일대 고유종을 핵심으로 하고 구북구기원종들을 기본으로 하여 구성되고 있는데 동양구기원의 일부 종이 침투되여 혼합되여있다. 그러므로 다양한 분류군으로 구성되여있고 각이한 생태집단이 형성되여 사철 동물들이 매우 풍부하다.

백두산일대는 동물지리학적으로 볼 때 많은 구북구계통 동물분포 남쪽한계선으로, 일부 동양구동물분포 북쪽한계선으로 되여있으므로 과학리론적으로 중요한 의의를 가지는 지역이다. 그러므로 동물상적견지에서 볼 때 백두산일대는 구북구동물상으로부터 동양구동물상으로 넘어가는 전이지대 즉 파도지역으로 특징지어진다.

백두산일대는 지사학적견지에서 보나 동물진화상으로 보아 많은 동물들의 발생지 즉 기원지역으로, 분화지로 특징지을수 있다.

　이미 우에서 고찰한바와 같이 백두산일대를 중심으로 한 동아세아의 동부지역은 가장 복잡한 지사학적과정이 진행되였다. 또한 북극의 빙하의 영향을 여러차례 받았으나 얼음산이 직접 밀려내려오지는 않았다. 그러므로 백두산일대와 그 린접지대는 동물들의 피난처로, 은신처로 되여 북쪽의 동물들이 밀려와 토착종들과 혼합되였는데 여러차례의 빙하기와 간빙하기에 이러한 현상이 반복되여 동물의 교류가 진행되였다.

　이로 인하여 백두산을 중심으로한 동부아세아지역은 동물과 자연, 동물과 동물간의 생존경쟁이 벌어지는 장소로 되였다.

　이것은 동물들이 분화될수 있는 충분한 가능성을 주었으며 분화의 시초를 열어 놓았다. 그리하여 동물들은 서로 다른 집단으로 혹은 다른 종으로 갈라지기 시작하였다.

　오랜 세기와 기간을 거쳐 백두산일대를 중심으로하는 동부아세아지대는 고유종, 고유아종이 많이 형성되였고 이 지역내에서도 이동능력이 제한된 동물은 지역적고유종, 고유아종으로 분화되여 발전하여 현재 동물상으로 발전하여 왔다.

제 5 장
백두산일대 동물자원보호와 경제적의의

  리로운 동물을 적극 보호증식하는것은 아름다운 국토와 나라의 풍만한 자원을 마련하는데서 중요한 의의를 가진다.
  백두산일대의 특수한 자연환경조건으로 이 일대에는 인민경제적으로 가치있는 동물뿐아니라 학술적으로도 중요한 의의가 있는 동물자원이 많다. 그러므로 우리 나라에서는 백두산일대에 여러가지 형식의 보호구들을 설정하였으며 중요한 동물들을 천연기념물로 등록하고 철저히 보호하고있다.

제 1 절 백두산일대의 보호구

  백두산일대에는 백두산혁명전적지특별보호구와 몇개의 동물보호구들이 설정되여있다.

1. 백두산혁명전적지특별보호구

  1959년에 백두산의 유용한 동물과 식물을 보호하며 증식시키기 위하여 백두산자연보호구가 설정되였다. 그후 1985년부터 백두산혁명전적지특별보호구로 고쳐 부르게 되였다.
  백두산혁명전적지특별보호구는 백두산밀영을 중심으로하여 사자봉밀영,

곰산밀영, 선오산밀영, 간백산밀영, 무두봉밀영, 건창밀영, 베개봉밀영, 백두산원시림지역 등 2만 5천여정보를 포괄한다.

이 지구의 밀영들과 혁명사적물 주위에 살고있는 짐승, 새, 물고기들과 식물, 자연물을 철저히 보호해야 한다.

2. 동계동물보호구

동계동물보호구는 서두수지류인 동계수와 그의 작은 강, 하천이 발원하는 궤상봉, 대덕산 등 해발높이 1800m이상의 지역을 포괄한다.

동계수 골짜기들과 궤상봉, 대덕산의 밀림을 보호하고 보존하여 동물들의 살이터, 번식터로 리용되도록 해주어야 한다. 그리하여 함경산줄기를 타고 오가며 사는 여러가지 동물들이 많이 모여들게 해야 한다.

3. 대흥동물보호구

대흥동물보호구는 대흥지구의 해발높이 1400~2040m의 산지대를 포괄하고 있다. 대흥동물보호구는 백두산의 위성보호구라고 말할수 있다. 그러므로 대흥지구의 높은벌산림과 골짜기들의 동물살이터인 산림을 잘 보호하여 동물들의 안전한 휴식터로, 번식터로 되게 해주어야 한다.

4. 동계수산천어보호구

서두수지류인 동계수의 상류수역을 포괄하고 있다.

동계수산천어보호구는 서두수상류의 산간하천의 찬물들에서 사는 산천어를 보호하기 위하여 설정되였다.

산천어는 그리 먼거리를 이동하지 않고 물이 차고 물살이 빠른 산간지대의 골짜기의 물에서 사는 물고기이다.

그러므로 동계수가 흐르는 골짜기산림과 주변들을 잘 보호하여 물이 마르지 않도록 하며 동시에 물이 오염되지 않도록 하여야 한다. 그리하여 산천어의 자연자원변화의 합법칙성을 연구할수 있는 천연시험장으로 되게 할뿐만 아니라 백두산혁명전적지 강하천들에 산천어자원을 정상적으로 보충해줄수 있는 자연종어장으로 되게 하여야 한다.

5. 백두산국제생물권보호구

유엔교육과학문화기구는 백두산혁명전적지특별보호구를 국제생물권보호구로 설정하고 있다.

백두산국제생물권보호구는 백두산의 형성력사, 자연지리적경관, 동물과 식물, 문화유산과 유적들, 혁명사적물을 보존하며 과학연구사업을 위하여 설정되었다.

그러므로 백두산일대를 자연상태로 보존하고 보호하며 그 변화의 합법칙성을 체계적으로 연구하여야 한다. 동시에 백두산일대의 생태계의 구조와 그의 련관의 합법칙성을 자연속에서 배울수 있도록 즉 생태계교육의 거점으로 되게 하여야 한다.

제 2 절 백두산일대의 천연기념물

백두산일대에서 천연기념물로 지정된 동물은 다음과 같다(표 95).

백두산일대의 천연기념물   표.

천연기념물 이름	지정번호	지정지역	비 고
삼지연 멧닭	348	삼지연군 신무성	간삼봉주위의 해발높이 1500m의 평탄한 지역에서 사철 산다.
대홍단 멧닭	358	대홍단군 유곡	해발높이 1400m정도의 넓은 언덕벌에서 사철 산다.
신무성 세가락 딱따구리	354	삼지연군 신무성	이깔나무, 가문비나무, 붓나무가 있는 산림지대에서 사철 산다.
삼지연 사슴	349	삼지연군, 대홍단군	풀이 무성한 밀림, 언덕벌, 호수가나 진펄지대를 다니며 사철 산다.
백암사슴	362	백암군	해발높이 2000m정도의 대덕산, 궤상봉 산림지대에서 사철 산다.
누렁이 (말사슴)	354	삼지연군	해발높이 1500~2000m지대인 대연지봉, 소연지봉, 소백산, 곰산, 간백산의 산림 및 초원에서 산다.
백두산 조선범	357	대홍단군, 삼지연군	남포태산, 북포태산, 두리바위, 대로은산, 장청산, 북산, 삿갓봉, 등 백두산줄기의 산림지대를 다니며 산다.
보천검은돈	343	보천군 대평	산림지대와 바위산지대에서 산다.
삼지연 검은돈	350	삼지연군	베개봉, 청봉을 중심으로하여 해발높이 1000m이상의 산림에서 산다.
백암검은돈	361	백암군 박천	해발높이 1600m이상의 산림지대에서 산다.
누른돈	366	백암군 덕립	덕립수, 초계수, 이계수가 흐르는 골짜기의 산림지대, 바위산지대에서 산다.
대홍단 산양	356	대홍단군 유곡	대로은산을 중심으로 한 산림지대와 산꼭대기의 바위산에서 산다.
백암우는 토끼	364	백암군	산지대의 바위산이나 산림지대에서 산다.
합수도 롱롱살 이러	360	백암군	간장늪과 개울주변에서 산다.
연주노랑 나비	333	대홍단군 (연사군,회령군)	여름에 번데기에서 나와 언덕벌에서 사는데 **마리수가** 적다.

제 3 절 특별히 보호하여야 할 동물

오늘 백두산일대에는 아름답고 희귀한 동물, 경제적으로 의의가 큰 동물, 학술적가치가 있는 동물 등 수백종의 동물이 분포되여 서식하고 있다. 그 가운데서 특별히 보호할 필요가 있는 동물들은 다음과 같다.

1. 집 승 류

검은돈－몸색이 검은 족제비만한 동물이다. 백두산을 비롯한 우리 나라 북부산지대를 세계적분포의 남쪽한계선으로하여 분포되여있다. 바늘잎나무림이 무성한 산림지대의 돌담, 넘어진 나무뿌리밑 등의 구멍에서 주로 산다.

털가죽이 대단히 좋은것으로 유명하다. 그러므로 자연조건에서 마리수가 더 많이 늘어나도록 보호해주어야 한다. 그러기 위하여 검은돈은 우리 나라 천연기념물로 지정되였고 삼지연읍과 대평구 박천구가 보호지역으로 지명되여있다.

수달－몸색이 검고 몸은 가늘고 긴 비교적 큰 동물이다. 우리 나라 각지의 강하천이 흐르는 산간지대 골짜기에 분포되여있다. 강변이나 호수주변, 개울주변의 나무밑둥 혹은 바위밑의 땅구멍을 파고 그안에서 살면서 물고기를 잡아먹는다.

털가죽이 대단히 좋은것으로 유명하지만 마리수가 매우 적으므로 자연조건에서 많이 늘어나도록 소백수, 가림천상류, 박천수, 덕림동물의 살이터를 적극 보호해주어야 한다.

범－몸색은 누런색바탕에 검은줄무늬가 있는 큰 범이다. 호랑이라고도 부른다. 지금은 백두산일대를 비롯한 우리 나라 북부산간지대에만 분포되여 있다. 주로 산림이 많은 산악지대의 넓은지역을 다니며 산다. 범은 세계적으로 뿐만아니라 우리 나라에도 그 마리수가 매우 적어져 대단히 희귀한 동물로 되였으며 세계적으로 멸종에 직면한 동물로 지명되여있다.

범은 털가죽이 좋고 고기, 뼈는 좋은 약재로 널리 알려져있다.

그러므로 멸종되지 않도록 보호해야 한다. 대홍단군과 삼지연군이 천연기념물보호지역으로 지정되여있다. 백두산줄기에서 살고 있는 범들을 잘 보호하여야 한다.

표범-몸색은 누런색인데 검은 점무늬가 있는 범이다. 우리 나라 각지의 산간지대에 분포되여 서식한다. 주로 산림이 적은 산지대에서 살면서 노루, 토끼 등을 잡아먹는다.

털가죽이 좋고 고기와 뼈는 약재로 쓴다. 세계적으로 마리수가 많이 줄어들었으므로 희귀한 동물로 되여있다.

사향노루-대가리에 뿔이 없고 송곳이가 밖으로 나왔으며 몸색은 희스므레한 밤색바탕에 흰점무늬가 드문드문난 노루이다. 우리 나라 각지의 산지대의 높은산에 분포되여있다. 사향노루는 바위가 많은 높은산 꼭대기와 산릉선, 산중턱 등에서 산다.

천연사향을 주는 약용동물로 유명하다. 마리수가 세계적으로 대단히 줄어들었다.

그러므로 완전히 없어지지 않도록 잡지말아야 하며 자연에서 많이 번성하도록 북포태산, 남포태산 간백산 두류산 등 그의 살이터를 적극 보호해주어야 한다.

사슴-큰 뿔이 대가리에 있고 몸색은 누른색바탕에 큰 흰점무늬가 드문드문 있다. 북부산지대에만 분포되여 살고 있다. 주로 산간지대의 나무가 좀 적은 산기슭이나 산림의 기슭에서 산다.

천연보약인 록용을 주는 약용동물로 널리 알려져있다. 세계적으로 자연사슴은 1000마리 미만으로서 멸종할 위험에 처하여 있다고 한다.

그러므로 자연에서 많이 번성하도록 잡지 말고 보호해주어야 한다.

사슴은 우리 나라에서 천연기념물로 되였으며 삼지연군, 대홍단군, 백암군이 보호지역으로 지정되여있다.

누렁이(말사슴)-대가리는 큰 뿔이 있는데 그 가지가 5개이상이다. 몸색은 누른색이며 우리 나라에서 제일 큰 산짐승의 하나이다. 우리 나라에서 백두산일대에만 분포되여 살고 있다.

주로 나무가 적은 언덕벌에서 사는데 곰산, 선오산, 무두봉, 신무성, 대홍단 등에 있다.

뿔은 보약제로 쓰며 큰 동물이므로 고기도 많이 얻는다. 자료에 의하면 세계적으로 야생상태의 누렁이마리수는 200마리미만이라고 한다.

때문에 멸종하지 않도록 잡지 말아야 하며 많이 번성하도록 적극 보호하여야 한다.

　누렁이는 우리 나라에서 천연기념물로 되여있으며 삼지연군이 보호지역으로 지명되였다.

　산양－대가리에 뿔이 났으며 몸색은 거무스레하다.

　우리 나라 각지의 높은 산지대에 분포되여있다. 주로 산꼭대기의 이끼가 많은곳의 바위벼랑이나 돌담이 많은곳에서 산다.

　마리수가 매우 적다.

　그러므로 잘 보호해주어야 한다.

　우리 나라에서 산양은 천연기념물로 되여있으며 대홍단군이 보호지역으로 지명되였다.

　큰곰－몸색은 불그스레한 밤색이며 보통곰과 달리 가슴에 흰무늬가 없다. 지금은 백두산을 비롯한 우리 나라 북부산지대에만 분포되여있다. 주로 산지대의 산림속이나 산기슭에서 산다.

　큰곰의 열은 약재로 쓴다. 세계적으로 그 마리수가 대단히 줄어들었다. 때문에 멸종되지 않도록 보호해주어야 한다.

2. 새 류

　청둥오리－집오리의 재래종과 생김새가 매우 비슷한 아름다운 오리이다. 우리 나라 북부의 산지대에서 새끼를 치고 중부와 남부 지대에서 겨울을 난다. 그러므로 백두산일대에서 새끼치는 곳들을 잘 보호하여야 한다.

　원앙－불그스레한 붉은 날개깃이 있는 아름다운 오리인데 우리 인민이 예로부터 귀중히 여기는 새이다. 백두산일대와 우리 나라 북부산간지대에서 새끼치고 중부와 남부 지대에서 겨울을 나는 사철새이다.

　원앙은 보기드문 희귀한 새이다. 그러므로 백두산을 비롯한 산간지대의 새끼치는 곳을 잘 보호해 주어 많이 번성하게 하여야 한다.

　멧닭－몸색은 전반적으로 거무스레하나 날개와 아래꼬리더부치에는 흰무늬가 있고 꼬리는 밖으로 구부러져 낚시모양으로 되여있다.

　세계적으로 우리 나라 백두산일대를 분포의 남쪽한계선으로하여 분포되여있다. 우리 나라에서는 신무성, 대홍단, 삼지연 등지에만 분포된 희귀한 새이다.

　주로 산림이 적은 언덕벌이나 묵은밭에서 산다. 우리 나라에서 백두산에만 있으므로 특별히 잘 보존하여야 한다.

멧닭은 우리 나라에서 천연기념물로 되여있으며 신무성, 유곡이 보호지역으로 지정되여있다.

흰두루미-몸색은 전반적으로 흰색이며 날개 끝만이 검고 대가리우에는 붉은색의 육질부가 있으며 목이 길고 다리가 긴 껑충한 큰 새이다.

봄 가을에 백두산일대를 지나가다 들리는데 대홍단벌이나 대택의 높은 벌에 몇마리씩 내려 쉬고간다.

두루미는 현재 세계적으로 1000마리정도밖에 살아남아있지 않고 멸종할 위험에 처한 희귀한 새이다.

그러므로 잡지 말며 살이터를 잘 보호하여야 한다.

재두루미-몸색이 전반적으로 재빛이고 목이 길고 다리가 긴 껑충한 큰 새이다. 흰두루미무리에 몇마리씩 섞여 백두산일대를 지나가는 새인데 대홍단벌이나 대택벌에 내려 쉬고간다. 세계적으로 그 수가 적어 멸종할 위험에 처한 새이다.

그러므로 잡지 말며 살이터를 잘 보호해주어야 한다.

긴꼬리올빼미-다른 올빼미에 비하여 꼬리가 좀 길다.

우리 나라에서는 백두산일대에만 분포되여있는 사철새이다. 주로 쥐를 잡아먹는 리로운 새이다. 세계적으로 우리 나라 북부지대를 분포의 남쪽한계선으로 하여 분포되여있다. 마리수가 대단히 적다.

백두산에서만 알려진 우리 나라의 희귀한 새이므로 잘 보호해주어야 한다.

북올빼미-배와 등, 뒤대가리에 세로간 짧은 줄무늬가 뚜렷한 올빼미이다.

세계적으로 우리 나라 북부지대를 분포의 남쪽한계선으로 하여 분포되여 있다. 우리 나라에서는 백두산일대에서만 알려진 매우 희귀한 철새이다. 쥐를 잡아먹는 리로운 새이다.

그러므로 잘 보호해주어야 한다.

세가락딱따구리-대가리우가 누런색이고 발가락이 세개인것으로 다른 딱따구리와 쉽게 구별된다.

세계적으로 백두산일대를 분포의 남쪽한계선으로하여 분포되여있다. 주로 산림지대에서 사는 사철새이다. 마리수가 대단히 적다.

백두산에만 있는 리롭고 희귀한 새이므로 잘 보호해주어야 한다.

세가락딱따구리는 우리 나라에서 천연기념물로 되여있으며 신무성일대가 보호지역으로 지정되여 있다.

붉은허리제비－가슴과 배에 세로간 짧은 줄무늬가 있고 허리가 붉은 제비이다.

지난시기에는 집처마밑에 둥지를 트는것이 많았으나 지금은 거의 볼수 없으며 북부산간지대에서만 드물게 볼수 있는 희귀한 제비로 되였다.

붉은허리제비는 리로운 새이므로 주민지들에서 둥지를 트는것을 특별히 잘 보호하여 주어 많이 번성하게 하여야 한다.

숲새－아름다운 울음소리를 내는 휘파람새과의 한 종이다. 우리 나라에서는 백두산에서 최근에 번식하는것이 조사연구되였다. 백두산일대를 남쪽한계선으로하여 분포되여 새끼를 치고 여름을 나고 가는 새이다.

그러므로 잘 보호하여야 한다.

류리딱새－티티새과의 한 종류인데 작은 새이다. 세계적으로 백두산지대를 남쪽한계선으로하여 여름분포를 이루고있다. 우리 나라에서는 백두산일대에서만 새끼치고 여름나는 희귀한 새이다.

함북멧새－가슴에 밤색의 둥근무늬가 있는 멧새의 한 종류이다.

세계적으로 우리 나라 두만강하류지대에만 분포되여 있는 특산종이다.

떠돌아다니다가 백두산일대에도 드물게 나타난다. 매우 희귀한 새이므로 잘 보호해주어야 한다.

3. 물고기류

정장어－몸길이가 70～80cm되는 우리 나라 민물고기가운데서 제일 큰 물고기이다.

세계적으로 우리 나라 압록강상류수역에만 분포되여있는 특산종이다. 백두산일대의 가림천합수지점까지 올라온다.

알쓸이는 봄에 하는데 물밑의 자갈모래판을 우묵이 파고 알을 낳는다. 성질이 사납고 다른 물고기를 잡아먹고 사는 맹어이다.

대단히 크고 기름지므로 맛이 좋다. 우리 나라에서 특별히 보호할 동물로 지정되여있다.

사루기－몸이 붉은색, 풀색, 회색, 은백색, 검은색의 띠무늬, 점무늬가 있는 대단히 아름다운 물고기이다. 몸길이는 보통 20cm정도 된다.

세계적으로 우리 나라 압록강상류수역에만 분포되여 있는 특산아종이다. 백두산일대에는 운총강, 오시천, 가림천 등에 분포되여있다. 주로 물흐름이 빠르고 깊은 강복판에서 산다. 알낳이는 초봄에 하는데 물밑의 자갈모래관을 좀 우묵하게 파고 알을 낳아 묻는다. 물속의 여러가지 벌레들을 잡아 먹고 산다.

우리 나라에만 있는 특산아종이므로 잘 보존하여야 한다. 우리 나라에서 특별히 보호할 동물로 지정되여있다.

삼지연붕어 - 해발높이 1400m의 고원아한대지대에 다른 수역과 련계가 없이 고립된 삼지연의 찬물에 더운물성물고기가 분포되여있는것은 학술적으로 중요한 의의가 있다. 백두산일대의 형성력사와 동물상형성력사를 연구하는 귀중한 산 자료로 된다. 그러므로 삼지연붕어를 잘 보존하기 위하여 보호하여야 한다.

우리 나라에서 삼지연붕어는 특별히 보호할 동물로 지정되여있다.

산천어와 고원산천어 - 백두산지구에서 두만강수계의 산천어와 압록강수계의 고원산천어는 학술적으로나 경제적으로 중요한 의의를 가진다. 백두산지구의 산천어는 해발 1,700m까지(소백수)분포서식함으로써 우리 나라 민물고기분포의 최고지점을 이룬다. 특히 소백수의 산천어는 백두산밀영의 귀중한 자연재부의 하나로 잘 보호해야 한다.

4. 무척추동물

연주노랑나비 - 마리수가 적은 매우 아름다운 나비이므로 국가적으로 천연기념물로 지정하여 보호하고있다.

이 나비는 대홍단군을 비롯하여 혜산, 보천, 운흥, 대택, 북계수, 무봉, 삼지연, 신무성, 포태, 북포태산, 간삼봉, 베개봉, 무두봉, 백두산(백두다리)등 백두산일대의 여러곳에 퍼져있다.

세계적으로는 우쑤리, 아무르, 중국동북지방 등에 분포되여있으며 백두산일대를 포함한 우리나라 북부고지대가 이 나비의 세계적인 분포남한계선으로 되므로 학술적으로도 중요한 의의가 있는 나비이다.

백두산일대를 포함한 우리 나라 북부고지대에는 빙하기에 남하하였다가 유류종으로 정착된 여러갈래의 북방기원계통의 낮나비들이 분포되여있는데 이 가운데는 백두산일대를 포함한 우리 나라 북부고지대를 세계적인 분포남한계선으로 하거나 이 일대의 특산아종(지역아종)으로 분화된 학술적의의가 있는 종들이 많다.

백두산일대를 포함한 우리 나라 북부고지대를 세계적인 분포남한계선으로 하는 종들로는 우에서 지적된 연주노랑나비외에 큰붉은점모시범나비,

개마꼬리숫돌나비, 남색붉은숫돌나비, 검정테붉은숫돌나비, 후치령숫돌나비, 백두산숫돌나비, 북방숫돌나비, 꼬마표범나비, 백두산표범나비, 높은산표범나비, 노랑무늬산뱀눈나비, 큰산뱀눈나비, 북방흰띠애기뱀눈나비 등을 들수 있고 우리 나라 북부고지대의 특산아종나비들로는 높은산노랑나비(*Colias papaeno coreacola*), 개마꼬리숫돌나비(*Thecla betulina gaimana*) 꼬마숫돌나비(*Cupido minimus happensis*), 연한풀빛숫돌나비(*Polyommatus icarus tumangens*), 백두산숫돌나비(*isAricia agestis hakutozana*), 후치령숫돌나비(*Cyaniris semiargus peiktusana*), 북방숫돌나비(*Vaccinina optilete shonis*), 백두산표범나비(*Clossiana angarensis hakutozana*), 높은산표범나비(*Boloria titania nansetsuzana*), 높은산표문번티기(*Melitaea arcesia gaimana*), 작은표문번티기(*M. plotina snyder*), 노랑무늬산뱀눈나비(*Erebia embla baekamensis*), 큰산뱀눈나비(*Oeneis magna uchangi*), 북방흰띠애기뱀눈나비(*Coenonympha glycerion songhyoki*), 흰점희롱나비(*Spialia sertorius murasaki*), 흰점알락희롱나비(*Pyrgus alveus hesanzina*) 등을 들수 있다.

우에서 지적된 낮나비류외에도 백두산일대를 포함한 우리 나라 북부고지대에는 이 일대를 세계적인 분포남한계선으로 하고있는 학술적의의가 있는 곤충류들이 많이 분포되여있다.

례하면 밤나비류에서 높은산불나비, 높은산별꽃밤나비, 멧희롱밤나비, 붉은알락금날개밤나비, 북방배추밤나비, 딱장벌레류에서 덧이발나무좀, 가문비큰털나무좀, 동방털나무좀, 잠자리류에서 흰뺨잠자리, 붉은배고추잠자리, 누런날개곤봉잠자리, 작은실잠자리 등을 들수 있다.

제 4 절 리로운 동물

1. 풍치를 돋구는 동물

백두산일대에는 철따라 많은 물새들과 동물들이 찾아들어와 백두산일대의 풍치를 더욱 아름답게 해준다.

여름철에 호수, 저수지, 강하천들에는 농병아리, 뿔농병아리, 청둥오리, 검둥오리, 원앙, 흰무늬오리, 재갈매기들이 날아들어 호수물우에 떠 다닌다.

봄과 가을에는 검은목농병아리, 되강오리, 반달오리, 붉은쪽두오리, 알락오리, 알숭오리, 발구지넙적부리오리, 검은댕기흰죽지오리, 흰뺨오리, 까치비오리, 갯비오리, 큰물닭 등이 호수와 강에서 날아다니며 백두산일대의 아름다운 경치를 북돋아준다.

고요한 백두산간지대의 호수가나 강가에는 사슴, 노루가 찾아오며 물까마귀, 붉은물까마귀, 물촉새, 물쥐새, 할미새, 노랑할미새 등이 호수가를 지키고 은왕잠자리, 얼룩왕잠자리, 별무늬왕잠자리 등이 호수가를 날아다니고 있다.

백두산일대의 넓은 언덕벌들과 산림지대에는 노루, 사슴, 누렁이의 무리가 뛰놀고 멧닭, 꿩 등이 여기저기서 울고 쌍을 찾아 새끼를 친다.

백두산일대의 장엄하고도 아름다운 풍치를 돋구는 무척추동물로는 낮나비류를 들수 있다. 백두산일대에는 낮은 지대로부터 산림한계선을 지난 높은 지대에까지, 그리고 백두산정을 넘어 천지호반에 이르기까지 갖가지 아름다운 나비들이 분포되여있다.

많은 낮나비들가운데서도 특별히 크고 아름다운 나비들인 노랑범나비, 범나비, 검은범나비, 산검은범나비, 사향범나비들이 날때에는 백두산의 장엄한 풍치와 잘 어울리며 백두산을 찾는 답사자들의 마음을 즐겁게 하여준다.

특별히 아름다운 연주노랑나비를 비롯하여 오색나비, 산오색나비, 은오색나비, 붉은점모시범나비, 큰붉은점모시범나비, 갈구리노랑나비, 암검은표문나비, 큰한줄나비, 큰표문나비, 은줄표문나비, 큰은줄표문나비 등도 백두산일대의 풍치를 돋구는 아름다운 나비들이다.

특히 천지호반에서는 범나비, 산검은범나비, 높은산노랑나비, 작은표문나비, 은줄표문나비, 은점표문나비, 한줄나비, 두줄나비, 공작나비 등을 비롯한 많은 종류의 낮나비들을 볼수 있는데 이러한 낮나비들이 날때에는 천지의 아름다운 풍치와 잘 어울린다.

백두산일대에는 50여종의 잠자리가 분포되여있는데 그가운데서 은왕잠자리, 고추잠자리, 메고추잠자리, 누런고추잠자리, 밤색이마고추잠자리 등은 백두산일대의 풍치를 돋구는 아름다운 종들이다.

벌류가운데서 밀원식물을 찾아 나는 꿀벌류도 백두산일대의 자연풍치를 돋구는 곤충류라고 말할수 있다. 백두산일대에는 꿀벌, 서양꿀벌 등을 비롯한 20여종의 꿀벌류에 속하는 종들이 분포되여있으며 그가운데서 호박벌, 큰호박벌 등은 백두산일대의 낮은 지대로부터 백두산정을 넘어 천지호반에까지 퍼져있다.

백두산일대의 하늘을 떠도는 소리개, 검독수리 그리고 백두산천지, 장군봉, 소백산, 간백산, 포태산, 압록강변과 두만강변의 하늘을 뒤덮는 칼새와 후리새의 무리, 삼지연과 신무성 림산마을의 하늘을 나는 제비, 붉은허리제비 등도 백두산일대의 풍치를 돋구어 준다.

백두산일대의 원시림지대, 초원지대, 떨기나무림과 넓은잎나무가 무성한 산림지대에는 여름철에 많은 새들이 찾아들어 새끼친다.

이 지대에서는 뻐꾸기, 두견새를 비롯하여 후투디, 뿔종다리, 종다리, 개구마리, 울타리새, 붉은턱울다리새, 작은류리새, 딱새, 흰허리딱새, 휘파람새, 갈새, 갈색눈솔새, 긴다리솔새, 노랑눈섭솔새, 노랑허리솔새, 솔새, 버들솔새, 북솔새, 제비솔딱새, 담색솔딱새, 솔딱새, 노랑솔딱새, 황금새, 큰류리새, 밀화부리, 꾀꼬리 등이 새끼친다. 특히 선오산등판 떨기나무림의 무연한 벌에는 숲종다리의 무리가 새끼친다. 큰접동새, 접동새, 수리부엉이, 외쪽도기의 울음소리는 고요한 산간지대의 밤정서를 돋구어준다.

2. 천적으로 되는 동물

백두산일대에는 넓은잎나무류와 바늘잎나무류, 떨기나무류 등의 나무질과 나무잎, 풀판의 꽃들을 먹으며 밭작물과 남새류에 해를 주는 밤나비류, 돌드네류, 나무좀류, 돼지벌레류, 풍뎅이류, 바구미류, 노린재류, 달팽이류, 매미류 등에 속하는 해로운 종들이 많이 퍼져있다. 그러나 이러한 해로운 동물들의 활동과 마리수는 여러가지 자연요인에 의하여 억제되고 조절됨으로써 백두산일대생태계의 평형은 안전하게 유지된다. 해로운 벌레들의 활동을 억제하고 마리수를 조절하는 자연요인들가운데서 천적의 역할이 매우 중요한 자리를 차지한다.

백두산일대에는 해로운 벌레들의 구제에서 중요한 의의를 가지는 리로운 천적이 수많이 퍼져있어 나무림과 밭작물을 보호하는 주요한 역할을 담당하고 있다.

백두산일대에서 알려진 가장 주요한 천적은 70종의 거미류, 24종의 포식성딱장벌레류, 55종의 잠자리류 등이다.

말거미, 꽃말거미, 정표독거미, 꽃게거미, 모란거미 등은 키나무림, 떨기나무림, 풀판, 밭 등에서 살면서 해로운 딱장벌레류, 파리류, 밤나비류 등의 엄지벌레와 새끼벌레, 노린재류, 진드기류 등을 잡아먹는다.

길걸음벌레, 멧길걸음벌레, 백암걸음벌레, 푸른면지벌레, 누런작은벌레, 삼지연가는목면지벌레 등의 포식성딱장벌레들은 땅겉면, 돌밑, 죽은나무나 넘어진 나무의 밑, 떨어진 나무잎층 등에서 살거나 땅속에서 살면서 여러가지 해로운 벌레들을 잡아먹는다.

백두산일대의 낮은 지대에 펴져있는 묵은실잠자리, 금빛실잠자리, 범잠자리, 메고추잠자리, 낮은지대로부터 높은지대에까지 펴져있는 은왕잠자리, 얼룩왕잠자리, 북고추잠자리 등은 여기저기를 날면서 모기류나 파리류를 잡아먹고 새끼벌레는 물속에서 살면서 하루살이류나 모기류의 새끼벌레를 잡아먹으므로 백두산일대에 펴져있는 해로운 벌레들의 구제에서 매우 중요한 역할을 한다.

백두산일대에서 알려진 20종의 점벌레가운데서 농작물해충인 큰28점점벌레, 진균을 먹이로 하는 22깨백이점점벌레, 흰점벌레 등 3종을 제외한 이십사점점벌레, 일곱점점벌레 등 17종은 특히 진디물을 비롯한 깍지벌레, 가루이 등과 같은 해로운 벌레들을 잡아먹는 리로운 동물이다.

노린재중에는 해로운 종들도 있으나 파란큰입노린재, 등줄목장침노린재, 짧은털침노린재, 소금쟁이 등 10여종의 노린재류는 백두산일대의 낮은지대로부터 천지호반까지 널리 펴져 살면서 해로운 벌레들을 잡아먹는다.

그밖에도 진디물류, 메뚜기류, 나비류 등을 잡아먹는 사마귀, 유리날개사마귀 등을 비롯하여 검정다리가위벌레, 혹가위벌레, 잎숲진드기, 백두산둥근잔진드기, 큰남작연마충, 엄지벌레와 새끼벌레시기에 다 나무좀류와 바구미류 등의 작은 벌레들을 잡아먹는 개미뼈꾹벌레, 붉은가슴개미뼈꾹벌레 등 해로운 벌레들을 잡아먹는 많은종들이 알려졌다.

또한 백두산일대에서는 해로운 벌레에 기생하는 여러종류의 무척추동물들이 알려졌다.

례하면 벌류가운데서 매미류에 기생하는 털뽈쏘는벌, 파리류의 새끼벌레에 기생하는 붉은배애기벌, 박나비의 새끼벌레에 기생하는 검은애기벌, 송충에 기생하는 송충먹가슴애기벌, 진디물에 기생하는 곤봉금벌, 진디물과 깍지벌레 등에 기생하는 꽃등에금벌, 여러가지 해로운 벌레에 기생하는 붉은가시고치벌, 정원고치벌, 작은혹고치벌 등은 백두산일대의 낮은지대로부터 산림한계선을 지나 천지호반에까지 널리 펴져있다.

진드기류가운데도 보배진드기, 작은털진드기 등과 같이 어린진드기와 엄지진드기시기에는 곤충류를 비롯한 작은 동물들을 잡아먹고 새끼진드기서기에는 곤충류에 기생하는 종들이 있다.

량서류의 합수도룡농, 북개구리, 청개구리, 비단개구리는 산림속이나 물속에서 수많은 벌레들을 잡아먹는다. 파충류의 긴꼬리도마뱁도 역시 전적으로 곤충을 잡아먹는 리로운 동물이다.

새류의 새매뻐꾸기, 뻐꾸기, 벙어리뻐꾸기, 검은등뻐꾸기, 두견들은 수많은 벌레들을 잡아먹고 후루디, 까막딱따구리, 풀색딱따구리, 알락딱따구리, 큰알락딱따구리, 작은알락딱따구리, 검은등작은딱따구리, 작은딱따구리, 세가락딱따구리는 나무줄기에 박혀있는 벌레들을 잡아먹는다. 또한 뿔종다리, 종다리, 숲할미새, 노랑할미새, 알락할미새, 숲종다리, 분디새, 개구마리, 붉은꼬리개구마리, 물개구마리, 쥐새, 바위종다리, 울타리새, 붉은턱울타리새, 작은류리새, 류리딱새, 딱새, 흰허리딱새, 바위찍바구리, 붉은배티티, 흰배티티, 휘파람새, 숲새, 북쥐발귀, 쥐발귀, 칼새, 갈색숲솔새, 긴다리솔새, 노랑눈섭솔새, 노랑허리솔새, 솔새, 버들솔새, 북솔새, 산솔새, 노랑솔딱새, 흰꼬리솔딱새, 황금새, 큰류리새, 긴꼬리오목눈, 굵은부리박새, 작은박새, 깨새, 박새, 동고비, 작은동고비, 나무발발이, 북동박새, 발멧새, 흰배멧새, 붉은뺨멧새, 밤등멧새, 버들멧새, 긴꼬리양지니, 붉은양지니, 밀화부리, 작은쩌르러기, 쩌르러기, 꾀꼬리 등은 전적으로 산림에 해를주는 곤충들과 그의 새끼벌레를 잡아먹는다.

짐승류의 땃쥐, 작은땃쥐, 갯첨서, 허항령첨서, 두더지, 고슴도치들은 산림속의 곤충을 주로 먹고사는 동물이다.

알곡과 농작물을 해하여 사람에게 간접적으로 해를 주는 동물들을 잡아먹는 동물도 많다. 파충류의 살모사, 북살모사, 검은살모사, 새류의 큰접동새, 접동새, 수리부엉이, 긴꼬리올빼미, 북올빼미, 저광이, 래구매, 회색택광이, 알락택광이, 조롱이, 물개구마리, 짐승류의 삵, 흰쪽제비, 쪽제비, 산달, 오소리, 너구리, 여우 등은 많은 쥐를 잡아먹는다.

3. 털가죽과 식료품으로 리용되는 동물

백두산일대의 털가죽동물들은 범, 표범, 수달, 여우, 너구리, 쪽제비, 산달, 오소리, 삵, 시라소니, 청서 등이다.

물고기류의 송어, 사루기, 산천어, 정장어, 애기빙어, 야레, 황어 등은 고급물고기로 리용할수 있다.

새류의 청뒹오리, 검독오리, 되강오리, 반달오리, 붉은쪽두오리, 알락오리, 알숭오리, 가창오리, 발구지, 넙적부리오리, 검은댕기흰죽지오리, 원앙, 흰무늬오리, 흰뺨오리, 메추리, 꿩, 멧닭, 들꿩, 큰물닭, 멧비둘기, 어치 등과 짐숭류의 누렁이, 사슴, 사향노루, 산양, 노루, 곰, 큰곰, 멧돼지 등은 경제적으로 가치있는 동물들이다.

4. 동약원료로 되는 동물

사향노루의 〈사향〉, 멧돼지의 〈열〉, 사슴의 〈뿔〉과 〈록태〉, 누렁이의 〈뿔〉, 노루의 〈록태〉, 곰의 〈열〉, 범의 〈뼈〉, 오소리의 〈기름〉 등은 동약원료로 널리 쓰이고있다.

또한 살모사, 북살모사, 검은살모사 등의 독과 약가뢰, 불개미 등도 약재로 쓰인다.

5. 그밖의 리로운 무척추동물

백두산일대에서 알려진 무척추동물가운데는 백두산일대생태계의 물질순환에서 매우 중요한 역할을 하는 무척추동물들이 많이 알려졌다.

— 식물찌꺼기의 분해를 돕는 종들

백두산일대의 넓은 지대에서는 매해 빛합성에 의하여 많은량의 유기물질이 생산되는 한편 또한 많은량의 식물찌꺼기들이 바닥에 축적된다. 이러한 식물찌꺼기들은 톡톡벌레류, 곰벌레류, 지렁이류, 쥐머느리류, 다족류에 속하는 조형류, 며노래기류 등과 따발골뱅이류 등에 속하는 50여종의 무척추동물의 먹이활동에 의하여 보다 잔알갱이로 분쇄됨으로써 미생물에 의하여 유기물질이 무기물질로 완전히 분해되는 과정이 촉진된다.

특히 배점무늬참지렁이, 알락지렁이, 장미지렁이 등 9종의 지렁이류는 토양속에서의 먹이활동과 수직 및 수평방향으로의 이동으로 산림토양의 물리화학적구조를 변화시키고 토양의 비옥화를 촉진하는데서 주요한 역할을 한다. 천지호반과 무두봉에서 채집된 애기지렁이는 온도에 대한 감수성이 약하고 극지방이나 찬 지방의 자연조건에 적응된 종으로서 백두산톡톡벌레, 높은산톡톡벌레, 혜산톡톡벌레 등과 함께 바늘잎나무림에서 식물찌꺼기의 분해를 촉진하는데서 주요한 역할을 한다.

딱장벌레류가운데서 애기큰집게벌레, 줄넙적집게벌레 등의 새끼벌레들은 썩어가는 나무의 나무질을 파먹는다.

-사체와 배설물을 먹는 종들

백두산일대에는 죽은동물의 사체를 먹이로 하는 무척추동물이 살고 있다.

가장 전형적인 분류군은 묻음벌레이다.

납작묻음벌레, 검정수염참무덤벌레, 먹참묻음벌레, 넉점납작묻음벌레 등을 비롯하여 큰은시충 등은 뱀류와 그밖의 동물들의 사체에 모여들어 썩은고기를 먹는다.

특히 묻음벌레류는 썩은고기의 냄새를 잘 맡으며 먼곳에서도 냄새를 맡고 썩은고기에 모여들며 그것을 땅에 묻는 성질이 있다.

이상의 딱장벌레류는 썩은 젖은고기를 먹는 사체먹는동물이라면 또한 애기거저리, 흰배거저리, 붉은떠거저리, 동북거저리 등은 표본과 누에고치를 먹으므로 해로운 측면도 있으나 마른 동물의 사체를 먹는다.

그밖에 소똥연마풍뎅이, 큰소똥굴이, 노랑날개소똥굴이 등 16종의 풍뎅이류는 집짐승이나 야생동물의 배설물을 먹는다.

따라서 이상의 무척추동물들은 자연계에 널려있는 더러운 물질을 걷어내는 《청소부》와 같은 역할을 한다고 말할수 있다.

-물고기류의 먹이로 되는 종들

백두산일대의 수계에 널리 퍼져있는 하루살이류, 잠자리류, 돌미기류, 풀미기류 등에 속하는 124종의 물살이곤충류와 싸그쟁이류, 물벼룩류, 단각류 등에 속하는 10종의 갑각류는 산천어를 비롯한 찬물성민물고기류의 자연먹이로 된다.

파리류가운데서 알모기류와 모기류 등의 새끼벌레 등은 물속에서 살면서 물고기의 먹이로 리용된다.

백두산밀영과 무두봉, 등지에서 채집된 흰애기지렁이는 나무잎들이 섞인 산림토양, 산림의 습한 풀판토양, 이끼속 등에서 산다. 번식속도가 빠르고 기르기 쉬우므로 양어장들에서 인공적으로 길러 물고기먹이로 쓸수 있다.

-꿀을 주고 식물의 꽃가루받이를 돕는 동물

백두산일대에는 갖가지 밀원식물에서 꿀을 걷어들이는 꿀벌, 서양꿀벌, 구멍작은꽃벌, 검은애기꽃벌, 흰줄작은꽃벌, 애기칼벌, 벽벌, 호박벌, 털보꽃벌 등 24종의 꽃벌류가 퍼져있다. 특히 호박벌속의 6종은 백두산일대의 낮은 지대로부터 산림한계선을 지나 높은 산지대에까지 퍼져있으며 호박벌,

큰호박벌, 들판떡벌 등은 천지호반에까지 펴져있다.

꿀벌은 꿀벌치기에 리용되는 종으로서 삼지연일대에서 볼수 있다.

꿀벌류는 밀원식물에서 꿀을 걷어들이는 과정에 식물의 꽃가루받이를 도우며 백두산일대의 넓은 지대에 펴져있는 190종의 낮나비류도 꽃에서 꿀을 빨아먹는 과정에 꽃가루받이를 돕는다.

제 5 절 백두산동물상의 보호

동물보호사업은 우리 나라를 아름다운 지상락원으로 꾸리기 위한 만년대계의 성스러운 위업의 하나이다.

1. 백두산생태계와 동물보호의 제문제

백두산일대에 형성된 산림생태계, 토양생태계, 수역생태계는 수천수만년을 거쳐 이루어진 하나의 자연체계를 이룬 통일된 백두산생태계를 이루고있다. 백두산일대에 분포되여 서식하고 있는 동물군집과 개체들은 백두산생태계의 한구성부분이다.

그러므로 동물자원은 백두산생태계안에서 하나의 구조를 이루는 구성요소로 작용하고있다.

총괄적으로 볼때 백두산일대는 산림생태계를 이루고있다. 산림을 이루는 키나무림과 떨기나무림, 초본식물을 먹이터로, 번식터로, 휴식터로, 음폐지로 하여 생활순환이 이루어진다. 때문에 동물보호문제는 산림보호문제와 련관되여있다.

자연계에서 산림의 변화발전은 동물상변화와 발전에 직접적영향을 준다. 그러나 동물상은 단순히 산림의 변화발전만으로 해석할수 없으며 동물상자체 내부의 호상련관과 작용 그외 다른 여러가지 요인과의 복잡한 련관속에서 동물상의 변화발전을 고찰하여야 한다. 이러한 자연계의 복잡한 련관의 합법칙성을 과학적으로 파악하는것은 매우 중요하다. 백두산은 혁명전적지특별보호구, 국제생물권보호구로 지정되여있다. 또한 백두산일대에 대홍동물보호구, 동계동물보호구, 동계수산친어보호구 그리고 몇개의 천연기념물이 지정되여있다. 이것은 모두 동물의 유전자자원을 보존하기 위한것이며 자연계의 복잡한 련관의 합법칙성을 연구하기 위한 기본기지이다. 그러므로 보호구내의 무기적환경의 작용과 변화발전을 동물상의 변화발전과 련관시켜 고찰함으로써 자연계에서 동물상의 변화과정의 합법칙성을 찾아내야 한다. 그리하여 백두산일대의 동물상의 변화발전과정과 발전방향, 동물상보호와 개조의 리론적기초를 수립하며 실제적보호와 개조의 방도를 찾아 전망계획을 작성하여야 한다.

2. 동물자원의 보호문제

백두산일대 동물자원을 보호하는 문제는 현실적으로 제기되고있다.

— 종 및 개체무리의 보호

동물의 서식환경의 축소, 인공적인 장애물의 존재, 동물에 대한 람획도 심중한 문제이다.

그리하여 많은 동물이 구축되고 증식되지 못하고있으며 동시에 인공적인 분리격리와 고립을 면하지 못하고있으며 많은수는 사멸당하고있다.

그러므로 동물보호의 기본은 자연보호구, 동물보호구, 천연기념물보호구들을 많이 설정하며 잘 보호해야 한다. 보호구는 동물의 안전한 번식터, 먹이터, 휴식터를 제공한다. 곳곳에 많은 동물보호구를 설정하여야 동물의 개체무리와 개체들의 자유로운 래왕을 가져오게 되며 교배, 쌍무이를 쉽게 진행하게 되어 인공적고립과 격리를 피할수 있으며 구축되는 동물들의 피난처, 안식처를 제공해줄수 있다.

때문에 백두산일대의 동물자원을 보호하기 위해서는 보호구들을 잘 설정하고 관리해야 한다.

특히 백두산밀영을 비롯한 백두산의 넓은 지역에 설정된 백두산혁명전적지특별보호구를 핵심보호구로 하고 그 주변과 린접지구들에 많은 위성보호구에 대한 관리사업을 잘해야 한다. 그리하여 핵심보호구에 더 많은 동물들이 흘러들게 하며 주변의 위성보호구를 쉽게 래왕하면서 개체무리들의 혼합과 새 개체무리들의 형성, 쌍무이가 이루어져 동물의 개체무리가 증식되고 종이 보존되고 증식되게 하여야 한다.

— 생태환경의 보호

백두산의 동물생태환경은 산림이다.

백두산의 산림은 동물의 먹이터, 번식터, 휴식터, 놀이터, 음폐지로 된다. 그러므로 산림을 보호하는것은 동물보호와 불가분리적으로 련관되여 있다.

백두산일대에 펼쳐진 원시림을 보존하면서 철저히 보호하는것은 동물보호에서 중요한 문제이다.

다음으로 산악산림과 련관된 수역생태환경을 보호하여야 한다. 백두산일대에는 삼지연을 비롯한 자연호들과 인공저수지, 강하천들이 있는데 물살이동물, 반물살이동물의 동물군집을 이루고있다.

삼지연은 백두산일대에서 고립된 수역이지만 붕어, 참붕어, 버들치가 살고있다. 이 물고기들은 지사학적과정의 중견자이며 동물상형성과정을 연구할 수 있게 하는 산화석과 같다.

다음으로 백두산일대의 토양은 동물의 간접적양육자이며 생활의 기본기질이다. 많은 무척추동물의 번식터, 먹이터, 휴식터로도 작용한다.

동물유전자자원보호에서 토양은 산림과 거의 동일한 환경으로 된다. 따라서 백두산일대의 토양환경을 잘 보호하여야 한다.

- 동물의 먹이환경보호

백두산일대의 다종다양한 식물은 동물의 기본먹이 대상이다. 동물이 먹는 식물은 종에 따라 다르며 선택성을 가지고있으며 식물의 군락형성은 그 식물을 먹는 동물들의 군집을 이룬다. 때문에 백두산일대에서 식물상의 보존과 보호는 동물상의 보호와 련관되여있다.

백두산일대에서 동물간의 호상관계는 먹이사슬을 기본으로 하여 이루어지므로 먹이사슬고리들의 련관의 합법칙성을 충분히 파악하여야 하며 이에 기초하여 동물상보호대책을 세워야 한다.

참고 문헌

(1) 원홍구, 조선짐승류지, 과학원출판사, 39~398, 1968
(2) 원홍구, 조선조류지(1), 과학원출판사, 1~290, 1963
(3) 원홍구, 조선조류지(2), 과학원출판사, 1~339, 1964
(4) 원홍구, 조선조류지(3), 과학원출판사, 1~455, 1965
(5) 원홍구, 조선량서파충류지, 과학원출판사, 22~164
(6) 주동률, 곤충분류명집, 과학원출판사, 1~347, 1969
(7) 주동률, 조선의 나무좀, 과학원출판사, 1~330, 1968
(8) 주동률, 최대원, 산림해충지, 과학원출판사, 76~111, 1979
(9) 김리태, 조선담수어류지, 과학원출판사, 18~391, 1972
(10) 김리태, 김우숙 압록강물고기, 과학, 백과사전출판사, 11~210, 1981
(11) 김리태, 두만강물고기, 농업출판사, 16~159, 1990
(12) 황성린, 요각류지, 과학, 백과사전출판사, 232~266, 1981
(13) 임홍안, 생물학, 3, 38~44(1987)
(14) 임홍안, 과학원통보, 3, 47~50(1988)
(15) 中國科學院動物硏究所, 中國農業昆虫(2), 111~243, 1987
(16) 中國科學院動物學硏究所, 中國蛾類圖鑑(Ⅰ, Ⅱ, Ⅲ, Ⅳ), 北京科學出版社, 1~90, 1~86, 1~92, 1~93, 1981, 1982, 1983, 1984
(17) 朱弘复, 中國經濟昆虫志(3, 6, 7, 32), 科學出版社, 1~170, 1~154, 1~160, 1~150, 1966. 1964. 1965. 1985
(18) 肯榮寇 等, 長白山, 科學出版社, 216~255, 1982
(19) 鄭葆珊 等, 圖们江魚类, 吉林人民出版社, 1~150, 1980
(20) 趙正阶, 長白山鳥獸志, 吉林人民技术出版社, 1~350, 1985
(21) СИ. Медведев Фауна СССР. Х(1), изд.《Наука》, 11~504, 1951
(22) В. Н. Старк, Фауна СССР, ХХХ1, изд.《Наука》 1~461, 1952
(23) А. И. Черепанов, Жуки-дровосеки новых лесов Сибири, изд. 《Наука》, 20~202, 1975
(24) М. С. Гиляров, Определитель обитающих в почве клещей (Sarcoptiformes), 5~475, изд.《Наука》, 1975
(25) В. С. Великань и др. Определитель вредных и полезных насекомых и клещей зерновых культур в СССР, Ленинград 《Колос》, 152~159, 1980
(26) В. С. Кононенко, Фауна и Экология насекомых Юга дальнего Востока, изд. 《Наука и техника》, 15~75, 1984
(27) А. М. Колосов, Зоогеография Дальнего Востока, изд. 《Наука》, 1~253, 1980
(28) АИ. Куренцов, Зоогеография Приамурья, изд, А. Н. СССР
(29) 津田松苗, 水生昆虫學, 北隆舘, 3~217, 1972
(30) 素木得一, 昆虫の分類, 北隆舘, 1~788, 1955

(31) 青木淳一，土壌動學學，北隆館，104～721
(32) 小野決，シベリアの蝶，ニューサイエンス社，1～85，1978
(33) 山下昇，地球の歴史，東海大學出版会，1～168，1980
(34) 井尻正二，大冰河時代，東京大學出版会，2～277，1979
(35) 淺野清，地史．古生物學(10)，共立出版社，1～380，1976
(36) 阿部余四男，日本哺乳動物相の由來，日本生物地學会报，39～72，1955

백두산총서편찬위원
　부교수 준박사 김정락, 박사 부교수 강진조, 후보원사 교수 박사 리돈, 교수 박사 김현삼, 박사 부교수 강석현, 부교수 준박사 최신원, 준박사 어흥담, 공훈기자 김동수, 준박사 리명철, 홍욱근, 리관필

집필
　준박사 어흥담,　　준박사 김리태,　　준박사 박래번, 준박사 김계진, 리흥근, 안병학, 부교수 준박사 황성린, 교수　박사 주동률, 부교수 준박사 백정환, 준박사 임흥안, 부교수 준박사 박룡린, 준박사 최해금, 준박사 홍룡태, 한영희, 남용길, 김정심

　　　　　　　　　백두산총서
　　　　　　　　　　동　물

　　편집　리관필, 김경애　　　사진　장광수
　　장정　최몽환　　　　　　　교정　허혜선
　　　　펴낸곳　과학기술출판사
　　　　인쇄소　평양종합인쇄공장
　인쇄 1993년 5월 10일　　발행 1993년 5월 15일

　ㄱ-271342

백두산총서 (동물)

1998년 4월 22일 인쇄
1998년 4월 30일 발행

편 저　김정락 외
발 행　과학기술출판사
영 인　한국문화사
133-112 서울시 성동구 성수 1가 2동 13-156
　　　　전화 (02) 464-7708, 3409-4488
　　　　팩스 (02) 499-0846
　　　　등록번호 제2-1276호

값15,000원

ISBN 89-7735-488-9